KB054658

의사와 **수의사**가 만나다

–인간과 동물의 건강, 그 놀라운 연관성

의사와 **수의사**가 만나다

–인간과 동물의 건강, 그 놀라운 연관성

바버라 내터슨-호러위츠 • 캐스린 바워스 지음
이순영 옮김

Zoobiquity

What animals can teach us
about health and the science of healing

모멘토

일러두기

* 본문에 나오는 용어와 명칭, 사실 중 독자 편의를 위해 약간의 설명이 필요한 것은 해당 단어나 어구, 문장 뒤에 옮긴이 주를 괄호 속 작은 글자로 넣었다.

* 동물을 비롯한 생물체의 영어 이름이 흔히 두 가지 이상으로 번역되는 경우에는 이 책에서 기준으로 삼은 번역어에 괄호를 달아 다른 이름을 소개했다. 병명 등도 마찬가지다.

* 설명을 찾고 용어를 선택하는 데에는 국어대사전, 백과사전, 위키피디어 같은 기본적인 사전 외에 KMLE 의학검색 엔진(http://m.kmle.co.kr/), 세계 주요 동물 일반명 사전(http://animald.com/)을 비롯한 전문 사이트와 국내외의 관련 자료를 두루 참조했다.

잭, 젠, 찰리에게 이 책을 바칩니다.
—바바라 내터슨-호러위츠

앤디와 에마에게 이 책을 바칩니다.
—캐스린 바워스

* 차례

저자의 말

이 책은 두 명의 저자가 함께 취재하고 집필한 것이다. 하지만 서술 형식의 편의상 내터슨-호러위츠 한 사람의 시점으로 써나가기로 했다. 인간을 대상으로 한 의료에만 전념하다가 동물 종을 아우르는 더 넓은 시각으로 넘어가는 내터슨-호러위츠의 여정을 그리려면 1인칭 서사구조가 필요하다고 생각했기 때문이다. 책에 담긴 인터뷰 대부분은 두 저자가 같이 진행한 것이며, 그중 몇몇 경우에는 한 사람이 질문을 도맡았다. 이 책은 진정한 의미의 협업을 통해 만들어진 것으로, 내터슨-호러위츠와 바워스의 공동작업뿐 아니라 많은 의사와 수의사, 생물학자, 연구원, 그 밖의 여러 헌신적인 전문가, 그리고 환자(이들의 이름은 필요할 경우 가명을 썼다) 들이 우리에게 기꺼이 베풀어준 시간과 학식과 경험 덕분에 가능했다.

제1장

인간을 치료하는 의사와 동물을 치료하는 의사가 만나다

—의학의 경계를 재정립하기

2005년 봄, 로스앤젤레스 동물원의 책임 수의사가 나에게 전화해 다급한 목소리로 말했다.

"여보세요, 바버라? 우리 동물원 황제타마린이 심부전이 생겼어요. 오늘 좀 와주실 수 없을까요?"

통화를 마치자마자 자동차 열쇠를 찾아 쥐었다. 나는 13년 동안 UCLA 메디컬센터에서 심장 전문의로 환자들을 치료하고 있었다. 그런데 이따금 동물원 수의사들이 내게 도움을 청해오곤 했다. 자기네 동물이 뭔가 까다로운 병에 걸렸을 때였다. UCLA 메디컬센터가 대표적인 심장이식 병원인 덕에 나는 인간에게 생길 수 있는 온갖 유형의 심부전(심장기능상실)을 직접 접할 수 있었다. 하지만 작은 타마린 원숭이의 심부전이라니, 그런 경우는 본 적이 없었다(황제타마린은 '황제콧수염원숭이'라고도 하며 비단원숭이과 타마린속의 한 종류다.—옮긴이). 나는 차에 가방을 던져 넣고 그리피스 공원의 동쪽 가장자리를 따라 자리 잡은 45만여 평방미터 넓이의 수풀 우거진 동물원으로 향했다.

타일이 깔린 진료실로 수의 보조가 분홍색 담요로 둘둘 만 자그마한 동물을 들고 들어왔다.

"얘가 스피츠부벤이에요." 앞면이 아크릴 유리로 된 진찰용 상자 안에 원숭이를 가만히 내려놓으며 그녀가 말했다. 순간 내 심장이 조금 뛰었다. 황제타마린은 한마디로 사랑스러웠다. 크기가 새끼 고양이만 한 이 종은 중남미 열대우림 지역 숲의 우듬지에서 살며 진화했고, 커다란 갈색 눈 아래쪽에 흰 수염 가닥들이 길게 늘어져 있는 게 특징이다(이 수염 모양이 20세기 초 독일의 마지막 황제 빌헬름 2세를 연상시킨다고 해서 '황제'라는 이름이 붙었다고 한다.—옮긴이). 분홍색 담요에 감싸인 채 촉촉한 눈망울로 나를 올려다보는 스피츠부벤의 모습은 내 안의 모성 본능을 강하게 자극했다.

병원에서 환자가 불안해 보이면, 특히 어린이가 그럴 때면, 나는 환자 곁에 쪼그리고 앉아 눈을 크게 뜬다. 이러면 둘 사이에 신뢰감이 형성되면서 환자의 두려움을 진정시킬 수 있다는 걸 의사 생활을 하며 터득했다. 그래서 스피츠부벤에게도 그렇게 해보았다. 내가 그의 아픈 몸을 얼마나 안타까워하며 도움을 주려고 얼마나 노력할 것인지를 눈앞의 이 연약하고 작은 동물이 알아주길 바랐다. 나는 상자 가까이 얼굴을 대고 그의 눈을 깊숙이 들여다보았다. 동물 대 동물로—. 그 방법은 효과가 있는 듯했다. 스피츠부벤은 꼼짝 않고 앉아 있었고, 긁힌 자국이 많은 아크릴 유리를 사이에 두고 원숭이의 두 눈과 내 눈이 서로 얽혔다. 나는 입술을 오므리고 부드럽게 말을 걸었다.

"예쁜 스피츠부벤, 용감하기도 하지…."

그 순간 누군가의 손이 내 어깨를 힘주어 눌렀다. "얘하고 눈을 마주치지 마세요." 내가 돌아보았더니 수의사가 어색하게 미소를 지으며 말했다. "포획근병증(捕獲筋病症)을 일으킬 수 있어요."

나는 조금 놀랐지만 시키는 대로 그 자리에서 물러났다. 동물 환자와의 유대 형성은 후일을 기약해야 할 모양이었다. 하지만 당혹스러웠다. 포획근병증(capture myopathy)이라고? 20년 가까이 의사로 일했지만 그런 병명은 들어본 적이 없었다. 물론 근병증('근육병증'이라고도 한다.—옮긴이)은 근육에 발생하는 병을 말한다. 내 전공 분야에서 그 병은 주로 '심근증(cardiomyopathy)', 즉 심장 근육에 이상이 생기는 것으로 나타난다. 그런데 그것이 포획과 무슨 관련이 있는 걸까?

바로 그때, 스피츠부벤에게 마취 효과가 나타났다. "이제 관을 삽입합니다." 담당 수의사의 말에 방에 있는 사람 모두가 이 중요하고 때로는 까다로운 과정에 집중했다. 나 역시 포획근병증에 대한 생각을 잠시 밀어내고 온전히 동물 환자에게만 주의를 기울였다.

치료가 끝나고 스피츠부벤이 다른 타마린들이 있는 우리로 안전하게 돌아가자마자 나는 '포획근병증'을 찾아보았다. 몇십 년 전부터 수의학 교재와 학술지에 그 내용이 실려 있었다. 1974년엔 과학 저널 〈네이처 *Nature*〉에 그에 관한 논문도 실렸다. 동물이 포식자에게 잡혔을 때 혈류에 아드레날린이 위험하리만큼 많이 분출되기도 하는데, 이것이 근육에서 '독성 작용'을 일으킬 수 있다는 것이다. 심장의 경우, 스트레스 호르몬의 양이 과도하면 혈류의 펌프 구실을 하는 심실(心室)들이 손상되어 약해지면서 제 기능을 못하게 된다. 그 결과 죽음에 이를 수도 있는데, 사슴이나 설치류, 조류, 작은 영장류처럼 겁이 많고 예민한 피식(被食) 동물의 경우에 특히 그렇다. 그뿐만이 아니다. 눈을 빤히 바라보는 것도 포획근병증의 한 원인이 될 수 있다고 했다. 스피츠부벤이 보기에 나의 동정 어린 시선은 "너 정말 귀엽구나. 무서워하지 마. 난 너를 도우려는 거야"라고 말하는 게 아니었다. 내 시선은 이런 의미였다. "아, 배가 몹시 고픈걸. 그놈 참 맛있게 생겼네. 널 잡아먹어야겠다."

포획근병증이라는 병명은 그날 처음 알게 되었지만, 그와 관련된 일부 사항은 놀라우리만치 익숙한 것이었다. 2000년대 초 심장학계는 다코쓰보 심근증(takotsubo cardiomyopathy)이라는 새로이 주목받은 증후군으로 떠들썩했다. 이 독특한 질환은 전형적인 심근경색과 흡사하게 가슴을 쥐어짜는 듯 심한 통증, 현저하게 비정상적인 심전도(心電圖) 등의 증상을 보인다. 따라서 병원에선 이런 증상의 환자가 오면 서둘러 수술실로 보내 혈관 촬영을 해서 위험한 혈전을 찾아내려 한다. 그런데 다코쓰보 심근증일 경우에는 심장 동맥이 완벽할 정도로 건강하고 깨끗하다. 혈전은 없다. 폐색도 없다. 심근경색도 없다.

더 정밀하게 검사해보면, 환자의 왼쪽 심실 벽에서 전구처럼 불룩한 이상한 부분이 보인다. 우리 몸의 순환계를 구동하는 엔진인 심실은 피를 강력하고 빠르게 방출하기 위해 알 모양의 타원형, 레몬 같은 형태를 갖춰야 한다. 그런데 다코쓰보 심장에서처럼 왼쪽 심실 위쪽 끝이 불룩해지면, 심장은 규칙적으로 힘차게 수축하지 못하고 마치 경련하듯 약한 움직임만 보이게 된다. 느슨하고 예측할 수 없게 말이다.

다코쓰보에서 주목해야 할 것은 심실 벽이 그렇게 불룩해지는 **원인**이다. 사랑하는 사람의 죽음을 보는 일, 결혼식장에 상대방이 나타나지 않거나 도박장에서 평생 저축한 돈을 잃는 일. 이런 상황들이 뇌리에서 불러일으키는 강렬하고 고통스러운 감정은 심장의 물리적 변화, 생명까지 위협하는 두려운 변화를 유발할 수 있다. 이는 심장과 마음이 아주 긴밀히 연관되어 있다는 증거다. 많은 의사가 의학적 사실이라기보다 비유적인 표현쯤으로 여겼던 양자 간의 연관성이 다코쓰보 심근증으로 입증된 셈이다.

나는 심장 전문 임상의이므로 다코쓰보 심근증의 진단 및 치료 방법을 숙지할 필요가 있었다. 또한 나는 심장병학을 하기 여러 해 전에 UCLA 신경정신의학연구소의 정신과에서 레지던트 과정을 마쳤다. 이처럼 정신의학도 전공했던 터라, 심장과 마음 양쪽에 대한 나의 의학적 열정을 두루 자극하는 다코쓰보 심근증에 빠져들 수밖에 없었다.

이 같은 배경 때문에 그날 동물원에서 내 입장은 특별했다. 나는 반사적으로 인간의 증상과 동물의 증상을 나란히 놓고 보았다. **감정의 촉발…스트레스 호르몬 분출…심장 근육의 기능 저하…죽음에 이를 수도 있는 상황.** 나도 모르게 '아하!' 소리가 튀어나왔다. 사람에게 나타나는 다코쓰보와 동물에게 나타나는 포획근병증 심장병은 거의 확실하게 관련이 있었다. **이름만 다를 뿐 같은 증상이라 할 만했다.**

그런데 곧 이어서 더욱 깊은 깨달음이 왔다. 핵심은 두 질환의 공통점이 아니었다. 둘 사이에 놓인 심연이었다. 거의 40년 전부터(더 오래전부터일 수도 있다) 수의사들은 이런 일이 동물에게 생길 수 있다는 것, 즉 극심한 두려움을 느낄 때 몸의 근육, 특히 심장 근육이 망가질 수 있다는 사실을 알았다. 실제로, 가장 기본적인 수의학 수련 내용만 봐도 동물을 그물로 잡아 검사하는 과정에서 그 동물이 죽지 않도록 하기 위한 구체적인 지침이 포함되어 있다. 그런데 인간을 치료하는 의사들은 2000년대 초에 와서야 이런 현상을 발견하고는 그걸 자랑스럽게 알려대고, 특이한 외국어 이름을(다코쓰보—옮긴이) 즐겨 언급하면서, 수의학과 학생이면 누구나 1학년 때 배우는 걸 가지고 '새로운 발견'이라며 학문적 경력의 디딤돌로 삼았다. 동물을 치료하는 의사들은 인간을 치료하는 의사들이 감조차 잡지 못했던 사실을 알고 있었던 것이다. 사정이 그러하다면…수의사들은 우리가 모르는 또 다른 무엇을 알고 있을까? '인간의' 질병 중 또 어떤 것들이 동물에게서도 발견되었을까?

그래서 도전을 해보기로 했다. UCLA 병원 소속 의사로서 나는 아주 다양한 질환을 접한다. 낮에 회진을 돌면서 나는 환자들의 병증을 꼼꼼하게 기록하기 시작했다. 그리고 밤에는 수의학의 데이터베이스와 학술지를 샅샅이 뒤지며 내가 기록한 인간 병증들에 상응하는 것이 있는지 찾았다. 그러면서 스스로에게 한가지 간단한 질문을 했다. "동물들도 ……(인간의 병 이름)에 걸리는가?"

우선 주요 사망 원인들부터 시작했다. 동물도 유방암에 걸리는가? 스트레스로 인한 심근경색은 어떤가? 백혈병은? 흑색종은 어떤가? 그리고 실신은? 클라미디아 감염은? 밤이면 밤마다, 찾아보는 질환마다 대답은 늘 "그렇다"였다. 인간과 동물에게서 나타나는 질병은 매우 유사했다.

재규어도 유방암에 걸리며, 아슈케나지 유대인(독일 등 중유럽과 동유럽에 퍼져 살았던 유대인—옮긴이) 후손 다수를 포함하여 많은 이들을 유방암에 취약하게 만드는 *BRCA1* 유전자 돌연변이가 재규어에게도 발생할 수 있다. 동물원의 코뿔소들은 백혈병에 걸리기도 한다. 흑색종은 펭귄에서 물소에 이르는 여러 동물의 몸에서 발견되었다. 아프리카의 서부저지고릴라는 몸속에서 가장 크고 가장 중요한 혈관인 대동맥이 파열되는 끔찍한 질환으로 죽는다. 여성 코미디언 루실 볼, 물리학자 알베르트 아인슈타인, 배우 존 리터도 대동맥 파열로 사망했으며 이들처럼 유명하지 않은 사람들도 매년 수천 명이 이것으로 죽어간다.

나는 오스트레일리아의 코알라들 사이에서 클라미디아가 걷잡을 수 없이 번지고 있다는 사실을 알게 되었다. 그렇다, 성적 접촉으로 전염되는 그 세균 말이다. 현지 수의사들은 코알라 클라미디아 예방 백신을 한창 개발 중이다. 이 얘기를 들으면서 한 가지 생각이 떠올랐다. 미국 전역의 의사들 또한 클라미디아 감염 급증에 직면해 있지 않은가. 코알라 연구가 인간의 공중보건 전략에 뭔가 영향을 줄 수 있을까? 코알라들은 성병을 피하게 해주는 '안전한 섹스'를 할 줄 모르는데(동물들의 콘돔 사용 사례는 찾지 못했다), 이처럼 안전치 못한 성행위만을 하는 집단에서 번지는 성병에 대해 코알라 전문가들은 과연 어떤 사실을 알고 있는 걸까?

나는 건강과 관련해 요즘 사람들의 관심이 지대한 두 가지 문제, 즉 비만과 당뇨병에 대해서도 생각했다. '야생동물은 의학적으로 비만이 되는가? 과식이나 폭식을 할까? 그들도 음식을 모아놓았다가 밤에 몰래 먹는가?' 나는 이런 질문들에 답을 구하기 위해 밤마다 컴퓨터에서 자료를 찾아보고는, '그렇다'는 사실을 확인했다. 조금씩 자주 먹는 동물, 배가 차도록 먹는 동물, 먹은 것을 역류시키는 동물 등을 가볍게 먹는 사람, 푸짐하게 먹는 사람, 다이어트를 하는 사람과 비교해보고 나서 나는 사람의 영양 섭취에 관한 통상적인 견해에 대해, 그리고 비만의 급속한 확산 현상 자체에 대해 이전과는 다른 시각을 갖게 되었다.

얼마 지나지 않아, 어느새 나는 놀라우리만치 낯설고 새로운 아이디어의 세상, 의학을 공부하고 환자를 진료하던 세월 동안 단 한번도 생각해보지 못한 아이디어의 세상 한가운데 있었다. 솔직히 말하면, 이런 변화로 나는 겸손해졌으며 완전히 새로운 방식으로 내 역할을 바라보게 되었다. 그리고 생각했다. 인간을 치료하는 의사와 동물을 치료하는 수의사가, 야생동물의 생태를 연구하는 생물학자들까지 참여한 가운데 현장에서, 실험실에서, 병원에서 서로 손잡고 일해야 하는 것 아닐까? 이 같은 협력이 이루어진다면, 내가 다코쓰보 심근증을 처음 접했을 때 경험했던 깨달음의 순간을 유방암, 비만, 각종 전염병, 그 밖의 다양한 건강 문제에서도 경험하게 될지 모른다. 그리고 어쩌면 치료 방법까지도 찾을 수 있지 않겠는가.

새로운 것을 알아갈수록 한 가지 의문이 계속 머릿속을 맴돌며 나를 애태웠다. '어째서 우리 의사들은 동물 전문가들과 일상적으로 협력하지 않는 걸까?'

그에 대한 답을 찾는 과정에서 놀라운 사실을 알게 되었다. 예전에는 우리가 그렇게 했다는 것이다. 사실 한두 세기 전에는 많은 공동체에서 동물과 인간이 같은 의사에게 치료를 받았다. 마을의 의사는 사람과 동물을 가리지 않고 부러진 뼈를 붙였고, 아기를 받았다. 그 시대의 대표적 의사였으며 현대 병리학의 아버지로 오늘날까지 널리 기억되는 루돌프 피르호는 이렇게 말했다. "동물의학과 인간의학 사이에는 경계선이 없으며 있어서도 안 된다. 대상이 다르다 해도 거기에서 획득된 경험이 모든 의학의 기반이 된다."[1)]

하지만 동물의학과 인간의학은 20세기로의 전환기에 결정적으로 갈라지기 시작했다. 도시화의 진행에 따라 동물에 의존하여 생계를 꾸리는 사람들이 줄어들었다. 엔진으로 작동하는 운송 수단이 등장하면서 동물은 사람들의 일상생활에서도 밀려났다. 그러면서 많은 수의사의 주된 수입원이 사라졌다. 또한 1800년대 후반 미국에서 모릴토지허여(許與)법안(Morrill Land-Grant Acts)이라는 것이 연방법으로 제정되면서 수의과대학은 시골 공동체로 밀려난 반면 대학 부속 병원들은 부유한 도시들에 자리 잡고 급속히 성장했다.

---

1) 피르호(Rudolf Virchow, 1821~1902)의 걸출한 제자들 중에는 미국의 의학도들이 현대 의학의 아버지로 존경하는 캐나다 의사 윌리엄 오슬러(William Osler, 1849~1919)가 있다. 의사들에게 잘 알려지지 않은 사실은, 수의사들은 그들대로 오슬러를 수의학의 아버지로 생각한다는 것이다. 그는 동물 종 간 비교연구법의 주요 옹호자였으며 몬트리올의 맥길대학교에 수의과대학이 만들어지는 데 큰 영향을 미쳤다.

현대 의학의 황금시대가 시작되면서, 동물보다는 사람을 치료하는 일에 더 많은 돈과 더 높은 명예, 더 큰 학문적 보상이 따랐다. 툭하면 거머리를 환부에 붙이고 묘한 물약이나 만들어주는 게 의사라는 손상된 이미지도 이 시기에 거의 사라졌다. 그러나 이처럼 치솟는 사회적 지위와 그에 수반하는 부를 수의사들은 좀처럼 누리지 못했다. 두 분야는 서로 다른 평행선을 따라 20세기를 지났다.

2007년까지는 그랬다. 이 해에 로저 마라는 수의사와 론 데이비스라는 의사가 미시간주 이스트랜싱에서 만났다. 이 자리에서 두 사람은 동물 환자와 인간 환자에게서 보이는 유사한 문제들, 예컨대 암, 당뇨병, 간접흡연의 부작용, '인수(人獸)공통감염병'(웨스트나일바이러스와 조류인플루엔자처럼 동물에게서 사람으로 전염되는 질병) 등에 관해 정보와 의견을 나눴다(인수공통감염병[감염증 · 전염병]은 '동물원성[動物源性]감염병'이라고도 한다.—옮긴이). 그리고 일반 의사와 수의사들을 향해 그들이 치료하는 환자가 사람이냐 동물이냐를 가지고 벽을 쌓지 말고 서로에게 배우자고 촉구했다.

데이비스가 당시 미국의학협회(AMA) 회장이었고 마는 미국수의학협회(AVMA)의 회장이었던 만큼, 이들의 만남은 두 분야를 재결합하려는 이전의 몇 안 되는 시도들에 비해 의미가 컸다.[2)]

하지만 두 사람이 내놓은 성명은 대중매체의 주목을 거의 받지 못했고, 의료인들 사이에서조차—특히 인간을 치료하는 의사들 사이에서—별다른 관심을 끌지 못했다. 그래도 이 '원헬스(One Health—이 운동을 지칭하는 용어로 널리 쓰인다)' 개념이 세계보건기구(WHO), 국제연합, 미국 질

---

2) 현대에 이르러 일반 의학과 수의학의 결합을 처음 시도한 사람 중 하나가 1960년대에 '하나의 의학(One Medicine)' 운동을 벌인 저명한 수의학자 · 역학자(疫學者) 캘빈 슈바베(Calvin Schwabe, 1927~2006)다. 그는 이 분야의 개척자로 일컬어진다.

병통제예방센터(CDC) 등의 주목을 받은 것은 사실이다.[3] 미국과학아카데미 산하 기구인 미국의학연구소는 2009년 워싱턴 DC에서 원헬스 대표자 회담을 주최했다. 또한 펜실베이니아대학교, 코넬대학교, 터프츠대학교, 캘리포니아대학교 데이비스 캠퍼스, 콜로라도주립대학교, 플로리다대학교를 비롯한 여러 대학의 수의학과에서도 교육과 연구, 임상 의료에서 원헬스 공동작업을 시작했다.

그러나 사실 대부분의 의사가 의사 생활 내내 적어도 일과 관련해서 수의사들과 교류하는 일은 없을 것이다. 나 역시도 그 동물원에서 자문을 해오기 전에는 우리 집 강아지의 검사나 예방접종 때문에 동물병원에 갈 때나 수의사를 생각하는 게 고작이었다. 그런데 내 수의사 동료들 말을 들어보면 그들은 최신의 의학 연구 결과와 기술을 익히기 위해 인간의학 학술지를 정기적으로 읽는다고 한다. 이에 비해 내가 아는 대부분의 의사는—최근까지의 나도 포함해서—동물 의료를 다루는 학술 월간지를 참고하는 일은 생각조차 하지 않을 것이다. 〈수의내과학 저널Journal of Veterinary Internal Medicine〉처럼 저명한 학술지라 해도 말이다.

나는 그 이유를 알 것 같다. 대부분의 일반 의사는 동물과 그들의 병을 무언가 '다른' 것으로 본다. 우리 인간은 우리 나름의 병을 갖고 있으며 동물은 그들대로의 병을 갖고 있다고 보는 것이다. 그리고 또 다른 이유도 있다고 생각한다. 인간의 병을 다루는 의학계 사람들은, 내놓고 말하지는 않는다 해도, 수의학에 대해 부정할 수 없는 편견을 갖고 있다. 대부분

3) 이 운동은 오랜 세월(19세기부터임—옮긴이)을 거치면서 몇 가지 다른 이름으로 진행되었는데, 그중에는 '비교의학'과 '하나의 의학'도 있다. ('원헬스' 즉 '하나의 건강'이라는 용어는 2003년 4월 에볼라 출혈열에 관한 〈워싱턴포스트〉 기사에서 처음 인용됐다.—옮긴이)

의 의사는 훌륭한 자질들—예컨대 지칠 줄 모르는 근면성, 다른 사람들을 도우려는 욕구, 공동체에 대한 의무감, 학문적 엄격함 등—을 많이 지니고 있다. 그러나 우리 의사들에겐, 내가 내키진 않지만 지적하지 않을 수 없는 치부도 있다. 이 말을 듣고 놀랄 사람도 있고 그러지 않을 사람도 있을 텐데, 의사들은 속물일 수 있다. (M.D. 학위가 없는) 족부(足部) 전문의(podiatrist)나 시력 검정의(optometrist), 혹은 치과 교정의(orthodontist)에게 이름 뒤에 M.D.라는 신성한 명칭이 붙은 사람에게서 젠체한다는 느낌을 받은 적이 있느냐고 물어본다면, 아마도 그들의 거만함, 혹은 은혜를 베푸는 듯 은근히 생색내는 M.D.들 특유의 태도에 관해 재미있는 얘기를 몇 가지는 듣게 될 것이다. (여기서 M.D.는 라틴어 'medicinae doctor'의 약자이며 영어로는 'doctor of medicine'이다. 이를 흔히 '의학박사'로 번역하지만 우리나라의 의학박사[Ph.D. in Medicine]와는 달라서, 미국에선 의학전문대학원 메디컬 스쿨을 4년 이수하고 졸업할 때 자동으로 받는 학위다. 우리로 따지면 '의학사'인 셈이다.—옮긴이)

그런데 우리 M.D.들은 서로에게도 그런 태도를 보인다. 자만심 넘치는 신경외과 레지던트들이 쾌활한 가정의학 팀이나 감정이입에 능한 정신과 인턴들과 마주앉아 커피와 머핀을 나누는 광경은 좀처럼 보기 힘들다. 의사들 사이에 불문율처럼 계급이 존재하는 것이다. 더 경쟁력 있고, 더 돈을 많이 벌며, 더 절차에 따라 움직이는 '엘리트' 전문의들은 거드름의 피라미드에서 맨 윗자리에 앉는다. 환자 몸의 어떤 부위를 치료하는가를 기준으로 자기들 사이의 순위를 서슴없이 매기는 그들이, 하찮은 '동물 의사'를 얼마나 우습게 알지 상상해보라. 요즘은 수의과대학이 의과대학보다 들어가기 더 어렵다는 걸 알게 되면 적잖은 내 동료들이 충격을 받을 게 틀림없다.

인간의학과 동물의학 사이에 오래전부터 존재해온 이런 반감에 관해 내게 얘기하는 수의사들의 상당수는 자기네가 '진짜' 의사로 진지하게 대우받지 못하는 데 대해 불쾌감을 드러낸다. 하지만 M.D.들의 거드름에 마음이 상하면서도 대부분의 수의사는 사람을 다루는, 보다 화려한 저들의 태도를 그저 체념하며 받아들인다. 그들 몇몇은 수의사들끼리 하는 농담을 내게 얘기해주기도 했다. **"의사를 뭐라고 하면 되지? 인간이라는 종 하나만 치료할 수 있는 수의사지."**

그럼에도 사람을 치료하는 의사들 사이에선 그 누구도 동물 의사들을 대등한 동료로 받아들이지 않는다. 다윈이 예리하게 지적했듯, "우리는 [동물들을] 우리와 동등한 존재로 생각하고 싶어 하지 않는다." 하지만 의학 그 자체의 토대를 이루는 생물학 전체가 우리 인간이 동물이라는 사실에 기대고 있다. 사실 우리 인간의 유전암호(genetic code, 유전부호) 대부분이 다른 생명체들에게도 있다.

물론 인간과 동물 간에 생물학적으로 겹치는 부분이 방대하다는 사실을 우리도 어느 정도는 받아들인다. 우리가 먹는—그리고 처방하는—거의 모든 약은 동물실험을 거친 것이다. 실제로, 의사들에게 우리 인간의 건강에 관해 동물이 무엇을 알려줄 수 있느냐고 묻는다면 그들 대부분이 자동적으로 가리킬 장소가 하나 있는데, 그건 바로 실험실이다. 하지만 내가 말하려는 건 이것이 아니다.

이 책은 동물실험에 관한 게 아니다. 동물실험의 복잡하고 중요한 윤리적 문제들에 관한 것도 아니다. 그보다는 인간 환자와 동물 환자 모두의 건강을 개선할 수 있는 새로운 접근법을 소개하려는 것이다. 이 접근법은 다음과 같은 단순명료한 현실에 바탕을 두고 있다. 정글, 바다, 숲, 그리고 우리의 집에 사는 동물들은 우리 인간과 마찬가지로 때때로 병에 걸린다는 것 말이다. 수의사들은 아주 다양한 종들을 대상으로 이런 병들을 관찰하고 치료한다. 하지만 우리 의사들은 이런 사실을 대체로 무시한다. 이는 커다란 맹점인데, 우리는 동물이 그들의 자연적 환경에서 어떻게 살고, 죽고, 병에 걸리고, 치유되는지를 배움으로써 모든 종의 건강을 향상할 수 있기 때문이다.

동물과 인간의 차이에 얽매이지 않고 같은 점에 집중하기 시작하자, 내가 환자들과 그들의 병을 보는 시각, 심지어는 의사란 무엇인가에 대한 생각까지 변하게 되었다. '인간'과 '동물' 사이의 경계선이 희미해지기 시작했다. 처음에는 그런 변화가 혼란스럽기도 했다. UCLA에서 사람을 대상으로, 로스앤젤레스 동물원에서 동물을 대상으로 내가 했던 모든 심장초음파검사가 어느 순간 친숙하면서도 새로운 의미로 다가왔다. 승모판(僧帽瓣, 좌심실과 좌심방 사이의 판막—옮긴이)이든 좌심실 첨부(尖部, 위쪽 끝 꼭지점 부분)든 인간과 동물 모두에게 있는 것들을 하나하나 확인할 때마다 우리가 함께 진화했으며 같은 건강 문제를 갖고 있음을 새삼 실감했다.

내 안의 심장병 전문의는 이 새로운 시각, 인간과 동물의 무수한 공통점에 흥분했다. 하지만 정신과 의사로서 나는 그렇게 확신할 수 없었다. 신체적 유사성은 분명 존재한다. 피와 뼈, 뛰는 심장은 영장류를 비롯한 포유동물뿐 아니라 조류, 파충류, 심지어 물고기에게도 생명의 기운을 불어넣는다. 하지만 인간에서만 특유하게 발달된 뇌를 고려한다면 그 유사성은 신체 수준에서 끝나리라고 나는 짐작했다. 인간과 동물의 공통점이 마음과 감정에까지 해당될 리는 없었다. 그래서 나는 정신의학적 시각으로 문제에 접근해봤다.

동물들에게도…강박장애가 있는가? 의사의 진단 및 치료가 필요한 우울증은 어떤가? 약물중독과 남용은? 불안장애는? 동물들도 자살을 하는

가? 이런 의문들에 대한 답을 찾다보니 대단히 흥미롭고 놀라운 일련의 결과가 나왔고, 나는 또 한 번 멍한 느낌으로 앉아 있었다.

문어와 종마는 우리가 '커터(cutter)'라고 부르는 자해 환자들과 비슷한 방식으로 자해를 한다. 야생의 침팬지는 우울증을 겪으며, 때로 그 때문에 죽기도 한다. 정신과 치료를 받는 강박장애 환자가 보이는 강박 증상은 수의사들이 동물 환자에게서 발견하는 '상동증(常同症, stereotypy, 같은 행동이나 몸짓, 말 등을 무의미하게 장시간 반복하는 증상—옮긴이)'이라는 것과 비슷하다.

불현듯, 이런 사실들이 인간의 **정신**건강 관리에 어마어마한 도움이 될 것 같아 보였다. 강박적으로 자신의 몸을 담뱃불로 지지는 환자의 경우, 그의 치료사가 강박적으로 자기 깃털을 뽑는 장애가 생긴 앵무새 수십 마리를 치료한 새 전문가와 협력한다면 좋은 효과를 거둘지도 모른다. 다이애나 왕세자비나 앤젤리나 졸리(두 사람 모두 칼로 자해를 했다고 공개적으로 인정했다)는 강박적으로 자신을 무는 말을 치료하는 말 전문가와 그들의 충동에 관해 의논했다면 위안을 찾을 수 있었을 법하다.

조류에서 코끼리에 이르는 많은 종들이 아마도 그들의 감각 상태를 바꾸기 위해—즉 '취하기' 위해—향정신성 효과가 있는 장과류(漿果類, berries)나 다른 식물을 찾는다는 사실은 중독자와 그 치료사들에게 중요한 의미를 지닌다. 큰뿔야생양, 물소, 재규어, 그리고 영장류 중 많은 종류가 마약성 물질이나 환각 물질을 포함해 그들을 취하게 만드는 것을 먹고, 그 효과를 드러낸다. 동식물 연구가들은 야생의 현장에서 이런 행동을 수십 년간 관찰해왔다. 알코올 중독이나 약물중독 치료의 새로운 길—아니면 적어도 새로운 시각—을 그 모든 동물 연구 자료에서 찾을 수 있지 않을까?

나는 또한 수의학에서 알고 있는 우울증과 자살의 사례들도 조사했다. 동물이 인간과 같은 유형의 자살 충동을 느낄 것 같지는 않았다. 동물의 감정이 인간과 유사하다는 것은 행동주의 심리학자들과 수의사들이 설득력 있게 설명해왔지만, 나는 동물이 우리 인간처럼 죽음을 예견하거나 죽음의 힘을 안다고는 믿기 어려웠다. 그러면서도 이런 질문을 했다. "동물도 자살을 할까?"

글쎄, 동물은 자신의 목을 올가미로 묶거나 권총으로 스스로를 쏘지 않으며, 자살 이유를 설명하는 쪽지를 남기지도 않는다. 하지만 슬픔에서 비롯되고 생명까지 위협하는 '자기방임'(음식과 물을 거부하는 것 등)으로 보이는 행동의 예가 과학 문헌 곳곳에서 보이며, 수의사나 반려동물(애완동물) 주인들이 하는 이야기에도 등장한다. 그리고 곤충학자들은 기생충 감염으로 인한 곤충의 자살에 관해 자세히 기록해놓았다.

여기서 흥미로운 문제가 제기된다. 우리의 신체 구조는 수억 년에 걸쳐 진화해왔다. 아마도 현대 인류의 감정 역시 수천 년에 걸쳐 진화했을 것이다. 자연선택은 우리가 느끼는 감정—불안, 슬픔, 수치심에서 자부심, 기쁨, 심지어 샤덴프로이데(Schadenfreude, 남의 불행이나 고통을 보면서 느끼는 기쁨—옮긴이)에 이르기까지—에서도 한몫을 했을까?

자연선택이 인간과 동물의 감정에 미친 영향에 대해서는 다윈 자신이 폭넓게 연구하고 기록했음에도, 내가 받은 정신의학 교육에서는 인간의 감정이 진화에 뿌리를 두고 있을 가능성은 언급조차 하지 않았다. 사실은 그와 정반대에 가까웠다. 내가 받은 교육에서는 의인화라는 유혹적인 충동에 관해 엄중하게 경고했다. 동물의 얼굴에서 고통이나 슬픔을 읽는 것은 그 시절엔 투사, 공상, 혹은 선부른 감상으로 비난받았다. 하지만 지난 20년간의 과학 발전으로 우리는 새로운 지식을 반영한 시각을 받아들여야 할 상황에 놓였다. 다른 동물에서 인간의 여러 모습을 보는 것은 우리가 생각하는 것만큼 큰 문제가 아닐지 모른다. 인간 자신의 동물적 본성을 제대로 인정하지 않는 게 더 큰 제약일 수 있다.

정신과 의사로서 나는 확신했다. 동물의 정신적·신체적 장애를 계속 무시하는 것은 인간에 관한 중요한 연구 보고가 외국어로 쓰였다고 해서 찾아 읽지 않으려는 것만큼이나 편협한 태도라는 생각이 들었다.

그러는 중에도 내 안의 회의론자는 인간과 동물의 유사성을 기존의 틀 안에서 설명해줄 논리를 뭐든 찾으려 들었다. 아마도 환경을 공유하기 때문일 뿐 아닐까. 그리고, 따지고 보면 우리 인간은 먹이사슬의 맨 윗자리를 차고앉아 그 아래의 모든 동물이 우리의 식습관과 무기와 질병 따위를 받아들이도록 만들지 않았는가.

그래서 나는 인간에게만 해당되며 현대에 나타난 것이라고 내가 오랫동안 당연시해온 질환들을 새로이 살펴보기 시작했다. 그리고 놀라운 사실을 발견했다. 공룡에게서 통풍과 관절염, 피로골절(뼈의 어느 부위에 외부의 힘이 반복적으로 가해질 때 점차 생기는 골절—옮긴이)…심지어 암까지 발견되었다는 것이다. 얼마 전 고생물학자들은 티라노사우루스 렉스와 같은 과에 속하는 고르고사우루스의 두개골 화석 속에서 덩어리 하나를 발견했다. 그들에 따르면 이 덩어리는 뇌종양이었으며, 이것이 지구상에서 가장 악명 높았던 육식 동물 중 하나를 쓰러뜨렸다고 했다. 이로써 중생대 후기의 암 환자는 작곡가 조지 거슈윈, 레게 아티스트 밥 말리, 미국 상원의원 에드워드 케네디 등 현대의 인간 뇌종양 사망자들과 하나의 끈으로 이어졌다.

현세에서 인간 환자의 치료를 일생의 업으로 삼아오던 나는 이렇게 어느 날 갑자기 달라진 경계와 맞닥뜨렸다. 암은 적어도 7,000만 년 동안 피해자들을 공격하고 죽였던 것이다. 이 새로운 사실로 인해 환자와 의사들이 이 병을 보는 방식이, 더 나아가 종양학자들이 암을 치료할 길을 찾는 방식이 어떻게 바뀌게 될지 나는 궁금했다.

이즈음 나는 과학 저널리스트인 캐스린 바워스와 함께 일하기 시작했다. 의사가 아니며 사회과학과 문학 쪽의 배경을 지닌 캐스린은 내가 앞에서 언급한 의학적 유사성이 좀 더 넓은 의미를 갖는다고 보았다. 그녀는 동물원과 병원에서 내가 중복되게 경험한 것들을 더 넓은 맥락에서 보라고 나를 독려했다. 우리는 함께 이 책에 들어갈 내용을 조사하고 집필하기 시작했으며, 그 과정에서 의학과 진화 이야기와 인류학, 동물학을 두루 넘나들었다.

우선 고대 이래 철학자와 과학자들이 여러 동물 사이에서 인간의 위치를 어떻게 설정했는지부터 조사했다. 우리 인간이 이런 문제를 생각하기 시작한 이후로, 인간이 동물이라는 명백한 사실에 대해 두 가지 생각이 공존했다. 적어도 플라톤 시대까지 거슬러 올라가는 기록들을 보면, 우리 조상들은 인간과 이른바 열등한 동물들 사이에 분명한 유사성이 있음을 인정했다. 플라톤은 말했다, "인간은 깃털이 없는 두발 동물이다. 깃털 있는 것은 새다." 그런가 하면 오래전부터 사람들은 우리를 더 높은 수준의 존재로 규정하는 인간에 대한 정의를 고수하고자 했다.

『종의 기원*The Origin of Species*』에서 찰스 다윈은 동물과의 관계 속에서 우리 인간의 위치를 인식하는 새로운 (그리고 많은 사람에겐 극히 언짢은) 방식을 제시했다. 그는 인간과 짐승이 완전히 분리된 존재라기보다 같은 나무의 다른 가지와 같다고 보았다. 이후 각양각색의 학자들이 끼어들어 인간이 원숭이를 비롯한 다른 종들과 과연 관계가 있는지, 있다면 어떤 관계인지에 대해 설왕설래했다.

20세기 중반에 이 논쟁은 『털 없는 원숭이*The Naked Ape*』에 의해 재점화됐다. 동물학자이며 런던 동물원의 포유류 관장을 지낸 데즈먼드 모리스는 인간의 음식 먹기, 잠자기, 싸움, 육아 등을 일부러 철저히 객관적으로, 생물학자가 연구 현장에서 동물의 행동을 기록하듯 묘사했다.

모리스가 인간이 원숭이와 얼마나 비슷한지를 지적하던 즈음에, 두 사람의 선구적인 영장류학자는 원숭이가 인간처럼 행동하는 갖가지 모습을 기록했다. 제인 구달은 야생의 침팬지들이 도구를 사용하고 조직적이라 할 방식으로 싸움을 벌이는 모습을 처음 관찰한 사람의 하나였다. 다이앤 포시는 20년 가까이 르완다의 고릴라 무리 가까이에 살면서 그들의 발성법과 사회조직을 연구했다. 포시와 구달은 권위 있는 저술과 인상 깊은 미디어 출연을 통해 이들 유인원 하나하나의 개성과 대가족 관계를 널리 소개함으로써 인간과 유인원의 진화적 관계와 공통점에 대하여 점증하던 대중의 관심을 충족했다. 두 여성이 중요한 과학적 지식의 진전에도 기여했음은 물론이다.

그 이후로 많은 학자가 동물과 진화생물학을 연구하면서 현대 인간의 삶을 명확히 밝혀보려는 시도를 했다. 그중 대표적인 두 학자는 나란히 하버드 교수이자 박식가이면서 서로 격돌했던 에드워드 O. 윌슨과 고 스티븐 제이 굴드였다.

윌슨은 1975년 『사회생물학*Sociobiology*』을 출간하면서 학계는 물론 공공 담론의 장까지 뒤흔들었다. 그는 개미에 대한 자신의 광범위한 연구에서 영감을 얻어 동물의 사회적 행동을 자연선택을 비롯한 진화의 동력들과 연결 지었다. 이 연구 결과를 인간 사회에까지 적용한다면, 우리의 본성과 행동의 많은 측면이 유전자로 대략 형성된다는 얘기가 되었다. 하지만 처음 윌슨의 이론이 소개되었을 때 사람들은 큰 반감을 보였다. 대량학

살을 정당화하는 데 우생학(優生學) 이론이 사용된 지 30년밖에 안 된 시점이었으므로, 세상은 인간 본성의 어떤 면이든 그것이 유전적으로 미리 결정될 수 있다는 이론을 받아들일 준비가 되어 있지 않았다. 또한 민권운동과 여성주의 운동이 여러 세기 동안 지속되었던 인종적, 성적, 경제적 차별을 해체하려 들던 때였던 만큼, "생물학적 조건이 곧 운명"이라는 주장을 조금이라도 내비치는 이론을 여론은 받아들이려 하지 않았다. 게다가 분자생물학과 유전체 지도 작성(genome mapping)이라는 과학 혁명은 15년이나 뒤의 일이었기에, 윌슨은 그의 이론 중 많은 부분을 궁극적으로 뒷받침해줄 최첨단 도구들을 아직 갖고 있지 못했다.

윌슨의 학계 동료 일부는 그에게 인종차별적이고 성차별적인 '결정론자'라는 혹독한 낙인을 찍었다. 주된 비난자 중 한 사람은 저명한 고생물학자이자 지질학자, 과학사학자인 굴드였다(한마디 곁들이자면, 그는 내가 학부 시절 '신체적 기형에 대한 대중의 인식에 다윈이 미친 영향'을 주제로 졸업논문을 쓸 때 지도교수 중 하나였다). 『판다의 엄지*The Panda's Thumb*』 같은 저서에서 굴드는 인간 조건의 미묘함은 자연선택만으로는 이해할 수 없다고 주장했다. 그는 인간 행동을 지나치게 유전에 치우쳐 설명하는 것은 퇴행적인 사회적 의제를 강화할 수 있다고 독자들에게 경고했다. 그의 견해는 1970년대와 80년대의 학계 분위기와 일치했는데, 신역사주의자(New Historicist)들이 문학 작품을 재해석하고 해체주의자(deconstructionist)들이 서양문명 관련 강좌들을 폐기하던 때가 바로 이 시기였다.

리처드 도킨스가 『이기적 유전자*The Selfish Gene*』와 『눈먼 시계공*The Blind Watchmaker*』 같은 도발적인 책들을 출간한 것도 이처럼 여러 이론이 활발하게 대두하던 때였다. 도킨스는 진화를 감상(感傷)이 배제된 과정, 서로 겨루는 유전자들 사이에서 벌어지는 이기적이고 끊임없는 경쟁으로 특징지었다. 옥스퍼드 교수인 도킨스도 윌슨과 마찬가지로 문화를 지배하는 유전의 힘을 과장했다고 비난받았지만, 그에 개의치 않고 인간 행동의 생물학적 근거를—종교와 신에 대한 믿음에서의 역할을 포함하여—계속 파고들었다. 이후의 저서 『조상 이야기*The Ancestor's Tale*』에서 도킨스는 통합된 생물학의 구상을 추구하면서 여러 종을 포괄하는 공통의 조상을 확인했다. 이 종들 중에는 예컨대 하마, 해파리, 단세포 생물 등이 포함돼 있다.

2005년 〈네이처〉 지는 이런 논의의 지형을 재정립하는 연구 결과를 실었다. 인간의 유전체는 침팬지의 유전체와 98.6퍼센트 유사하다는 것이었다. 이 통계 숫자 하나가 과학자들뿐 아니라 많은 사람을 자극하여 우리 인간을 규정하는 것이 무엇인지를 재고하게 했다. 동물과 인간 사이에 연관성이 있음을 입증하려고 노력하던 것은 이미 지난 얘기고, 둘 사이의 그 방대한 공통부분의 깊이와 넓이를 탐사하는 경쟁이 진행 중이다.

이 같은 도전의 과정에서 과학자들의 탐구 범위는 대형 유인원류의 범위를 훨씬 넘어섰다. 생물학자들은 포유류, 파충류, 조류, 심지어 곤충까지 포함하는 다양한 종 사이의 아주 오래된 유전적 유사성을 빠른 속도로 밝혀내고 있다. 그 연구 결과는 놀랍다. 거의 동일한 유전자 집단이 몇십억 년에 걸쳐 세포에서 세포로, 유기체에서 유기체로 전해져 내려왔다. 놀라우리만큼 변하지 않은 이 유전자 무리는 여러 종들 사이의 유사한 구조와 심지어 유사한 반사작용들까지 암호화한다. 다시 말하면, 공통의 유전자 '청사진'의 지시에 따라 범고래 샤무(Shamu, 1960년대 후반 미국의 시월드 샌디에이고에서 살던 범고래—옮긴이)와 경주마 세크러테어리엇(Secretariat, 1970~80년대 미국의 유명한 경주마—옮긴이), 영국 왕세손비 케이트 미들턴의 배아(胚芽)들이 서로 다르면서도 구조적으로 상응하는 팔다리를 키워낸다. 범고래의 방향 조정에 쓰는 지느러미 모양의 발, 경주마의 질주하는 발굽, 왕세손비가 우아하게 내젓는 팔이 그것이다. '깊은 상동성(deep homology)'이라는 용어는 생물학자 숀 B. 캐럴, 닐 슈빈, 클리프 태빈이 우리 인간이 거의 모든 생물체와 공유하는 유전적 핵심을 설명하기 위해 만든 것이다. 앞을 볼 수 있는 쥐에서 유전자를 채취해 눈이 안 보이는 초파리에게 이식했을 때, 이 곤충이 성장하면서 정상 구조의 초파리 눈을 갖게 되는 것도 '깊은 상동성'으로 설명할 수 있다. 빛에 민감하게 반응하는 매의 예리한 시력과 녹조류의 감광성이 유전학적으로 연결되는 것 역시 이에 의해서다. '깊은 상동성' 이론은 인간의 분자계통을 모든 생물체의 가장 오래된 공동 조상까지 거슬러 추적하며, 식물까지 포함하여 모든 살아 있는 유기체는 오랫동안 서로 연락이 끊겼던 동족임을 증명한다.

1980년대 학계를 그토록 풍미했던 '본성 대 양육' 논쟁은 오늘날엔 역사적 참조 사항쯤으로나 간주된다. 분자생물학, 유전학, 신경과학이 발달하면서 이 논쟁은 행동에 유전적인 근거가 있는지 여부를 따지는 것에서 유전자와 문화와 환경이 어떻게 상호작용을 하는지에 관한 보다 섬세하고 다면적인 논의로 바뀌었다. 이와 관련해 '후성유전학(後成遺傳學, epigenetics)'이라는 새로운 분야가 급성장했다. 후성유전학에는 감염이나 독소, 음식, 다른 생물체, 심지어 문화적 관습이 어떻게 유전자의 발현 여부를 조절해 개체의 성장 발달에 변화를 주는가에 대한 연구가 포함된다.

이것이 무엇을 의미하는지 생각해보자. 진화가 꼭 엄청나게 많은 세대 혹은 수백만 년에 걸쳐 일어나는 것만은 아니다. 진화는 지금의 생애에서도 당신이나 나에게, 다른 모든 동물에게 일어날 수 있다. 놀랍게도, 우리의 DNA에 일어나는 후성적 변화는 우리가 아이들에게 물려주는 유전자가 우리가 물려받은 유전자와 다를 수 있음을 의미한다. 후성유전학과 깊은 상동성은 진화라는 동전의 양면이다. 후성유전학은 급속한 진화적 변화를 설명하는 데 도움이 되며, 유전적 건전성에 환경이 미칠 수 있는 영향을 강조한다. 깊은 상동성은 우리의 근원이 아득한 옛날에 있으며, 진화에 따른 변화는 대부분 지극히 느린 속도로 진행된다는 점을 보여준다.

충격적일 만큼 새로운 이 관점은 생물학, 의학, 심리학을 비롯해 많은 분야에서 변화를 불러일으키기 시작했다. 2008년, 인간과 고생물체들 간의 해부학적 구조의 유사성을 명쾌하게 설명한 닐 슈빈의 저서 『내 안의 물고기*Your Inner Fish*』가 출간되자, 비교생물학에 대한 관심이 더 크게 일면서 현대 의학에서 새로운 개념들이 전개되었다. 시카고대학교의 고생물학자이자 생물학자인 닐 슈빈과 랜돌프 네시, 조지 윌리엄스, 피터 글럭먼, 스티븐 스턴스 등은 그들의 저서 『인간은 왜 병에 걸리는가*Why We Get Sick*』, 『진화의학의 이해*The Principles of Evolutionary Medicine*』, 『건강과 질병에서의 진화*Evolution in Health and Disease*』를 통해 진화의학이라는 새 분야를 세워 나갔다. 인간생물학과 동물학의 공통된 영역에 새로운 길을 연 영향력 있는 과학자들을 몇 사람만 더 열거하자면, 숀 B. 캐럴(『이보디보, 생명의 블랙박스를 열다*Endless Forms Most Beautiful*』), 재러드 다이아몬드(『제3의 침팬지*The Third Chimpanzee*』), 스티븐 핑커(『빈 서판*The Blank Slate*』), 프란스 드 발(『내 안의 유인원*Our Inner Ape*』), 로버트 새폴스키(『Dr. 영장류 개코원숭이로 살다—어느 한 영장류의 회고록*A Primate's Memoir*』), 제리 코인(『지울 수 없는 흔적—진화는 왜 사실인가*Why Evolution Is True*』) 등이다.

지나치게 추측에 근거하며 사람의 감정을 투사하곤 한다는 이유로 오랫동안 경시되었던 동물의 정신생활에 대한 관심 역시 차츰 인정을 받았다. 템플 그랜딘(『동물은 우리를 인간으로 만든다*Animals Make Us Human*』, 『동물과의 대화*Animals in Translation*』)과 제프리 무사에프 메이슨(『코끼리가 눈물 흘릴 때*When Elephants Weep*』, 마크 베코프(『동물의 감정*The Emotional Lives of Animals*』), 알렉산드라 호러위츠(『개의 사생활*Inside of a Dog*』)는 그들의 책에서 우리가 예지력, 후회, 부끄러움, 죄책감, 복수, 사랑이라고 부를 수 있는 것과 유사한 동물의 인지와 행동을 예증해 보였다.

그들의 책에서 영감과 깨우침을 얻기는 했지만, 나는 더 좋은 의사가 되기 위해 그들의 통찰을 이용할 구체적인 방법을 알고 싶었다. 그리고 의사, 수의사, 진화생물학자들 사이에 놓인 벽을 허물고 싶었다. 세 분야가 힘을 합치면 동물과 인간의 공통되는 부분 중에서도 가장 시급하게 중요한, 환자의 치료와 관련된 사항들을 더없이 효율적으로 탐구할 수 있을 것이기 때문이다.

동물을 돌보는 사람들의 지혜를 모으고 여기에 수십 년에 걸친 진화 연구의 결실을 더해 내 진료실 안에서 나와 환자들 모두 이용할 수 있는 형태로 만드는 것, 이 단순한 개념에 나는 한 사람의 의사로 매료되었으며 의학에 대해 내가 취했던 태도를 처음부터 다시 만들어가기 시작했다.

캐스린과 나는 우리가 생각할 수 있는 인간의 모든 질병이 거의 예외 없이 이런저런 동물에게도 있음을 알게 되었다. 쥐라기의 암에서부터 '문명으로 인한' 생활습관병에 이르기까지 말이다. 우리에게 아직 없는 것은 수의학과 인간의학, 진화의학의 이 새로운 결합을 지칭하는 이름이었다.

관련 문헌에서는 쓸 만한 것을 찾지 못했으므로 우리는 직접 이름을 짓기로 했다. 바로 '주비쿼티(zoobiquity)'다. '동물'을 뜻하는 그리스어 *zo*에 '모든 곳'이라는 뜻의 라틴어 *ubique*를 붙인 이 말은, 우리가 인간의학과 동물의학의 '문화'를 결합하려는 것과 마찬가지로 두 문화(그리스 문화와 라틴 문화)를 결합하고 있다.

주비쿼티는 동물과 그들을 돌보는 의사들에게서 인류의 긴급한 관심사에 대한 해답을 찾는다. 주비퀴티는 우리의 아득한 과거를 면밀히 들여다본다. 진화 연대표를 거슬러 올라가며 대형 유인원과 영장류에서 잠시 머무르긴 해도, 거기서 멈추지는 않는다. 주비퀴티는 우리 인간과 함께 진화했고 지구상에 더불어 존재하는 포유류와 파충류, 조류, 어류, 곤충, 심지어 박테리아까지도 공유하는 질병과 취약점에 우리의 마음을 연다.

엔지니어들은 이미 자연 세계에서 영감을 구하고 있다. 자연모사공학(biomimetics, '생체모방기술, 생체모방공학, 의생학'이라고도 한다.—옮긴이)이라는 분야가 그것이다. 디자이너들은 날개와 지느러미에서 영감을 얻어 더 효율적으로 떠다니고 날아다니는 운송 수단을 만들어낸다. 연구자들은 몸 양쪽에 세 개씩 달린 바퀴벌레의 다리를 본떠 좀처럼 넘어지지 않으며 넘어져도 다시 일어날 수 있는 로봇을 만들었고, 그렇게 해서 로봇이 울퉁불퉁한 지형을 오를 때 균형을 유지하도록 하는 시급한 문제를 해결할 수 있었다. 이 밖에도 흰개미, 모기, 큰부리새, 개똥벌레, 나방 등등 수많은 동물이 보여주는 비상한 적응 방식들을 인간의 영역에 적용하기 위해 과학자들은 노력하고 있다.

이제 의학의 차례다. 나는 때맞춰 적절한 곳에 있었기에 다코쓰보 심근증과 포획근병증을 연결할 수 있었다. (그 결과에 대해서는 6장 '무서워서 죽다'에서 더 자세히 얘기하겠다.) 주비퀴티를 지향한다면 다른 의사들도 나처럼 분야 간의 경계를 넘어서는 경험을 해볼 것을 권한다. 상이한 분야들을 융합하는 이 같은 접근법은 또 다른 중요한 편익도 줄 수 있다. 미국 국립보건원의 지원금을 받는 연구에서 "동물도 …에 걸리는가?"라는 간단한 질문을 더해 연구 영역을 넓힌다면, 과학적 탐구에서 얻는 혜택이 엄청나게 커질 수 있다.

비교연구 방식은 일반 병원이나 동물병원의 벽 훨씬 너머까지 확대될 수 있다. 예컨대, 연어 떼나 큰뿔야생양 무리에서의 복잡한 서열 문제를 밝혀내면 야심만만한 사업가라든지 여중생들이 비슷한 문제에 대처하는 데 도움을 줄 수 있을 것이다. 동물이 자기 영역을 보호하고 방어하는 방식과 인간이 국경 등 경계선과 신분 계층, 왕국, 감옥 따위를 만드는 방식 및 이유 사이의 공통점을 보여주기도 할 것이다. 비교연구는 또한 우리와 촌수가 가까운 동물들이 새끼 돌보기나 형제간 경쟁, 불임 같은 문제를 어떻게 해결하는지에 관해 더 많이 알아낼 때 인간의 자녀 양육에 도움이 되는 정보를 얻을 수 있다는 가능성도 보여준다.

물론 인간은 다른 동물과 확연히 구별되는 독특한 종이다. 인간과 침팬지의 유전자 차이는 1.4퍼센트에 불과하지만, 바로 그 부분에 모차르트와 화성 탐사 로봇, 분자생물학 연구를 가능케 한 신체적, 인지적, 감정적 특질들이 들어 있다. 하지만, 극히 중요하되 비율상으로는 미세한 이 1.4퍼센트의 장엄한 빛에 가려 우리는 98.6퍼센트의 유사성을 보지 못한다. 명백하지만 범위가 좁은 차이점에서 잠시 시선을 돌려 숱하고 엄청난 유사성을 받아들이자고 권유하는 것이 바로 주비퀴티다.

애석하게도 황제타마린 스피츠부벤은 결국 죽고 말았다. 서둘러 덧붙이자면, 친해지려고 한 내 행동 때문은 아니었다. 스피츠부벤의 부검이 끝난 뒤 나는 녀석의 심장 세포 일부를 놓은 슬라이드 하나를 미국 최고의 심장병리학자이며 나의 UCLA 동료인 마이클 피시바인에게 가져갔다.

피시바인과 함께 스피츠부벤의 심장 세포를 현미경으로 들여다보면서, 손상된 심장 근육 세포들이 주위 조직에 의해 얽히고 조여져 있는 듯한 모습을 확인했다. 현미경 속 하얗게 밝혀진 원 안에 또렷이 나타난 분홍색과 자주색의 익숙한 형태를 알아보는 순간 나는 덜컥 두려움을 느꼈다. 정상이 아닌 그 심장 세포는 털이 많고 꼬리가 달리고 나무에 사는 동물의 것이긴 했지만, 기본적으로 인간의 병든 심장 세포와 똑같았다.

이 세포의 모양은 단순히 인간과 동물의 조상이 같다는 사실을 보여주는 데 그치지 않았다. 그것은 수의사들은 잘 알고 있지만 오늘날의 일반 의사들은 알지 못하거나 무시해버리는 하나의 단순한 사실을 나타냈다. 동물과 인간은 같은 감염과 질병, 그리고 상해에 비슷하게 취약하다는 것이다.

인간의 심장 세포 표본을 수없이 관찰해오면서 늘 그랬겠듯, 피시바인은 슬라이드를 주의 깊게 들여다보았다. 그리고 나서 그가 이렇게 말한 것이 기억난다. "심근증이군요. 바이러스에 의한 것일 수 있어요. 인간의 것하고 똑같아 보이네요."

그의 말에 주비쿼티의 본질이 담겨 있었다. 심장의 주인에게 털과 꼬리가 있다는 데 관심을 두지 않고 우리는 그 현미경으로 '타마린의 심장병'이라기보다 '영장류 동물의 심장병'을 보았다. 그러니까 고릴라, 긴팔원숭이, 침팬지, 타마린…그리고 인간의 심장병을 보았던 것이다.

그날 피시바인의 말을 들으면서, 의사로서 나는 인간이라는 하나의 종에만 관심을 쏟는 것을 완전히 중단했다. 그 대신 주비쿼티 방식, 즉 **여러 종을 포괄하고** 서로 관련짓는 접근법을 임상에서 만나는 진단 및 치료상의 난점과 수수께끼에 적용하기로 했다. 이후 나는 인간의 심장이든 동물의 심장이든, 어떤 심장이라도 지금까지와는 전혀 다른 방식으로 보게 되었다.

제2장

심장의 속임수

—우리는 왜 기절하는가

도시 병원의 응급실 상황이 〈그레이 아나토미*Grey's Anatomy*〉와 〈하우스*House, M.D.*〉 같은 텔레비전 프로그램에 나오는 응급실과 비슷한 경우는 그리 흔치 않다. 물론 총상이라든지 심장마비(heart attack, 영어에서 이 말은 대부분의 경우 심근경색의 대중적 용어다.—옮긴이), 약물 과다복용 환자 등을 둘러싼 정신없고 분주한 모습들도 볼 수 있기는 하다. 하지만 그 사이사이엔 좀 더 차분하고 덜 암울한 장면이 펼쳐진다. 우리에게 낯익은 유형의 사람들이 들어오는 것이다. 그중에는 건강염려증 환자나 아이의 건강에 지나치게 민감한 부모들이 있으며, 당연히 졸도한 사람들도 있다.

사소한 일로 보일지 몰라도, 의사들이 '실신(失神, syncope)'이라고 부르는 졸도(기절)는 아주 흔한 것이어서 미국 내 모든 응급실 방문자의 3퍼센트, 입원 환자의 6퍼센트를 차지한다. 우리는 UCLA의 응급실에서 TV 드라마에도 나올 법한 환자들—지진이나 자동차 다중 충돌, 폭력배 패싸움 따위의 피해자들 등—을 많이 돌보지만, 졸도한 사람들 또한 거의 매일 밤 들어온다. 사실 응급실에서 치료하는 졸도 환자의 수는 총기로 인한 부상과 자살 시도, 3도 화상 환자들을 합친 것보다도 많다.

전체 성인의 3분의 1가량이 살면서 적어도 한 번은 완전히 의식을 잃는다. 우리 대부분이 졸도하기 전 머리가 띵한 느낌을 경험한 적이 있는데, 이때 우리가 할 수 있는 거라곤 가까이 있는 의자를 더듬어 잡고 머리를 무릎 위로 늘어뜨리는 것뿐이다. 이건 절대 웃어넘길 일이 아니다. 실신은 심각한 심장질환의 한 증상일 수 있으며, 가령 쓰러지다가 바닥에 머리를 찧기라도 한다면 심한 부상이 생길 수도 있다.

심장병 전문의는 일상적으로 실신 환자들을 치료한다. 실신은 뇌의 문제로 보일 수 있지만 실제로는 뇌와 심장 간 복잡한 상호작용의 결과다. 나는 UCLA 의과대학에서 실신에 관해 강의할 때, 뇌에서 갑자기 혈액과 산소가 부족해지면 종종 의식의 상실이 일어난다고 설명한다. 구체적인 원인은 경우에 따라 다르지만, 대개는 심장이 유력한 용의자다.

다들 알고 있듯, 너무 빨리 일어서다 보면 머리가 핑 도는 수가 있다. 이런 종류의 졸도는 혈액이 중력을 거슬러 체내를 움직이면서 일어나는 문제에서 비롯된다. 한편, 심각한 심장질환—심장이 뇌로 혈액을 꾸준히 공급하지 못하는 상태—에서 생기는 졸도는 진단이 비교적 쉽다.

그런데 더 잘 알려진 형태의 졸도, 즉 셰익스피어와 제인 오스틴에서 J. K. 롤링, 스티븐 킹에 이르기까지 많은 작가가 플롯 포인트(이야기를 다른 방향으로 전환시키는 계기—옮긴이)로 써먹어온 감정으로 인한 졸도는 그 근본 원인이 수수께끼로 남아 있다.

미주신경성 실신(vasovagal syncope, VVS, '혈관미주신경성 실신'이라고도 한다. 부교감신경계의 일부인 미주신경[迷走神經]은 쌍으로 된 열두 개 뇌신경 가운데 열 번째 것으로 내장 대부분에 분포돼 있다.—옮긴이)이라고 하는 이런 종류의 졸도는 워낙 흔해서, 군인의 사망 소식을 가족에게 전하는 이른바 사망자 지원 장교들은 이에 대처하는 훈련을 받는다. 간호사들은 채혈을 할 때 졸도하는 사람을 아주 흔히 보기 때문에 암모니아 흡입제(예전엔 'smelling salts'라고 했다)를 손이 닿는 곳에 항상 둔다. 그리고 산부인과 의사라면 진통 중인 여성의 남편들이 졸도하는 경우가 얼마나 많은지 알고 있다. 감정이 가장 고조되는 시점(자연분만에서 아기의 머리가 빠져나오기 시작할 때, 제왕절개 수술에서 머리가 자궁 밖으로 쑥 나올 때)이면 신생아 울음소리보다 아빠의 머리가 분만실 바닥에 탁 부딪치는 소리가 먼저 들릴 때가 가끔 있다.

하지만 졸도에 관해 내가 알고 있던 모든 지식과 실제 경험도 어느 날 열두 살 된 딸아이의 귀를 뚫어주러 갔을 때 맞닥뜨린 상황에는 별 도움이 되지 않았다. 딸아이의 오염되지 않은 깨끗한 귓불을 쇼핑몰 귀금속점에서 일하는 고교생에게 맡기는 대신, 나는 엄마다운 지혜를 발휘해 내가 생각할 수 있는 가장 깨끗하고 안전한 곳을 골랐다. 우리 가족과 알고 지내는 성형외과 의사의 깔끔하고 잘 소독된 진료실이었다. 그 행복한 날, 흥분한 딸아이는 보톡스 주사를 맞는 사람들을 위해 마련된 푹신하고 편안한 의자에 앉았다. 그리고 나를 향해 용기 있게 미소를 지어 보였다. 의사는 딸의 귀에 녹색 펜으로 표시를 한 다음 아이가 위치를 확인할 수 있도록 손거울을 들어 보여주었다. 그러고는 은색 피어싱 총을 꺼냈는데, 그때 딸아이의 미소가 사라지는 것을 나는 보았다…총이 아이의 머리로 점점 가까이 다가갔고…왼쪽 귀에 거의 닿는가 싶더니…쿵! 내가 "우리 딸, 잘하고 있네"라는 말을 미처 하기도 전에 아이는 쓰러졌다.

거짓말 안 보태고 말하는데, 딸아이는 그곳에 억지로 끌려간 게 아니었다. 몇 년 전부터 귀를 뚫게 해달라고 내게 졸랐다. 아이는 자기가 **원해서** 그곳에 간 거였다. 그리고 우리는 최대한 안전하고 편안한 환경을 선택했다. 하지만 아이의 몸 혹은 마음속의 어떤 본능이 그 순간 '깨어 있는' 것보다 의식을 잃는 편이 낫다고 명령했고, 아이의 뇌와 심장은 그 명령에 따라 졸도라는 반응을 일으킨 게 분명했다.

나중에 그 일을 곰곰이 되짚어보다가 나는 졸도의 난해한 논리에 집중하게 됐다. 만일 그 피어싱 총이 진짜 무기였다면, 아이에게는 공격한 사람의 발아래에 무력하게 쓰러지기보다 도망가거나 아니면 싸우는 편이 낫지 않았을까? 이 이상한 반응은 어떻게 유전자군에 남아 있었던 걸까? 진화 과정에서, 싸우는 사람과 도망가는 사람만 남고 졸도하는 사람들은 오래전에 도태됐을 법한데 그렇지 않은 까닭은 뭘까?[1)]

인간의 신체와 행동에 관한 수수께끼들을 풀 실마리를 찾기 위해, 현대 서구의 도시인들에 비해 진화의 뿌리에서 덜 분리된 삶을 사는 동물들로 눈을 돌려보자. 미주신경성 실신은 주비퀴티 탐험을 하기 위한 완벽한 출발점이다. 나는 졸도한 사람들을 오랜 세월 치료했으면서도 한 가지 기본적 질문을 떠올린 적이 없음을 깨달았다. 동물도 졸도를 하는가?

수의사들이 다루는 어떤 환자들을 조사해도 이 질문에 대한 답은 "그렇다, 때때로 졸도한다"라는 걸 금세 확인할 수 있다. 로트바일러에서 치와와에 이르는 다양한 품종의 개들에서, 실신은 짖기나 뛰어오르기, 껑충거리며 뛰놀기, 털 다듬기, 목욕 같은 일상적인 동작 다음에 일어날 수 있다. 어떤 개들은 가만히 쉬고 있는 상태에서 갑자기 움직이게 자극하면 졸도한다. 개와 고양이는 그들의 의지에 반해 신체적으로 억눌릴 때 미주신경

---

1) 여기에 대해 몇 가지 이론이 있다. 하나는 '혈전 생성(clot-production)' 가설이다. 느린 심장박동이나 완전한 졸도는 동물이 공격을 받은 뒤 피를 흘리며 죽는 것을 피하는 데 도움이 된다는 가설이다. 압력이 낮아서 피가 느리게 움직이면 응고가 더 잘 되기 때문이다. 이보다 덜 그럴싸한 '인간의 폭력적 갈등' 가설은 구석기 시대에서 졸도의 기원을 찾는 것으로, 부족 간 전쟁이 벌어지는 동안 여성과 아이들이(남자는 제외) 피해를 입지 않도록 하는 방법으로 그들(여성과 아이들) 안에서 생겨났다고 주장한다.

성 실신을 하기도 하는데, 신체적 억제는 많은 반려동물이 특히 두려워하는 것이다. 그리고 놀랍게도, 많은 사람이 그렇듯 반려동물 환자 중에서도 바늘에 반응해 졸도하는 경우가 있다고 보고되었다. 채혈을 하고 난 요크셔테리어, 주사기로 방광에서 소변을 뽑고 난 새끼 고양이, 예방접종을 받고 난 카발리에 킹 찰스 스패니얼 등이 그런 예다.

야생동물은 어떨까? 이것은 답을 알아내기가 더 어려운 질문이지만, 동물원 수의사들은 침팬지가 졸도하는 모습을 보았다고 한다. 특히 스트레스를 받거나 탈수 상태가 되었을 때 그렇다는 것이다. 그리고 야생동물 수의사들은 가면올빼미와 검은방울새를 붙잡고 채혈을 할 때 자극에 대한 반응이 거의 없는 상태가 되는 것을 보았다. 찰스 다윈은 울새를 잡았을 때의 상황을 "너무 완전하게 기절해서 잠시 동안은 그 새가 죽었다고 생각했다"라고 기록했다. 그는 또 카나리아가 겁에 질리면 "몸을 떨고 부리 아랫부분이 하얗게 변할 뿐 아니라 졸도까지 하는 것"을 보았다.

졸도는 잘 알려진 투쟁-도피 반응(fight-or-flight response, 긴박한 위협 앞에서 자동적으로 나타나는 생리적 각성 상태로, 교감신경계가 공격, 방어, 혹은 도피에 필요한 에너지를 동원한다.—옮긴이)과 같은 상황에서 같은 방식으로 시작될 때가 많다. 인간을 비롯한 동물들은 목숨이 위험할 수도 있는 위협을 느낄 때 아드레날린을 비롯한 여러 호르몬이 혈류로 쏟아져 들어온다(이 호르몬들을 카테콜아민이라고 한다). 그에 따라 심장박동이 빨라진다. 혈압이 치솟는다. 호흡도 빨라진다. 무엇보다도, 몸속에서 에너지가 솟구치고, 그래서 우리는 그 위협에서 도망치거나 위협과 맞서 싸운다.

그런데 이제 곧 알게 되겠지만, 동물이 위급한 상황에서 '투쟁 혹은 도피'라는 두 가지 반응을 보인다는 오래된 이분법은 보완 수정해야 한다. 많은 동물이 위험과 맞닥뜨렸을 때 살아남을 가능성을 높이기 위해 또 다른 수법을 쓸 수 있기 때문이다. 그들의 선택지는 투쟁과 도피만이 아니다. 투쟁, 도피, 혹은 **졸도**다.

분명 졸도는 다른 두 가지의 공포 반응과 같은 방식으로 시작된다. 감정이 고조되면서 스트레스가 심해지고, 아드레날린이 분출된다. 하지만 여기에서부터 졸도는 다른 노선을 따른다. 심장박동이 **빨라지는**(빈맥) 게 아니라 **급격히 느려진다**(서맥). 혈압이 **치솟는** 대신 **급격히 떨어진다**. 몸 전체의 감지 기구들은 혈압이 낮아지고 혈류의 흐름이 느려진 것을 알아채고 무언가 크게 잘못 되었다는 신호, 다시 말해 심장 기능이 떨어지고 있거나 피를 너무나 많이 잃은 것 같다는 신호를 뇌에 보낸다. 그러면 몸을 방어하기 위해 뇌는 졸도라는 반응을 해서 이 시스템을 차단한다.

겁에 질려 맥박이 빨라졌던 경험이 있는 사람에게, 이처럼 심장박동이 느려지는 것은 직관에 어긋나는 듯 보인다. 하지만 우리는 그것을 느껴보았다. 베이징에서 여권을 잃어버렸을 때, 아니면 배우자가 당신 몰래 바람을 피우고 있음을 알았을 때, 금방이라도 토할 것 같았던 느낌을 생각해보라. 일자리를 위태롭게 하는 실수, 차에 아이들을 가득 태우고 가다가 커다란 트럭과 부딪칠 뻔했던 상황 따위를 겪고 나서 온 몸을 휩싸던 구토증을 떠올려보라. 이는 또한 관객들 앞에 나서기 전에 수백 혹은 수천 개의 눈이 나에게 쏠릴 걸 생각할 때 엄습하는 어지럽고 메슥메슥한 느낌이기도 하다. (시선이 마주칠 때 유발될 수 있는, 때로 치명적인 심장 반응에 대해서는 6장 '무서워서 죽다'에서 다룬다.)

금방이라도 토할 것 같은 그 강력한 느낌은 미주신경의 반응이다. 이는 신경계통 중에서 '소화와 휴식'에 간여하는 부분, 즉 **부교감신경계**에 의해 일어난다. 결정적인 몇 초 동안 **교감신경계**('투쟁-도피 반응'을 관장한다)는 물러나고 부교감신경계가 나선다. 미주신경이 메스꺼움을 느끼는 그 끔찍한 순간에 맥박을 재어보면 심박수가 낮아진 걸 알 수 있다. 전부는 아니지만 몇몇 경우엔 심장박동이 의식상실을 일으킬 만큼 느려지는데, 이것을 우리는 보통 졸도라고 부른다.

얼룩다람쥐가 여권을 분실했다고 두려움을 느끼는 일이야 없겠지만, 다른 스트레스 상황에서는 그럴 수 있다. 공포 상황에서 심장박동이 느려지는 현상은 동물계 전체에 걸쳐 보고되었다. 북미산 마멋, 토끼, 새끼 사슴, 원숭이 등이 모두 두려움에 대한 반응으로 심장박동이 뚜렷하게 느려졌다(혈압도 낮아졌다). 버들뇌조, 카이만(중남미에 분포하는 악어—옮긴이), 고양이, 다람쥐, 생쥐, 앨리게이터, 여러 종의 물고기, 그리고, 그래, 얼룩다람쥐까지도 이런 식으로 심장의 장난을 보인다. 그런 다음 꼭 졸도를 하는 것은 아니지만(사람도 마찬가지다), 스트레스에 반응할 때 이처럼 미주신경 통제 상태로 전환되고 심장박동이 느려지는 것은 특이한 만큼이나 흔한 현상이다. 귀를 뚫는 의자에서 내 딸에게 일어났던 일이 바로 이것이다. 오랫동안 나는 이것을 '두려움이 유발하고 미주신경이 조정하는 서맥'이라는 인간 의학의 용어로 알고 있었는데, 이 현상에 대한 조사를 시작하면서 다른 용어를 만나게 되었다. 바로 수의사들이 사용하는 '경보서맥(alarm bradycardia)'이다. 이것은 우리가 쓰는 용어와 느낌이 비슷해서 마음에 들었고, 말할 필요도 없이 더 간결했다. 물론 두 용어는 정확하게 같은 상태를 가리킨다(경보서맥은 '공포서맥[fear bradycardia]'이라고도 한다.—옮긴이).

동물의 졸도와 인간의 졸도 사이의 한 가지 뚜렷한 차이는, 동물이 경보서맥을 자주 겪기는 해도 완전히 졸도하는 경우는 인간보다 드문 것 같다는 점이다. 그런가 하면, 우리가 응급실에서 보는 실제 졸도 환자보다는 서맥으로 인한 아득함이나 메스꺼움, 현기증을 느낄 뿐 의식을 완전히 잃지는 않는 사람이 훨씬 많다. 인간과 동물 모두에서 이런 증상들을 '의식은 있지만 졸도에 가까운 상태'라고 불러도 큰 무리는 없을 것이다. 그리고 아주 많은 종에서 이런 일을 볼 수 있기 때문에, 우리는 또 하나의 근본적인 질문을 하게 된다. "심한 스트레스를 받을 때 심장의 움직임이 극도로 느려지는 동물은 생존에 이점이 있는가?"

이 질문에는 몇 가지 가능한 대답이 있는데, 그중 첫째는 아마도 다들 이미 짐작했을 것이다. 경보서맥은 동물이 포식자를 만났을 때 죽은 체해서 위기를 넘기는 데 도움이 될 수 있다.

오리는 신경 반응 속도를 늦춰 죽은 것처럼 보이게 하는 방법으로 경험이 적은 여우를 속일 수 있다는 사실이 한 연구에서 밝혀졌다. 하지만 그런 속임수에 넘어가 한두 번 먹잇감을 놓쳐본 나이가 좀 든 여우들은 진실을 알아차린다. 이들 능숙한 사냥꾼들은 오리가 기적적으로 '부활하지' 못하도록 그 자리에서 죽이거나 아니면 다리라도 물어 뜯어내야 한다는 것을 알고 있다.

심장과 머리가 함께 구사하는 이 같은 책략은 눈앞에 닥친 급박한 위기에서 사람들을 구하기도 했다. 1941년, 폴란드의 강제수용소를 탈출한 스물한 살의 니나 모레츠키는 자신을 쫓는 나치들을 피해 숲속으로 도망가다 졸도했다. 정신을 차리고 보니 그녀만큼 운이 좋지 못했던 동료 탈주자들의 시체에 둘러싸여 누워 있었다. 이처럼 암울한 다른 사례 중에는 집단 학살을 할 때 죽은 척하고 있다가 기회를 보아 도망친 생존자들이 있다. 이 방법은 제2차 세계대전 시기 우크라이나 바비야르에서 독일군이 저지른 유대인 학살, 1994년의 르완다 대학살, 2007년 버지니아 공대와 2011년 노르웨이의 우퇴위아 섬에서와 같은 총기난사 사건에서 살아남은 사람들의 이야기에도 나온다.

의식은 있지만 졸도에 가까운 상태에서 흔히 나타나는 부작용 한 가지는 혐오감을 주긴 해도 뛰어난 생존 전술이 될 수 있다. 미주신경이 지배하는 상태에서 동물은 자신의 신체 기능에 대한 통제력을 잃을 수 있다. 어떤 동물은 극도로 흥분하거나 두려움을 느낄 때 오줌이나 똥을 눈다. 대개의 포식자는 똥오줌을 역겨워하며 그 자리를 떠날 것이다. 개들은 스컹크가 냄새를 피우면 물러나는 것으로 알려졌다. 땃쥐류는 겁에 질렸을 때 항문낭에서 굉장히 역겨운 냄새를 풍기는데, 이 때문에 굶주린 오소리도 가까이 오지 못한다. 먹잇감이 되려는 순간에 토하는 것도 포식자를 쫓는 효과적인 방법이 될 수 있다.

이처럼 두려움에 반응할 때 보이는, 꽤 민망할 수도 있는 신체 통제력의 상실은 우리 인간이 진화를 통해 벗어났더라면 하고 바랄 법한 야생의 흔적 중 하나다. 하지만 사실 이런 반응은 우리의 경우에도 가끔 보호 기능을 지닌다. 성폭행 예방 교육을 하는 사람들은 여성들에게 강간당할 위험에 처하면 오줌을 누거나 토하라고 가르치기도 한다. 공격자가 역겨워하면서 자리를 피하는 수가 있기 때문이다. 졸도를 하거나 혹은 '의식은 있지만 졸도에 가까운 상태'가 된 덕에 성폭행을 모면하는 경우는 더 흔하다. 심리학자들은 이런 사례들을 연구하고, 동물에서 나타나는 부동반응(immobility reaction)과 비교했다. 맞서 싸우기를 택할 수 없는 경우에는 몸부림치지 **않는** 편이 상황을 완화하고 강간의 가능성을 줄일 수 있다고 그들은 말한다.[2] 실패할 염려가 전혀 없다고는 할 수 없어도, 많은 경우에

2) 암컷 파리매는 때때로 수컷의 원치 않는 성적 접근을 저지할 때 비슷한 책략을 사용한다(파리매는 육식성 곤충으로, 파리의 천적이기도 하다.—옮긴이). 스웨덴의 곤충학자인 예란 안크비스트는 "수놈에게 잡히면 암놈은 가사 상태(thanatosis)를 보인다(즉, 죽은 척한다). 일단 암놈이 전혀 움직이지 않으면 수놈은 생명이 없어 보이는 암놈을 잠재적 파트너로 인식하지 않는 듯하며, 흥미를 잃고 그냥 놔준다"라고 설명한다. 곤충의 이 같은 성폭행 방지 전략이 인간의 비슷한 행태와

졸도는 성공하므로 그것이 진화 과정에 두고 있는 뿌리를 진지하게 고려해볼 만하다.

졸도의 가장 중요한 역할, 즉 꼭 필요한 때에 신체 활동을 잠깐 멈춰 생명 유지를 돕는 역할을 아주 잘 아는 집단이 남에게 고통을 가하는 일을 업으로 삼는 사람들, 즉 고문자들이라는 것은 가슴 아픈 아이러니다. 고문 피해자들에게서 나온 많은 이야기에는 구역질 날 정도로 반복되는 익숙한 상황이 있다. 공포와 신체적 가해 상황에서 많은 피해자가 의식을 잃는다. 하지만 끔찍하게도, 그들의 의식이 돌아오자마자 고문자는 공격을 재개한다. 졸도라는 신체의 보호 반응을 짓밟으면서, 고문을 하는 사람은 또 다른 수준의 고통을 더한다고 할 수 있다. 수면을 박탈함으로써 신체가 회복에 필요한 휴식을 갖지 못하도록 하는 것처럼 말이다.[3)]

움직임이 느려진 심장은 생존에 필요한 또 하나의 중요한 이점을 제공한다. 위기에 처한 동물이 꼼짝 않는 것을 돕기 때문이다. 흰꼬리사슴을 연구하는 캐나다 과학자들은 늑대가 울부짖는 소리를 녹음해 새끼 사슴들에게 들려주었을 때 어떤 일이 일어나는지 조사했다. 새끼 사슴은 "충분히 예측할 수 있듯" 경보서맥 반응을 보이면서 심장박동이 느려지고 몸도 움직이지 않았다. 어미가 먹이를 찾으러 떠났다가 돌아올 때까지 오랜 시

연관이 있는지, 있다면 어떻게 그러한지는 명확지 않지만, 아무튼 안크비스트는 죽은 척하는 게 곤충 세계에 아주 널리 퍼져 있으므로 암컷이 원치 않는 짝짓기에서 자신을 보호하기 위해 이 책략을 응용했을 수도 있다고 믿는다.

3) 몇몇 전문가들은 십자가 위에서의 죽음이 미주신경성 실신의 반복에 따른 것이라고 믿는다. 이 끔찍한 방식의 고문(십자가형을 뜻하는 'crucifixion'에서 'excruciating' 즉 '몹시 고통스러운'이라는 말이 유래했다)을 받는 내내, 매달린 사람에게는 수평 자세로 쓰러져 기운을 회복할 기회가 주어지지 않는다. 그는 숨 돌릴 틈도 없이 졸도와 깨어남을 반복하다가 결국은 혈압 저하와 산소 부족으로 죽고 만다.

간 혼자 남아야 하는 새끼 사슴들의 생존에 이런 생리적 책략이 얼마나 유리하게 작용할지 생각해보라. 위험이 가까이 있을 때 이들은 심장박동이 느려지면서 꼼짝도 하지 않는다. 다시 말해, 서맥 덕분에 이들은 잘 숨을 수 있다. 이런 생리 반응이 사람의 아기들에게도 나타날까?

하지만 이런 실험은 아기들에게 절대 해서는 안 되는 일이다. 심장박동의 변화를 알아보기 위해 아이들에게 일부러 겁을 준다면, 그 연구자는 체포까지 되지는 않는다 해도 분명 호된 비난을 받을 것이다. 하지만 지정학적 운명으로 인한 우연한 사건 때문에 우리는 아주 어린 아기들이 원초적인 공포에 어떻게 반응하는지 한 단면이나마 엿볼 수 있었다.

걸프 전쟁이 한창이던 1991년 1월 18일 밤, 이라크 군대가 쏜 스커드 미사일이 이스라엘 곳곳에 날아와 폭발하기 시작했다. 옥외 스피커와 라디오, 텔레비전을 통해 공습경보 사이렌이 요란하게 울렸다. 미사일 탄두에 폭발물질뿐 아니라 화학물질까지 탑재되었을 끔찍한 가능성이 있었으므로, 두려움에 싸인 시민들에게는 사이렌 소리가 들리면 방독면을 쓰고 대피하라는 지시가 내려져 있었다.

그날 밤 텔아비브 지역 병원의 분만실에서 세 여성이 진통 중이었다. 표준지침에 따라, 아기의 심장박동을 계속 확인하기 위해 배에 태아 심장 모니터를 달아놓았다. 새벽 세 시, 갑자기 귀를 찢는 듯한 스커드 경보 사이렌이 분만실 벽을 뚫고 들려왔다. 이 무서운 소리는 예비엄마들의 자궁 속까지도 울린 모양이었다. 의료진이 재빨리 방독면을 쓰고 환자들에게도 씌웠는데, 이때 간호사들은 태아 모니터에서 매우 특이한 현상을 발견했다. 곧 태어날 세 아기 모두의 심박수가 갑자기 그리고 예기치 않게…**뚝 떨어졌다**. 분당 100에서 120까지 활기차게 뛰던 심장의 속도가 절반으로 떨어져 섬뜩하게도 40에서 60까지 내려갔다. 그 작은 심장들은 2분 동안 이런 식으로 느리게 뛰다가 다시 정상으로 돌아왔다.

아직 자궁 밖에서 부모의 목소리를 들어보지도 못한 세 아기 모두 위험을 알리는 소리에 서맥이라는 생리적 반응을 나타낸 것이다. 여기에는 사이렌 소리 그 자체와, 사이렌에 반응해 태아의 몸에 들어간 엄마의 스트레스 호르몬이 각기 부분적 원인으로 작용했을 수 있다. 어느 쪽이든, 산부인과에서 관찰된 이 현상은 아직 엄마 뱃속에 있는 태아라 해도 효과적인 경보서맥 반응을 비롯해 포식자에 대한 무의식적인 방어 반응을 보인다는 것을 분명히 보여준다. 결국 세 아기 모두 건강하게 태어났는데, 우리 모두 갖고 있으면서도 그에 대한 생각은 거의 하지 않는 생존 본능을 완전하게 갖춘 듯했다.

위험 앞에서 숨는 것—과학자들은 이를 '은폐(crypsis)'라고 한다—은 포식자의 배 속에 들어가는 비극을 피할 수 있는 가장 흔하면서도 효과적인 자연의 전략 가운데 하나다. 어떤 동물은 눈에 띄지 않기 위해 몸의 형태를 이용하거나 위장을 한다. 또 어떤 동물은 꼼짝 않거나 숨거나 웅크리는 등의 본능적인 혹은 학습된 행동으로 위험을 피한다. 많은 동물이 이 모두를 활용한다. 심장박동이 느려지면서 꼼짝도 않는 것은 피식동물이 적어도 포식자의 감각에서만은 '사라지기' 위해 사용하는 여러 도구 중 하나일 뿐이다.

꼼짝 않고, 숨고, 웅크리는 등의—느려지는 심장박동의 도움을 받는—은폐 행동들은 인간의 신경계통이 같은 조상을 지닌 광범위한 종의 동물들과 연관되어 있음을 보여준다. 수의학이라는 렌즈를 통해 졸도 현상을 조사한 덕에 나는 이 흔하면서도 알쏭달쏭한 심장 사건(cardiac event)이 포식에 대항하는 전략일 수 있다고 새로이 생각하게 됐다. 이 가설은, 어떤 사람들에게 의식상실이나 기절로 나타나는 심장과 뇌 사이의 강력한

되먹임 작용을 내가 이해하는 데 도움이 되었다. 그리고 왜 그런 결과가 생길까를 탐구하다 보니 어느새 인간의 태곳적 조상들이 살던 물속에 이르렀다.

아스트로노투스 오켈라투스(*Astronotus ocellatus*). '오스카'라는 이름으로 널리 알려진 이 민물고기는 틸라피아(아프리카 나일강 유역이 원산지인 열대성 민물고기—옮긴이)와 같은 과에 속한다. 활기차고 정이 많은 오스카는 주인 앞에서 꼬리를 흔들고 곡예 하듯이 몸을 뒤집고 손가락을 살짝살짝 무는 등의 온갖 예쁜 짓을 다 하기 때문에 '수족관의 강아지'로 불리기도 한다. 하지만 이들도 가령 어항을 청소할 때처럼 스트레스를 받는 상황에서는 맥 빠진 모습을 보인다. 옆으로 누워 꼼짝도 하지 않으며 색깔이 옅어지고 호흡이 느려진다. 지느러미도 움직이지 않는다. 어떤 때는 쿡쿡 찔러도 반응이 전혀 없다.

물속에서 사용할 수 있는 청진기가 있어서 어항 바닥에서 꼼짝도 않는—하지만 살아 있는—이 물고기의 심장에 대어볼 수 있다면, 졸도라는 현상이 자연선택의 그 끊임없이 반복되는 힘겨운 과정에서 살아남은 이유에 관해 또 다른 단서를 듣게 될 것이다. 아니, 그 단서는 힘차게 뛰는 심장 소리가 들리지 **않는** 데서 얻을 수 있을 것이다. 심장이 한 번 뛰고 다음에 뛸 때까지 오랜 정적의 시간 동안, 귀에 익은 서맥의 초저속 리듬을 감지할 수 있을 것이다.[4]

---

4) 물고기의 심장에는 잘 발달되지 않은 판막으로 분리된 두 개의 방(심방과 심실 하나씩—옮긴이)이 있다. 포유류의 심장에는 네 개의 방(심방과 심실 두 개씩—옮긴이)과 네 개의 심장 판막이 있다. 심장 판막들이 닫힐 때, 우리가 심장 소리(심장음 · 심음)라고 하는 딸깍 소리들이 난다. 인간의 경우, 심장 판막이 닫힐

속도가 느려지고 희미해진 이 심장 리듬의 중요성을 이해하기 위해 최상위 포식자인 상어의 생리를 생각해보자. 가오리와 메기 등 다른 몇몇 수중 포식자들처럼 상어에게는 심장박동 **탐지 장치**가 있다. 주둥이 위쪽 코 주변에 밀집해 있는 로렌치니 기관이 그것으로, 이 특화된 감각세포들은 다른 물고기의 심장 박동으로 발생하는 약한 전기장을 감지한다. 이 사냥꾼의 내이(內耳, 속귀) 또한 물고기의 심장박동을 찾으면서 의사들이 청진기를 통해 그러듯이 '두근두근' 소리를 식별해낸다. 포식자들은 먹이의 존재를 드러내는 신호를 포착하면 굉장히 정확하게 그것을 향해 나아갈 수 있으며, 목표물이 꽤 멀리 있거나 모래 속에 숨어 있더라도 마찬가지다. 이것이 의미하는 바는 한마디로, 물속에서 박동하는 심장은 자신을 드러내는 치명적 단서가 될 수 있다는 것이다.[5]

우리 모두 이 '고자쟁이'를 몸에 지니고 있다. 인간이든, 도롱뇽이든, 카나리아든, 이 고자쟁이 심장은 그 주인이 수태된 지 얼마 안 되어서부터 뛰기 시작해 죽는 날까지 쉬지 않는다.

하지만 수중의 물고기가 그 신호 소리를 없앨 수 있다면, 그 물고기는 청각적으로 '보이지 않게' 된다. 따라서 잘하면 포식자를 피할 수도 있다. 잠수함 영화를 본 사람이라면 이 원리를 알 것이다. 잠수함이 적의 수중 음파탐지기에 추적당할 때 함장은 예외 없이 승조원들에게 '정숙(靜肅) 항해' 명령을 내린다. 여기에는 무전기 끄기에서부터 잠수함의 심장박동을

때면 우리가 '두근두근(lub-dub)'이라고 하는, 심장을 상징하는 소리가 난다(이 소리는 제1 심음과 제2 심음 두 가지가 이어지는 것이며, 이 밖에도 몇 가지 심음이 더 있다.—옮긴이).

5) 볼보자동차에서는 예전에 자사의 일부 모델에 심장박동 탐지기를 옵션으로 제공한 적이 있다. 차 뒷자리에 침입자가 숨어 있을 경우, 운전자가 자리에 앉기 전에 탐지기가 그 사실을 알려준다는 게 볼보 사의 주장이었다.

억제하기 위해 엔진을 끄는 일까지 모든 조치가 포함된다. 그러다 위험한 상황이 지나가면 다시 엔진을 작동하고 속도를 내어 안전한 곳으로 간다.

이런 점들을 생각하면, 운 좋게도 졸도를 해서 먹이가 될 위험에서 벗어난 물고기들이 자연선택에서 살아남은 연유를 이해할 수 있다. 위협이 실재할 때 혹은 그렇다고 인식할 때, 이에 대한 반응으로 심장박동이 급격히 느려지는 것은 공격이 시작되기도 전에 위기를 벗어날 길을 제공하는 것이기 때문에 중요한 이점이 되었을 것이다. 졸도와 '의식은 있지만 졸도에 가까운 상태'는 자신을 지키는 방법으로 좀 더 잘 알려진 '투쟁 혹은 도피' 이외의 대안으로, 즉 목숨을 구해줄 '제3의 방법'으로 진화 과정에서 대두했을 수 있다.

우리가 알고 있듯, 두려움이나 고통, 스트레스 따위의 강한 자극을 받을 때 심장박동이 느려지는 반응은 인간에게 나타나는 미주신경성 실신의 핵심적 특징이다. 경보서맥은 모든 종류의 척추동물을 보호해왔고 오늘날의 인간에게도 그대로 남아 있는데, 이는 그것이 지닌 보호 능력이 아득한 옛날 물속에 살던 조상들로부터 우리에게까지 전해 내려온 자율신경계에 아주 깊이 새겨져 있기 때문이다. 이 가설은 물속에서 쫓길 때 급격히 느려지는 물고기의 심장과 응급실의 졸도 환자를 서로 이어준다.

여러 면에서, 우리가 자신을 먹잇감으로 생각하기는 어렵다. 오늘날 인간은 이 지구에서 워낙 지배적인 존재여서 때로는 자신도 모르는 사이에 이런저런 생물 종들을 모두 없애버릴 수도 있다(그리고 실제로 그렇게 한다). 선진국 사람 대부분은 평생을 인간 아닌 동물 포식자의 실제적 위협에 한 번도 직면하지 않고 살아가게 마련이다. 졸도 같은 진화의 흔적은 전투용 마차 수리점처럼 현대에는 어울리지 않아 보인다. 하지만 주비퀴티 접근법으로 보면, 다른 동물의 반(反)포식 전략과 아주 흡사한 인간의 반사반응과 행동들을 이해할 수 있다.

성장한 많은 동물에게 자연이 준 갖가지 방어 수단을 생각해보라. 가시털, 가지 진 뿔, 갈고리발톱, 유독한 냄새, 치명적인 독 등등. 이 모든 것은 공격을 받을 때 쓸모가 크지만, 또한 "나 건드리지 마"라고 경고함으로써 공격을 애초에 방지하는 역할도 한다. 사슴과 영양 특유의 동작인 '껑충껑충 뛰기(stotting)'도 마찬가지다. 이들은 위로 튀어 올랐다가 네 다리를 동시에 짚으며 뻣뻣이 착지하고는 다시 뛰어오르고 또다시 내려오면서 마치 스카이콩콩을 타는 듯한 동작으로 포식자에게서 벗어난다. 이 행동이 도망가는 데 얼마나 도움이 되는지에 대해 과학자들은 이견을 보인다. 달아나는 데 써야 할 에너지를 과도하게 낭비하는 것처럼 보이기도 한다. 하지만 여기서 중요한 점은 자신이 뛰어난 체력을 갖고 있음을 과시하는 것인 듯하다. 껑충껑충 뛰는 동물은 포식자를 향해, 나는 힘이 얼마든지 남아도니 쫓아오겠다고 **생각하는** 것조차 시간 낭비라고 충고하고 있는 셈이다.

야생생물학자들은 이런 신체적 특징과 행동들을 '무익함의 신호(signal of unprofitability)'라고 부른다. 이 동물들은 포식자에게 분명한 신호를 보내는 것이다. "다른 곳으로 가서 더 쉬운 대상을 찾아봐."

우리 인간들 역시 자신을 보호하기 위해 '무익함의 신호'를 사용한다. 팽팽하게 불거진 이두박근을 과시하는 보디가드를 떠올려보라. 밤에 불안할 정도로 인적이 없는 거리를 지날 때 아마도 본능적으로 몸을 쭉 펴고 과장되게 으스대며 걸을 자신을 생각해보라. 집에 도난 경보기가 설치돼 있음을 알리는 잔디밭의 표지판, 혹은 소송이 걸렸을 때 대기업에서 고용하는 한 무리의 변호사들을 상상해보라. 이 모든 것이 보내는 메시지는 똑같다. "다른 희생자를 찾아봐. 나를 상대하려면 꽤 힘들 테니까."

실제로, 강력한 방어 수단을 갖추는 동시에 이를 과시하려는 것은 모든 종의 기본 욕구다. 하버드대학의 진화생물학자였던 고 카렐 리엠과 언젠가 대화를 나눈 적이 있는데, 그는 동물의 행동은 거의 모두가 그 핵심에 자기방어 혹은 반(反)포식의 요소가 있다고 설명했다.

졸도의 생리도 다르지 않다. 그냥 꼼짝 않고 있는 것만으로도 생존에 도움이 될 수 있다. 물론 이런 행동이 언제나 통하는 것은 아니지만, 마지막 수단으로 선택할 수 있을 만큼의 성공 확률은 있다.

하지만 졸도하는 사람들에 대한 반응은 그리 호의적이 아니다. 경보서맥, 미주신경에 의한 구역질, 꼼짝 않고 있기, 죽은 척하기, 그리고 완전히 졸도하는 것은 대개 허약함이나 비겁함의 표시로 여겨지며, 문학과 영화에서도 용기 없는 사람의 특징으로 묘사된다. 예를 들어, 프랭클린 피어스(미국의 제14대 대통령. 멕시코와의 전쟁에 참전했다.—옮긴이)는 전쟁터에서 졸도한 사건으로 '졸도하는 장군'이라는 별명을 얻었고, 이 별명은 그가 1853년 미국 대통령이 된 후에도 따라다녔다. 조지 H. W. 부시, 마거릿 대처, 데이비드 퍼트레이어스(미국의 전 중앙정보국 국장), 피델 카스트로(쿠바의 혁명가, 정치가), 재닛 리노(미국의 전 법무장관) 같은 인물들을 의지가 약하다고 평할 사람은 거의 없겠지만, 이들 모두 재임 중에 졸도를 한 경험이 있다. 기절하는 것은 그걸 지켜보는 사람의 눈엔 무력함으로 비칠 수 있으며 생리적인 굴복 행위, 심지어 패배로까지 보일 수도 있다. 그렇지만 위험한 상황에서 졸도가 우리를 보호해주는 힘을 고려한다면, 실신에 대한 이 같은 경멸과 몰이해의 시각을 이제는 수정해야 할 법하다.

투쟁, 도피, 혹은 졸도. 졸도는 몸이 제 안의 차단기를 젖히는 것과 같다. 졸도는 행동을 멈추게 하고 어쩌면 추적자까지 멈추게 한다. 졸도는 충돌 위기를 해소할 수 있다. 도주를 가능케 할 수도 있다. 졸도 및 그와 관련된 '속도를 늦추는' 이런저런 행동들은 몇억 년에 걸쳐 동물이 죽음을 피하는 데 도움이 되었기에 지금까지 우리에게 남아 있다. 졸도의 저 오래된 생리에는 우리가 위협적인 것들에 대응할 때 알아야 할 중요한 교훈이 내재해 있다. 적과 싸우거나 적에게서 도망가는 게 효과적일 때도 있다. 하지만 싸워봐야 가망이 없고 그렇다고 도망을 갈 수도 없는 상황이라면 그저 가만히 있는 게 훨씬 더 안전할 수 있다.

귀 뚫는 가게에 간 10대, 나뭇잎 속에 숨은 새끼 사슴, 헌혈하는 사람, 포식자로부터 달아나는 물고기, 이들 모두는 졸도를 이용해 죽음을 피하게 해주는 신경회로를 물려받았다. 이들의 심장과 머리는 늘 서로 교신하면서 필요할 때면 이처럼 한숨 돌릴 계기를 제공해왔다. 그것은 속임수에 기대어 상황을 일시 유예하는 것일 따름이지만, 아득한 세월 동안 생존을 위한 탈출구가 되어주었다.

제3장

유대인, 재규어, 쥐라기의 암

—아주 오래된 병에 대한 새로운 희망

제2차 세계대전이 끝나고 참전 용사들이 아시아와 유럽에서 줄지어 돌아오던 무렵, 미국의 의사들은 국내에서 치명적인 위협과 싸우고 있었다. 태평양의 이오지마(硫黃島)와 노르망디의 오마하 비치에서 전사한 미국 병사 숫자의 다섯 배에 이르는 사람들이 해마다 심장병으로 죽어가고 있었다. 이 문제를 해결하기 위해 국립심장연구소는 훗날 장기적 의학 연구의 귀감이 된 조사를 시작했다. 바로 '프레이밍햄 심장연구'다. 1948년부터 오늘날까지 매사추세츠주 프레이밍햄 시의 남녀 주민 수천 명은(1948년 시작 시의 숫자는 5,209명이었다고 한다.—옮긴이) 2년에 한 번씩 전문의들에게 가서 혈액을 비롯한 각종 검사용 시료들을 제공하고, 종합검진을 받으며, 자신의 식습관과 운동, 일, 여가 활동에 관한 많은 질문에 답한다.

10년, 20년, 자료가 축적되면서 연구자들은 각종 패턴을 파악하기 시작했다. 예컨대 고혈압과 흡연은 심장병으로 이어졌다. 위험의 정도는 나이 및 성별과 연관성이 있었다. 지금 우리에겐 상식으로 통하는 이런 사실들을 그때까진 몰랐다는 게 잘 믿기지 않는다. 반세기를 훌쩍 넘기며 계속 쌓여가는 프레이밍햄의 온갖 통계들은 오늘날에도 뇌졸중이나 치매, 골다

공증, 관절염 같은 질병의 장기적 경향을 연구하는 사람들에게 자료의 보물창고 노릇을 하고 있다. 이 독보적인 연구는 처음 참가했던 사람들의 자녀와 손주 다수가 대를 이어 등록하면서 어느덧 세 번째 세대로까지 이어지고 있다.

종적(縱的, longitudinal)인 의학 연구, 즉 수많은 사람을 오랜 세월에 걸쳐 추적하는 연구는 수행하기가 쉽지 않다. 연구의 가치를 높이는 요소들이 바로 연구자들을 좌절시키는 요인이기도 하기 때문이다. 많은 사람이 참가자로 등록하지만, 중도 탈락자 또한 많다. 관심을 잃기도 하고, 건강검진 받으러 가는 것을 잊기도 한다. 이사를 가면서 새 주소를 남기지 않는 사람도 있다. 세 번째, 열세 번째, 혹은 서른세 번째 설문지를 제출하지 않기도 한다.

하지만 마이클 가이는 이런 어려움에 굴하지 않았다. 2012년부터 그는 지난 십여 년간 수행된 종적 연구들 중 아마 가장 야심적이라고 할 수 있을 자신의 새 연구에 3,000의 참가자를 등록했다. 이 연구는 암에 대한 것으로, 연구 대상의 모집단(母集團)은 이 병으로 사망할 확률이 무려 60퍼센트나 된다.

마이클 가이의 연구 팀은 실험 대상자들이 속이거나 거짓말하거나 도망가지 않을 것임을 확실히 안다. 조사 과정에서 대답을 얼버무리지도 않고, 연구자가 듣고 싶어 하는 말만 하지도 않을 것이다. 충실하고 열성적이며, 지시를 잘 따를 터이다. 이처럼 확신을 하는 이유는, 연구 참가자들을 현명하게 선택했기 때문이다. 그들은 모두 골든리트리버다.

살균 소독된 철망 우리에 갇혀 있는 귀가 축 늘어진 강아지를 상상할까봐 얼른 덧붙이는데, 이 연구, '개를 위한 평생 건강 프로젝트'—개들의 암에 대한 장기적 연구로, 마이클 가이는 이를 '개를 위한 프레이밍햄'이라고 부르기도 한다—에 등록한 개들은 사랑받는 반려동물이다. 미국 전역의 보통 가정에서 모집한 그 개들은 마당과 침실에서 살고, 아이들이나 다른 개들과 뛰어놀고, 주인이 자신을 위해 정성스레 골라서 준비한 먹이를 먹는다. 동네의 보도를 산책하고, 인근 공원에서 주인이 던지는 것을 물어 오는 놀이를 한다.

프레이밍햄 연구에 참가하는 사람들처럼, 이 프로젝트에 참가하는 모든 개도 평생 동안 관찰 대상이 된다. 자료가 쌓이면 역학자(疫學者)와 종양학자, 통계학자들이 이 개들이 무엇을 어떻게 먹는지를 면밀히 살펴 영양소나 식사량이 암 발생에 영향을 미치는지 알아볼 것이다. 간접흡연이나 가정용 세제에의 노출 등 환경 요인도 자세히 들여다볼 것이다. 또한 학자들은 그 개들이 송전선과 고속도로에서 어느 정도 떨어진 데서 사는지를 측정하고, 거리가 가까울 경우 특정 암이 유의미하게 많이 발생하지는 않는지 밝혀낼 것이다. 또한 개 한 마리 한 마리의 유전암호를 분석한 다음 다른 개들의 유전암호와 비교하고, 개의 완전한 유전체(게놈) 지도와도 비교할 것이다(이 지도는 2005년에 타샤라는 암컷 복서의 DNA를 바탕으로 작성이 완료됐다).

모리스 동물재단이라는 비영리 단체에서 주관하는 이 유례없는 연구는 개들의 암에 대한 우리의 접근 방식을 근본적으로 바꾸게 될지 모른다. 또한 반려동물의 미래 세대뿐 아니라 바로 지금 목줄 끝에 있는 동물에게도 유익하게 쓰일 지식을 산출할 수 있다. 개의 암은 인간의 암에 대해 많은 것을 이야기해줄 수 있다. 암이 어디에서 비롯되는지, 왜 전이되는지, 그리고 어쩌면, 진행 중인 암을 어떻게 그 자리에 멈추게 할지 등을 말이다. 여러 종을 가로지르는 방식의 암 연구를 통해 인간의 가장 좋은 친구와 우리의 특별한 관계는 더욱더 가까워질 것이다.

테사의 몸은 주둥이의 희끗희끗해진 부분만 빼고는 온통 윤기 나는 검은 털로 덮여 있었고, 그 검은 빛은 가로등처럼 노란 조끼와 선명한 대조를 이뤘다. 꼭 끼는 그 환한 조끼에는 수가 놓인 패치들이 덧대어져 있었는데, 몇 개는 개 사료회사 광고였다. 광고 하나에선 테사를 '독 도그(dock dog)'로, 즉 점프와 물어오기 솜씨가 아주 뛰어나 보통의 반려동물을 뉴욕 양키스의 스타 유격수 데릭 지터에 맞서는 리틀리그 선수처럼 보이게 만드는 엘리트 스포츠견으로 묘사하고 있었다(해변이나 강가의 부두에서 개들이 물을 향해 높이뛰기나 멀리뛰기를 하면서 주인이 던지는 인형 따위를 물어오는 경기가 '독 점핑[독 다이빙]'이고, 여기 나가는 개를 '독 도그'라 한다.—옮긴이). 하지만 테사가 입은 조끼에서 무엇보다 눈에 띄는 것은 몸통을 가로질러 검은 실로 수놓인 두 단어, '암 생존자'였다.

테사는 내가 2010년 봄 병과 싸워 이긴 반려동물 환자들의 모임에 갔을 때 만난 검은색 래브라도리트리버다. 왼쪽 아래 송곳니 뒤 잇몸에서 갈색의 병변 자국이 보이긴 했지만, 테사의 구강암은 2년 동안 관해(寬解, remission, 병변과 증상이 사라지거나 많이 완화된 것—옮긴이) 상태에 있었다. 나는 테사의 털 덮인 쐐기 모양 머리를 쓰다듬으며 개 주인인 린다 헤티시에게서 병을 처음 발견했을 때의 이야기를 들었다. 둘이서 물어오기 놀이를 하고 있었는데, 테사가 물어온 테니스공에 피가 묻어 있었다고 했다. 수의사에게 가서 암 진단을 받았고, 치료가 시작되었다. 로스앤젤레스의 뉴스 전문 라디오 방송에서 정오 뉴스 앵커를 맡고 있는 헤티시는 나직하고 또렷한 목소리로 테사의 암이 재발하지 않은 게 고맙다고 말했지만, 표정에는 불안감이 짙게 비쳤다. 그녀가 기르던 개가 암에 걸린 것은 테사가 처음이 아니었다. 몇 년 전엔 사랑했던 잡종 개 카딘이 암으로 죽었다. 헤티시는 왜 자신의 개가 두 마리나 암에 걸렸을까 하는 의문이 가끔 든다고 속삭이

듯 털어놓았다.

"카딘이 그렇게 됐을 때 엄청난 죄책감을 느꼈어요." 그녀가 말했다. 그런데 테사까지 암에 걸리고 나니 "내가 키운 두 마리가 모두 암에 걸렸어. 내가 뭘 어떡했기에 그런 거지?"라는 생각이 문득문득 든다고 했다.

나는 그 말이 전혀 놀랍지 않았다. "내가 뭘 어떡했기에?"라는 말을 전에도 들어보았기 때문이다. 그 의문은 많은 암환자가 괴로워하며 자주 곱씹는 것이기도 하니까.

UCLA에서 내가 치료하는 환자 중에는 암 치료의 부작용으로 심장에 문제가 생긴 사람들도 있다. 때로 그들은 자신이 왜 암이라는 카드를 뽑았는지에 관해 나름의 판단을 내게 털어놓는다. 흔히 그들은 이런저런 행동을 했기 때문이라고 한다. 휴대폰을 사용했고, 탈취제를 뿌렸고, 숯불에 구운 연어를 먹었고, 전자레인지를 돌렸고, 립스틱을 발랐고, 플라스틱 병에 든 생수를 마셨고, 오랫동안 승무원 생활을 했다. 또는 자신이 뭔가를 안 했기 때문이라고 말한다. 교회에 나가지 않았고, 운동을 안 했고, 유방암 검진을 빼먹었다. 주변 사람이나 환경을 탓하기도 한다. 아버지의 니코틴 중독, 불소가 든 수돗물, 사무실에 새로 깐 카펫…. 혹은 일반적인 스트레스를 든다. 기나긴 소송, 엄청난 카드 빚, 돌봐야 할 노부모.

무시무시한 진단을 받은 환자들이 이런 이야기를 하면서 조금은 마음을 진정시킬 수 있다는 걸 나는 이해한다. 이런 말을 하는 것만으로도 치유 효과가 있을 수 있기 때문에 나는 환자의 혈압과 맥박을 재고 가슴에 청진기를 대면서 묵묵히 얘기를 듣는다. 하지만 어떤 이들은 의학적 면죄부를 찾는 듯해 보이기도 하는데, 그럴 때 나는 그들이 이전에 분명 들어봤을 이야기를 가만히 해준다. 암에 걸리는 데는 수많은 원인이 있다. 우리가 부모님에게서, 할아버지의 할아버지의 할아버지에게서, 그리고 태곳적의 동물 조상에게서 물려받은 DNA 안에는 우리 몸의 각 부분을 이러저러하게 만들고 유지하라고 세포에게 지시하는 청사진과 장치들이 있다. 그런데 이 장치에 결함이 생겨 제대로 작동하지 않으면, 우리가 암이라 부르는 것이 걷잡을 수 없게 자랄 수 있다.

좀 더 설명해보자. 살아서 성장하는 유기체는 오래되고 죽어가는 세포를 신선한 새 세포로 끊임없이 교체해야 한다. 새 세포를 만들려면 원 세포('모세포' 또는 '친세포'라고 한다)의 DNA에 30억 개 가까이 들어 있는 뉴클레오티드(nucleotide)라는 핵산 구성 단위체를 하나도 빼지 않고 그대로 복제해야 한다. 그렇게 만들어진 새 세포('딸세포'라고 한다)는 원 세포와 똑같은 정보를 담고 있다. 이 과정이 제대로 수행될 때(놀랍게도 대개는 제대로 되는데), DNA는 정확하게 복제된다. 하지만 가끔 실수가 생긴다(뉴클레오티드 1만 개에 하나 꼴이다). 화학적 암호가 빠지거나, 이중으로 들어가거나, 엉뚱한 자리에 놓일 수 있다.

대부분의 경우, 이런 실수—돌연변이(mutation)라고 한다—는 그것이 새 세포에 자리 잡기 전에 모세포의 화학적 '교정자'들이 알아채고 바로잡는다. 이런 '오자'가 걸리지 않고 넘어가는 경우도 적지 않지만, 중요한 게 아니라면 오류에도 불구하고 세포는 정상적으로 작동한다. 간혹은 이런 실수가 DNA의 매우 중요한 부분에서 일어난 결과 세포의 기능이 오히려 좋아지는 경우도 있다. 아무튼 세월이 가면서 이런 소소한 변화들이 쌓이면 새로운 특성, 새로운 행동 양태가 나타나고, 심지어 새로운 종까지 생겨날 수 있다. 예를 들면, 개의 품종들 간 크기 차이도 이 같은 변경이나 돌연변이의 결과다. 골격 성장을 담당하는 유전자들에서의 약간의 변이가 치와와와 그레이트데인 간의 그토록 현격한 차이까지 만들어내는 것이다.

그러나 어떤 돌연변이는 세포의 기능을 해친다. 예를 들어, 정상 세포는 DNA 안에 '자살 암호(suicide codes)'를 가지고 있다. 세포가 늙거나 고칠 수 없을 만큼 망가지면 내부의 이 암호가 작동을 시작해 세포자멸(apoptosis, 세포자살)이라는 과정을 통해 스스로 사라지게 한다. 그런데 자멸을 주도하는 바로 그 유전자 안에서 돌연변이가 생길 수 있다. 그러면 자멸 지시가 온전히 발동되지 않거나 왜곡돼버려 손상된 세포가 그냥 살아남고, 계속 스스로를 복제하게 된다. 잘못된 부분까지 그대로 말이다. 이럴 경우, 새로 만들어진 딸세포는 모세포와 마찬가지로 정상적인 세포자멸 지시를 내장하고 있지 않다. 자, 복제에 따라 이제 DNA의 이상 때문에 꼭 필요한 통제 기능이 결여된 세포가 두 개가 되었다. 이들 각자는 다시 복제를 하게 마련이므로, 같은 결함을 지닌 세포의 수가 곧 네 개, 여덟 개, 열여섯 개로 늘어나고, 얼마 지나지 않아 이 불사(不死)의 세포들은 거리낌 없이 자라나 하나의 군집을 형성하게 된다. 본래는 정상 세포였으나 어쩌다 통제를 벗어나서 이제는 DNA의 지시 사항이 달라져버린 세포들의 무리, 이게 바로 암이다.

이처럼 돌연변이를 지닌 통제 불능의 세포들이 무리를 지어 종양을 만든다. 때로 이 세포들은 온몸으로 통하는 슈퍼하이웨이라 할 혈류나 림프계통으로 들어가 이동하기도 한다. 암세포들이 처음 생겨난 곳에서 멀리 떨어진 새로운 자리로 가 복제를 시작할 때, 그것을 전이(轉移, metastasis)라고 한다. 흑색종 같은 일부 암들은 쉽게 전이가 되는 반면, 두개골 저부에서 발견되는 척삭종(脊索腫) 같은 것들은 뻗어나가려는 성향이 덜해 주로 한 부위에서만 자란다. (이것은 우리가 '양성'과 '악성'으로 구분하는 두 종양 유형 간의 가장 기본적인 차이이기도 하다. 비정상적인 세포의 덩어리는 모두가 종양이지만, 양성은 대체로 한 곳에 머무르며 주변 조직을 침범하지 않는다.)

하지만 암이 느리게 자라든 빠르게 자라든, 한 곳에만 있든 여기저기로 퍼져나가든, 덩어리를 이루든 백혈병처럼 이른바 '액체 상태'이든, 고통과 죽음이라는 너무나도 큰 짐의 기저에 있는 것은 오로지 유전암호의 오류다. 갖가지 행동과 환경 요소가 이런 오류를 유발하고 결국 암으로 이어진다. 흡연, 햇빛(자외선) 노출, 과도한 알코올 섭취, 비만 따위가 모두 DNA 손상 및 다양한 암 발생과 관계 있다.

이 밖에도, 어느 정도 이상 그것에 노출되었을 때 십중팔구 암을 유발한다고 알려진 독성물질들이 즐비하다. 자연적으로 발생하는 라돈(그리고 다른 방사성 물질들), 석면, 6가 크로뮴, 포름알데히드, 벤젠 등이 여기에 속한다. 미국 국립보건원은 인간의 암과 관련이 있다는 증거가 충분한 쉰네 가지 발암물질을 고지했다. 그 가짓수는 조사가 계속될수록 더 늘어날게 분명하다.

우리 환경에 독소가 그토록 흔하고 우리 사회엔 암 진단 사례가 아주 많으므로, 오염된 환경이 바로 우리 이웃들에게 고통을 주는 암의 원인이라고 지적하는 것은 쉬운 일이다. 많은 사람이 암은 자연스럽지 않은 것, 자신이 만드는 병이라고 믿는다. 사실 암 예방은 마케팅의 도구가 되어왔다. 우유나 탈취제, 혹은 참치를 고르는 단순한 일이 암 예방과 직결된 중대한 행위로 느껴질 정도다. 상품 판매를 위한 말장난과 의학적으로 정확한 정보를 가리는 일이 환자들에게는 하나의 과제가 되었고 그들의 의사에겐 책임이 되었다.

하지만 암은 담배도, 술도, 선탠도 하지 않을 뿐 아니라, 음식을 플라스틱 용기에 담아 전자레인지에서 익히거나 테플론 코팅이 된 용기로 조리하지 않는 사람에게도 생길 수 있다. 요가를 꾸준히 하는 사람, 모유를 먹이는 사람, 유기농법으로 원에 작물을 기르는 사람도 암에 걸린다. 갓난아기도, 다섯 살 난 아이도, 열다섯 살 청소년, 쉰다섯 살 어른, 여든다섯 살 노인도 암에 걸린다. 그런가 하면 온갖 '잘못된' 생활습관을 다 가지고 있는 나이 지긋한 사람인데도 암은 낌새조차 보이지 않는 경우가 드물지 않다는 데도 유의해야 한다.

병과 관련해 우리 자신이나 우리가 속한 문화를 탓하려는 충동은 현대 사회에 특유한 것도, 암에만 해당되는 것도 아니다. 의학사학자인 찰스 로젠버그는 이렇게 지적했다. "병과 죽음을 의지(意志)의 차원에서—다시 말해, 하거나 하지 않은 행동이라는 측면에서—설명하려는 욕구는 아주 오래되고 강력한 것이다."

종을 아우르는 접근법은 어떤 통찰을 줄 수 있을까? 다른 동물들의 암에 관해 잠깐만 조사해보아도 그동안 간과되었던 아주 중요한 진실이 드러난다. 세포가 분열하는 곳, DNA가 복제되는 곳, 그리고 성장이 일어나는 곳에는 암이 있게 마련이라는 진실이 그것이다. 암은 탄생, 번식, 죽음과 마찬가지로 동물계에서 극히 자연스러운 현상이다. 그리고 앞으로 보게 되겠지만, 암은 공룡만큼이나 오래되었다. 말 그대로다.

테사는 매년 암 진단을 받는 약 100만 마리의 개 가운데 하나일 뿐이다. 흥미롭게도, 개의 암 중엔 인간의 암과 매우 비슷한 양상을 보이는 게 많다. 전립선암 중 치명적인 것은 인간 남자와 수컷 개에서 비슷한 임상 경과를 보인다. 여성이 유방암에 걸렸을 때 뼈에 우선적으로 전이될 수 있듯이 암컷 개의 유방암 세포도 뼈조직을 침범할 수 있다. 급속 성장기인 10대에 많이 발병하는 골육종(骨肉腫)은 개의 경우에도 여러 대형견 품종에서 발생하는데, 격심한 증상을 수반하는 점도 유사하다.

애석하게도 암의 귀결 또한 비슷한 경우가 많다. 사람과 마찬가지로 개에서도 다수의 암이 점차 치료에 잘 반응하지 않게 된다. 또한 두 종 모두에서 암은 재발할 수 있으며, 환자가 완치 판정을 받은 뒤에도 그렇다.

우리와 함께 살아가는 동물 중 개만 암에 걸리는 게 아니다. 고양이가 열이 나고 황달이 생겼을 때, 수의사는 미국에서 고양이의 주된 사망 원인인 백혈병이나 림프종을 의심해봐야 한다. 그리고 주인이 고양이의 가슴 속에서 멍울을 찾았다면, 이것은 많은 인간 여성에게도 나타나는 극히 공격적인 형태의 유방암일 수 있다. 그럴 경우, 종양 덩이만 절제해내면 될 때도 있지만, 여덟 개의 유선(乳腺) 전체를 완전히 제거하는 근치적 절제술이 필요할 때도 있다.

토끼는 나이가 들면 자궁암의 위험이 높아지므로 수의사들은 자궁을 미리 절제해주라고 흔히 권한다. 앵무새는 신장, 난소나 고환에 종양이 생기는 수가 많다. 파충류 또한 암에 걸릴 수 있다. 동물원 수의사들의 보고에 따르면 비단뱀과 보아뱀에게 백혈병이, 데스애더라는 독사와 돼지코뱀에게 림프종이, 방울뱀에게는 중피종(中皮腫)이 나타났다고 한다.

환자의 피부암을 걱정하는 건 피부가 흰 아이들을 진료하는 소아과 의사만이 아니다. 몸 색깔이 옅은 말이 햇볕에 타면 피부암이 생길 수 있다고들 한다. 이 '잿빛 말의 흑색종'은 햇볕을 지나치게 쬐는 것보다 그 품종의 유전자 문제와 더 연관될 수도 있지만 말이다. 아무튼 잿빛 말의 무려 80퍼센트가 이런저런 종류의 피부암에 걸리기 때문에, 그 주인들은—발 아랫부분이 흰 양말을 신은 것처럼 하얗거나 코 부분이 새하얀 말의 주인들이 그러듯—노출되는 부위에 산화아연 선크림을 발라주기도 한다. 어떤 주인들은, 머리칼이 담황색인 아기들의 부모가 외출 시에 그러듯, 말을 마구간 밖으로 데리고 나갈 때는 반드시 후드를 씌운다(담황색 머리칼은 금발의 일종인데 금발 등 머리 색깔이 밝은 사람은 일반적으로 피부가 매우 희다. 말의 후드는 대개 얼굴과 목뿐 아니라 등판 앞부분까지 가린다. 몸통 부분을 엉덩이까지 가리는 것은 보통 '러그[rug]'라고 한다.—옮긴이).

몸에 난 점이나 사마귀의 연례 검사 때 피부과 의사가 매니큐어를 지우고 오라고 한다면, 그건 흑색종뿐 아니라 흔한 피부암의 하나로 테사가 걸린 것과 같은 종류인 편평상피암도 확인하기 위해서다. 테사는 그게 입 안에 발생했지만, 발톱 아래에서 시작될 수도 있다. 내가 전에 검사했던 동물원 코뿔소에게 생긴 암도 이런 부류였다. 그 코뿔소의 암은 뿔 밑에서 자랐는데, 뿔은 사람의 손발톱과 똑같이 케라틴이라는 단백질로 만들어진다. 소들도 눈을 둘러싼 옅은 색 피부에서 편평상피암이 생길 수 있다. 헤리퍼드종의 일부 소들은 눈 주위가 어두운 색을 띠게끔 계획적으로 육종되는데, 이렇게 하면 햇볕의 영향을 조금은 덜 받게 되므로 암 발생이 감소하는 것 같다.

소유주를 표시하기 위해 쇠붙이로 된 도장을 섭씨 150도에서 300여 도까지 가열해 가축의 살에 찍었을 때 이 영구적인 낙인, 즉 고온으로 인한 화상 흔적의 주위에 종양이 자랄 수 있다. 이른바 신체개조(body modification)를 위해 자신의 몸에 낙인을 찍는 사람들도 낙인 찍힌 소처럼 상처 부위에 암이 생길 위험성이 커진다. 문신조차도 희귀한 종류의 피부암과 관련될 수 있다.

암은 생태계와 동물계 어디에서든 발생한다. 에드워드 케네디의 아들 에드워드 주니어가 1970년대 초에 다리 절단 수술을 받은 원인이었던 골육종은 늑대, 회색곰, 낙타, 북극곰의 뼈도 공격한다. 마이크로소프트의 공동 창업자인 폴 앨런은 면역계에 생기는 암인 호지킨림프종과 싸워 이겨냈다. 하지만 같은 병에 걸린 아이슬란드의 범고래는 몇 달 동안 열과 구토와 체중 감소에 시달리다 안타깝게도 끝내 굴복하고 말았다. 애플의 공동

창업자 스티브 잡스의 생명을 앗아간 신경내분비종양은 사람에게선 드물게 나타나지만 집에서 기르는 페럿에게는 꽤 흔하며 독일셰퍼드와 코커스패니얼, 아이리시세터를 비롯한 여러 품종의 개에서도 발견된다.

전 세계의 야생 바다거북들은 헤르페스바이러스(포진바이러스)가 유발한다고 추정되는 암성 종양으로 인해 대량으로 죽어간다. 북아메리카의 바다사자에서 남아메리카의 돌고래, 난바다의 향유고래에 이르기까지 여러 해양 포유류 사이에선 생식기의 암들이 만연하고 있다. 이런 암의 다수는 유두종(乳頭腫)바이러스의 여러 변종이 횡행하면서 일으키는데, 유두종바이러스는 사람에게선 자궁경부암과 곤지름의 원인이 된다.

암의 공격을 극심하게 받은 결과 멸종 위기에 처한 야생동물이 세 종 있다. 오스트레일리아 본토 남쪽 태즈메이니아섬에만 서식하는 태즈메이니아데빌은 '데빌 안면종양병'이라는 전염성 암의 맹렬한 확산에 시달리고 있는데, 이 병은 감염된 개체가 다른 개체와 싸울 때 주로 옮겨간다(치사율 100퍼센트라는 이 병이 처음 보고된 1996년 이후 데빌 개체수가 30퍼센트로 줄었다는 통계도 있다. 그나마 상당수가 이미 감염된 상태라고 한다.—옮긴이). 한때 텍사스 전역에서 번성했던 애트워터초원뇌조와 오스트레일리아유대류인 서부막대무늬반디쿠트의 경우, 절멸 위기에 처한 종이어서 보전이 필요한데도 암으로 죽는 경우가 많아 보전 하는 데 어려움을 주고 있다.

암은 초파리와 바퀴벌레를 비롯한 곤충에게도 생길 수 있다. 식물 세계에서도 암은 간혹 파괴적일 수 있지만, '벌레혹(gall)'이라고도 하는 식물의 종양은 전이를 하지 않으므로 식물을 죽이는 주요 원인이라기보다 만성 질환이다. 식물이 암으로 죽는 경우는 드물지만 대신 생기를 잃는다.

한 가지는 분명하다. 암은 인간에게만 생기는 병이 아니다. 그리고 현대의 산물도 아니다. 3,500년도 더 전에, 수프 통조림통 안쪽이 비스페놀

A를 함유한 합성수지로 코팅되기 전에, 소나 돼지, 닭에 성장호르몬이 마구 투여되기 전에, 샴푸에 메틸파라벤이 첨가되기 전에, 이집트 의사들은 '종양이 불거진' 인간의 유방을 묘사했다. 히포크라테스를 비롯한 고대 그리스 의사들은 의학 서적에서 암에 대해 설명했다(그리고 그것을 '카르키노스[karkinos]'라고 불렀다. '게'라는 뜻이다). 이 병은 고대 인도의 아유르베다와 페르시아의 의학 서적들, 중국의 민간전승에도 나온다. 2세기 그리스의 저명한 의사로 로마에서 활동했던 갈레노스는 자신이 본 여러 암 중에서 유방암이 가장 흔하다고 했다. 사실 역사학자인 제임스 S. 올슨이 저서 『밧세바의 가슴*Bathsheba's Breast*』에 썼듯, "고대인들에게 암이란 곧 유방암이었다." 유방암은 그들이 눈으로 쉽게 확인할 수 있었기 때문이다.

지난 몇십 년 동안, 고병리학자들은 엑스선 검사를 비롯한 여러 방법으로 이집트의 미라를 조사했다. 또한 영국에서 발굴된 청동기 시대의 유골, 파푸아뉴기니와 안데스 지역의 보존 처리된 시신들도 검토했다. 자료가 분명 제한적이긴 하지만—연부조직이 남아 있지 않고, DNA도 분해되었다—연구자들은 고대인에게도 실제로 암이 있었다는 데에 대체로 동의한다. 하지만 암은 그보다도 더 오래된 것이다.

1997년에 아마추어 화석 발굴자들은 고르고사우루스라는 육식 공룡 암컷의 화석화된 유해를 우연히 발견했다. 고르고사우루스는 티라노사우루스와 친척이지만 그보다 작고 홀쭉하다. 화석을 검토한 블랙힐스 지질연구소의 고생물학자들은 수수께끼 같은 사실에 관심이 쏠렸다. 날카로운 이빨은 길이가 13센티미터 가까운 데다 톱날까지 있어 무시무시했고 키도 8미터 가까이 되는 당당한 모습이었는데도 이 고르고사우루스의 몸은 부상투성이였다. 다리 아랫부분이 골절되었고, 꼬리 부분의 척추뼈들은 서로 붙어버렸고, 어깨뼈가 부서졌는가 하면 갈비뼈도 부러지고, 턱에는 심한 감염 때문에 고름이 들어찼던 흔적이 있었다. 전자현미경과 일반 엑스선 촬영으로 화석을 조사한 결과, 이 많은 부상의 설명이 될 만한 원인을 찾을 수 있었다. 공룡 두개골 안에 있는 덩어리가 스캐닝 영상에 나타난 것이다. 고생물학자들은 그 덩어리가 무엇인지를 두고 논쟁을 벌였는데, 몇몇 전문가는 그것이 뇌종양의 흔적이 화석화한 것이라고 믿는다.

이 태곳적 동물의 두개골 안에 생긴 종양은 소뇌와 뇌간(腦幹)을 압박했을 것이다. 이들 부위는 운동신경 활동, 균형, 기억, 그리고 심장박동 같은 자율기능을 조절하는 극히 중요한 곳이다. 이런 곳에 대한 종양의 압박이 무얼 의미하는지는 공룡의 손상된 뼈들이 분명하게 드러낸다. 연구자들은 자라나는 종양이 공룡의 일상 활동에 영향을 미쳤으리라고 본다.

한 연구자는 말했다. "종양이 자라면서 이 공룡은—세 살쯤 된 것으로 짐작되는 암컷인데—지난번 잡았던 먹이를 어디에 두었는지 기억하지 못했을 테고, 이후에는 배설하는 일도 잊어버렸을 것이다." 종양의 위치를 감안하면 이 고르고사우루스는 재빨리 움직이거나 포식자로서 신속한 결정을 내리지 못했을 터이다. 뇌종양을 앓는 많은 사람처럼 중생대의 이 생명체도 통증을 느꼈을지 모른다. 잠에서 깰 때, 배변을 하려고 힘을 줄 때, 그리고 물을 마시거나 먹이를 먹거나 짝짓기를 하기 위해 머리를 심장보다 낮게 할 때마다 극심한 두통을 느꼈을 법하다.

고생물의 종양을 연구하는 다른 학자들은 주둥이가 오리처럼 생겼으며 티라노사우루스가 좋아한 먹잇감이었던 하드로사우루스에서 종양을 발견했다. 피츠버그대학교 의대생들은 카네기자연사박물관에서 빌려온 1억 5,000만 년 된 공룡 환자의 뼈로 암에 대해 배운다. 그리고 전이된 암일 수 있는 것의 흔적이 2억 년쯤 전에 살았던 쥐라기 공룡의 뼈에서 발견되었다.

(2억 3,000~4,000만 년 전 중생대 초기에 등장한 공룡은 쥐라기를 이은 중생대의 마지막 기인 백악기 말, 약 6,600만 년 전에 멸종했다.—옮긴이)

공룡 DNA도 인간의 DNA와 비슷하게 전사(轉寫) 오류가 있었을 테므로, 선사시대의 동물들에게 암이 발생했다고 해도 놀랄 일은 아니다. 한편으로는 환경 요인도 어떤 역할을 했을지 모른다. 오늘날 우리 대부분에게 '발암물질'은 '인간이 만든 독소'와 같은 말이다. 하지만 사실은 돌연변이를 촉발하는 것 중 상당수가 꽃, 식물, 햇빛처럼 자연적인 요소다.

지구상에서 더없이 깨끗하다고 할 '자연 그대로의' 외딴곳들이라 해도 때로는 환경보호국이 정화 대상으로 지정하는 구역만큼이나 오염될 수 있다. 예를 들어 옐로스톤 국립공원 내 헤이든 밸리는 지금이야 훼손되지 않은 아름다운 곳이지만 이삼백만 년 전이었다면 아무도 그곳에 살려 하지 않았을 것이다. 그 지역에 초화산(超火山, supervolcano)이 있어서 현재의 열여섯 개 주에 해당하는 지역에 재를 쏟아부었기 때문이다. 약 6,500만 년 전, 인도 중서부의 지금은 데칸 용암대지(화산의 용암이 대량으로 유출하여 생긴 높고 평평한 땅—옮긴이)라고 불리는 지역에서 거대한 화산이 100만 세제곱킬로미터가 넘는 용암을 뿜어내면서 대기를 이산화황 같은 유독가스로 그득 채웠다. 중생대의 이런 시기, 이런 지역들에 살던 동물에게는 이온화 방사선과 유독한 화산분출물, 심지어는 먹이원(源)까지도 DNA에 큰 피해를 입혔을 수 있다. 사실, 현존하는 종자식물 중 가장 오래된 것이며 공룡의 주된 먹이였던 소철과 침엽수에는 강력한 발암물질이 포함되어 있다. 이는 우리가 지구상에서 발암물질이 든 음식을 먹거나 그러한 환경에 노출된 첫 번째 (또는 유일한) 존재가 아님을 뜻한다.

'쥐라기의 암'은 비록 우리 인간이 '암'이라는 용어를 만들었을지언정 그 질환 자체를 만들어낸 건 아니라는 사실을 보여준다. 더 나아가, 말 그대로 어디에든 편재하는 암은 삶의 본질적인 한 측면이라 하겠다. 물론 인간이 만든 독성물질과 환경이 암의 위험을, 어떤 경우에는 엄청나게, 증폭한 것도 사실이다. 내가 앞에서 거론한 동물의 암 가운데 몇 가지는 환경 속의 독성물질들과 관련되었다(이에 관해서는 곧 다시 얘기하겠다). 하지만 암에 걸릴 **가능성**은 지구상에서 살아가는 생명체의—자기복제를 하는 DNA를 세포 속에 지닌 유기체의—피할 수 없는 운명이다.

DNA가 돌연변이를 일으키기 쉽다는 사실은, 멜 그리브스가 『암-진화의 유산*Cancer: The Evolutionary Legacy*』에서 썼듯 암이란 "자연에서 통계적으로 불가피한 것으로, 우연과 필연의 문제"임을 의미한다(인용 구절은 노벨상을 받은 프랑스의 생화학자 자크 모노가 『우연과 필연』에서 한 말을 원용한 것이다.—옮긴이).

"암입니다"라는 무시무시한 말을 듣는 순간 환자가 느끼는 아득한 충격은 무엇으로도 완화하기 어렵겠지만, 그 병이 적어도 공룡만큼 오래되었으며 오늘날의 동물들에게는 심장과 피와 뼈만큼이나 보편적인 것임을 안다면 조금 위로가 될지도 모르겠다. 하지만 암 연구에 대한 주비퀴티 접근법은 심리적 위안 이상의 것을 약속할 수 있다. 치료와 각종 요법, 그리고 암의 위험에 대한 우리의 이해에서 돌파구를 마련할 수 있는 것이다. 실제로 주비퀴티 접근법은 이미 그렇게 하기 시작했다.

두 동물을 떠올려보자. 하나는 아주 작은 뒤영벌박쥐(무게 2g, 크기는 1센트 동전 정도)이고 또 하나는 거대한 대왕고래(무게 190톤, 크기는 코끼리 스물다섯 마리 정도)다. 이 장대한 고래는 꼬마 박쥐에 비해 몸 안에 훨씬 많은 세포가 있으며, 더 오래 살면서 몇조(兆) 번이나 더 많이 세포분열을 한다. 이 두 동물 중 어느 쪽이 암에 더 잘 걸릴 것 같은가? 암은 세포

하나가 잘못 복제된 결과로 생길 수 있다는 걸 알고 있으므로, 세포가 더 많아서 복제도 더 많이 하며, 따라서 돌연변이가 더 많이 생길 동물이 암에 걸릴 가능성도 더 크리라고 생각할 것이다.

펜실베이니아대학교의 유전체학(genomics) 연구자들은 이 가설을 검증하기 위해 사람의 결장(대장의 맹장과 직장 사이에 있는 부분으로, 대장의 대부분을 차지한다.—옮긴이)에 있는 세포 수를 계산하고 이를 대왕고래 결장의 세포 수와 비교해보았다. 연관된 계산을 해본 뒤 그들은 만일 세포분열과 '교정'이 종간(種間)에 동일하다면, 모든 고래는 여든 번째 생일을 맞을 때까지는 대장암에 걸려야 할 것이라고 결론지었다.

하지만 우리가 알고 있는 한 그렇지 않다. 오히려 몸이 큰 종은 작은 종보다 대체로 암에 덜 걸리는 것으로 보인다. 이 흥미로운 관찰 결과는 '피토의 역설(Peto's paradox)'이라고 불린다. 영국의 역학자 리처드 피토가 암을 연구하면서 이 놀라운 생물학적 사실을 인지하여 처음으로 정식화했기 때문이다.

오해가 없도록 부연하는데, 피토는 같은 종에 속하는 개체들의 크기 차이—이를테면 키가 2미터 28센티미터를 넘는 농구 선수 야오밍(姚明)과 1미터 41센티미터인 체조 선수 케리 스트러그—에 대해 말한 게 아니다. 피토의 역설이 지적하는 것은 박쥐와 고래처럼 다른 종들 **사이에서** 나타나는 암 발생률의 차이다. 사실 같은 종에서는 덩치가 큰 개체가 특정 종양들에 더 잘 걸릴 수 있다. 예를 들어 청소년기에 주로 발견되는 악성 뼈종양인 골육종은 키가 큰 10대에게 더 자주 생긴다. 마찬가지로 개의 골육종은 그레이트데인, 도베르만, 세인트버나드처럼 몸집이 크고 다리가 긴 품종에서 가장 흔히 보인다.

피토의 역설이 암시하는 바는 커다란 동물의 DNA 복제에는 특별한 무엇, 그들을 암으로부터 보호해주는 듯한 뭔가가 있다는 것이다. 큰 동물의 DNA는 손상을 스스로 수선(修繕)하는 능력이 더 좋을 수도 있다. 어쩌면 거대동물의 세포는 원본을 더 충실히 복제하며 분열하고, 그래서 암을 유발하는 돌연변이가 덜 일어나는지도 모른다. 아니면 DNA 교정 장치가 더 우수해서 돌연변이 비율이 낮을 수도 있다. 몸집이 큰 동물은 더 좋은 종양 억제 유전자, 또는 더 효율적인 면역계를 지니고 있을 수도 있다. 또 어쩌면 그들의 세포는 예정된 세포자멸에 더 능할 따름인지도 모른다.

어쨌든 간에 피토의 역설은, 비교연구 접근법을 따르다보면 예기치 않았던 가설이 나올 수 있음을 보여준다. 그러나 인간의 암에 대한 전문가들은 〈고래 연구와 관리 저널*Journal of Cetacean Research and Management*〉을 읽지 않는다. 그리고 해양생물학자들은 미국 임상종양학회의 연례 회의에 정기적으로 참석하지 않는다. 여러 종에서 나타나는 암의 성격과 습성에 대한 중요한 단서들이 서로 연결되지 않고 있다.

문제를 더 어렵게 만드는 것은, 야생동물 종들의 암 발생률에 관해 엄밀한 통계 정보를 얻기가 지극히 어렵다는 사실이다. 야생에서 죽은 모든 동물을 부검하는 것은 현실적으로 불가능하다. 사람에게 하는 방식으로 야생동물의 암 검진을 하는 것 역시 생각하기 어렵다. 정기적으로 야생 고래들의 대장내시경 검사를 할 수만 있다면, 그들의 암 예방 메커니즘에 관한 단서를 발견할 수도 있을 텐데 말이다.

야생생물학, 인간 종양학, 수의학의 전문가들이 손잡는다면 암 자체에 대한 우리의 이해를 넓혀나갈 수 있을 것이다. 학제적(學際的) 접근법의 이점을 인식하는 학자들이 차츰 늘고 있으며, 미국 국립암연구소의 비교종양학 프로그램 같은 연구 기획과 캘리포니아대학교 샌프란시스코 캠퍼스의 진화와 암 센터 같은 조직들에서 암 연구의 영역을 확대하고 있다. 암

연구에서 다음번의 일대 진전은 살균 소독된 실험실에서 유전자 변형 생쥐를 가지고 연구하는 기초과학자가 아니라 뒤영벌박쥐와 대왕고래, 세인트버나드에 대해 생각하는 수의종양학자가 이루어낼지 모른다.

인간 아닌 다른 종에서 어떤 실마리를 찾을 가능성이 가장 큰 암종들 가운데는 여성 사망의 주요 원인 중 하나로 꼽히는 유방암이 포함된다. 유방암은 퓨마, 캥거루, 라마(야마)에서 바다사자, 흰고래, 검은발족제비에 이르는 포유류들도 걸린다. 여성에게 발생하는 (그리고 가끔 남성에서도 나타나는) 어떤 유방암은 *BRCA1*('breast cancer 1'의 약자이며, 흔히 '브래커원'으로 읽는다.—옮긴이)이라고 하는 유전자의 돌연변이와 관련된다. 모든 사람이 *BRCA1* 유전자를 가지고 있으며, 그 위치는 17번 염색체다. 그런데 일부 사람(약 800명 중 하나)은 돌연변이가 된 형태의 *BRCA1*을 지니고 태어난다. 아슈케나지 계통의 유대 여성들은 이 비율이 훨씬 높아서 50명에 하나 정도다.

*BRCA1*은 매우 노련한 DNA 교정자인 듯하다. 이 유전자가 제대로 작동하면 세포가 분열할 때마다 DNA 복제에서의 실수를 잡아낸다. 오자를 바로잡고 삭제된 부분은 복원한다. 뛰어난 교정자가 그러듯, *BRCA1*은 DNA가 우아하고 유연하고 간결하며 원래의 목적에 충실한 모습을 유지케 해준다. 하지만 *BRCA1*에 돌연변이가 이미 있거나 발생하게 되면 DNA 암호들은 왜곡되고 뒤죽박죽이 된다. 이런 식으로 세포분열이 몇 세대를 거치다 보면 암세포가 복제되는 결과를 낳을 수 있다.

많은 생물체가 취약한 *BRCA1* 유전자를 지니고 있다. 그리고 어떤 동물들에서는 이 유전자의 기능 불량이 인간에서 그렇듯 유방암을 초래하는 것 같다. 스웨덴의 한 연구 결과를 보면, 잉글리시 스프링어스패니얼의 경우 *BRCA1* 돌연변이가 있으면 유방암 발생 가능성이 네 배로 높아졌다.

번식을 제한하기 위해 프로게스틴(황체호르몬 제제—옮긴이)을 투여한 미국 동물원의 재규어들에서는 *BRCA1* 돌연변이가 있는 여성들의 경우와 아주 유사한 유방암 발생 패턴이 나타났다.[1] 같은 조처를 받은 사자, 호랑이, 표범 등 다른 대형 고양잇과 동물들에서도 발생 비율이 높아졌다고 동물원 수의사들은 보고한다.

하지만 *BRCA1* 돌연변이가 있다고 해서 무조건 유방암이 생기는 것은 아니다. *BRCA1*과 관련된 유방암은 유전적 소인(素因)이 그것을 활성화하는 요소—특정한 호르몬이나 환경에의 노출 따위—와 만났을 때 발생한다. 연구자들은 이런 촉발 요인을 '2차 타격(second hit)'이라고 부른다(1차 타격은 유전자의 돌연변이다. 이와 관련된 이론이 미국의 유전학자 앨프리드 크누드슨의 '2회 타격 가설'이다.—옮긴이). 그리고 다양한 동물을 연구하는 것은 유전자와 촉발 요인이 어떻게 결합할 때 암이 발생하는지 정확히 알아내는 데 도움이 된다.

그렇다면 유방암에 관한 한 아슈케나지 유대인 여성에겐 옆집 사람보다 남아메리카 태생의 재규어나 스웨덴에 사는 잉글리시 스프링어스패니얼이 의학적으로 더 큰 의미를 지닐 수 있다는, 우리의 직관과는 어긋나는 가능성이 제기된다. 여기서 든 사례들에서처럼 자연적으로 발생하는 암을 의학 용어로는 '자연동물 모델(natural animal model)'이라고 하며, 이는 질병의 생태를 본래 모습 그대로 드러내주기 때문에 과학자들에게는 소중한 자료가 된다.

---

1) 재규어를 대상으로 한 이 연구는 캘리포니아대학교 데이비스 캠퍼스의 수의병리학자 린다 먼슨이 이끌었는데, 연구 초기부터 *BRCA1*과의 관련성이 시사되었지만 안타깝게도 재규어 유전체(게놈)의 염기서열 분석과 스캔이 완료되어 확실한 단서가 나오기 전에 먼슨은 세상을 떠났다(2010년).

유전자 돌연변이가 있으면 사람과 마찬가지로 유방암 발생 위험이 높아지는 재규어나 스패니얼과 달리, 흥미롭게도 유방암에 걸릴 위험이 거의 없다고 할 포유류 집단들도 있다.[2] 당신이 오늘 아침 홀짝거린 라테에는 유방암에 좀처럼 걸리지 않는 자매들의 무리에서 짜낸 우유가 들어 있다. 젖을 분비하는 것이 생업이라 할 젖소와 염소는 유방암 발생률이 통계적으로 거의 의미가 없을 만큼 낮다. 젖분비를 일찍부터 시작하여 오랫동안 계속하는 동물이 유방암의 위험에서 어느 정도 안전해 보인다는 사실은 매우 흥미로울 뿐 아니라, 인간 여성에서 모유 수유와 유방암 위험 감소 간의 관련성을 보여주는 역학 자료에 상응하는 것이기도 하다.

여러 종에서 나타나는 모유 수유—또는 그와 관련된 호르몬 상태—의 보호 효과에서 우리는 새로운 형태의 유방암 예방법에 대한 힌트를 얻을 수도 있다. 예를 들어, 일 년에 몇 차례 젖분비를 유도함으로써 여성에게 가장 치명적인 이 암의 평생위험도를 극적으로 줄일 수 있다는 게 입증된다면 예방의학에 일대 혁신이 일어날 것이다. 이 말이 이상하게 들릴 수 있겠지만, 우리가 당연하게 받아들이는 다른 여러 건강관리 방식보다 그저 한 걸음 정도 더 나간 것일 뿐이다. 여성들은 자궁 경관에서 면봉으로 세포를 채취하고, 가슴을 엑스선으로 찍는다. 많은 여성이 호르몬 변화를 일으키는 피임약을 예사롭게 매일 먹으면서 자궁내막증을 가라앉히고, 여드름을 억제하고, 심지어는 신혼여행 동안 생리를 피하기도 한다. 또한 대장에 내시경을 넣어 검사하고, 점을 찾아서 피부를 기계로 샅샅이 훑는다. 그러니

---

2) 여기서 근거 없는 믿음 하나를 지적하고 넘어가겠다. "상어는 암에 걸리지 않는다"는 자주 오가는 얘기 말이다. 사실은 상어의 무수한 종에서 다양한 종류의 종양이 발견되었으며, 그중엔 전이된 것들도 있다. 이런 헛소문은 야생의 종들을 잡아서 만든 대체요법류의 약제를 팔고 다니는 사람들이 퍼뜨리는 게 아닌가 싶다.

유방암에 걸릴 평생위험도가 젖 짜는 동물 수준으로 뚝 떨어질 가능성이 있음을 알게 된다면, 암 예방을 위해 정기적으로 젖분비를 유도한다는 발상에 눈살을 찌푸릴 필요는 없을 것이다.

젖분비의 암 억제 효과는 생리 주기마다 유방이 에스트로겐에 노출되는 정도를 줄이기 때문일 수도 있다. 정확하게 모유 수유의 어떤 측면에 암 예방 효과가 있는지를 밝히는 데는 댈러스 월드아쿠아리움의 책임 수의사 크리스 보너가 나에게 제시한 접근법이 도움이 될 수 있다. 그에 따르면 포유류의 암컷들은 종에 따라 연간 생식 주기가 다르다고 한다. 예를 들어 어떤 야생 박쥐들은 생리 주기가 33일로, 인간을 포함한 일부 영장류의 한 달 주기와 비슷하다. 이에 비해 양과 돼지는 일 년에 단 몇 차례만 배란을 하는데, 그래도 두 번 이상이기 때문에 '다발정(多發情, polyestrous)' 동물이라고 한다. 호랑꼬리여우원숭이, 곰, 여우, 늑대 암컷의 주기는 대체로 일 년에 딱 한 번이다. 그런데 새끼에게 젖을 먹이면 어미의 생식 주기가 교란된다. 그래서 비교종양학자들은 생식 주기의 빈도가 다르고 그에 따라 호르몬 노출 정도도 서로 다른 암컷 동물들의 유방암 발생률을 비교함으로써 중요한 구분에 이를 수 있었다. 모유 수유의 유방암 예방 효과 중 얼마큼이 젖분비 자체에서 비롯되며, 또 얼마큼이 생식 주기에 수반하는 호르몬 분비가 교란된 결과인가 하는 구분이 그것이다.

우리가 동물의 암을 통하여 알 수 있는 또 한 가지는, 암이 밖으로부터의 침입자, 즉 바이러스에 의해 발생하는 정도다. 수의종양학자들은 이런 경우를 아주 흔하게 본다. 소와 고양이에게 나타나는 림프종과 백혈병은 대개 바이러스가 원인이다. 거북에서 돌고래까지 바다 동물을 휩쓰는 암들 중 많은 것이 유두종바이러스나 헤르페스바이러스에 뿌리를 두고 있다.

이미 말했듯 암은 DNA에 돌연변이가 있는 세포에서 시작된다. DNA를 만지작거리는 기술에서 바이러스에 필적할 만한 것은 자연에 거의 없다. 하지만 흡연, 음주, 혹은 과식 따위가 원인이 되는 암 등 소위 '생활습관 암(lifestyle cancer)'을 예방하고 치료하는 임무를 맡은 인간 의사들은 좁은 범위의 악성 종양들과 관련해서만 '감염되는 촉발 요인'을 생각하는 경향이 있다. 예를 들어 카포시육종, 일부 백혈병과 림프종, 일부 간암의 원인이 바이러스임은 모든 종양학자와 많은 환자들이 알고 있다. '커플 암(cancer á deux, 성적 파트너인 남녀가 나란히 걸리는 자궁경부암과 음경암)'이 인유두종바이러스(인체에서 활동하는 유두종바이러스—옮긴이)에 의해 전염된다는 것도 대개 안다.

사실은 전 세계 사람들에게 발생하는 암의 약 20퍼센트가 바이러스에 의한 것이다. 아시아에서 간암의 주요 원인은 B형과 C형 간염 바이러스다. 아프리카의 '림프종 벨트'[3] 전역에서 엡스타인바바이러스는 버킷림프종의 원인으로 잘 알려져 있다. 인유두종바이러스와 B형, C형 간염바이러스는 미국 국립보건원의 발암물질 목록에도 올라 있다. 암이 바이러스로 퍼진다는 걸 알게 되면서 일부 역학자들은 암을 전염병으로 취급해야 한다고 주장해왔다. 그런데 이는 수의사들이 이미 하고 있는 일이다.

피토의 역설, 유대인과 재규어, 젖 짜는 동물들, 바이러스에 의한 암—이러한 사례들에서 주비퀴티 접근법은 암의 원인에 관한 새로운 가설들을 세우는 데 도움이 될 수 있다. 하지만 동물들은 보다 시급한 상황에서 때맞추어 우리를 도울 수 있을지도 모른다. 임박한 질병에 대해 우리에게 경

---

3) WHO(세계보건기구)에 따르면 림프종 벨트는 "적도를 중심으로 북위 10도에서 남위 10도 사이, 서아프리카에서 동아프리카까지 뻗어 있는 지역으로, 동쪽 해안에서는 남쪽으로 더 이어진다."

고를 해줄 수 있는 것이다. 그 병이 실제로 덮치기 전에.

1982년, 캐나다 동북쪽 세인트로렌스강이 대서양과 만나는 어귀에서는 죽은 흰고래('벨루가' 또는 '흰돌고래'라고도 한다.—옮긴이)들이 뭍으로 쓸려 올라오기 시작했다. 죽음의 주된 원인은 암이었다. 장암, 피부암, 위암, 유방암, 자궁암, 난소암, 신경내분비암, 방광암…병명들은 하나같이 암울했다.

나중에 확인한 결과, 이들 흰고래의 몸은 디클로로디페닐트리클로로에탄(DDT), 폴리염화비페닐(PCBs), 다환방향족탄화수소(PAHs) 등 다양한 공업 및 농업 오염물질뿐 아니라 각종 중금속으로도 찌들어 있었다. 몬트리올대학교의 연구자들은 흰고래를 침범한 이 인공물질들의 출처를 멀리서 찾을 필요가 없었다. 그 해변을 따라 알루미늄 제련소들이 늘어서 있었기 때문이다. 이 공장들은 몇십 년 동안 끊임없이 엄청난 양의 PAH를 물에 쏟아넣었고, 대기 속으로도 다른 오염물질을 날려 보냈다. 하루도 빠짐없이 화합물들이 물을 따라 떠다녔으며, 바다 밑바닥에도 쌓여갔다. 홍합을 비롯해 바다에 사는 생물들은 이를 흡수했다. 흰고래는 먹이를 찾아 바다 밑 퇴적물을 파헤쳤고, 그러면서 오염된 먹이 속의 독소뿐 아니라 모래와 흙 속에 쌓인 것까지 독소를 두 배로 섭취했다.

흰고래들의 암과 잇따른 죽음은 이 오염물질들과 결부되었다. 그리고 의미심장하게도, 같은 시기에 세인트로렌스강 하구 주변에 살던 다른 종의 동물 무리 역시 흰고래와 같은 특이한 발암 패턴을 보였다. 바로 인간이었다.

동물이 떼죽음을 당할 때, 우리 인간은 관심을 기울이는 게 좋다. 사스(SARS)와 조류인플루엔자 같은 신종 감염병은 흔히 동물에게 먼저 나타난다. 내분비계 교란 물질(보통 환경호르몬이라고 부르는 것—옮긴이)은 인간의 생식 능력에 영향을 미치기에 앞서 동물에서 그 폐해를 드러낼 수 있다. 동물은 심지어 생물학 무기의 공격이나 화학물질의 누출을 우리에게 경고하기도 한다. 예를 들어, 1979년 소비에트 군사시설에서 탄저균이 유출되었을 때 가장 먼저 죽은 것은 부근의 가축들이었다.

때때로 동물은 암을 경고하기도 한다. 미국에서는 PCB의 생산과 DDT 사용이 30년 넘게 금지되었지만, 연구자들은 캘리포니아 연해에 사는 바다사자들의 암 발생이 급증한 게 이들 독소 때문일지도 모른다고 의심하고 있다. 1940년대에 시작해서 30년 동안 제조회사들은 태평양의 이 지역에 몇백만 파운드의 화학물질을 버렸다. 환경보호국에서 2000년에 정화작업을 시작하긴 했지만, 오염물질 축적 장소 중 접근이 어려운 곳이 있었다. 바로 동물의 몸속이다. 어미의 몸에 쌓인 오염물질은 임신과 수유 과정에서 그 양의 90퍼센트까지가 처음 태어난 새끼에게 '쏟아부어질' 수 있다. 수의종양학자들은 동물들이 독소에 반복적으로 노출될 때 세포에서 돌연변이가 일어나 암 발생으로 이어지거나, 독소들이 면역계를 크게 약화시켜서 암을 일으키는 헤르페스바이러스의 복제 가능성이 더 커진다고 믿는다. 이것이 사실이라면, 저 동물들의 암은 유사한 화학물질들에 오염된 지역에 사는 사람들에게 보내는 경고, 즉 독소는 그것에 직접 노출되는 사람에게만 위험한 게 아니라는 경고가 될 수 있다. 그 위험은 여러 세대에 걸쳐 전해질 수 있으며(독소가 쌓였던 장소를 청소한 뒤에도 위험은 오랫동안 남는다는 얘기다), 면역계에 2차적인 영향을 미칠 수 있다.

산업 공해물질 때문에 동물들은 고통을 받고 죽어간다. 그들의 이런 질병에 대한 책임은 두말할 나위 없이 우리 인간에게 있다. 동물들이 법적 공방에 나설 수 있다면, 인간들은 어쩌면 숱한 집단소송의 피고가 될지도 모른다. 흰고래가 먹이를 먹고 새끼를 낳는 물을 산업 시설들이 오염시키는 것을 방치함으로써 그들이 암으로 끔찍하게 죽어가도록 해서는 안 된다.

따라서, 특정 산업들의 편의와 탐욕 때문에 동물이 암에 걸리는 일이 없는 세상이 우리의 궁극적인 이상이라는 단서를 달고 말한다면(석유든 플라스틱이든 살충제든 그러한 산업의 태반에 우리 모두는 연루돼 있다), 동물들이 암에 걸린다는 슬픈 사실이 인간에게는 도움이 될 수 있다. 그들을 우리의 파수꾼으로 생각한다면 말이다. 그리고 그들의 희생을 기리는 한 가지 방법은, 잘못을 시정하기 위해 뭔가를 하는 것이다. 그 문제가 우리와 무관한 척하지 말아야 한다. 동물들이 무리 지어 병에 걸리는 것을 목격할 때, 우리는 정부로서, 사회로서, 그리고 하나의 종으로서 행동에 나서야 한다. 그것이 동물을 구하고 우리 자신도 구하는 길이다.

인간인 우리는 세인트로렌스강 어귀의 물속이나 캘리포니아에 접한 태평양 바닥의 켈프 숲에서 살지 않는다(켈프는 다시맛과의 대형 갈조류다.—옮긴이). 우리는 아파트 단지나 단독주택, 원룸형 아파트, 농가, 이동식 주택에서 산다. 그리고 이 모든 곳에서 우리와 함께 사는 동물이 있다. 바로 개다.

전 세계에서 수억 마리의 개가 우리의 반려동물로 한집에서 살고 있다. 가장 단순하고 이기적인 차원에서 보면, 이러한 사실은 개들이 인간에게 암의 위험을 경고하거나 확인해주는 집안의 파수꾼 역할을 할 수 있음을 의미한다. 예를 들면, 개의 비강(鼻腔, 코안)이나 부비강(副鼻腔, 코곁굴)에 생기는 암은 실내에서 사용하는 석탄이나 등유 난방기와 밀접한 연관이 있다는 연구 결과도 나왔다. 개의 코가 길수록 이 암에 걸릴 가능성이 더 높은데, 이는 자극에 노출되는 코의 내부 표면이 그만큼 넓기 때문일 수 있다. 살충제와 관련 있는 방광암과 림프종도 보고되었는데, 뚱뚱한 암컷 개의 방광암 위험도가 높았다. 그리고 베트남에서 활동했던 군용견들은 고환암 발생 비율이 평균보다 높았는데, 아마도 복무 기간 중 다양한 화학물질과 감염, 약제 등에 노출되었기 때문일 것이다.[4)]

인간과 개가 비슷하지 않은 부분 역시 뭔가를 알려줄 수 있다. 개들은 대장암에 좀처럼 걸리지 않는다. 폐암 역시, 흡연자가 있는 집에 사는 코가 짧거나 중간 길이인 개들을 제외하면 잘 안 걸린다. 개의 유방암은 난소 적출을 장려하는 나라들에서는 드물지만, 암컷 개들의 생식기관이 온전한 곳에서는 아주 흔하다. 사람도 마찬가지다. 난소 제거나 조기 폐경은 유방암의 위험을 현저하게 줄인다.

그런데 개는 가정에서 '탄광 속의 카나리아' 같은 역할을 할 수 있을 뿐 아니라, 우리 몸 안에서 암이 어떻게 작용하는지 그 생태를 알아내는 본격 연구에서 인간을 거의 완벽하게 대신할 수도 있다. 현재 대다수의 암 연구는 생쥐를 대상으로 이루어진다. 이런 연구에서 쓰는 이른바 '인간화된 생쥐'는 유전자 패턴이 인간의 것을 흉내 내게끔 특별히 조작해 기른 것이다(사람의 세포나 조직을 이식하거나 유전자를 도입하기도 한다.—옮긴이). 이들의 몸에서 암이 자라도록 면역계를 바꾸는 경우도 많다. 대부분의 실험실 생쥐들에게 암은 '주어지는' 것이지 몸 안에서 자연적으로 생겨나는 게 아니다. 연구자들은 몇십 년 동안 이 '인위적인' 암을 관찰하면서, 세포가 어떻게 분열하고 종양이 어떻게 형성되며 어떻게 몸의 다른 부분으로 전이하여 퍼져나가는지 등 종양에 관한 유용한 생물학적 지식과 통찰을 얻을 수 있었다. 하지만 암이 어떻게 생기며 얼마나 복잡한 형태를 띠는지, 어떻게 치료에

---

4) 고양이들도 개처럼 파수꾼 역할을 해왔다. 한 연구에서는 고양이에게 나타나는 구강암이 환경 속의 담배 연기(environmental tobacco smoke, ETS), 즉 간접흡연과 관계있다고 보았다.

저항하고 어떻게 재발하는지 등에 대한 해답은 사실 생쥐 모델에서는 찾을 수 없다. 현미경 아래 생쥐의 종양과 사람의 종양을 나란히 놓고 보아도 아주 큰 차이가 있다.

알고 보면 인간의 종양은 우리가 함께 사는 동물, 즉 반려견들의 종양과 놀라우리만치 비슷하다. 개의 암세포와 사람의 암세포는 거의 구분이 되지 않는다. 개는 생쥐보다 수명이 길기 때문에 연구자들은 오랜 기간에 걸쳐 암을—그리고 치료 경과를—관찰할 수 있다. 또한 대부분의 실험실 생쥐와 달리 반려견의 면역계는 온전하므로, 종양학자들은 암이 신체의 자연적 방어 체계에 맞서 어떤 움직임을 보이는지도 연구할 수 있다. 게다가 개는 두말할 필요 없이 생쥐보다 훨씬 크다. 이 사실은 실용적 의미(종양을 관찰하기가 물리적으로 수월하다)와 이론적 의미(피토의 역설을 생각해보라) 모두를 함축한다.

여기서 한 가지를 분명히 밝히고 넘어가야겠다. 나는 지금 개를 대상으로 한 실험실 연구에 관해 얘기하고 있는 게 **아니다**. 그와는 정반대다. 자연적으로 암에 걸려 수의사에게 치료받는 애완동물 즉 반려동물을 돌보면서 암을 관찰하는 일에 대해 말하고 있다.

이 새로운 접근법을 비교종양학(comparative oncology)이라고 한다. 국립암연구소에서는 우리와 함께 사는 동물에게 자연적으로 발생하는 암을 연구하면 암의 수수께끼를 일부라도 밝혀낼 수 있으리라고 판단해 2004년 비교종양학 프로그램(COP)을 시작했다. 이 프로그램 초기에 채택한 혁신적 방식 하나는 미국과 캐나다의 유수한 수의과대학 부속병원 스무 곳의 브레인들을 하나의 네트워크로 엮은 것이다. 비교종양학 임상시험 컨소시엄이라고 하는 이 네트워크는 반려견들을 대상으로 임상시험을 하면서 인간 환자를 위한 새로운 항암제와 치료법을 찾는다. (새 치료제를 시장에 내놓고 싶어 하는 제약회사들이 이를 후원한다.) 프로그램의 본래 목적이 반려동물의 건강은 아닐지라도, 사람들에게 혜택을 줄 그 성과의 일부는 동물의 건강 향상에도 도움이 될 것이다.

비교종양학은 이미 우리 인간을 포함해 많은 동물의 건강을 개선했다. 종간(種間) 비교 연구를 통해 새로운 암 치료법이 여럿 나왔다 해도 지나친 말이 아니다(의사든 수의사든 이런 성과를 언급할 때면 사람들이 지나친 기대를 하지 않도록 '새로운 치료 전략'이라든지 '긍정적인 생존율' 같은 보다 냉정한 임상 용어를 쓰는 경향이 있기는 하지만). 예컨대, 오늘날 의사들이 골육종을 앓는 10대의 팔이나 다리 절단을 피하기 위해 사용하는 사지(四肢)보존술은 콜로라도주립대학교의 수의종양학자인 스티븐 위스로와 그의 연구팀이 사람을 치료하는 의사들과 공조하면서 개에게 처음 시술했던 것이다. 줄기세포 이식을 이용해 악성림프종 환자의 치료를 시도하는 것 또한 시애틀의 프레드허친슨 암연구센터에서 열두 마리의 반려견에게 이 요법을 실시해 성공함으로써 인간에게 적용할 길을 열어준 덕이다.

동물 유전자를 연구하는 사람들은 개의 림프종과 방광암, 악성 뇌종양에 대해 분자 차원에서 실마리를 찾기 위해 DNA를 들여다보고 있다. 여기서 유전자가 유의미한 이유가 있다. 치와와 곁을 서성이는 거대한 그레이트데인, 혹은 퍼그에 코를 대고 킁킁거리는 세인트버나드를 상상해보라. 개들은 모두 하나의 종에 속하기는 해도—'카니스 루푸스 파밀리아리스(*Canis lupus familiaris*)'가 그 학명인데—생김새와 행동이 천양지차일 수 있다. 하지만 몇 세기 동안 인위적 선택에 의한 품종개량으로 다듬어지고 아메리칸케널클럽(1884년 설립된 애견협회로, 순종 개들의 등록과 관리, 관련 행사 개최 등이 주요 업무다.—옮긴이)의 지침서에 성문화된 품종별 바람직한 특징들에는 아이러니하고 때로는 비극적인 트로이의 목마가 숨었을 수 있다. 개의 유전체(게놈) 지도 프로젝트를 이끈 MIT의 분자생물학자 셰르스틴 린드블라드토가 내게 해준 설명에 따르면, 바람직한 특징을 만들기 위한 품종개량 과정에서 의도치 않았던 돌연변이가 만들어지고 유전되며, 그중 일부는 암의 원인이 되기도 한다는 것이다.

독일 남서부 슈바르츠발트(검은 숲) 지역 출신의 가족들이 신장암과 망막의 암(망막모세포종)에 취약하고 아슈케나지 유대인이 유방암, 난소암, 대장암에 취약하듯, 특정 품종의 개는 특정한 암에 걸리기 쉽다. 예를 들어 독일셰퍼드에게는 유전성 신장 종양의 한 종류가 발생할 수 있다(신장의 낭선암 즉 낭종성 암을 말한다.—옮긴이). 수의종양학자인 멜리사 파올로니와 찬드 한나는 학술 월간지 〈네이처 리뷰스 캔서*Nature Reviews Cancer*〉에 발표한 논평에서 개의 이 암에 원인이 되는 유전자 돌연변이가 사람에게 버트-호그-두베 증후군을 일으키는 돌연변이와 비슷하다고 했다(이 증후군을 앓는 사람도 신장암에 취약하다). 고대 이집트 왕가에서 기르던 개의 후손인 살루키는 굉장히 오래된 품종이다. 살루키들이 대대로 호리호리하고 당당하며 우아한 모습을 갖게 해주는 염색체는 또한 그들에게 3분의 1 확률로 발생하는 혈관육종과도 관련되는데, 혈관육종은 심장병과 간, 종양 전문의들이 인간의 심장이나 간, 비장에서도 가끔 발견하는 아주 공격적인 종양이다.[5)]

---

5) 특정한 개체군이 같은 돌연변이를 지니고 있다면, 이는 대개 '창시자 효과(founder effect)'에 따른 것이다. 그 집단의 조상 즉 창시자인 아주 적은 수의 개체들에게서 여러 세대의 자손이 이어지고, 어떤 이유에선가—지리적인 이유든 문화적인 이유든—고립된 상태를 유지할 때 이런 현상이 생긴다. 창시자 효과는 미생물과 식물에서부터 인간을 포함한 동물까지 다양한 개체군에서 발견된다. 예컨대 낭포성 섬유증을 일으키는 돌연변이를 추적하면 한 사람으로 거슬러 올라간다. 아슈케나지

파올로니와 한나는 차우차우가 위암과 흑색종에 걸리는 비율이 통상보다 높다는 점을 언급한다. 복서는 뇌종양뿐 아니라 악성 비만세포종에 걸리는 비율에서도 으뜸을 차지한다. 스코티시테리어는 방광암에 유난히 많이 걸린다. 조직구성(組織球性) 육종(비장 같은 부위에 잠복하는 극히 복잡한 암)은 플랫코티드리트리버와 버니즈마운틴도그에서 자주 나타난다.

그런데 암이 어디에 **있는지**를 알아내는 것 못지않게 암이 어디에 **없는지**에 주목하는 것도 도움이 될 수 있다. 파올로니와 한나가 지적하듯, 다른 품종의 개들에 비해 놀라울 정도로 (왜인지는 아직 알 수 없지만) 암에 덜 걸리는 듯한 두 품종이 있다. 비글과 닥스훈트다. 젖분비가 생업인 덕에 좀처럼 유방암에 걸리지 않는 젖소와 염소처럼, 유달리 건강한 이들 개 품종을 통해 암을 막는 데 도움이 될 행동 양태나 생리 특성들을 알게 될 수도 있다.

비교종양학이 지닌 그 많은 가능성에도 불구하고, 인간을 치료하는 의사 가운데 생쥐 이상의 것을 생각하는 사람은 극소수에 불과하다. UCLA

유대인 가계(家系)에서 처음으로 *BRCA1* 돌연변이를 지니게 된 창시자는 2,000년도 더 전에 살았던 것으로 생각된다.

유전학자들은 창시자 효과를 병목 개체군(bottleneck population)들에서 자주 본다. 병목 개체군이란 어떤 요인들로 인해 후손의 다수가 극소수의 조상에게서 나오게 된 집단이다. 치타는 자연적인 병목 개체군이다. 전체 개체수가 줄어들고, 따라서 번식력 있는 개체 역시 점점 더 소수가 되어가는데, 종을 존속시키려면 이들 소수의 유전자에 의존하는 수밖에 없다. 이것은 절멸 위기에 처한 많은 종이 당면한 문제다. 개의 경우, 그들을 길들여 집짐승으로 만든 인간은 이후 이런저런 개를 가지고 의도적으로 병목 개체군들을 만들어왔다. 한정된 수의 개체들을 번식시켜 미래의 모든 후손을 길러냄으로써 우리는 유전자군의 다양성을—돌연변이 유전자까지 포함해서—제한하고 있는 것이다. (유전자군[gene pool]은 '유전자급원(給源)'이라고도 하며, 어떤 생물 종이나 개체 속에 있는 고유의 대립형질의 총량을 말한다.—옮긴이).

동료인 한 종양 전문의가 내게 확인해주었듯, 아주 똑똑한 암 연구자라 해도 자연적으로 발생하는 동물의 암에 관해서는 결코 얘기하지 않는다.

그리고, 비교종양학 프로그램 같은 선도적인 계획들 덕분에 상황이 조금씩 변하긴 해도, 의사들과 수의사들 간의 주비퀴티적 공동작업은 아직 너무나 드물다. 우리가 이런 상황을 바꿀 수 있다면 암 치료와 암 연구의 세계는 전혀 다른 모습을 띠게 될지 모른다. 내게 이 같은 깨달음이 든 것은, 종양학자 두 사람과 의사 하나, 그리고 수의사 하나의 우연한 만남이 흑색종에 대한 완전히 새로운 치료로 이어졌다는 얘기를 들었을 때였다.

1999년 가을의 어느 날 저녁, 뉴욕 프린스턴 클럽에서 저녁 식사를 하는 사람들의 모습은 여러 면에서 여느 만찬객들과 다를 바 없었다. 푸른색 상의와 줄무늬 넥타이, 희끗희끗한 관자놀이, 맵시 있는 스커트와 진주 목걸이, 펌프스 구두. 그들이 나누는 대화라야 아마도 밀레니엄 버그나 영화 채널 HBO에서 새로 시작하는 흥미진진한 시리즈 「소프라노스」, 혹은 거의 지난여름 내내 1갤런당 1달러 아래를 맴돌다 갑자기 1달러 40센트까지 치솟은 휘발유 값 정도였을 것이다. 그리고 수십 년 동안 줄곧 그랬듯, 벽에 걸려 있는 청동 호랑이의 차가운 금속 눈이 이 모든 광경을 말없이 지켜보고 있었다(호랑이는 프린스턴대학교의 상징이다.—옮긴이).

그러나 그중 한 테이블에서 오가는 농담 섞인 대화는 전혀 평범하지 않았다. 풀 먹인 흰색 테이블보 주위에 여남은 명의 과학자가 둘러앉아 물잔 속의 얼음을 달그락거리며 림프종에 관해 열심히 전략을 짜고 있었다. 한 사람만 빼고는 모두가 인간의 암에 대한 전문가였다.

유일한 외부인인 필립 버그먼은 처음에는 조용히 듣고만 있었다. 키가 크며 숱 많고 웨이브 진 검은 머리에 턱수염을 잘 다듬은 모습의 버그먼은 수의사다. 내가 만난 수의사들이 거의 그렇듯, 그도 말씨가 차분하고 신중했으며 불필요한 동작은 하지 않았다. 하지만 그날 밤, 그는 마음이 그리 편치 않았다. 몇 년 뒤 그는 그날 계속 이런 생각을 했노라고 내게 털어놓았다. "여기는 프린스턴 클럽이야. 나는 수의사이고. 여긴 내가 있을 자리가 아냐." (그는 MD앤더슨 암센터에서 여러 해 수련했으며 인간암생물학 박사 학위를 비롯해 몇 개의 학위를 가지고 있는데도 말이다.)

버그먼 가까이엔 내과학과 종양학의 전문의이자 의학박사인 제드 월촉이 앉아 있었다. 그는 세계적으로 손꼽히는 암 연구 병원인 메모리얼 슬론 케터링 암센터의 떠오르는 스타였다. 갑자기 월촉이 버그먼을 돌아보았다. 그리고 그의 입에서 그야말로 주비퀴티적인 질문이 나왔다.

"개들도 흑색종에 걸립니까?"

그것은 적절한 순간에 적절한 사람에게 던진 적절한 질문이었다. 공교롭게도 버그먼은 그 까다롭고 공격적인 암이 어떻게 개를 침범하는지를 연구한 전 세계에 몇 안 되는 전문가 중 하나였다. 그리고 그는 큼직한 차기 연구 프로젝트를 찾고 있었다.

버그먼과 월촉은 인간과 개의 흑색종을 비교하기 시작했다. 그리고 곧바로 두 사람은 양쪽의 흑색종이 "본질적으로 똑같은 하나의 병"임을 깨닫게 되었다고 버그먼은 말했다. 개에서와 마찬가지로 사람의 경우에도 악성 흑색종은 흔히 입안과 발바닥, 손발톱 밑에 나타난다. 그리고 두 종 모두에서 부신(副腎), 심장, 간, 뇌막, 폐 같은 '기이한 부위들'로 전이한다. 사람이 흑색종에 걸렸을 때 화학요법은 별 효과가 없다. 수술과 방사선치료로도 전이를 막지 못하는 경우가 많다. 게다가 흑색종은 치료가 끝난 뒤에도 재발하는 고약한 습성이 있다. 개들에서도 마찬가지다. 안타깝게도 사람과 개 모두 이 암에 걸리면 생존율이 무척 낮다. 진행된 악성 흑색종 진단을 받은 개는 넉 달 반쯤밖에 살지 못하기도 한다. 전이성 흑색종에 걸린 사람은 1년을 못 사는 경우가 흔하다. 두 종의 환자 모두를 위해 악성 흑색종에 대한 새로운 접근법이 '절실히 필요하다'는 것을 월촉도 버그먼도 알고 있었다.

월촉은 버그먼에게 자신이 새로운 치료법을 연구 중이며, 그 요체는 환자의 면역계를 속여 자신의 암을 공격토록 하는 것이라고 털어놓았다.[6] 슬론케터링 암센터에서 그가 이끄는 연구팀은 이를 우선 생쥐에게 적용해 몇 가지 성공을 거뒀다고 했다. 이제 알아내야 할 것은, 수명이 더 길고 온전한 면역계를 지닌 동물에게 자연적으로 발생한 종양에도 그 요법이 효과가 있을지였다. 월촉의 이 말을 듣는 순간 버그먼은 개가 바로 그 동물일 수 있음을 깨달았다.

이후 불과 석 달 만에 버그먼은 임상시험을 시작했다. 그는 아홉 마리의 반려견을 골라 모았다. 시베리아허스키, 라사압소, 비숑프리제, 독일셰퍼드 각각 한 마리와 코커스패니얼 두 마리, 잡종견 세 마리였다. 이들 모두가 다양한 병기(病期)의 흑색종 진단을 받았고, 대부분에게 이번의 실험적

---

6) 이것을 이종(異種) 플라스미드 DNA 백신 접종이라고 한다. 기본적으로, 암에 걸린 환자의 세포 안에 다른 종에서 가져온 단백질을 '숨기는' 것이다. 외래의 단백질이 혈액과 림프 속을 돌아다닐 때 면역계는 이 이질적인 존재를 감지하고, 침입자가 나타났다고 생각해 자신의 세포를 공격하기 시작한다. 이처럼 면역계로 하여금 스스로를 공격케 하는 것을 '면역관용 깨기'라고 하는데, 이건 대단히 어려운 일이어서 '항암면역요법의 성배(聖杯)'라 할 수 있다고 버그먼은 말했다. (플라스미드[plasmid]는 주로 박테리아 즉 세균의 세포 내에 염색체와는 별개로 존재하면서 독자적으로 증식할 수 있는 DNA를 말한다. 다른 종의 세포 내로도 전달될 수 있다. '성배[holy grail]'는 그리스도가 최후의 만찬에서 썼다고 전해지는 술잔인데, 이 잔을 찾는 일만큼이나 이루기 어려운 목표를 뜻하는 은유로 자주 쓰여왔다. 의학계에서도 자주 쓰이는 말인 듯, 미국의 일부 의학사전에도 올라 있다.—옮긴이)

치료는 마지막 기회였다. 개 주인들은 감사하고 간절한 마음으로 이 기회를 받아들였다.

이 요법은—여기에는 인간의 DNA를 개의 넓적다리 근육에 주사하는 것도 포함되었는데[7]—버그먼과 월촉이 기대했던 것 이상으로 효과가 좋았다. 전반적으로 개들의 종양은 줄어들었고, 생존율이 급등했다. 성공 소식이 알려지자 전 세계에서 개 주인들이 절박한 마음으로 버그먼에게 전화와 이메일로 연락해왔다. 어떤 의뢰인은 자기 개에게 그 주사를 맞히기 위해 2주에 한 번씩 나파밸리에서 뉴욕까지 비행기를 타고 왔다. 홍콩에서 반려견을 데리고 와서 버그먼의 사무실 근처에 거처를 마련한 사람도 있었다. 얼마 지나지 않아, 이 새로운 치료를 받고 싶어 하는 지원자 수는 버그먼이 감당할 수 있는 정도를 넘어섰다. 동물용 의약품을 생산하는 메리알 사의 재정 지원과 슬론케터링의 도움을 받아 약을 만들어내면서 버그먼은 또 한 차례의 시험적 치료에 착수했다. 이번 역시 자리가 다 찬 뒤에도 암을 앓는 개의 주인들의 연락은 계속 이어졌다.

---

7) 슬론케터링에서 유전자를 다루는 분자생물학자들은 익명의 환자가 기증한 인간 흑색종 세포에서 티로시나아제 cDNA(complementary[상보적] DNA)라는 것을 추출했다(티로시나아제[타이로시네이스]는 멜라닌 생성을 조절하는 산화 효소다.—옮긴이). 그들은 하나하나의 가닥을 고리 모양으로 만들어서 몇백만 번을 복제했다. 버그먼은 플라스미드라고 불리는 이 미세한 도넛 모양의 DNA들을 넘겨받아, 바늘 없이 강한 압력을 이용하는, 최첨단 공기총 같은 장비를 이용해 개의 넓적다리 근육에 주입했다.

개의 근육과 백혈구 깊숙이에서 플라스미드들은 **인간의** 티로시나아제를 만들기 시작했다. 세포들은 이 인간 단백질을 혈액과 림프로 내보냈고…거기서 단백질은 T세포라고 하는 면역계의 전투 세포들과 맞닥뜨렸다. 낯선 존재인 인간의 티로시나아제를 만난 개의 T세포들은 그것을 공격했다. 이렇게 면역반응이 일단 시작되자 T세포들은 체내의 종양 세포에 있는 개의 티로시나아제까지도 추적하여 잡아내게 됐다.

결국 이 치료는 350마리가 넘는 반려견에게 실시되었고, 뛰어난 생명 연장 효과를 보여 주사를 맞은 개의 반 이상이 암 발병으로 줄어든 여명을 초과해 생존했다. 2009년 메리알 사에서 온셉트(Oncept)라는 제품명으로 이 백신을 출시하면서 종양 전문 수의사들은 암에 걸린 수천 마리의 반려견을 새로운 방법으로 치료할 수 있게 됐다.

"개도 흑색종에 걸립니까?" 월촉이 던진 이 세 단어의 주비퀴티적인 질문이 집중적인 공동작업을 촉발했고, 이는 수의사들이 개의 흑색종을 치료하는 방식을 영구히 바꿔놓았는지도 모른다. 그리고 이 공동작업의 결과를 인간에게 적용했을 때의 잠재력은 엄청나다. 버그먼과 월촉이 거둔 성공으로 인간의 흑색종 치료에 쓸 유사한 백신의 연구도 힘을 얻고 있다.[8)]

하지만 온셉트가 성공을 거두었다 해도, 종을 가로지르는 연구가 지닌 많은 가능성을 인간의학계에서 깨닫는 데는 시간이 좀 더 걸릴 것임을 버그먼은 알고 있다.

"사람을 치료하는 의사들이 모인 자리에서 내가 이 흑색종 이야기를 하면 거의 어김없이…." 그는 내게 이렇게 말하다가 "동료분들을 헐뜯으려는 건 아닙니다만"이라고 공손하면서도 예리한 어조로 덧붙이고는 얘기를 이어갔다. "누군가가 나중에 내게 와서 묻습니다. '개에게 암을 만들 때 그 주인들을 어떻게 설득한 겁니까?'라고요." 버그먼은 싱긋이 웃었다. "그러면 나는 설명을 해야 하죠. 그 개들은 실험실의 개가 아닙니다. 그들에게 암을 '만드는' 게 아니에요."

그가 실제로 개에게 만들어준 것은 더 살 수 있는 기회였다.

---

8) 이 연구에 쓰는 다른 종의 티로시나아제는 당분간 개가 아니라 생쥐에게서 얻고 있다.

제4장

야생의 오르가슴

—인간의 성에 대해 동물이 알려주는 것

란슬롯[1]은 힘겨운 아침을 보내고 있었다. 그는 헛간 바닥의 흙을 차올리고 코를 히힝거렸다. 학생 몇 명이 조심스럽게 주변을 맴돌면서 그의 움직임을 관찰했다. 란슬롯은 짙은 갈색의 다리로 우뚝 서서 근육질의 엉덩이를 실룩거리며 잠시 꼼짝도 않았다.

"오줌!" 마구간 관리인인 조엘 빌로리아가 소리쳤다. 말이 떨어지자마자 학생 하나가 발정한 암말에게서 받아 얼려둔 오줌, 이른바 '황금액(液)'이 든 비닐 주머니를 들고 나타났다. 조엘은 오줌으로 만든 그 얼음덩이를 란슬롯의 부드러운 코 아래에서 살짝 흔들었다. 냄새에 자극을 받은 게 분명한 종마는 코를 벌름거리며 머리를 뒤로 젖혔다.

"다시 한 번 암말을 보여줘." 빌로리아가 긴장한 목소리로 지시했다. 한 학생이 무게가 450킬로그램이나 나가는 종마를 이끌어 헛간 가장자리의 어느 칸 앞을 지나게 했다. 그 칸에는 엷은 색 어린 말 한 마리가 2월의 햇살을 받으며 마치 란슬롯을 유혹하는 듯 꼬리를 올린 채 아주 도발적인

1) 이름은 바꾸었다.

자세로 서 있었다. 란슬롯은 곧장 그 암말로 향했다.

"그렇지, 자!" 빌로리아가 차분하지만 단호한 목소리로 재촉했다. 학생은 재빨리 종마가 암말에서 멀어지도록 끌어당겼다. 란슬롯은 끌려가면서도 커다란 눈을 옆으로 굴리며 계속 암말을 보았다. 그리고 곧바로 말 사육자들이 '유령 암말'이라고 부르는 기구 쪽으로 인도됐다. 금속 구조물을 패딩으로 감싼 이 기구는 번식을 위해 만든 가짜 암말이었다. 그 한쪽 끝으로 란슬롯이 올라타는 것을 보며 빌로리아가 격려했다. "옳지, 잘하고 있어."

종마는 진짜 말과 교미하는 것처럼 금속 암말의 옆구리를 미끈한 앞다리로 부둥켜안고 버둥거렸다. 하지만 이내 미끄러졌다. 학생 하나가 란슬롯을 부드럽게 유도해 다시 올라타게 했다. 란슬롯은 집중을 못한 상태로 다시 금속 말에 올라탔다. 그리고 다시 미끄러졌다. 이번에는 학생이 종마의 관심을 금속 말로 되돌리려 해도 저항하면서 올라가지 않으려 들었다.

"됐어, 세 번 했으니. 녀석이 그럴 기분이 아니네. 도로 데려가." 빌로리아가 말했다. 종마는 진갈색 꼬리를 양옆으로 휙휙 돌리며 자신의 울타리 안으로 이끌려 들어갔다.

나중에 빌로리아가 내게 설명하기를, 그가 관장하는 캘리포니아대학교 데이비스 캠퍼스 마구간에서는 세 번 오르기 규칙을 엄격하게 지킨다고 했다. 번식을 위한 정액을 받아낼 때, 종마들은 자연 상태에선 아주 간단한 일로 보이는 것을 하기 위해 각기 세 번의 기회를 갖는다. 그런데 여기는 자연이 아니다. 첫째, 말은 흥분해서 발기 상태가 되어야 한다. 그다음엔 금속과 비닐로 만든 가짜 암말에 올라타야 한다. 그러고는 가짜 암말의 엉덩이에 해당하는 곳 아래에 설치한 윤활유 바른 따뜻한 금속관에 성기를 삽입하고 몇 번 찌른 뒤, 관 안에 끼워진 1갤런짜리 비닐 콘돔에 사정을 해야 한다. 만일 세 번째 시도에서도 말이 정액을 배출하지 않으면 그 날 일은 다 한 것으로 보고 자기 울타리 안으로 보내 남은 오후와 밤을 편안히 쉬게 한다(욕구불만을 느낄지는 모르겠지만).

빌로리아처럼 노련한 말 사육자들은 아주 숙련된 종마라 해도 성행위를 제대로 못 할 때가 있음을 안다. 한 웹사이트에는 이런 정보가 올라 있다. "대부분의 사람이 종마는 크고 강인하다고 생각하지만, 실제로는 굉장히 예민하다. 말이 번식 행위를 편안하게 느끼려면 주변 환경이 그의 기호에 맞아야 한다."

인공수정용 정액을 제공할 때뿐 아니라 실제의 암말과 교미할 때도 종마는 무대공포증이나 위협감, 주의 산만, 혹은 경험 부족 탓에 어려움을 겪을 수 있다. 어렸을 때 성적 행동들을 했다가 거친 관리자나 못된 암말에게 혼이 난 적이 있는 수말은 성체가 되어서도 암말에게 올라타 교미하는 행동을 제대로 못 하기도 한다.[2] 어떤 종마는 암말에게 성적 관심을 보이긴 하지만 올라타려고 하지는 않는다. 또 어떤 종마는 올라타기는 해도 삽입을 하지 않는다. 앞의 두 단계는 다 하면서 사정은 못 하는 종마도 있다. 그런가 하면 다른 특정한 말이 주위에 있거나 보고 있을 때만 암말 위로 올라가는 종마도 있다. 말을 포함한 일부 사회적 동물에서는 서열이 가장 높은 수컷이 짝짓기를 지배한다. 그 아래 서열의 수컷들은 짝짓기 기회를 거의 얻지 못한다. 낮은 서열과 그로 인해 강제된 금욕 탓에 그들은 수의사들이 '심리적 거세'라고 부르는, 교미가 전혀 불가능한 상태에 빠질

2) 이와는 정반대로 '너무 일찍부터 본격적인 성경험을 너무 많이 하는 것' 또한 성충동의 정상적 발달에 해롭다는 것을 종마 전문가들은 알고 있다. 어렸을 때 '지나치게 사용된' 종마는 다 자랐을 때 성적 충동이 낮아지거나 심지어는 발기 불능이 되는 수가 종종 있다.

위험에 놓인다.

말과 승마술 분야의 전문가이자 저술가인 제시카 재힐은 이렇게 썼다. "고통이나 두려움, 혼란은 모두 성적 충동을 크게 줄일 수 있으며 때로는 생식 불능 상태를 초래할 수도 있다."

수의사들과 마찬가지로 사람을 치료하는 의사들 역시 내면의 두려움, 고통, 혼란 (그리고 다른 여러 요소) 때문에 발기에 어려움을 겪는 환자들을 만난다. 의대생들은 어떤 환자에게든 그들의 성기능과 만족도에 대해 물으라고 배운다. 정말 그래야 하는데, 성기능은 심혈관 건강의 유용한 척도이기 때문이다. 하지만 사실을 말하자면, 대부분의 의사는 환자에게 성교할 때 가슴에 통증이 오는지 묻기보다는 두 개 층의 계단을 별 증상 없이 올라갈 수 있는지를 묻는 쪽이 더 편하다. 진료받으러 온 환자가 성적 문제를 구체적으로 거론하지 않는 한 의사가 발기나 사정, 오르가슴의 질과 빈도에 대해 묻는 일은 거의 없다.

문화적 장벽과 시간 제약에다 점잔 빼는 태도까지 가세하는 탓에 의사와 환자가 성에 관해 깊은 이야기를 나누기는 쉽지 않다. 그래서 환자의 성생활을 보면 그의 전반적 건강 상태에 관한 핵심 정보를 알 수 있음에도 대부분의 의사는 환자가 치료받고 싶어 하는 특정한 성 문제만을 다루는 데 그친다.

이와 달리 수의사들은 성을 동물 환자들 삶의 정상적인 부분으로 생각해 훨씬 많은 관심을 기울인다. 로스앤젤레스 동물원에서 처음으로 아침 회진에 참여했을 때, 나는 수의사와 사육사가 그들이 돌보는 동물의 성적 활동을 매우 주의 깊게 관찰하는 걸 보고 놀랐다. 성행위를 얼마나 많이, 얼마나 자주, 그리고 누구와 하는가—이 모든 것이 환자의 신체적·정신적 건강과 관련된 귀중한 정보였다. 그리고 토론이 진행되는 동안 인간의 진료실에서처럼 어색한 침묵이 흐르거나 얼굴이 달아오르는 일 같은 건 없었다.

동물들 주위에 얼마간이라도 있어보면, 그들의 성이 여러 형태를 띤다는 사실을 알게 된다. 어떤 종은 평생을 철저히 일부일처로 산다. 반면 어떤 종은 난교(亂交)가 아주 심해서 성병까지 퍼뜨린다. 삶의 어느 시기에는 이성애적 행동을 보이다가 다른 시기에 이르면 동성애로 전환하는 종도 있다. 강간을 하는 동물이 있고, 상대를 속여 교미하는 동물이 있으며, 자신의 새끼를 겁탈하는 동물도 있다. 전희(前戱)처럼 보이는 행동을 오래 하는 동물이 있는가 하면, 짝에게 구강성교인 펠라티오를 해주는 동물도 있고, 짝짓기에 앞서 어떤 형태의 동의부터 구하는 동물도 있다.

동물의 성에 공통적으로 나타나는 생태와 행동을 과학적으로 면밀히 관찰하면 인간의 성의 진화적 배경을 밝힐 수 있다. 동물의 발기와 짝짓기, 사정, 나아가 오르가슴에 대한 주비퀴티적인 조사를 통해 인간 성기능 장애의 치료를 발전시킬 수도 있을 것이다. 그에 더해, 성적 쾌감을 높이는 방법까지 알아내게 될지도 모른다.

이 장에서는 곤충의 전희, 이런저런 음핵, 동물이 느끼는 오르가슴 등등의 세계를 여행하려 한다. 사람까지 포함한 동물의 성생활을 둘러보는 이 여행의 가장 좋은 출발점은 생체역학 작용의 일대 위업이라 할 '수컷의 음경 발기'일 것이다.

당연한 얘기겠지만, 의사들은 음경을 연구할 때 인간의 것에 초점을 맞추는 경향이 있다. 하지만 이 세상은 온갖 종의 남근으로 가득하며, 적어도 5억 년 전부터 그랬다. 늦게 잡더라도 고생대 초기부터 지금 이 순간까지 하루도 빠짐없이 초원과 바다, 개울과 강, 그리고 공중에서 헤아릴 수 없이 많은 발기에 이어 역시 헤아릴 수 없이 많은 교미가 있었고 그 결과로 헤아릴 수 없이 많은 사정이 있어왔다. 순조롭게 발기가 되어 수월하게 삽입하는 수도 있었고, 어렵사리 발기가 되었다가 갑자기 끝나버리는 수도 있었다. 발기한 음경의 길이가 어떤 것은 미터 단위였고, 어떤 것은 현미경으로 관찰해야 할 정도였다. 어떤 음경은 혈액이 들어차서 빳빳해졌고, 어떤 음경은 그 비슷한 혈림프(hemolymph, 혈액림프)라는 액체로 빳빳해졌으며, 또 다른 음경은 연골이나 뼈로 만들어진 골조가 받쳐줘 빳빳해졌다. 어떤 발기는 단 몇 초 만에 끝났고, 어떤 발기는 몇 시간씩 지속되었다.

언제나 이랬던 것은 아니다. 지구상에 가장 먼저 존재했던 단세포 생물은 그냥 자기를 복제했다. 그 후손들 일부는 지금도 그렇게 한다. 하지만 복잡한 다세포 생물이 나타나 진화하다가 마침내 생식세포를 서로 섞는 능력을 '발견'했고, 그것은 엄청난 유전적 이점이 되었다. (이와 관련된 더 자세한 얘기는 제10장 '코알라와 성병'에 나온다.) 이 태곳적 생명체들은 바다에서 살았기 때문에 최초의 교접은 각기 정자와 난자를 물속에 내뿜는 간단한 과정이었다. 이중 운 좋은 극소수만이 서로 연결되었다.

그 거대한 무질서 상태에서 환경에 잘 적응한, 즉 적자(適者)인 정자들은 난자에 닿았고, 그에 대한 포상으로 자신의 DNA를 가지고 자연선택의 다음 단계로 나아갈 수 있었다. 때로는 헤엄을 가장 잘 치는 정자가 적자가 되었고, 때로는 난자에 가장 가까이 있는 정자가 적자가 되었다. 또 어떤 정자는 분자의 냄새를 따라가는 방법을 고안해 난자를 찾아냄으로써 적자가 되었다. 혹은 정자들이 무리를 만들어 타이밍과 정확성을 개선하기도 했다. 정자가 방향타라든지 꼬리, 화학적 표지, 수영 전략 등을 정교하게 발달시키는 동안 그것을 배출하는 하드웨어인 생식기 역시 진화했다.

한 가지 혁신은 체내수정(internal fertilization)이었다. 이 방법에서는 수컷이 정자를 암컷 근처에뿐 아니라 암컷의 몸 안에, 난자 옆에 놓는 것이 가능했다. 그에 따라 수컷과 암컷 모두 새끼가 어떤 DNA를 지닐지를 어느 정도 통제할 수 있게 됐다. 암컷은 짝짓기를 허락하기 전에 수컷을 심사할 수 있었다. 정자가 불모의 바닥에 쏟아질 가능성도 줄었다. 그리고 선택과 정확성의 이 같은 결합을 효과적으로 달성케 해준 것은 음경의 등장이었다.[3]

기록상 가장 오래된 음경은 4억 2,500만 년 전으로 거슬러 올라간다. 잉글랜드의 헤리퍼드셔 지역을 덮었던 바다의 바닥, 옛적 화산재 아래에서 형태가 보존된 채 발견된 갑각류 동물의 생식기가 그것이다. 작은 새우처럼 생긴 이 생명체를 발견한 고생물학자들은 '콜림보사톤 에크플렉티코스(*Colymbosathon ecplecticos*)'라는 이름을 붙였는데, 이는 그리스어로 '커다란 음경을 지닌, 헤엄치는 놀라운 생물'이라는 뜻이다(몸길이는 5밀리미터 정도라고 한다.—옮긴이). 그때까지 가장 오래되었다고 알려졌던 남근은 스코틀랜드에서 화석으로 발굴된 4억 년 전 장님거미(통거미)의 것이었다.

2억 년쯤 뒤에 공룡들이 판게아 초대륙(超大陸)을 배회할 때 그들의 음경도 함께 돌아다녔다. 고생물학자들은 공룡의 생식기와 짝짓기 행동을 추측하는 데 그들의 후예라 할 오늘날의 악어류와 조류에 관해 알고 있는 정보들을 활용했다. 그래서 예를 들어 티타노사우루스류 공룡 수컷의 발기

---

3) 체내수정이라고 해서 모두 음경이 필요한 것은 아니다. 행동생태학자 팀 버크헤드가 지적했듯, 바퀴벌레와 전갈, 영원(蠑螈, 물속에 사는 도롱뇽목의 양서류—옮긴이) 따위의 수컷은 정포낭(精包囊)이라고 하는 정자 덩이(혹은 주머니—옮긴이)를 만들어 암컷의 생식기 근처에 붙이거나 놓는다. 대부분의 오징어, 문어, 갑오징어는 특별히 변형된 다리를 이용해 정포낭을 암컷에게 넣는다. 새들 중 많은 종류는 생식기 부위를 서로 맞대는 방식으로 짝짓기를 한다.

한 음경은 길이가 3.6미터쯤 되었을 거라고 짐작한다. 전문가들은 또, 몸길이가 스쿨버스만 한 이 용각류 공룡 수컷이 자신을 받아줄 의사를 보이는 역시 거대한 암컷과 짝짓기를 할 때, 뒤쪽에서 접근했으리라고 추정한다. 후손인 악어와 새처럼 그 공룡은 암컷의 등 쪽에서 음경을 삽입하고, 절정에 이르렀을 때 음경 표면을 따라 뻗어 있는 관을 통해 사정했을 것이다.

오늘날 지구상에서는 온갖 유형의 음경들이 일대 장관을 이루고 있다. 가시두더지(가시개미핥기)의 음경은 끝이 네 갈래로 갈라져 교미할 때마다 교대한다(두 개가 한 조를 이룬다고 한다.—옮긴이). 대부분의 조류가 음경을 갖고 있지 않지만,[4] 아르헨티나푸른부리오리의 남근은 길이가 거의 20센티미터나 되고(타조의 것과 비슷하다) 코르크 마개 뽑는 기구처럼 생겼으며, 가시 같은 털로 온통 빽빽하게 뒤덮여 있는데 특히 아랫부분의 털은 마치 못처럼 딱딱하다. 스위스민달팽이의 한 종류(*Limax redii*)는 음경이 80센티미터를 넘어 몸길이의 일곱 배나 되지만, 이것도 자연에서 가장 당당한 비율은 아니다. 그 타이틀은 고랑따개비의 것으로, 고랑따개비는 엄청난 음경으로 바닷가의 조수(潮水) 웅덩이를 압도한다.[5] 웅덩이 바위에 영구적으로 붙어사는 이 따개비의 음경은 자기 몸 크기의 40배나 된다. 따개비들의 음경은 공통적으로 길지만 굵기는 다양하다. 물결이 거친 곳에 사는 따개비의 것은 더 굵고 강하며 튼튼하다. 이와 달리, 좀 더 잔잔한 환경에서 사는 따개비는 실 모양으로 가늘고 더 기다란 음경을 멀리 있는 따개

---

4) 버크헤드는 이렇게 말한다. "대부분의 조류가 진화 과정에서 음경을 잃게 되었다는 게 일반적인 추정이다. 조류의 조상인 파충류들이 음경을 (어떤 경우에는 두 개까지) 갖고 있음을 고려할 때, 아마도 나는 데 적응하려면 무게를 줄여야 했기 때문이었던 것 같다."

5) 따개비는 일반적으로 자웅동체이나(즉 수컷과 암컷의 생식기를 모두 가지고 있지만), 자신과 짝짓기를 하는 것보다 다른 따개비들과 하는 걸 더 좋아한다.

비의 '질(膣)'을 찾아 뻗는다.

벼룩과 일부 연충(蠕蟲, 꿈틀거리며 기어다니는 벌레들—옮긴이) 역시 몸에 비해 엄청 큰 음경을 지니고 있다. 그리고 어떤 동물은 음경이 두 개 이상이다. 바다에 사는 다기장(多岐腸, 소화기관이 여러 갈래로 나뉘어 있다는 뜻—옮긴이)편형동물 몇몇 종은 수십 개나 가지고 있기도 하다. 일부 뱀과 도마뱀은 음경이 두 개인데, 여러 차례 잇따라 교미를 할 때 이 둘을—각기 '반(半)음경(hemipenis)'이라고 부른다—번갈아 사용하면 배출되는 정자의 수가 다섯 배로 늘어난다. 곤충에 대해 말하면, 수컷들의 성기가 워낙 다양한 데다 독창적인 게 많아서 곤충학자들은 이를 면밀히 조사해 그걸 기준으로 종을 분류하기도 한다.

다른 동물, 특히 좀처럼 볼 기회가 없는 동물의 짝짓기 행위에 대해 생각해본 적이 별로 없는가? 당신만 그런 게 아니다. 많은 동물이 야행성이거나, 너무 작거나 수줍어하고, 아니면 매우 조심스럽게 다른 동물(호기심 가득한 생물학자를 포함해)이 보지 못하는 곳에서 짝짓기를 한다. 이 은밀한 행위에 가까이 가기 어렵다는 점이 성(性)의 비교연구에 장애가 되어 왔다.[6] 이런 동물들의 성행위를 현장에서 면밀히 관찰해 분석하기가 어렵다는 난점 때문에 우리는 많은 것을 모르기도 하고 때로는 아예 잘못 알

---

6) 그럼에도 수컷 성기의 비교에 대한 관심은 구석기 시대의 동굴 벽화에서부터 아이슬란드 음경박물관에 이르기까지 그 역사가 장구하다. 음경의 연구와 수집(이 분야를 'phallology' 즉 음경학이라고 한다)에 전념하는 음경박물관에서는 아이슬란드 일대에 서식해온 포유류 대부분의 음경을 방부 처리하거나 말린 상태로 보관하고 있다. 방문객들은 외뿔고래(일각고래), 북극곰, 북극여우, 순록, 기타 고래 여러 종의 방부 처리된 음경 등 많은 전시물을 관람할 수 있다. 표본 대부분이 포름알데히드가 담긴 용기 안에 보관되어 있지만, 코끼리의 음경은 (축 늘어진 상태이긴 해도) 당당한 모습으로 벽에 걸려 있다.

아왔다.

예를 들어, 크릴의 분방한 성적 행동은 대단히 과소평가돼왔다. 고래를 비롯해 물속에서 사는 주요 거대동물의 먹이 대부분이 새우처럼 생긴 이 작은 생물이다(새우와 친족관계는 아니다.—옮긴이). 오랫동안 학자들은 크릴이 수면 가까이에서 난자와 정자를 섞는 방식으로 번식한다고 추정했다. 그러나 2011년 영국의 학술지인 〈플랑크톤 연구 저널*Journal of Plankton Research*〉은 남극해의 크릴들이—모두 5억 톤이나 된다—물속 깊이에서 짝짓기를 한다는 놀라운 사실을 보고했다. 이 보고에 따르면, 깊고 어두운 물속에서 크릴은 삽입 섹스를 포함한 체내수정 방식으로 광란의 짝짓기를 벌인다.

2억 년도 더 전에 포유류가 처음 등장한 이후 그들의 수컷은 모두 음경이 있었고, 그 음경들은 세 가지 방법 중 하나에 의해 발기했다. 박쥐와 설치류 및 육식동물의 다수, 인간을 제외한 대부분의 영장류는 음경 안에 있는 뼈(음경골)가 발기에서 중요한 역할을 한다. 돼지와 소, 고래의 음경은 그 한가운데로 길게 뻗은 굵직한 섬유성 탄성 조직이 발기를 돕는다. (반려동물용품 매장의 인기 상품인 씹는 장난감 불리스틱[bully stick]은 황소 음경의 이 조직을 말려서 만든 것이다.)

하지만 인간은 아르마딜로나 말과 마찬가지로(거북, 뱀, 도마뱀, 일부 새 등 포유류가 아닌 몇몇 동물도 그렇지만) 부풀릴 수 있는 음경을 가지고 있다. 유체역학적 작용에 따라 해면 같은 조직 내부의 공간들에 혈액과 다른 체액들이 들어차면서 굵고 딱딱해지는 것이다.

생체역학의 견지에서 볼 때 이 부풀어 오르는 형태의 음경은 사실 매우 놀라운 것이다. 매사추세츠대학교 애머스트 캠퍼스의 생물학자이며 음경 전문가인 다이앤 A. 켈리가 내게 설명한 것처럼, 질 내로 삽입할 수 있을 만큼 딱딱하며 질 안에서의 왕복 운동을 견뎌낼 만큼 강인한 구조를 만든다는 것은 역학적으로 까다로운 일이다. 음경이 단단해지기까지 거치는 단계들은 어떤 공학 교수라도 흡족해할 만큼 그 흐름이 유려하다.

처음부터 보자. 무기력해만 보이는 축 늘어진 음경이 있다. 쉬고 있는 음경은 느긋하게 이완되어 있는 듯하지만, 사실은 항상 적당히 수축해 있다. 그것의 한가운데를 뻗어 내리는 민무늬근(가로무늬가 없는 근육으로, 척추동물에선 심장근 이외의 내장근은 민무늬근이다. 평활근이라고도 한다.—옮긴이) 줄기가 약간 긴장된 상태를 유지하기 때문이다. 음경에 그물눈처럼 퍼져 있는 수천의 작은 혈관들도 그렇다. 날씨가 춥거나 찬 물 속에 있을 때 음경이 오그라지는 것은 근육과 동맥이 평소보다 더 많이 수축하기 때문이다. 그러므로 발기를 시작하는 음경은 마치 이완 상태에서 곧바로 커지기 시작하는 것처럼 보일 수 있지만, 사실은 그와 반대되는 아주 중요한 과정부터 거치고 있는 것이다. 수축돼 있던 걸 우선 이완시키는 일 말이다.

수축 상태를 풀라는 명령은 음부신경(陰部神經)에서 나온다. 그러면 민무늬근이 이완되고, 이에 따라 음경 깊숙이 있는 동맥들이 확장된다. 통로들이 갑자기 열리는 것이다. 피가 그리로 몰리면서 혈관들이 곧게 펴지고, 음경 끝부분까지 좌우에 하나씩 나란히 뻗어 있는 튜브 모양의 해면 같은 조직(해면체라고 한다) 속 수백만 개 작은 공간들이 피로 채워진다.

이어서 핵심적인 화학 반응이 나타난다. 우리 몸 어디에서든 동맥이 확장될 때면—얼굴을 붉힐 때의 뺨이든, 음식을 먹을 때의 내장이든, 혹은 흥분했을 때의 성기든—일산화질소(NO)가 분비된다.[7] 음경에서 이 아

7) 1990년대에 과학자들은 일산화질소를 알약의 형태로 인체에 투여할 수 있다는 것을 알아냈고, 여기서 비아그라를 비롯한 발기촉진제들이 태어났다. 이 발견은 수천만 남성에게 성기능을 되찾아주었으며, 1998년 로버트 퍼치고트, 페리드 뮤라드,

주 특별한 분자(치과에서 가벼운 마취용으로 쓰는 웃음가스 아산화질소[N_2O]나 대기 오염물질인 이산화질소[NO_2]와는 다른 것이다)는 민무늬근이 더욱더 이완되도록 유도한다. 더 많은 피가 몰려든다. 이 시점에 이르면 음경에는 체액이 가득 차고, 그 때문에 부근의 정맥들이 압박을 받아 피가 다시 흘러나가지 못하게 된다. 이처럼 가두어진 체액으로 음경은 점점 더 팽팽해지고, 주변의 구조물들도 조이고 수축하면서 이에 일조한다. 이 살진 관 안에서 압력이 치솟는다. 대부분의 발기에서 내부 압력은 100 수은주밀리미터(mmHg)에 이르는데, 이것은 보아 뱀이 먹이를 질식시킬 때 가하는 압력에 맞먹는다.

그런 강한 힘 때문에 파열되는 일이 없도록, 복잡하게 얽힌 콜라겐 섬유망이 음경 피부 밑을 둘러싸고 있다. 켈리의 설명에 따르면, 깊게 접힌 콜라겐 가닥들이 겹마다 직각으로 결을 바꾸면서 막을 형성해 음경 전체를 둘러싸고 있다고 한다(더 구체적으로는, 음경 내 세 개의 해면체를 싸고 있다.—옮긴이). 그래서 발기가 진행될 때 콜라겐 가닥들은 효율적으로 펴지게 된다. 이 콜라겐 '골조'는 발기를 강화할 뿐 아니라 엔지니어들이 '휨강성(剛性)'이라고 부르는 것, 즉 구부러지게 하는 외력에 견디는 힘을 전체 구조에 부여한다. (켈리는 복어에게도 이런 부분이 있다고 설명한다. 크게 부풀릴 수 있는 복어의 피부에 주름이 많이 진 콜라겐 가닥들이 교차해 있다는 것이다.) 발기형 구조의 추가적인 이점은 음경이 짝짓기에, 또는 구애를 위한 과시에 사용되지 않을 때는 크기가 줄어 간편하게 넣어둘 수 있다는 것이다. 음경을 안에 집어넣을 수 있다는 것은 단순히 편리한 데 그치지 않는다. 생식기관을 집어넣지 못하는 어떤 어류—이들의 성기는 뒷지느러미가

내 UCLA 동료 루이스 이그내로에게 노벨의학상을 안겨주었다.

변형된 것으로 늘 빳빳하게 서 있다—에 관한 연구 결과를 보면, 생식기관이 더 긴 수컷들은 그게 눈에 덜 띄는 수컷들에 비해 잡아먹히는 비율이 높았다.

발기가 온전히 이루어지고 성적 흥분이 '돌아오지 못하는 지점'—의사들이 붙인, 좀 모호하지만 시적이라 할 명칭이다—에 이르면, 척수반사에 따라 방광 경부를 시작으로 성기 부위 일대에서 갑작스러운 근육 수축이 일어난다. 교감신경계에서 화학물질이 대규모로 분출되면서 수축이 파상(波狀)으로 이어진다. 고환과 음낭 주위의 근육이 긴장하며 이어서 부고환, 정관, 정낭, 전립선, 요도, 음경, 항문 괄약근이 긴장한다. 1초도 안 되는 간격으로 이 근육들이 급속히 조이고 풀리면서 요도에서 정액이 분출된다. 이 최초의 폭발적 근육 활동 이후 그보다 느린 몇 번의 경련이 이어질 수 있다. 이런 진행 과정은 포유류 동물들 사이에서 광범위하게 보이는 것이다.

사정에 관한 비교연구는 대체로 영장류와 설치류에 집중되었다. 하지만 모든 수컷 포유류는 사정을 했던 공통된 조상의 후예들이다. 외뿔고래에서 마모셋원숭이, 캥거루에 이르는 포유류의 음경은 거의 동일한 방식으로 정액을 배출한다. 그리고 오늘날 인간 남성의 사정은 심지어 파충류, 양서류, 상어, 가오리와도 기본 생리가 같다. 사정은 새로 나타난 게 아니다. 사실 인간의 정액 배출 체계는 그 기원이 아주 오래되었다. 그렇다면 인간 남성이 사정할 때 경험하는 것을 다른 동물들도 경험할지 모른다는 주장이 단지 흥미로울 뿐 아니라 그럴싸해 보이기도 한다. 우리의 의문은 이것이다. 인간과 동물의 사정 메커니즘이 그처럼 유사하다면, 그토록 많은 남자들이 그걸 누리기 위해 온갖 좋거나 나쁜 행동을 하는 그 강렬한 쾌락을 다른 동물들 역시 느낄까?

오르가슴의 느낌은 더할 나위 없이 좋을 뿐 아니라 측정할 수도 있다.

뇌전도(腦電圖, EEG)를 보면, 깊은 이완 상태를 나타내는 낮은 주파수의 세타파(theta[θ] wave)가 증가하는 등 뇌파가 변한다. 흥미롭게도 많은 남성이 묘사하는 희열의 느낌은 헤로인 사용자들이 설명하는 바, 주삿바늘을 혈관에 꽂고 마약을 몸 안에 흘려 넣을 때의 느낌과 비슷하다. 수컷 쥐는 사정을 할 때 뇌에서 헤로인과 관련된 오피오이드(opioid, '아편유사제'라고 하며 아편류까지 포괄하는 개념—옮긴이), 옥시토신, 바소프레신을 비롯한 강력한 화학물질들이 방출되는 것이 확인됐다. 지금까지의 설명을 종합해보면 남성의 오르가슴은 근육 수축과 뇌의 변화, 화학적 보상, 그리고 이완된 느낌이 결합해 생기는 것이라 하겠다.

사정과 오르가슴 다음에는 발기 소실 또는 수축이라고 불리는 과정이 시작된다. 신경호르몬과 관련해서 볼 때, 이 과정은 기본적으로 발기와 순서가 정반대다. 음경의 민무늬근이 수축한다. 음경동맥들도 수축한다. 음경으로 흘러드는 혈액이 감소한다. 압력이 줄어들면서 정맥들이 다시 열려 피가 정상적으로 빠져나가기 시작한다. 교감신경계와 관련된 화학물질들이 다시 들어선다. 그러면서 순식간에 음경은 앞에서 보았듯 약간 수축되어 휴지(休止) 중인 상태로 돌아간다.

분명히, 이 놀라운 구조물이 때맞추어 팽창하기 위해서는 많은 일이 일어나야 한다. 하지만 관련된 단계들이 많으므로 잘못될 수 있는 것도 많다. 게다가 문제를 더 복잡하게 만드는 것은, 사람의 발기가 기본적으로 두 가지 방식, 즉 생각이나 신체적 접촉에 의해 이루어진다는 사실이다.

남성이라면 다들 알고 있듯, 음경은 직접적인 자극만으로도 충분히 발기할 수 있다. 이것을 반사성(reflexogenic, 반사인성[反射因性]) 발기라고 하며, 하부 척추의 신경들에 의해 조절된다. 반사성 발기는 사춘기 이전의 소년, 깊은 렘(REM) 수면 상태에 있는 남자, 척수 손상을 입은 남자(뇌와 음경을 연결하는 신경이 손상된 경우) 들에게 많이 일어난다. 반사성 발기는 소화와 호흡이 그렇듯 의식적으로 통제가 되지 않는다. 즉, 발기가 되리라고 전혀 생각지 않았거나 발기하면 곤란한 상황에서도 갑자기 발기가 될 수 있다.[8)]

따개비나 연체동물 같은 종들에서 보이는 반사성이자 원형적인 발기는 파충류나 포유류의 음경 발기가 등장하기 한참 전에 나타났다. 삽입이나 정자 배달은 잘 해내지만, 이 같은 1.0 버전의 발기에는 더 진화한 버전이 제공하는 이점이 없다. 기회에 맞춰 팽창하고 전략적으로 수축하는 것 말이다.

발기의 진화에서 나타난 중요한 진보는 뇌로부터 입력을 받게 된 것이다. 이제 뇌가 척수를 통해 음경에 신호를 보낼 수 있게 됐다. 진화의 관점에서 이 심인성(心因性, psychogenic) 발기, '머리가 유도하는' 발기는 반사성 발기가 영리하게 개선된 형태다. 발기처럼 복잡하고 중대한 과정에 뇌를 끌어들이면 그 동물의 번식 기회와 신체적 안전이 확대되게 마련이다. 발기를 시작하거나 꺼버리기 전에 먼저 주변 환경을 판단하고 그에 맞춰 반응하는 게 가능해진다. 섹시한 누군가나 어떤 것을 눈으로 보거나 냄새를 맡거나 몸을 접촉하는 것, 심지어는 그저 생각만 하는(공상하는) 것 등 뇌가 인지한 감각적 자극이 발기를 촉발할 수 있다. 또한 포식자가—더 흔하게는 경쟁자가—모습을 드러낼 때 거의 즉각적으로 발기를 멈출 수

---

8) 당신이 상파울루의 응급실 의사라면 발기가 또 다른 놀라운 요인으로도 일어날 수 있음을 십중팔구 알고 있을 테다. 브라질 떠돌이거미(*Phoneutria nigriventer*)에게 물리는 것이다. 이 거미는 독성이 있어서 물리면 생명을 잃을 가능성까지 있지만, 그 독은 또한 여러 시간 발기를 지속시킬 수도 있다. 말할 필요도 없이 이것은 상품화되어 일반적인 발기촉진용 약제가 듣지 않는 남성들에게 판매됐다.

있다.

이는 그 수컷이 말코손바닥사슴(moose)이든 두더지든 사람이든 마찬가지다.

캘리포니아대학교 데이비스 캠퍼스 마구간을 방문했을 때 나는 뉴욕의 아파트 주방만 한 작고 하얀 방도 구경했다. 유명 브랜드의 반짝거리는 레인지가 있을 법한 자리에는 정액을 넣고 돌리는 최첨단 원심분리기가 놓여 있었고, 그 가까이엔 받아낸 정액과 얼린 오줌을 보관하는 냉장냉동고가 있었다. 내가 앞서 들른 번식용 헛간에서 보았듯, 오줌은 심인성 발기를 일으키는 감각자극에 필수적인 역할을 한다.

성적으로 흥분한 종마가 발정한 암말을 지나칠 때, 암말은 반사적으로 즉각 뜨거운 오줌 줄기를 뿜어내는 경우가 많다. 이 행동은 전략적으로 유용하다. 오줌에는 암컷의 배란 상태를 알려주는 분자들이 들어 있다. 여성이 플라스틱으로 된 배란 측정기를 한 상자 살 때, 그들은 종마의 콧구멍에서 공짜로 제공하는 수태 가능성 탐지 기술을 구입하는 것이다.

수말은 (낙타, 사슴, 설치류, 고양이, 심지어 코끼리까지 다른 많은 동물이 그러듯) 오줌의 냄새를 맡고 맛을 보면서 이 화합물들을 탐지할 수 있다. 수말의 후각은 '플레멘(flehmen)'이라고 하는 그들 특유의 찡그린 표정으로 더 강화된다. 윗입술을 한쪽이 더 올라가게 추켜올리는('flehmen'은 입술을 올려 윗니를 드러내는 동작을 뜻하는 독일어에서 온 단어다.—옮긴이) 이 표정은 엘비스 프레슬리의 그 이름난 섹시한 냉소와 비슷하다. 말이 입술을 추켜올리며 숨을 들이마시면, 냄새 분자가 입안에 퍼지면서 입천장 부근에 있는 민감한 냄새 탐지기인 보습코기관(한자로는 서골비[鋤骨鼻]기관, 또는 서비기관이다. '야콥슨 기관'이라고도 한다.—옮긴이)과 접촉한다. 인간도 이와 비슷한 화학적 감응 방식을 취할 때가 있는데, 예컨대 와인을 머금고 입천장에서 돌리면서 그 향기의 분자들이 잇몸과 콧구멍에 있는 민감한 수용체들과 더 잘 접촉케 하는 경우가 그렇다. 인간에게 한때 보습코기관이 있었는지는 논쟁거리다. 어떤 생물학자들은 처음엔 있었다가 어느 시기에 없어졌다고 믿는다. 다른 학자들은 처음부터 없었으리라고 추정한다.

보습코기관이 있어서 플레멘 반응으로 얼굴을 찡그리는 동물과 우리 인간이 공통으로 가지고 있는 것은 7번 뇌신경이다. 얼굴신경(안면신경)이라고도 하는 이것은 뇌의 감정 중추들과 얼굴을 잇는 통신선이다. 모든 인간과 많은 동물에서 뇌줄기(뇌간)의 본질적으로 같은 부위에서 기원하는 이 신경은 개가 화났을 때 으르렁거리게 만들고, 마카크 원숭이가 놀랐을 때 눈을 크게 뜨도록 하며, 아이가 즐거울 때 미소 짓게 만든다.[9]

사람이 플레멘 반응을 하는 모습을 머릿속에 그려보면, 뚜렷이 드러나는 게 하나 있을 것이다. 입술 한쪽 끝을 위로 올리는 것은 한눈에 알아차릴 수 있는 혐오감의 표현이기도 하다는 점이다. 직접 그 표정을 만들어보라. 어쩌면 미세하게나마 혐오의 느낌이 일지도 모른다. 그런데도, 으스대는 몸짓의 믹 재거에서 냉소적인 태도의 빌리 아이들에 이르기까지 섹시한 남성 록스타들은 이 오래되고 여러 가지 일을 하는 신경회로를 이용해 플레멘 표정을 휙휙 내비침으로써 여성 관객들을 실신 지경에 이르게 했다. 엘비스가 차용한 저 원시의 표정, 아마도 골반 흔들기보다 더 오래되었을 그 입술 비틀기는 사춘기 여자아이들을 흥분과 황홀감으로 전율케 했다.

9) 인간의 얼굴 근육은 다른 동물에 비해 복잡하고 많다. 개나 고양이의 얼굴 표정이 인간만큼 다양해 보이지 않는다면 그건 그들의 내면적 경험이 부족해서가 아니며, 얼굴신경에 실어 보낼 감정이 결핍되어서도 아니다. 그보다는 인간에 비해 얼굴 근육의 수가 적고 그 근육을 조절하는 얼굴신경의 가지들 역시 적기 때문이다.

종마의 플레멘 반응이 발정한 암말에게 어떤 신호를 보내는지를 목격했던 만큼, 엘비스의 노골적인 성적 표현이 어째서 1950년대의 모든 아버지들을 위협할 수 있었는지 나는 이해가 된다.

플레멘이 욕정과 혐오 둘 다를 나타내는 것은 해부학적으로 뇌줄기와의 연관성에서 양자가 얽혀 있기 때문이다. 이런 사실은 생식기와 비뇨기의 기능과 관련된 많은 것이 어째서 우리를 매혹하는 동시에 역겹게도 하는지 이해하는 데 도움이 된다. 암컷의 오줌이 수컷에게 화학적으로 의사를 전달한다는 것을 앞에서 보았지만, 그런 점은 수컷의 오줌도 마찬가지다. 수컷 호저는 짝짓기에 앞서 암컷에게 오줌을 뿌리며 구애한다. 수컷 염소는 자신의 얼굴과 특징적인 수염에 오줌을 뿌려서 교미할 준비가 되어 있음을 후각적으로 밝힌다. 덩치 큰 사슴류인 엘크의 수컷은 발정기가 되면 오줌에서 뒹굴곤 한다.

포유류가 아닌 동물들도 오줌을 이용해 의사소통을 한다. 암컷 가재는 구애할 때 오줌 줄기를 내쏟아 관심 있는 수컷을 끌어들인다. 수컷 검상꼬리송사리의 오줌에는 페로몬이 가득하다. 수컷이 상류로 헤엄쳐 가서 오줌을 누면 성적 메시지를 담은 이 액체가 하류로 흘러가 짝짓기가 가능한 암컷들이 그걸 '읽게' 된다.[10)]

란슬롯은 새끼를 밸 준비가 된 암말을 지나치면서 그냥 볼 수만 있었지

---

10) 예로부터 정신과 의사들은 오줌에 대한 성적인 관심을 병으로 생각했다. 그들은 오줌성애증(배뇨기호증, 기뇨증)이 있는 사람들이 즐기는 이른바 '워터 스포츠'(오줌이 한 역할을 하는 성관계. 다른 체액, 즉 침이나 피를 포함하기도 한다.—옮긴이)나 '골든 샤워'(섹스 상대의 얼굴이나 몸에 오줌을 누는 것—옮긴이), 그리고 오줌으로 목욕하거나 그걸 마시는 일을 정신적 · 정서적으로 문제가 있는 환자들의 비정상적 행동으로 보았다. 넓은 범위의 다양한 종에 걸쳐 오줌이 성적 유혹과 흥분에서 중요한 역할을 한다는 사실은 흥미롭다.

신체 접촉은 허용되지 않았다. 란슬롯을 흥분케 한 것 중엔 분명 암컷의 냄새도 포함됐지만, 그에 더해 들어 올린 꼬리가 시각적으로 유혹했을 것이다. 시각적 단서(端緖, 특정한 반응을 이끌어내는 자극—옮긴이)는 심인성 발기를 유발하는 또 하나의 아주 강력한 요소다. 시각적 자극은—이를 자연의 포르노물이라 할 수도 있을 것이다—많은 동물 종을 흥분시킨다.

예를 들어, 많은 원숭이와 유인원 종류에서 암컷의 음부가 빨갛게 부풀어 오르는 것은 짝짓기를 할 준비가 되어 있음을 나타낸다. 이들 다양한 종의 수컷들은 음부가 부푼 정도에 따라 반응하며, 가장 크게 부풀어 오른 것에 시각적으로 가장 자극을 받는다.

시각적 자극에 관한 실험에서, 황소에게 눈가리개를 씌우면 앞을 볼 수 있는 황소에 비해 익숙지 않은 암소와의 짝짓기에 훨씬 소극적이다. 시야를 가리니까 황소가 성적 기능을 제대로 발휘하지 못한 것이다.

시각적 자극은 암컷에게도 흥미로운 영향을 미친다. 다른 수컷과 머리를 들이받으며 힘을 과시하는 숫양에서부터 꽃과 조개껍질, 돌, 산딸기 따위로 정교하게 엮은 둥지를 상대에게 선물하는 신사다운 바우어새에 이르기까지 구애를 위한 수컷들의 과시 행동은 자연 다큐멘터리에서 약방의 감초처럼 써먹는 장면이다. 수컷들이 이처럼 시각적 자극을 제공하는 이유는 암컷을 유혹해 짝짓기를 하기 위해서다. 자신이 성적으로 준비되었을 뿐 아니라 유전적 적응성 역시 우수하다는 것을 알림으로써 말이다. 그런데 이런 과시 행위는 단지 짝짓기를 가능케 하는 데 그치지 않고, 후손이 살아남을 가능성을 높이는 보이지 않는 효과도 갖는다.

모로코의 연구자들은 방울깃작은느시라고 불리는 멸종 위기에 처한 새의 번식률을 높이기 위해 혼신의 힘을 기울이고 있었다. 북아프리카 토종인 이 새의 고기를 사람들이 정력제로 생각해 무분별하게 사냥한 탓에 방울깃작은느시는 사라질 위기에 처했다. 인위적인 번식 프로그램을 실시했지만 부화율이 기대에 못 미쳤다. 그러고 나서 연구자들은 한 가지를 깨달았다. 그들이 손으로 인공수정을 시키던 암컷들 중 일부는 성숙한 수컷 느시를 실제로 본 적이 한 번도 없다는 사실이었다. 그래서 실험을 하나 하기로 했다. 정자를 그냥 암컷의 몸속에 넣어주는 대신, 먼저 섹시한 수컷을 한 마리 보여주었다. 방울깃작은느시 수컷들이 짝짓기에 앞서 하는 의식, 그러니까 마치 깃털 목도리를 한 록스타처럼 머리와 목의 하얀 깃털을 부풀려 세우고는 으스대듯 왔다 갔다 하는 모습을 보여주었던 것이다. 이 같은 자극을 받은 암컷들은 나중에 어떤 수컷의 정자로 수정되든 생존력이 강한 알을 낳는 확률이 높았다. 그들의 알에서는 새끼들이 더 잘 부화했으며, 부화한 새끼들은 더 튼튼했다. 이유는 이랬다. 섹시한 모습에 자극된 암컷의 알에는 남성호르몬 테스토스테론이 더 많아졌다. 그래서 부화된 새끼들이 더 빨리, 더 건강하게 자랐다. 이에 따라 새끼들 자신도 테스토스테론을 많이 만들게 되었고, 호르몬 차원에서는 삶의 출발점부터 남보다 한 발짝 앞서게 됐다. 물론 이것은 어미 새가 의식적으로 선택한 게 아니었다. 시각적 단서에 대한 생리적 반응의 결과였다. 이와 마찬가지로 돼지 사육자들도 인공수정을 시키기 전에 암돼지로 하여금 수돼지의 '구애'를 받게 하면—심지어 수돼지의 냄새만 맡도록 해도—수태율이 높아진다는 사실을 발견했다.

동물의 세계에서 암컷은 정자를 받아들이는 수동적인 그릇이 아니라 정자 선택과 난자의 강화를 통해 번식 결과에 영향을 미칠 수 있는 능동적인 참가자다. 이것은 전 세계의 동물 번식 프로그램들을 개선하는 데 중요한 영향을 미칠 수 있는 새로운 연구 분야다. 아울러, 불임으로 고심하는 여성들에게 도움이 될 수도 있다. 지난 10년 동안 생식보조(신체의 밖에서 생식

세포들을 다루어 불임을 치료하려는 것으로, 체외수정이 대표적이다.—옮긴이) 분야는 크게 발전했다. 그런데 불임 클리닉들은 정액 채취실에는 선정적인 잡지들을 쌓아놓으면서도, 여성들에게 매달 난자 생성 기간에 '시각적인 자극을 받으라'고 조언하지는 않는다. 하지만 여성이 체외수정을 시도 중이든 자연임신을 하려 하든 비에 흠뻑 젖은 채 말채찍을 손에 쥐고 심각한 표정을 짓고 있는 콜린 퍼스 같은 매력적인 남성 스타들의 모습을 유튜브 등에서 찾아 감상하는 것이 난자의 생성과 성장을 강화하는 효과를 낼 수도 있다.

뇌에 작용해 수컷의 발기를 북돋우는 또 다른 요소는 청각적인 것이다. 말이 애무를 하면서 내는 크르륵 소리와 힝힝 소리, 수퇘지가 짝짓기 무드에서 내는 단조로운 구호 같은 소리가 그런 예다. 생물학자 브루스 베이지밀은 이렇게 설명한다. "암컷 코브 영양은 휘파람 소리를 내고, 수컷 고릴라는 헐떡거리며, 암컷 붉은쥐캥거루는 낮게 우르르 소리를 내고, 수컷 인도영양은 짖는 소리를 내며, 암컷 코알라는 고함치고, 수컷 개미새는 즐겁게 노래하고, 암컷 다람쥐원숭이는 가르랑거리고, 수컷 사자는 신음하고 웅웅 소리를 낸다." 짝짓기 의사가 있는 상대를 위해 내는 이런 소리들은 모두 신경의 연쇄작용을 불러일으켜 발기를 유발하거나 강화한다. 매우 흥미로운 한 연구에서는 바바리마카크 원숭이의 암컷이 교미할 때 수컷의 사정과 때를 맞춰—어쩌면 사정이 되도록 하려고—'크고 독특한' 소리를 낸다고 했다. 그런가 하면 발정한 암소의 소리를 녹음해서 황소에게 들려주면 발기가 시작된다는 실험 결과도 있다.

하지만 감각을 입력받아 발기로 전환하는 뇌의 능력에는 달갑잖은 이면도 있다. 경우에 따라 뇌는 발기를 촉진하는 대신 억누를 수도 있기 때문이다.

짝짓기 하는 동물은 취약하다. 주변에 신경을 쓸 수가 없는 탓이다. 먹이 모으기나 영역 방어 등 생존을 위한 주요 활동에서 일시적으로 단절된다. 발기에 심인성인 측면이 있다는 점을 뒤집어 생각하면, 뇌가 위험이나 위협, 경쟁, 혹은 효용체감을 감지할 경우엔 발기가 끝날 수 있다는 얘기가 된다.

남성들이 성적인 문제로 의사를 찾는 가장 흔한 이유, 즉 발기부전(erectile dysfunction)의 배경이 되는 것이 바로 이 같은 생리다.[11] 발기부전이란 삽입이 가능할 만큼의 강도로 발기가 되지 않거나 발기가 되더라도 충분히 유지되지 않는 상태가 지속되는 것을 말한다. 생명을 위협하지는 않으니 의학적인 문제 치고는 중한 편이 아니라 해도, 발기부전은 남성과 그 파트너의 삶의 질과 건강한 사회생활에 심대한 영향을 미칠 수 있다. 전 세계적으로 남성 열 명 중 하나가 발기부전을 겪고 있으며, 미국에서만도 그 수가 3,000만 명에 이른다. 음경이 얼마나 빳빳한가에 대한 사람들의 집착에 가까운 걱정에 힘입어 각종 약과 기구, 정력 증강용 보조식품, 그리고 만만찮은 양의 엉터리 약을 판매하는 수십억 달러 규모의 시장이 유지된다.

존스홉킨스대학교의 신경비뇨기과학 전문가인 아서 L. 버넷에 따르면, 발기부전에 대한 이해는 지난 40년 동안 "180도로 달라졌다". 예전에 의사들은 발기부전이 노화와 호르몬 불균형 따위의 불가피하지만 좀 모호

11) 500년쯤 전에 레오나르도 다빈치는 이렇게 말했다. "음경은 그것을 마음대로 세우거나 오그라들게 하려는 주인의 명령에 복종하지 않는다. … 음경은 자기 나름의 의지를 갖고 있다고 보아야 한다." 몇 세기 뒤에 레프 톨스토이는 암울한 어조로 이렇게 지적했다. "인간은 지진에서 살아남고, 질병의 공포와 영혼의 온갖 고통을 겪는다. 하지만 예로부터 무엇보다도 괴로운 비극은 침실의 비극이었으며, 앞으로도 그럴 것이다."

한 요인들에서—아니면 전적으로 심리적인 요인에서—비롯된다고 생각해 왔다. 정신분석의 전성기에는 남성이 완전한 발기에 이르지 못하는 것은 해결되지 못한 내적 갈등의 결과라고들 했다.

하지만 버넷이 내게 한 말에 따르면, 발기부전은 이제 "순전히 신체적인 문제"로 간주된다. 인간의 발기는 전적으로 혈류의 영향을 받기 때문에 당뇨나 고혈압, 동맥경화, 정맥장애, 약한 맥박 등 혈액을 신체의 각 부분으로 적절히 공급하는 데 방해가 되는 어떤 문제 때문에라도 발기부전이 생기거나 악화될 수 있다는 것이다. 전립선 수술 과정에서 신경이 끊어졌을 때도 마찬가지다.

이제 더는 발기부전의 원인이 전적으로 머릿속에 있다거나 정서적인 문제에서 비롯된다는 말을 하지 않는다. 하지만 대부분의 발기부전이 신체적 문제에서 비롯된다 해도 심인성 발기부전, 즉 남성이 욕구를 느끼고 의학적으로 문제가 없는데도 발기가 제대로 되지 않는 경우 또한 있는 게 사실이다. 그리고 이것은 환자와 커플들에게 당혹감과 고뇌를 안겨줄 수 있다.

앞에서 보았듯 동물의 음경 또한 환경과 다른 계기들에 반응해 단단해지거나 물렁해진다. 인간의학에서 심인성 발기부전이라고 부르는 이 현상은 수많은 종의 수컷들이 흥분했을 때 공통적으로 보여주는 방어적 생리에 뿌리를 두고 있을지도 모른다.

만화영화 「마다가스카*Madagascar*」에서 영국 코미디언 사샤 배런 코언의 목소리 덕에 사람들의 기억에 깊이 새겨진 킹 줄리언처럼 눈이 휘둥그런 호랑꼬리여우원숭이들은 보통 일 년에 딱 한 번, 가을에 짝짓기를 한다. 매년 이때가 되면 암컷들은 각기 다른 날에 여덟 시간에서 스물네 시간까지의 짧은 가임 기간을 가지며, 수컷들은 테스토스테론이 치솟는다. 듀크 여우원숭이센터(듀크대학교 부설의 원원류[原猿類] 보호구역 겸 연구소로, 여우원숭이와 로리스, 안경원숭이 등이 수백 마리 살고 있다.—옮긴이) 소장인 앤드리아 카츠가 '야생의 핼러윈 파티'라고 표현한 이 시기에 수컷들은 생식이라는 막중한 목표 아래 광란의 경쟁을 벌이며, 암컷들은 수컷들을 자극하면서 애를 태운다. 캐나다 빅토리아대학교의 인류학자이며 호랑꼬리여우원숭이의 행동에 관한 전문가인 리사 굴드는 번식기에 수컷들 간의 경쟁이 얼마나 치열한지 교미하고 있는 수컷에게 다른 수컷이 달려들어 암컷에게서 밀어내는 광경을 본 적이 있다고 내게 말했다. 때때로 수컷들은 암컷에게 올라탈 기회를 얻기 위해 서로 싸움을 벌이다 심각한 상처를 입기도 한다. 그녀는 특별히 흥미로운 장면 하나를 목격했다. 짝짓기 소동이 한창 벌어지고 있는 중에 서열이 낮은 수컷 한 마리가 교미를 완수하려고 필사적으로 노력하고 있었다.

"그 원숭이는 무척이나 불안해하면서 계속 주위를 둘러봤어요. 연신 암컷에게 올라탔다 내려왔다 하면서 뒤를 돌아보곤 했지요. 그 원숭이가 짝짓기를 제대로 마쳤을 것 같진 않아요." 그러면서 굴드는 설명하기를, 적어도 여우원숭이들 사이에서는 이 같은 실패한 짝짓기가 사회적 스트레스와 경쟁의 결과일 것이라고 했다. 경계나 두려움이 신경으로 입력되면 교미의 성공 여부에 영향을 줄 수 있다는 얘기였다. 굴드는 또한 이런 문제에서는 각각의 수컷이 다르다고 지적했다. 초조하게 두리번거리며 교미를 시도하는 모습을 보였던 그 여우원숭이는 주변 환경과 무리 내의 경쟁자들에 대한 염려가 매우 컸음이 분명했다. 그런가 하면 다른 수컷은 그런 종류의 경쟁을 오히려 즐길 수도 있다. 동물의 어떤 두 개체도 똑같지 않으며, 다양한 유형의 스트레스 요인을 견뎌내는 정도도 다 다르다.

생물학자들이 실패한 교미라고 부르는 것은 의사들이 말하는 발기소실 혹은 발기부전일 것이다. 교미 실패와 발기부전은 생리학적으로도 비슷하다. 두려움과 불안을 느낄 때 발기의 중요한 첫 단계인 이완이 제대로 되지 않는다. 발기를 하려면 수축돼 있던 음경이 우선 이완해야 한다는 점을 기억해야 한다. 뇌가 위험을 감지하면 아드레날린을 비롯한 여러 호르몬이 분출되면서 이완 과정을 중단시키고 발기를 시작 단계에서 억눌러버린다.[12] 발기할 수 있는 어떤 동물도 때에 따라 발기에 실패할 수 있으며, 실제로 그러곤 한다.

그리고 이것은 좋은 일이기도 한데, 성교 중절이 목숨을 구해줄 수도 있기 때문이다. 위험이 다가오는데도 교미를 계속하는 동물의 운명을 상상해보라. 때로 가장 큰 위협은 외부의 포식자가 아니라 같은 무리 안의 동료들에게서 온다. 그리고 수컷 동물들은 사회적 위협에 의해 발기가 억제되기도 한다. 예를 들어, 우세한 숫양이 주변에 있기만 해도 하위의 숫양은 성적 활동을 멈춘다. 사슴을 비롯해 집단 내 서열이 존재하는 여러 유제류(有蹄類, 발굽동물)에서는 최상위 수컷들만이 짝짓기를 하는 경우가 흔하다. 우세한 수컷이 짝짓기를 지배하는 현상은 조류, 파충류, 포유류에서 관찰된다. 섹스가 박탈되어 억지로 금욕을 해야 하는 하위의 수컷은 발기 능력을 잃을 수도 있다. 이런 형태의 발기부전, 다시 말해 '심리적 거세'는 일시적이고 회복이 가능할 수도 있지만 평생 지속될 수도 있다.

그렇지만 현대 인간 사회에서는 덤불에서 튀어나온 포식자나 짝을 채

---

12) 두려움이 성적 흥분을 강화하는 경우도 있다. '마일하이 클럽(Mile-High Club, 고공 운항 중인 비행기 안에서 성관계를 해본 사람들을 집합적으로 지칭하는 속어—옮긴이)' 멤버들과, 공공장소에서 위태롭게 섹스하는 것에서 자극을 받는 사람들이 이를 증언할 것이다. 욕구와 두려움의 신경회로는 뇌의 편도체(扁桃體)에서 만나기 때문이다. (편도체는 대뇌의 측두엽 안쪽에 있는 아몬드[편도] 모양의 부위로, 동기와 기억, 주의 및 학습, 감정 등과 관련된 정보를 처리한다.)

가는 경쟁자들 때문에 성행위가 중단되는 경우는 거의 없다. 그래서 나는 UCLA의 비뇨기과 의사이며 발기부전 전문가인 제이컵 라지퍼에게 심리적 스트레스가 발기를 방해할 수 있는지 물었다. "그럼요." 그는 한마디로 답했다. "스트레스를 받을 때면 발기에 어려움을 겪는 남자들도 있습니다." 어떤 종류의 스트레스들인지 구체적으로 말해달라고 하자 그는 웃기만 했다. 나이 드는 것, 직장에서의 문제, 혹은 인간관계의 어려움 따위가 현대 남성들을 옥죌 수 있다. 임박한 마감, 소송, 감당하기 힘든 신용카드 빚 같은 것도 신경을 곤두세우는 두려움으로 다가든다. 인간이든 동물이든, 스트레스를 받으면 교감신경계가 활성화되면서 발기가 끝난다. 많은 종에서 나타나는 교미 실패 현상을 하나로 연결하는 것은, 짝짓기 중인 수컷들을 지켜주는 아주 오래된 신경 피드백 고리(feedback loop, 되먹임 고리)다. 이것은 음경을 지배하는 뇌의 놀라운 힘을 보여준다. 이런 식으로 발기에 실패하는 것이 환자에게는 좌절감을 주고 때로는 무안할 수도 있겠지만, 피드백 고리의 기능 자체는 병적인 것이 아니다. 그리고 인간에게만 있는 문제도 분명 아니다. 동물이 교미 중에 잡아먹히거나 두들겨 맞지 않으려면, 위협이 있을 때 성행위의 회로를 자동으로 차단하는 장치가 **작동해야** 한다.

몇백만 년 동안 위험한 세계에서 짝짓기를 해오면서 어떤 수컷들은 가능한 한 빨리 사정하는 능력을 키웠다. 시기하는 경쟁자나 굶주린 포식자가 덮치기 전에 정자를 재빨리 암컷에게 옮길 수 있는 수컷들은 일단 살아남아서 또 다른 짝짓기의 기회를 가질 테고, 그들의 정자는 수정될 가능성이 더 커질 것이다. 또한, 짧은 시간 안에 가급적 많은 암컷을 수정시키고자 하는 수컷들에게도 재빠른 사정은 생식 차원에서 유리했을 수 있다.

그러나 발기부전에 따른 성교 중절이 그렇듯, 빨리 끝나는 성교 또한 병적인 것으로 여겨져 왔다. 인간을 치료하는 의사들은 그것을 조루(早漏, premature ejaculation)라고 부른다. 존스홉킨스의 비뇨기과 전문의 아서 버넷에 따르면, 실제로 사정 문제가 발기 문제보다 더 흔한데도 그 문제로 치료받으려 하는 사람은 적다고 한다. 하지만 다른 동물에겐 그게 꼭 문제가 되지는 않는다. 사실 이점일 수도 있다.

캘리포니아주립대학교 로스앤젤레스 캠퍼스의 사회학자 로런스 홍은 1984년 논문에서 "빠르게 올라타서 즉시 사정하고는 바로 내려오는 신속하고 효율적인 수컷은 암컷에게 가장 좋은 상대일 수 있다"라고 했다.

실제로 많은 동물이 정자를 재빠르게 옮긴다.[13] 인간 남성들은 질 삽입에서 사정까지 평균 3분에서 6분이 걸린다. 유전학적으로 인간과 가장 가까운 동물인 침팬지와 보노보는 이 과정을 약 30초 안에 끝낸다. 종마는 보통 여섯 번에서 여덟 번 찌른 다음 사정한다. 조류 중 음경이 없는 것들은 생식구(生殖口)를 암컷의 생식구에 밀착시킨 다음 1초도 안 되는 동안에 정자를 옮기는데, 이 과정을 총배설강 맞춤(cloacal kiss)이라고 한다. 갈라파고스 제도에 사는 작은 바다이구아나는 빠른 사정의 최고 수준에 도달

13) 물론 어떤 동물들은 시간이 훨씬 더 걸린다. 쥐는 꽤 빠르게 사정하지만, 오랫동안 쫓아가고 올라타는 과정을 거친 뒤에야 그런다. 이 과정에서 수컷은 암컷의 질에 여덟 번에서 열 번 음경을 삽입한다. 일부 고양이와 일부 곤충을 포함해 어떤 동물은 교미 후에 한동안 '맞물려' 있다. 생식기에 돋은 미늘이나 가시 모양의 돌기라든지 부풀어 오르는 신체 부위, 물리적 힘 따위를 이용해서다. 때로는 이러면서 암컷의 생식기 속에 점액이나 젤(gel)로 된 질전(膣栓)을 삽입하기도 한다. 하지만 대부분의 짝짓기에서는 가능한 한 신속하게 하는 편이 유리하다. (질전[mating plug, copulation plug, 또는 vaginal plug]이란 수컷의 분비물이 암컷의 생식기 안에 주입된 후 응고해서 마개나 접착제 구실을 하는 것으로, 정자가 다른 수컷 정자의 방해 없이 난자를 찾아갈 시간을 벌어준다. 암컷은 마음만 먹으면 이것을 배출할 수 있다고 한다. 질전은 동물의 교미 여부를 확인하는 데에도 이용된다.—옮긴이)

해서, 교미를 하기 **전에** 정액을 몸 밖으로 내보낼 수 있다. 보통은 바다이구아나가 암컷 안에서 사정하는 데 거의 3분은 걸린다. 이는 작은 수컷을 암컷에게서 밀어낼 권리와 힘을 지닌 크고 서열 높은 이구아나들에게 유리하다. 그래서 작은 이구아나들은 자위행위를 해서 정액을 특별한 주머니에 저장하는 영리한 짓을 한다. 삽입을 하고 처음 몇 초 안에 이 교활한 작은 이구아나는 정액을 상대 암컷의 생식구인 총배설강으로 넣는다. 큰 이구아나가 그를 밀쳐낼 때쯤이면 그의 정자들은 암컷의 난자를 수정시키러 가고 있을 것이다. (총배설강[總排泄腔, cloaca]이란 양서류, 조류, 파충류 등에서 대소변 배출과 생식, 출산을 모두 처리하는 하나의 말단 개구부다. 포유류의 경우, 단공류 외에는 두 개 또는 세 개로 분화된 구멍을 가지고 있다.—옮긴이)

신속한 짝짓기에는 또 다른 이점도 있을 수 있다. 신체 접촉이—특히 축축한 점막끼리의 맞비빔이—짧은 시간에 끝나면 병원(病原) 미생물이 옮을 위험이 줄어든다. 또한 많은 동물에게 기생충 감염은 치명적 위협이 되는데, 이런 무리들에게 빠른 교미는 이로울 수 있다. (동물의 성병에 관한 자세한 이야기는 제10장 '코알라와 성병'에서 하겠다.)

UCLA 비뇨기과 전문의 제이컵 라지퍼는 조루가 나타나는 비율은 20대 초반에서 80대에 이르기까지 모든 연령대에서 30~33퍼센트로 놀라우리만큼 일정하다고 설명했다. 이에 비해 발기부전은 나이가 들면서 증가하는 경향이 있다. 라지퍼에게 이런 사실은 조루가 의사들이 말하는 '정상변이(normal variant, 표준에서 벗어나기는 하지만 병적은 아니라 할 범위 안에 있는 것—옮긴이)'에 속하며, 유전될 가능성이 클 수 있음을 의미한다. 그는 조루를 한마디로 요약했다. "나는 조루가 병이라고 생각하지 않습니다."

삽입에서 사정까지 세 시간이 걸리든 3초가 걸리든 암컷의 몸속에 정자를 방출하는 것으로 생식 기능은 충족된다. 조루를 병적인 현상으로 보는 것은 조루의 기나긴 진화적 성공의 역사에서 새로이 등장한 시각이다. 이런 사실은 빨리 절정에 이르는 사람들에게 위로가 될 법하다. 오늘날에는 조루가 때로 곤혹스럽고 불만의 요인이 되기도 하지만, 태곳적부터 사정을 해온 무수한 생명체들은 이 즉각적인 사정—그리고 그 근저에 있는 신경회로 체계—덕에 생물학자들이 말하는 '정자경쟁'에서 한발 앞서 나갈 수 있었다.

내가 의과대학 1학년이었을 때, 봄 학기의 하이라이트는 '영화의 밤'이었다. 팝콘 통과 탄산음료, 커다란 봉지에 든 사탕이나 초콜릿을 들고—몇몇은 파자마와 슬리퍼 차림으로—학과 친구들과 나는 대학 강당으로 몰려가 자리를 잡았다. 불이 꺼지면 우리는 몸을 젖히고 편안히 앉아서, 의과대학 교수들이 구할 수 있는 가장 외설적인 포르노 영화들을 네 시간 동안 잇달아 보고 또 보고, 또 보고 더 보았다.

그런 행사를 여는 논리는, 미래의 의사로서 우리는 인간의 몸과 마음과 성적 충동이 유발하는 엄청나게 다양한 행동들에 익숙해져야 한다는 것이었다. 환자가 어떤 변태적인 취향을 고백하더라도 우리는 충격(혹은 흥분?)을 감출 수 있어야 했다. 자신이 정상인데도 걱정을 하는 환자들을 안심시킬 수 있으려면 배경 지식을 갖추어야 했다. 무엇이 정상인지에서부터 성(性) 산업에서조차 별나다고 여기는 것들은 뭔지까지 두루 알아야 했다. 그리고 솔직히 말해서 우리들 중 다수가 지식을 온통 책에서만 얻은 과학 공부벌레들이었으므로 현실에 눈뜨게 만들 필요가 있었다.

그런데 수의사들에게는 그런 수업이 필요 없다. 메리 로치, 말린 주크, 팀 버크헤드, 올리비아 저드슨, 세라 블래퍼 허디 같은 저자들이 동물들의 성생활을 워낙 재미있게—그리고 속속들이—정리해놓아서, 그들의 글과 책을 흡사 익살맞은 포르노를 보듯 읽으면 된다.

이 저자들은 생물학자들이 다른 동물의 성생활에 대해 알고 있는 것—혹은 그들이 목격했다고 인정하는 것—에 얼마나 큰 변화가 있었는지를 기록하고 있다. 자신이 키우는 개가 저녁 식사 손님의 다리에 올라타 몸을 비비는 걸 보고 당황한 적이 있는 사람이라면 동물의 자위행위에 대해 생각해봤을지 모른다. 하지만 점잔 빼는 생물학자들은 최근까지—반대되는 증거가 많은데도 불구하고—동물은 자위를 하지 않는다고 주장했다. 그들이 내세운 논리는, 자위행위는 생식과 관계없으며 따라서 진화의 관점에서 볼 때 동물은 자위행위의 충동이 일 까닭이 없다는 것이었다. 하지만 실제로는 야생에서 많은 종의 암컷과 수컷이 갖가지 방식으로 자위행위를 한다. 오랑우탄은 나무와 나무껍질로 만든 남근 대용품을 이용해 스스로를 자극한다. 사슴은 자신의 가지 진 뿔에서 색정을 느낀다(그래서 뿔을 나무 같은 데 비벼댄다.—옮긴이). 조류는 진흙덩이나 풀덤불에 올라앉아 몸을 비비면서 자위를 한다. 장님거미는 거미줄을 두 줄로 만든 다음 그 위에 생식기를 비벼 자극한다. 코끼리와 말의 수컷은 발기한 음경을 자신의 배에 비빈다. 사자, 흡혈박쥐, 바다코끼리, 개코원숭이는 각기 발이나 지느러미발, 꼬리를 이용해 자기 생식기를 자극한다. 축산업자들과 대(大)동물 수의사들은 오래전부터 황소, 숫양, 수퇘지, 숫염소 등의 자위행위를 목격했고, 하루 중 어느 시간에 그 행위가 가장 많이 일어나는지 계산해보기까지 했다(다수의 황소가 좋아하는 시간은 새벽 다섯 시인 듯하다.)

상호자위(mutual masturbation, 둘 이상이 함께 자위를 하는 것으로, 때로는 서로의 성기를 애무해주기도 한다.—옮긴이)도 많은 종에서 관찰되었다. 박쥐와 고슴도치는 성행위의 한 부분으로 구강성교를 하는 수가 많다. 돌고래가 분수공(噴水孔) 섹스를 하는 모습이 해양학자들에 의해 관찰되기도 했다(수컷 돌고래가 다른 수컷의 분수공, 즉 머리 위의 숨구멍에 성기를 비비거나 삽입한다는 널리 퍼진 얘기를 언급한 것인데, 이에 대해 증거가 충분치 않으며 그럴 경우 돌고래가 숨을 쉴 수 없게 되니 불가능하다는 반론도 있다.—옮긴이). 큰뿔야생양과 들소는 자주 (동성애) 항문성교를 한다. 긴부리돌고래, 왜가리, 제비는 집단성교를 한다. 그리고 보노보…그러니까 인간과 가까운 친척이자 음탕하기로 이름난 보노보는, 이 모든 걸 다 하는 것 같다.

가축들 세계에서 수컷들끼리 혹은 암컷들끼리 올라타는 일은 오래전부터 목격되었다(사실 옛날부터 목장 사람들은 암컷들끼리 올라타는 것을 보고 암소가 발정했으며 번식할 준비가 되었음을 알았다). 하지만 얼마 전까지만 해도 학계에서뿐 아니라 민간 연구자들도 동물의 동성애 행동을 이런저런 설명으로 넘겨버리거나, 병적 행동으로 치부하거나, 아예 모르는 척했다. 그러다 1990년대 말 즈음에 브루스 베이지밀의 『동물의 다양한 성생활*Biological Exuberance*』, 말린 주크의 『성 선택*Sexual Selections*』, 존 러프가든의 『진화의 무지개*Evolution's Rainbow*』를 비롯한 여러 권의 책이 출간되면서 상황이 바뀌었다. 이들 책에는 동성애와 양성애, 트랜스젠더의 성향과 행동을 보이는 수백 종 동물의 사례가 넘쳐난다. 특히 베이지밀의 책은 몇백 쪽에 걸친 '경이로운 동물 이야기' 부분에, 야생 영장류와 해양 포유류, 발굽 있는 포유류(유제류), 육식동물, 유대목 동물(유대류), 설치류, 박쥐, 그리고 광범위한 종류의 새와 심지어 나비, 딱정벌레, 개구리에서까지 관찰되는 이런 행태들의 목격담과 설명을 담고 있다. 러프가든은 저서에서 큰뿔야생양의 생식기 핥기와 항문성교, 보노보의 페니스 펜싱(수컷끼리 음경을 비비는, 동성애적이면서 갈등 해소와 유대 강화의 의미도 지닌 행위—옮긴이), 일본원숭이(일본마카크)의 암컷끼리 올라타기, 기린과 범고래, 바다소, 귀신고래 수컷들끼리의 집단성교 등을 포함해 온갖 종들의 다양한 성적 조합과 행위들을 상세히 묘사하고 있다. 말린 주크는 네이선 W. 베일리와 함께 발표한 '동성 간의 성적 행동과 진화'에 관한 연구 논문에서 레이산앨버트로스의 암컷들이 서로 짝을 이루어 새끼를 키우는 행동, 초파리에서 나타나는 동성애 행동의 유전학 등을 언급하고 있다.

여기서 한 가지가 분명해진다. 동성애는 어딘가 자연스럽지 않은 것이라는 생각은 이제 내려놓아야 한다. '자연스럽지 않다'는 말이 '자연에서 볼 수 없다'는 뜻이라면 더더욱 그렇다. 베이지밀이 말했듯, 어느 종이든 "행동 양식을 여건에 따라—동성애를 포함하여—바꿀 수 있다면, 변화가 심하고 '예측할 수 없는' 세계에 '창의적으로' 반응하는 능력도 커질 터이다."

같은 성끼리의 성행위가 동성 **선호**나 동성 **지향**과 반드시 같은 것은 아니며, 야생에서 이러한 선호와 지향의 존재를 입증하는 것은 개별적인 동성 간 성행위의 경우보다 더 어렵고 관련 자료도 더 적다는 점에 유의해야 한다. 아무튼 많은 수의 사람과 동물이 자주 구강성교, 항문성교, 집단성교, 상호자위를 포함한 동성 간 성행위를 한다.

암수 동물 간의 짝짓기 형태에 관한 우리의 지식도 불과 몇 년 사이에 대폭 갱신됐다. 하나의 수컷과만 짝을 이룬다고 오랫동안 생각되었던 암컷들이 실은 바람을 피우고 남의 가정을 파괴하곤 한다는 것이 드러났다. 최근까지의 통념으로는, 대부분 종의 수컷들은 바람둥이로서 씨를 퍼뜨리는 존재인 데 비해 암컷은 평생까지는 몰라도 최소한 해당 짝짓기 철 동안은 하나의 수컷에게 충실한 것으로 되어 있었다. 하지만 DNA를 이용해 동물들의 친자관계를 연구한 결과, 암컷의 난잡한 교미가 흔한 정도를 넘어 사실상 일반적이라는 사실이 밝혀졌다. 정자경쟁에 관한 흥미로운 저서 『정자들의 유전자 전쟁*Promiscuity*』에서 행동생태학자 팀 버크헤드는 동물의 친자관계 연구에 의해 "암컷과 수컷이 하나의 상대와만 짝짓기를 한다는 개념이 거의 사라졌"으며 "달팽이, 꿀벌, 진드기, 거미, 어류, 개구리, 도마뱀, 뱀, 조류, 포유류 등등 다양한 생물들에서 다중부계(多重父系) 현상이 널리 퍼져 있다"라고 말한다. 버크헤드는 그 이유를 이렇게 설명한다. 암컷은 '부정(不貞)'을 통해 새끼들에게 더 나은 유전적 특질을 줄 수 있으며, 때로는 암컷 자신과 새끼들의 적응도를 높일 자원을 확보하기도 한다는 것이다.

우리는 동물 조상들에게서 복잡한 성적 유산을 물려받았다. 인간의 폭넓고 다양한 성적 관심과 행동들이 이를 입증한다. 하지만 인간은 또한 자신이 하는 행동의 결과를 예측할 수 있다. 좋든 나쁘든 우리는 규칙과 금기가 있는 문화 속에서 살아간다. 성과 관련된 우리의 행동들은 그 규칙이나 금기에서 분리될 수 없으며, '자연'에서 어떤 도덕적 지침을 찾으려는 것은 잘못이다. 말린 주크는 이렇게 말한다. "동물의 행동에 관한 정보를 가지고 사회적이거나 정치적인 이념을 정당화하려는 것은 잘못이다. … 인간은 보노보라면 이럴 때 어떻게 할까 걱정하지 않고 자신의 삶에 관한 결정들을 내릴 수 있어야 한다."

어떤 성행동들은 인간인 우리에게 너무나 혐오스러워서 우리는 그것들을 부도덕하다고 여기고 불법화했다. 강간, 소아성애증, 근친상간, 시간증(屍姦症), 수간(獸姦) 등이 그렇다. 하지만 수백만 마리의 동물이 하루에도 수백만 번이나 이런 행동들을 한다. 여러 종의 곤충, 전갈, 오리, 유인원은 정상적인 생식활동으로 강간(생물학자들은 흔히 '강제 교미'라고 한다)을 한다. 몇 년 전부터 뉴욕 시에서 빈대가 극성을 부리면서 그것들이(그리고 그 동류들이) '외상성 수정' 혹은 '피하 수정'이라는 방식으로 짝짓기를 한다는 게 상식이 되었는데, 이는 수컷이 암컷에게 올라가 칼처럼 날카로운 자신의 성기로 암컷을 찌르고는 혈류에 직접 사정하는 것을 말한다. 시간증은 개구리에서 청둥오리에 이르는 여러 동물에서 보이는데, 이들이 숨이 끊어진 같은 종의 개체와 교미하는 모습이 관찰되었다. 친족의 일원이나 집단 내의 어린 개체를 대상으로 한 성행위는 영장류 외에 다른 많은 종의 척추동물과 무척추동물에서도 보인다. 일부 진화생물학자들은 우리가 청소년기와 연관 짓는 부모와 자녀 간의 충돌도, 성적 매력을 보이기 시작하는 어린 동물이 친족들에 의해 성적으로 침범당하지 않도록 보호하고자 생겨났을 수 있다고 생각한다.

그리고 다른 종과의 성행위—우리가 수간이라고 부르는 것—는 아주 오래전부터, 어쩌면 성행위 그 자체가 생겨났을 때부터 있어왔다. 다른 종들 간의 성행위는 새로운 변이를 만든다는 진화적 목적에 실제로 도움이 된다는 이론이 수준 높은 과학 연구들에서 제시되기도 한다. 버크헤드는 지적한다. "생식하려는 수컷은 대체로 매우 의욕적이고 종종 무분별하다. 사정에는 별다른 대가가 따르지 않으므로 수컷들은 다른 종과 교미해도 자연선택에서 불리해질 바가 아마도 거의 없었을 것이다. 오히려 무차별적으로 하는 편이 수컷들에게는 유리했을 수도 있다. 머뭇거리는 자는 자연선택에서 밀려나기 때문이다."

인간 세계에서는 성적으로 가능한 행위와 올바른 행위 사이에 경계가 있긴 하지만, 바다소의 구강성교나 큰뿔야생양의 항문성교, 박쥐의 쿤닐링구스(수컷이 암컷에게 하는 구강성교—옮긴이) 등에 관한 연구들을 보면서 우리는 중요한 점 하나를 알 수 있다. 종마의 자위행위에서 원숭이의 펠라티오, 개구리의 시간증에 이르기까지 동물의 모든 성행위가 우리에게 상기시키는 것은, 성이 항상 생식과 결부되지는 않는다는 점이다. 사실 동물의 성적 행동 대부분은 출산을 목표로 하지 않는다고도 할 수 있다.

말린 주크도 여기에 동의한다. "인간이 아닌 생물들에게도 성행위는 생식 행위 이상의 의미를 지닐 수 있다. … 물론 궁극적으로는 모든 것이 생식과 관련된다. 후손에게 전달되지 않는 개체의 형질은 사라질 수밖에 없기 때문이다. 그러니 먹이 구하기도 결국은 생식과 관련되고, 몸을 따뜻이 하는 것도 혈압을 관리하는 것도 마찬가지다. …하지만 몸을 따뜻이 하는 것이 생식과 관련된다고 해서 스웨터를 끼어 입을 때마다 이제 아기를 배게 되리라고 생각하는 사람은 아무도 없다. 그렇다면 성행위조차도 언제나 생식을 위한 행위는 아니라고 하겠다, 적어도 단기적으로는"이라고 그녀는 설명한다. 행동신경과학자인 안데르스 오그모는 여기서 한 발짝 더 나간다. 그는 자손의 생산을 "성행위에 우발적으로 따르는 생리적 부가작용"이라고 했다.

동물에게 성행위는 생식 이외의 이득을 준다. 우리 인간에게도 마찬가지다. 사회적인 포유류 동물들에서 성행위는 개체들 간의 유대 형성을 촉진하고 관계를 강화한다. 그리고 성행위에 흔히 따르는 반복적인 접촉과 쓰다듬기, 포옹에는 잘 알다시피 마음을 위로하고 달래주는 효과가 있다.

사회적 유대 형성, 관계 구축, 위무(慰撫) 효과. 우리가 놓친 게 있는가? 쾌락은 어떤가? 많은 동물에서 성에 대한 관심은 쾌락의 추구에 기인한 것일 수 있다. 그런데 쾌락이 성행위의 주요 동인(動因)이라면, 성행위에서 아무런 즐거움도 느끼지 못한다고 주장하는 25퍼센트의 여성은 얼마나 딱한가. 그들을 도울 방법을 모색하려면 인간의학과 수의학의 또 다른 교차점을 살펴볼 필요가 있다.

캘리포니아대학교 데이비스 캠퍼스의 말 란슬롯이 번식용 헛간에서 가짜 암말과 씨름하고 있는 동안, 열두어 마리의 진짜 암컷들은 '암말 호텔'이라고 불리는 특별한 우리 안에 있었다. 이 숙소는 포시즌스 같은 고급 호텔보다는 네바다의 악명 높은 매춘업소 머스탱 랜치에 가까웠다. 여기서 암말들은 티징(teasing)을 받고 있었다. 나처럼 도시에서 자랐고 키워본 동물이라야 금붕어가 고작인 여성이라면 누구나 이 광경을 보고 놀라서 입을 다물지 못할 것이다. ('티징'이란 암말이 제대로 발정해서 수말을 받아들일 준비가 되었는지를 확인하는 절차다. 준비가 안 된 암말은 수말이 교미하려 할 때 대개 격렬한 반응을 보여 수말과 주위 사람들이 다칠 수 있기 때문에 티징은 중요한 절차다.—옮긴이)

한 사육자가 종마를 암말 우리로 데려왔다. 그는 이 수말을 각각의 암말 앞에 잠깐씩 세웠다. 어떤 암말은 즉각 반응했다. 꼬리가 위로 치솟으면서 벌겋게 충혈되고 번들거리는 음순이 드러났다. 그런 암말은 뜨거운 오줌을 내뿜고, 엉덩이 부분을 종마 쪽으로 들이댔다. 어떤 암말은 종마더러 자기를 올라타라고 하는 듯 몸을 살짝 웅크리며 뒷몸을 흔들기도 했다. 코넬대 수의사이며 동물행동 전문가인 캐서린 하우프트가 '짝짓기 얼굴'이라고 이름 붙인, "두 귀가 뒤로 돌아가고 입술이 축 늘어지는" 표정을 짓는 암말도 있었다.

하지만 다른 암말들은 종마를 힐끗 올려다보고는 곧바로 다시 건초를 씹었다. 종마를 보자 대뜸 귀를 납작 붙이고 이빨을 드러내며 위협적으로 힝힝거리면서 달려드는 암말도 있었다.

이처럼 상이한 행동들은 암말이 배란기에 가까웠는지 아닌지에 따른 것이었다. 짝짓기 태세가 되어 있는 종마에게 교미 전 행동으로 반응한 암말은 배란 중이거나 배란 직전이었다. 그 암말들은 '수용적'이라고, 즉 받아들일 준비가 되어 있다고 사육사는 내게 말했다. 종마를 무시하거나 쫓아버린 암말들은 '비수용적'이라고 했다.

천만다행하게도 인간 세상의 여성들은 '14일째 날'(배란일)이나 그 전후에도 자신을 쳐다보는 남성을 향해 꼬리를 올리거나 소변을 보지는 않는다. 그래서 우리는 이른바 '은폐된' 배란을 한다고 얘기되는데, 이는 배란 여부를 대놓고 '광고하지' 않는다는 뜻이다. 하지만 UCLA의 마티 헤이즐턴 같은 진화학자들은 여성이 풍기는 단서들을 더 면밀히 살펴보았다. 그리고 그 단서들 중 일부는 우리가 생각하는 만큼 모호하지 않았다. 배란기에 여성들은 더 자극적으로 옷을 입고 집에서 더 멀리 떨어진 곳까지 돌아다니곤 한다. 남성들이 보기에 여성은 배란기일 때 더 매력적이다. 스트리퍼들도 가임 기간의 피크에 팁을 더 많이 받는다. 대학생 나이의 여성들은 배란기 동안 다른 때보다 아버지에게 전화를 현저하게 덜 했다(이것은 가족끼리의 끌림을 막기 위해 아주 오래전부터 존재해온 일종의 방어기제라는 가설이 제기되었다). 하지만 인간의 여성들은 배란기가 아니라도 성행위와 오르가슴의 쾌락을 추구할 수 있다.

신체적 현상에서 여성의 오르가슴은 남성의 그것과 아주 비슷하다. 부교감신경이 한창 작동하다가 갑자기 교감신경이 나서면서 근육이 수축하고, 그에 이어 만족감을 주는 신경화학물질이 분출되며 뇌파가 변한다. 남녀의 오르가슴이 이처럼 감각적으로나 신체적으로 유사한 것은 신경과 호르몬의 네트워크가 거의 똑같기 때문이다. 발달 초기의 태아에서 남성과 여성의 생식기는 동일한 원시세포에서 생겨난다. 실제로 많은 종의 배아(胚芽)가—인간의 배아든 개 혹은 악어의 것이든—처음에는 성이 정해지지 않은 상태다. 호르몬, 온도, 환경의 영향 같은 요소들이 작용해 남성에서는 음경을 발달시키고, 여성에서는 그것의 성장을 억제한다. 다시 말해, 아내의 음순과 남편의 음낭은 두 사람이 배아 상태일 때는 같은 것이었다. 아내의 음핵과 남편의 귀두 등 음경 앞부분도 마찬가지다.

동물들의 성적 특징을 개략적으로 비교해보면 음핵이 인간에게만 있는 기관이 아니라는 사실을 알 수 있다. 이 '민감한 버튼'은 말과 작은 설치류, 다양한 영장류, 아메리카너구리, 바다코끼리, 물범(바다표범), 곰, 돼지를 비롯해 아주 다양한 종의 암컷 동물들에서 발견되었다. 발정한 보노보의 음순은 음핵과 함께 축구공만 한 크기로까지 부풀 수 있다. 아프리카의 점박이하이에나는 혈액 속을 순환하는 테스토스테론이 많기 때문에 음핵이 아주 커서 위교미기(僞交尾器, pseudopenis)라고까지 불린다. 이 치열한 모계사회에서 상대의 음핵을 핥는 것은 복종의 표시다. 커다란 음핵은 유럽두더지, 여우원숭잇과의 일부, 원숭이, 그리고 빈투롱이라고 불리는 동남아시아의 육식동물에게도 있다.

의미심장한 사실은, 이 모든 동물의 음핵에는, 수컷의 음경과 마찬가지로, 신경말단이 빽빽이 들어차 있다는 것이다. 이는 오르가슴을 구성하는 일련의 감각들을 다른 종, 다른 성도 느낄 수 있다는 의미다.

그런데 오르가슴을 느끼는 신체적 능력이 있음에도 많은 여성이 느끼지 못한다. 전 세계 여성의 약 40퍼센트가 성과 관련된 문제를 가지고 있다. 여기에는 성교통(성행위 중에 느끼는 일반적인 통증)과 질경련(드문 질병으로, 질의 근육이 통증과 함께 조이고 불수의적으로 닫혀버려 음경을 삽입할 수 없는 것)이 포함된다.

하지만 여성에게 단연코 가장 흔한 성기능장애라면 성욕 저하, 흥분기 장애, 성 혐오, 성적 억제, 불감증(극치감장애) 따위다. 이런 문제들은—포괄적으로 저활동성 성욕장애(hypoactive sexual desire disorder)라고도 하는데—좀처럼 없어지지 않고 고통스러울 수 있다. 전 세계 여성의 무려 4분의 1이 이런 문제를 겪는다. 추정치가 다양하긴 하지만, 미국 여성 중 저활동성 성욕장애가 있는 사람은 20퍼센트 정도로 생각된다. 바꾸어 말하면, 매년 유방암, 심장마비, 골다공증, 신장결석 진단을 받는 여성을 모두 **합한** 것보다 많은 수의 여성이 성욕 저하와 불감증을 겪는다는 얘기다. 남성의 발기부전이나 사정장애와 마찬가지로 여성의 이런 성욕장애도 그 자체로 삶을 위협하지는 않는다. 하지만 이로 인해 삶의 질이 크게 떨어질 수 있으며, 그 결과 우울증 같은 심각한 건강 문제가 생길 수 있다.

성욕 저하를 비롯한 저활동성 성욕장애는 상황적인(특정 상대와만 관련된) 경우도 있고 전반적인(누구와의 섹스에도 흥미가 없는) 경우도 있다. 환자는 이와 함께 다른 증상들, 예컨대 우울증이나 불안, 갈등, 피로, 스트레스 따위를 호소할 수도 있다. 이런 여성의 무심함에는 잠자리에서 "눈을 감고 잉글랜드를 생각하자"는 식의 나른한 체념에서 성행위가 불쾌하고 역겹다며 적극적으로 싫어하는 것까지 여러 유형이 있다("눈을 감고…" 라는 말을 누가 처음 했는지는 설이 여러 가지다. 그중 하나가 20세기 초 힐링던이라는 귀족 부인이 일기에 썼다는 구절, "내 방 문 앞에서 그의 발소리가 들리면 나는 침대에 누워 다리를 벌리고는 영국을 생각한다"이다. 잠자리를 견디고 아이를 낳아 나라의 일꾼이 되게 한다는 뜻도 담겨 있다.—옮긴이). 이런 장애가 극단으로 심해지면 공포 반응과 공황 반응이 나타날 수도 있다. 어떤 여성들은 상대를 밀어내려는 신체적 충동을 느낀다. 발로 차고, 물고, 때리거나, 비난을 퍼붓고 싶은 충동이 나타날 수도 있다.

의사들은 저활동성 성욕장애에 심리치료와 테스토스테론 보충제 처방으로 대처하는데, 테스토스테론 보충제는 남성뿐 아니라 여성의 성적 욕구를 증강하는 데도 쓰인다. 그러나 이런 식의 치료는 대체로 절반 정도의 성공 밖에는 거둘 수 없다. 테스토스테론은 저활동성 성욕장애 치료제로 FDA 승인을 받은 게 아니며(그래서 '오프라벨'로 처방해야 한다), 연구에 따르면 여성이 심리치료사의 내담자용 장의자에서 긴 시간을 보낸다 해도 파트너와 지내는 시간의 질을 높이는 데는 거의 도움이 되지 않는다고 한다('오프라벨[off-label]'이란 당국에서 허가한 용도 이외의 적응증에, 또는 허가하지 않은 연령층에 의약품을 처방하는 행위를 뜻한다.—옮긴이). 의사들은 이런 환자에게 특정 약의 복용을 중단시키기도 한다. 대표적인 것이 프로작, 팍실, 졸로프트 등 선택적 세로토닌 재흡수 억제제(selective serotonin reuptake inhibitor) 계열의 항우울제인데, 이런 약들이 성욕을 감퇴시킬 수 있기 때문이다. 하지만 이런 기본적인 대책 이상의 것을 기대한다면 저활동성 성욕장애의 치료 전망은 그리 밝지 않다. 어느 온라인 의학 백과사전에서는 다음과 같이 경고하고 있다. "양쪽 파트너가 모두 만족하지 못하는 경우 대개 그런 치료법으로 별 효과를 보지 못하며, 결국 별거하고 새로운 성적 파트너를 찾은 뒤 이혼하는 일이 흔히 있다."

나는 재닛 로저에게 암컷이 수컷의 성적 관심을 회피하고 간청을 무시하며, 심지어 원치 않는 접근에 격렬히 화를 내는 사례를 본다면 어떤 처방을 내릴지 물었다. 그녀는 답했다. "아무 처방도 안 하지요. 그 환자가 발정기가 아니라면요." 재닛 로저는 캘리포니아대학교 데이비스 캠퍼스에 있는 말들을 치료하는 신경내분비학자다. 그녀는 성적 관심이 줄었다는 얘기를 들으면 일단은 그 암컷이 발정기가 아니어서 그렇다고 가정한다. 수컷을 받아들일 준비가 안 되어 있다는 것이다. 배란기가 가깝지 않은 암컷이 그러는 것은 완전히 정상적인—나아가, 당연히 예상되는—현상이다.

조련사가 암말 우리에서 티징을 할 때 내가 보았듯, 받아들일 준비가 안 되어 있는 암말은 종마가 다가오면 힝힝거리고, 물고, 달려들고, 혹은 발길질을 할 수 있다. 마찬가지로 다른 많은 동물들의 암컷도 접근하는 수컷에게 자신이 교미에 관심 없음을 확실히 표현하는 분명한 방법들을 가지고 있다. 암컷 쥐는 할퀴고, 물고, 소리를 낸다. 암고양이는 쉭 소리를 내거나 발톱을 휘두른다. 암컷 마카크 원숭이는 접근하는 수컷을 떼 지어 공격한다. 암컷 라마는 다가오는 수컷에게 침을 뱉고 달아나고, 암컷 흡혈박쥐는 악명 높은 송곳니를 드러내면서 위협적으로 달려든다. 받아들일 준비가 되어 있지 않은 암컷 나비는 배를 위쪽으로 비틀어서 다가오는 수컷에게서 벗어난다. 암컷 초파리도 같은 행동을 보이며, 어떤 것은 쫓아오는 수컷을 차기도 한다. 딱정벌레의 어떤 종류들은 키틴(chitin, 절지동물의 단단한 표피, 연체동물의 껍질 따위를 이루는 성분—옮긴이)으로 만들어진 움직일 수 있는 판이 몸에 있어서 그것을 질 입구에 놓아 원치 않는 삽입을 막는다.

동물 암컷이 가임 기간이 아니거나 수용적이 아닌데도 교미를 하는 몇 가지 상황이 있다. 곤충학자 랜디 손힐과 존 올콕은 그들이 '편의적 일자다웅(一雌多雄)'이라고 부르는 현상을 설명한 바 있다('일자다웅'은 한 암컷이 여러 수컷과 교미하는 것이다.—옮긴이). 이는 유난히 공격적이거나 집요한 수컷이 접근해올 때 단지 거기에서 놓여나기 위해 수컷을 받아들이는(혹은 견뎌내는) 현상이다. 그리고 암컷의 받아들이는 행동이 자연 환경이냐 포획 상태냐에 따라 차이가 난다는 점도 흥미롭다. 콘코디아대학교의 심리학자로 성적 행동의 신경생물학을 연구하는 제임스 파우스는 암컷 마카크 원숭이를 수컷 한 마리와 한 우리에 넣어놓으면 매일 교미를 한다고 내게 말했다. 암컷이 발정기일 때는 교미를 더 자주 해서, 어떤 때는 하루에 두세 번도 한다. 하지만 그 암컷을 자연 상태에 좀 더 가까운 마카크 사회집단—여기서는 번식력 있는 암컷들이 한데 뭉쳐서 가임 기간에만 수컷과 짝짓기를 하려 드는데—으로 돌려보내면 오로지 배란 전후에만 교미한다. 암컷이 수용적이 아닌 시기임에도 교미를 하는 또 다른 상황으로는 강제 교미 즉 강간도 있지만, 한 가지 밝혀둘 것은 많은 종의 수컷들은 받아들일 준비가 안 되었다는 암컷의 신호를 존중한다는 사실이다. 암컷이 수컷에게 물러나라고 하면 적어도 일부 수컷은 다른 곳으로 가서 상대를 찾는다. 그 상대는 대개 수용적인 다른 암컷이지만, 어떤 종은 한 해 중 특정 시기에는 다른 수컷과 교미를 시도하기도 한다.

성행위를 받아들이되 시큰둥한 반응을 보이는 것, 가능하면 피하려 드는 것, 관심을 보이는 상대에게 때로 노골적인 적대감이나 폭력성을 보이는 것. 교미에 대해 비수용적인 암컷 동물과 저활동성 성욕장애가 있는 인간 여성을 나란히 놓고 볼 때 몇몇 흥미로운 교차점이 있음을 알 수 있다. 나는 성욕 저하라는 진단이 그처럼 많이 나오는 단 하나의 이유는, 여성들이 생리 주기의 어느 시점에 있는지와 상관없이 늘 성행위를 받아들일 준비가 되어 있어야 한다고 여기기 때문이라고 생각한다. 배란기가 아닐 때에도 성적 반응이 일어날 수 있긴 하지만, 사실 여성들은 매달 사흘에서 닷새 동안만이 가임 기간이다. 따라서 다른 때에는 섹스에 수용적이 아닐 수 있다.

교미에 대한 동물 암컷의 수용성은 여성호르몬이 분출하면서 이루어진다. 이들 호르몬이 척수와 뇌의 복잡한 신경 경로에 작용하면서 예측 가능한 짝짓기 행동과 심지어는 자세들까지 만들어진다. 특히 하나의 자세는 암컷이 교미를 수용할 준비가 되어 있다는 결정적인 증거다. 목장 사람이나 생물학자, 사육자, 수의사라면 다들 알 터인 척추전만(脊椎前彎, lordosis) 자세라는 것이다. 이것은 호르몬에 의해 나타나는 아주 명확한 자세로, 엉덩이를 뒤로 빼고 척추의 아래쪽, 즉 요추(허리뼈)를 앞으로 둥글게 구부린 형태다(그래서 '전만'이다. 정상 상태에서도 허리뼈는 약간 전만 상태다.—옮긴이). 암컷의 골반은 유연해지고 벌어진다. 꼬리가 있는 암컷이라면 전만 자세를 취할 때 꼬리를 들어 올리거나 한쪽으로 몰아서 생식기를 드러내기도 한다. 전만 자세 반응은 말과 고양이, 쥐에서 유난히 두드러지지만, 암퇘지와 기니피그, 그리고 일부 영장류에서도 볼 수 있다. 록펠러대학교의 척추전만 자세 전문가 도널드 패프에 따르면, 이 자세는 광범위하게 나타나는 신경화학적 반응으로, 모든 네발짐승의 암컷에서 볼 수 있다고 한다. 그의 저서에 나온 설명은 다음과 같다. 기본적으로 볼 때, 수컷이 암컷 위에 올라타면 그 접촉이 촉발하는 신경 신호가 "암컷의 척수를 타고 올라가 먼저 후뇌에, 그다음엔 중뇌에 이른다. 거기에서 신경세포들은 뇌의 복내측 시상하부(腹內側 視床下部)로부터 성호르몬에 영향받은 신호를 받는다. 암컷이 충분한 양의 에스트로겐과 프로게스테론(황체호르몬)을 받았다면 시상하부에서 보내는 신호는 이렇게 말한다. '가서 짝짓기를 해, 전만 자세를 취해.' 그러나 호르몬이 충분히 분비되지 않았다면 신호는 달라진다, '저항해, 발로 차, 수컷에게서 도망가.'"

발기의 한 유형이 그렇듯 전만 자세도 반사적인 행동, 즉 접촉에 자극받고 호르몬을 동력으로 하는 자발적 반응으로 생각된다. 예를 들어, 교미를 받아들일 태세가 된 암컷 코끼리물범(코끼리바다표범)은 그들 암컷 무리를 거느린 수컷이 교미를 하려고 앞지느러미발을 등에 올려놓으면 자신의 지느러미발을 펴고 꼬리(뒷발에 해당—옮긴이) 끝을 올린다. 그런데 흥미롭게도, 두려움과 불안 때문에 전만 자세를 제대로 취하지 못하는 경우가 있다. 심인성 발기에서처럼 이 반응 역시 뇌가 그것을 강화하거나 멈추는 데 일정한 역할을 하는지도 모른다.

인간의 여성은 전만 자세 반응을 보이지 않는다고 주장하는 성 연구자들도 있지만 패프는 다음과 같이 지적했다. "호르몬 활동과 관련된 중추신경계의 많은 메커니즘이 동물의 뇌가 인간의 뇌 조직으로 변해갈 때에도 그대로 보존된다고 알려져 있다." 패프는 "기본적이고 환원적인 원리들을…인간 환자를 포함한 모든 포유류에" 적용할 수 있다고 생각한다. 실제로 그가 『남자와 여자: 감춰졌던 이야기*Man and Woman: An Inside Story*』

에서 다채롭게 표현했듯, "여성의 배란이나 남성의 발기와 사정 같은 시상하부의 가장 기본적인 기능들은 매우 유사하게 작동하며…'물고기에서 철학자'까지, '쥐에서 마돈나'까지 이것은 사실로 판명되었다."

전만 자세를 취하는 동물이 등을 구부리고 질을 내보이는 것은 호르몬과 신경전달물질, 근(筋)수축의 신속한 단계적 작동과 연계되어 발생하는 행동이다(신경전달물질[neurotransmitter]이란 뇌를 비롯한 체내의 신경세포들에서 방출되어 인접하는 신경세포나 근육에 정보를 전달하는 수십 종의 물질이다.—옮긴이). 그리고 이 세 요소는 인간 세계의 여성에게도 존재한다. 인간이 쥐나 고양이처럼 공공연하고 반사적인 전만 자세를 취하게 만들어지지는 않았을지 몰라도, 남성들은 전만 자세를 매혹적이라고 생각하며 여성들도 그 자세를 취할 때 스스로 섹시하다고 느끼는 것은 분명하다.[14] 일단 관심을 갖고 찾아보기 시작하면, 우리 주변 온갖 미디어에서 전만 자세 여성의 이미지가 넘쳐난다. 제2차 세계대전 시기의 아주 유명한 핀업 사진에서는 영화배우 베티 그레이블이 수영복을 입고 뒤돌아서서는 등을 전만 자세 비슷하게 조금 비틀고 어깨 너머로 유혹의 눈길을 던지고 있다. 지금도 많은 사람이 기억하는 「7년 만의 외출*Seven Year Itch*」 홍보용 사진에서는 메릴린 먼로가 지하철 환풍구 위에 역시 전만 자세로 서 있는데, 엉덩이를 뒤쪽으로 빼고 바람에 부풀어 오른 치마를 두 손으로 누르고 있는 모습이다. 이보다 조

---

14) 즉석에서 척추전만 자세를(호르몬 반응과는 무관한 그냥 자세만을) 만들려면 신발장으로 가서 하이힐을 꺼내 신으면 된다. 뾰족구두(스틸레토힐)든 웨지힐이든 굽이 높은 구두를 신으면 보통 때도 약간 앞으로 휜 허리뼈(요추)의 전만이 더 심해지게 마련이다. 엉덩이를 뒤로 빼고 요추 부분을 더 둥글게 해서 균형을 잡지 않으면 넘어지고 말 테니까 말이다. 굽 높은 구두의 인기가 시들지 않는 것, 그리고 하이힐을 신으면 섹시해 보이고 스스로도 그렇게 느끼는 것은 이처럼 불가피한(인위적이긴 해도) 척추전만 자세 때문인지도 모른다.

금 더 노골적인 전만 자세의 예는 2011년 〈스포츠일러스트레이티드*Sports Illustrated*〉 수영복 특집호 표지에서 모델 이리나 셰이크가 보여준 것으로, 모래 위에 무릎을 꿇고 앉아 허리를 앞쪽으로 휘게 하고 엉덩이는 살짝 치켜들어 뒤로 뺀 자세를 취하고 있다. (물론 가장 눈길을 사로잡는 것은 풍만한 가슴이라 하겠지만, 아무튼 등허리 이하는 명백한 전만 자세다.) 팝스타 케이티 페리는 자신의 향수 브랜드인 퍼(Purr)를 광고하기 위해 보라색 캣슈트(catsuit, 라텍스 등 신축성 강한 재질의, 대개 몸 전체를 덮는 꼭 끼는 의상—옮긴이)를 입고 가면을 머리에 올리고는 두 팔과 무릎으로 엎드려서 전형적인 전만 자세를 취했는데, 그야말로 고양이 전만 자세를 그대로 보여주었다.

전만 자세가 '섹시한' 것은 이상할 바가 전혀 없다. 수억 년 동안 대형 고양잇과 동물들에서 암말, 그리고 쥐에 이르기까지 다양한 동물들이 상대를 받아들일 준비가 되었음을 나타내려고 전만 자세를 취했다. 일찍부터 수컷들은 준비가 되지 않은 암컷에게 다가가면 물리고 긁히고 몸싸움을 당하고 때로는 맞을 수도 있음을 배운다. 인간 세계의 남성 역시 준비가 안 된 여성에게 다가가는 일은 힘들 수 있다. 수용적이 아닌 여성들은 그냥 지나치고, 신호를 보내면서 유혹하는 여성에게 가는 편이 훨씬 낫다. 그리고 그 신호의 행동들 가운데 하나가 바로 전만 자세다.

전만 자세에 대해 안다고 해서 저활동성 성욕장애를 겪는 여성이 갑자기 오르가슴을 느낄 수 있게 되는 건 아니다. 하지만 동물이 보이는 수용과 비수용의 주기들을 이해하게 되면 사람에게도 적용할 수 있는 중요한 통찰을 얻을 수 있다. 최소한, 성행위를 원치 않는 때가 있어도 괜찮은 거라고 많은 여성이 안심할 수 있게 될 테고, 왜 성욕 저하가 정상적인 것일 수 있으며 언제 그러한 현상이 나타날 수 있는지를 보다 명료하게 알게 될 것이다.

저활동성 성욕장애가 있는 사람들의 파트너는 인간과 여러 동물의 전희(前戱)에 관한 비교 조사도 해봄 직하다. 쓰다듬기, 목 깨물기, 음문 핥기, 귀 핥기 등의 행동을 많은 종의 동물에서 볼 수 있다. 코넬대학교 교수 캐서린 하우프트는 말들에게 "적절한 시간의 전희는 꼭 필요하다"라고 말한다. 종마들은 암말의 이곳저곳을 깨물거나 코나 입으로 비비는데, 먼저 머리와 귀에서 시작해 점차 뒤쪽으로 옮겨가 회음에까지 이른다. 개도 입으로 핥으면서 전희 행동을 한다. 기생말벌과 초파리는 서로의 더듬이를 쓰다듬는다. 비틀버드는 입으로 총배설강을 쫀다. 물론 우리에게는 사람들끼리 벌이는 전희가 뚜렷한 매력을 지닌다. 하지만 갑각류, 갈매기, 박쥐, 도마뱀붙이 따위의 전희 연구를 통해 우리는 동물의 교미와 수정을 용이하게 해주는 뛰어난 능력 덕분에 수도 없이 반복된 자연선택 과정에서 살아남은 일련의 에로틱한 행동이 어떤 것들인지를 파악할 수 있을 것이다.

저활동성 성욕장애의 치료에는 일부 암소와 암말에서 나타나는 진성(眞性)의 색정증(色情症, nymphomania)에 관한 연구도 도움이 될 법하다(색정증은 비정상적으로 성욕이 항진되는 증세로, 현재의 표준 의학 용어는 남녀 모두 'hypersexuality[성욕 과다증]'이다.—옮긴이). 성욕 과다 행동은 난소 기능의 장애로 인해 테스토스테론을 비롯한 남성호르몬이 증가한 결과다. 암말과 암소에서는 난소낭종(卵巢囊腫, 난소에 발생하는 낭성 종양으로, 내부가 수액 성분으로 차 있는 물혹—옮긴이)이 원인이다. 색정증 암소(대개 육우가 아니고 젖소다)는 다른 암소를 공격하듯 앞발로 차거나 긁고, 올라타려 든다. 그리고 목소리가 뚜렷하게 웅성화(雄性化)되어서 '황소처럼 우렁찬 소리'를 낸다. 비슷한 증상의 암말 역시 수컷 종마처럼 행동한다. 플레멘을 하고, 툭하면 오줌을 내지르고, 다른 암말을 올라탄다. 전문가들은 이 정도로 상황이 혼란스러워질 경우엔 병든 난소를 제거하는 것이 좋다고 말한다.

농장에서 색정증에 관해 배울 때까지만 해도 나는 그 개념을 엄밀한 의학적 진단명으로보다는 포르노물의 이야깃거리 정도로 생각했다. 그러나 수의사들은 이런 진단을 내릴 뿐 아니라 우려도 많이 한다. 색정증에 걸린 암컷은 외양간을 수라장으로 만들고 다른 소들에게 상처를 입힐 수 있기 때문이다. 동물의 색정증이 난소에서 자라는 낭종 탓인 경우가 많은 걸 알고 나서 나는 다낭성(多囊性) 난소증후군이 있는 수백만 미국 여성들도 성적 충동과 행동이 증가하는지 궁금해졌다. 알아보니 흥미롭게도, 남성화(virilization, 'masculinization'의 의학 용어)를 불러오는 이 증후군을 지닌 여성 중 일부는 성충동이 증가했다고 한다. 그런가 하면 이 질환의 또 다른 특징, 즉 얼굴과 몸에 털이 과도하게 자라는 증상 때문에 자아상에 부정적인 영향을 받아 성행위를 꺼리게 될 수도 있다.

란슬롯이 세 번 오르기 규칙에 걸려 실패한 다음날, 나는 또 다른 종마인 비기가 전날의 란슬롯처럼 교미 전 과정을 거치는 모습을 보고 있었다. 비기도 헛간으로 이끌려 와서 암말의 얼린 오줌 냄새를 맡았다. 그런 다음 받아들일 준비가 된 암말을 보고 나서 가짜 암말에게 인도되었다. 비기는 익숙한 솜씨로 가짜 말에 올라타더니 너덧 번 움직이고는 절정에 이르렀다. 나는 비기가 오르가슴을 나타내는 행동을 하는지 관찰했다. 비기는 내 눈에 확연하게 이를 악물고, 몸을 부르르 떨고, 가짜 말을 꽉 그러안더니 잠깐 꼼짝도 않다가 미끄러져 내려왔다. 사정을 막 끝낸 종마들이 대개 그렇듯 비기도 나른하고 '우울해' 보였다.[15] 사육자들은 가짜 암말에서

---

15) 캐서린 하우프트는 번식용 종마가 사정한 다음에 우울해 보이는 표정을 짓는

정액이 담긴 커다란 관을 뽑아낸 다음 처리하기 위해 가져갔다. 비기는 자신의 축사로 이끌려 갔고, 헛간에서는 란슬롯을 맞을 준비를 했다. 이날은 란슬롯도 별 어려움 없이 일을 치러냈다.

두말할 필요 없이 우리는 말이 사정을 하면서 쾌락을 어떻게 경험하는지 알 수 없다. 하지만 일본의 한 연구팀은 다른 동물도 쾌락을 경험한다는 것을 보여주는 행동들에 대해 보고했다. 이들의 보고에 따르면 원숭이는 "수컷의 몸이 팽팽히 긴장하고 경직하면서 사정을 하는 순간 교미가 절정에 이르는데, 이때 오르가슴을 느낀다고 볼 수도 있다"는 것이다. 수컷 쥐는 "암컷의 몸을 꽉 잡고 반복적으로 삽입을 하고 나서 몸을 실룩이듯 뻗으면서 사정"하며, 연어까지도 "[수컷이] 정자를 배출하거나 [암컷이] 알을 낳을 때 입을 쩍 벌리고 경련하듯 몸을 쭉쭉 펴는 모습을 보인다"라고 연구팀은 설명했다. 그리고 곤충들은 짝짓기를 하는 동안 일정한 순서에 따라 행동한다. 예를 들어 수컷 귀뚜라미는 암컷에 딱 붙어 "몸을 쭉 뻗은 자세를 취하고서" 자신의 정포낭(精包囊)을 옮겨 넣고는 갑자기 "움직임을 완전히 멈춘다." 연구팀의 결론은 이렇다. "종이 다르더라도 교미의 마지막 행동에서는 유사한 메커니즘이 작동한다고 볼 수도 있다."

많은 종에서 유사하게 나타나는 발기와 사정, 오르가슴의 기능과 생리를 검토하고 나면, 그 느낌 역시 종들 간에 공유된다고 상정할 수밖에 없다. 바닷속 다기장 편형동물이 갖고 있는 여러 개의 음경 하나하나도 인간 남성의 단일한 음경에 고동쳐오는 것 같은 강렬한 오르가슴을 느낄지 모른다. 영장류학자가 목격한 '몸서리', 수컷 큰긴팔원숭이가 암컷의 생식기를 핥은 뒤 암컷의 '몸 전체'로 '퍼져 나간' 그 전율은 시인 몰리 피콕이 "보

것을 묘사했다.

랏빛 플란넬, 그리고 그 날카로움"이라고 묘사한 오르가슴과 그 느낌이 같을지도 모른다. 절정에 이른 사자가 입을 벌리고 얼굴을 찡그리는 것은 오르가슴의 으르렁거림일 수 있으며, 짝짓기 하는 거북의 끼익대는 소리 역시 쾌락의 표현일 수 있다.

이는 동물들이 섹스를 위해 왜 그토록 진력하는지 설명하는 데 도움이 될 수 있다. 사람의 오르가슴이란 몸 안에서 오피오이드와 옥시토신이 분출되어 녹아내리는 듯한 희열감을 유발하고 그와 동시에 근육이 경련하는 것인데, 동물들도 이에 상응하는 경험을 하며, 이런 느낌은 동물로 하여금 그 행동을 거듭거듭 반복하게 만드는 결정적인 유인(誘因)이 될지 모른다. 연체동물, 초파리, 송어, 연충(蠕蟲), 고릴라, 호랑이, 그리고 인간의 성욕은 사정과 오르가슴에 동반되는 화학물질 분출의 효과를 또다시 느끼고 싶은 갈망에 의해 작동되는 것일 수 있다.

성을 호모사피엔스 중심으로 본다면 오르가슴을 유례없이 특별한 것으로, 나아가 어쩌면 인간만이 누리는 것으로 생각할 수 있다. 하지만 생물학적 보상이 성행위를 반복하게 만든다는 점은 그 쾌락이 동물 세계에서 두루 공유되는 것이라는 주장에 힘을 싣는다. 만약 그렇다면 오르가슴은 성행위의 부산물이 아니다. 그것은 약속이며, 에로틱한 행동의 뿌리이며, 미끼다.

제5장

취하는 동물들

—약에 취하기와 행동에 취하기

내가 심장 영상 검사를 시행하는 방의 한쪽 벽에는 사무용 복사기 크기의 베이지색 철제 상자 하나가 놓여 있다. 상자 앞쪽에는 컴퓨터 화면이 세워져 있고 그 아래 키보드가 달렸다. 오른쪽에는 현금인출기에서처럼 영수증을 뱉어내는 작은 출구가 있다. 키보드 근처에는 10센트 동전 크기의 붉은빛을 내는 타원형 판이 있는데, 바로 지문 판독기다. 여기에 엄지손가락을 눌러 신원을 확인시킨 다음 일련의 숫자 코드를 입력하면 상자가 열린다. 이렇게 해도 상자 속 작은 한 부분만 드러난다. 단번에 모든 내용물에 접근하는 것은 절대 불가능하다.

이 말없는 기계는 희열(喜悅)의 왕국의 입구를 지킨다. 잠긴 상자 안에는 서랍들이 층층이 쌓여 있고, 각각의 서랍에는 중독성이 아주 강한 약들이 들어 있다. 모르핀 병이 회전판에 죽 꽂혀 있기도 하고, 바이코딘이 든 용기들도 있다. 페르코셋과 옥시콘틴이 가득 든 작은 통들이 있으며, 투명한 펜타닐 앰풀들도 있다(열거한 약은 모두 진통제류다.—옮긴이). 이 모든 것이 사람 손을 타지 않는 컴컴한 캐비닛 안에서 대기하고 있다. 까르띠에 매장 금고 깊숙이 검은 벨벳 함에 놓인 다이아몬드들처럼 어둠 속에서 빛을 발하지 않는 채.

픽시스 메드스테이션 3500이라는 이 약제 인출 장치에 들어 있는 마약들은 치료 중인 환자를 진정시키고 뒤이은 고통을 덜어주는 데 꼭 필요한 것들이다. 그런데 이런 장치가 필요한 것은 아주 똑똑하고 꾀 많은 마약 상용자 집단, 즉 의사와 간호사들이 약을 마음대로 빼돌리지 못하도록 하기 위해서다. 직업상 마약에 접근하기 쉽다 보니 자칫하면 의료 종사자들 스스로가 중독에 빠질 수도 있다는 점을 병원 측에서는 경험을 통해 어렵게 깨달았다. 뛰어난 병원 동료들, 생명을 구하는 의료 장비의 발명자 등 어떤 일에서든 좀체 실패하지 않는 사람들이라 해도, 사용이 승인되지 않은 바이코딘을 입수하려고 이 기계에 침투하려 든다면 아무 것도 손에 넣지 못한 채 발각되어 얼굴을 붉히는 처지가 되고, 재활을 통해 경력을 되살리게 해주는 '전환 프로그램' 대상자로 넘겨지게 될 것이다. 꽉 잠긴 그 상자—우리 병원에는 그런 게 십여 개나 있다—는 그런 이들을 스스로에게서 보호해준다.

바이코딘 알약이 나무에서 열리지 않고 펜타닐 병이 덩굴에 매달려 있지 않은 하얀 벽의 병원에서는 이런 방법으로 충분하다. 그러나 그 기계 안에 든 진통제와 안정제들은 야생에서 자라는 천연의 아편제, 즉 양귀비에서 만들어진다. 수천 평방 마일의 양귀비 밭을 지키려면 어떤 보안 시스템이 필요할지 상상해보라.

아편을 재배하는 지역에서 이것은 현실적인 문제다. 의약용 아편의 대표적 생산지인 태즈메이니아에서는 아편 사용자들이 몰래 아편 밭에 들어가곤 한다. 그들은 보안 카메라도 아랑곳 않고 울타리를 뛰어넘어 양귀비 줄기나 잎과 즙을 실컷 먹는다. 그러고는 아편 성분에 취해서 밭을 빙글빙글 돌며 작물을 망가뜨린다. 거기서 정신을 잃었다가 아침에 실려 나올 때도 있다. 이렇게 상습적으로 법을 무시하고 무단 침입을 하는데도 그들을 기소할 방도가 없으며, 중독을 치료해 재활시킬 시설도 없다. 공짜로 약을 즐긴 이 아편쟁이들은 왈라비이기 때문이다.

마약에 취한 왈라비를 떠올리면서 솔직히 나는 미소 짓지 않을 수 없었다. 내가 이 얘기를 읽은 기사에 들어간 아편 먹은 왈라비의 얼굴 사진도 맥락에 영 '부적절'했다. 사진에서는 귀엽게 생긴 회갈색의 미니캥거루가 진녹색 양귀비 줄기들이 있는 이국적 배경 앞에서 눈을 가늘게 뜨고 있었다. 그 모습은 맥그레거의 정원에 몰래 들어가는 피터 래빗(영국 작가 비애트릭스 포터의 그림 동화 주인공인 토끼—옮긴이)처럼 사랑스럽고 짓궂어 보일 법도 했다. 왈라비의 멍한 눈만 아니라면, 그리고 이런 누범자(累犯者)들은 심각한 약물 문제가 있어 보인다는 점만 아니라면 말이다.

동물들에서는 귀여워 보이는 일이 인간에서는 혐오스러운 경우가 흔히 있다. 그래서 우리는 약에 취한 태즈메이니아 왈라비를 보면서는 빙그레 웃지만, 헤로인에 중독된 게 태즈메이니아의 아이들이라면 당연히 충격을 받을 것이다. 더욱이 그 중독자가 스스로를 통제 못하고 날마다 아편을 먹으면서 자신뿐 아니라 가족의 삶도 위태롭게 만드는 어른들이라면 충격을 넘어 혐오감까지 느낄 것이다.

사실 이런 반응은 약물중독의 가장 답답하고 가슴 아프며 이해하기 어려운 측면 하나와 연관된다. 약물중독에서는 유전이라든지 뇌의 화학적 반응에서의 취약점, 환경적 계기 등이 아주 중요한 역할을 한다. 그렇지만 따지고 보면 애초에 주사기를 꽂거나 마리화나 담배를 피우거나 마티니 잔을 입에 기울이기로 한 선택은—적어도 약물 사용의 시작 단계에서는—마약이나 마리화나, 알코올 사용자 자신이 한 것이다.

중독자 아닌 사람들에게 이런 선택은 이해하기가 정말 어려울 수 있다.

약물 사용자들은 돈을 바닥내고, 직업을 파탄 내고, 집을 잃고, 인간관계를 파괴한다. 이 모두가 황홀감을 맛보기 위해서다. 어이없게도, 자녀를 둔 중독자들은 약 때문에 자신의 아이들을 고아로 만들기도 한다. 나는 마약을 끊지 않은 탓에 심장이식 대기자 목록에서 삭제된 환자들까지 보았다. 이는 그들에겐 말 그대로 사형선고다.

영상화 기술과 유전학의 발달로 중독은 뇌의 질환으로 분명히 규정되었지만, 여전히 이 문제는 무척이나 혼란스럽다. 그냥 "안 돼"라고 말하는 것이 중독자들에게는 **왜** 그리 어려운가? "끊지 못하겠어"라는 말은 "끊지 않겠어"에 대한 변명일 뿐이라는 게 사실일까? 좋든 싫든, 중독을 어떻게 생각하고 무엇으로 분류해야 하는가에 대한 혼란이 우리의 법체계와 학교, 정부에 널리 퍼져 있으며, 솔직히 말하면 의학 분야에서도 그렇다.[1] 중독자들은 이 사회가, 심지어 의사들까지도 가혹하게 판단하는 유의 환자들이다. 중독자들은 의학계의 이런 편견을 잘 알고 있기 때문에 진료실이나 응급실에 갔을 때 배려와 연민을 제대로(혹은 아예) 못 받을까봐 약물 사용 이력을 숨기기도 한다. 내가 인터뷰했던 한 의사는 이렇게 털어놓았다. "중독자를 좋아하는 사람은 없지요."

하지만 귀여운 동물은 거의 모든 사람이 좋아한다. 그래서 동물들도 자연에서 마약을 약탈한다는—새끼를 잃거나 자신의 생명을 잃을 위험에 처한다 해도 그런다는—사실을 알면 놀랄지 모른다. 마음과 몸이 치열한

---

1) 중독에 대한 미국 의학계의 부정적인 태도는 1914년의 해리슨마약세법으로 거슬러 올라간다. 이 법에서는 중독자의 아편 사용은 물론 중독 치료를 위한 의사의 아편 처방도 불법화했다(일반 환자의 치료에 필요한 아편 사용은 허가됐다.—옮긴이). 이 초기의 법은 중독을 병이 아닌 범죄로 규정했으며, 이때부터 거의 한 세기 동안 중독자들은 조롱과 처벌의 대상이 되었다.

전쟁을 벌인다는 점에서, 중독은 인간에게 특유한 현상으로 보일 수 있다. 하지만 밝혀진 바로는, 취하게 만드는 약에 반응하는 것은 우리 호모사피엔스의 몸만이 아니다.

동물들이 약물을 먹는 이유를 알아낸다면, 이 당혹스러운 질병과 관련해서 어쩔 수 없는 것과 선택의 여지가 있는 것을 구분하는 데 도움이 될 것이다. 전 세계의 수백 수천만 사람으로 하여금 마약을 흡입하고, 주사하고, 들이켜게 하는 뇌의 화학물질과 구조들은 널리 퍼져 있으며 아주 강력하다. 앞으로 보게 되듯, 마약을 복용하려는 충동은 역설적인 이유로 수백만 년 동안 유전자군에 남아 있었다. 중독은 삶을 파괴할 수 있지만, 그것의 존재가 **생존**을 촉진했을 수도 있기 때문이다.

2월의 어느 날, 남부 캘리포니아에서 아기여새 여든 마리가 반사유리로 된 건물 벽에 부딪쳤지만, 아무도 이 새들에게 음주비행 소환장을 발부하지 않았다. 브라질 고추나무의 발효한 열매에 취한 이 새들은 모두 척추골절과 내출혈로 죽었는데, 그중 일부는 정신 기능에 영향을 미치는(즉 향정신성인—옮긴이) 그 열매를 여전히 부리에 물고 있었다. 스칸디나비아의 황여새들은 자연적으로 알코올 성분이 생기는 마가목 열매를 포식하고는 눈에 떨어져 얼어 죽는 경우가 종종 있다. 러시아에서는 매년 봄 눈더미가 녹아내릴 때 그 안에서 술에 취해 동사한 상태로 발견되는 사람들을 포즈네즈니키(podsnezhniki), 영어로는 스노드롭(snowdrop, 이른 봄에 피는 작은 흰꽃의 이름인데 여기서는 중의적으로 쓰였다.—옮긴이)이라는 별명으로 부르지만 얼어 죽은 황여새들에게는 그런 불경한 별명이 붙지 않았다. 영국의 어느 작은 마을에서 팻보이(Fat Boy)라는 이름의 말이 에탄올[酒精] 발효가 된 사과에 취해 동네 집 수영장에 빠져 죽을 뻔했다. 이 말은 그날 저녁 뉴스에 오르기는 했지만 수영장에서 자기를 꺼내준 지역 소방대에게 사과할 필요는 없었다.

동물들이 자신을 취하게 만드는 것을 먹은 이 사건들은 매우 놀랍기도 하고 재미있기도 하지만, 아마 모두가 우연이었을 것이다. 한데 그렇지 않은 동물들도 있다. 어떤 동물은 보다 계획적이고 상습적으로 약물을 찾는 듯한 행동을 보인다. 캐나다 로키산맥에 사는 큰뿔야생양은 향정신성 지의류(地衣類)를 구하기 위해 절벽을 올라가서는 그걸 이빨로 바위에서 떼어내곤 하는데, 그 때문에 이가 잇몸 선까지 닳아버린다고 한다. 아시아의 아편 생산 지역들에서 물소는 (태즈메이니아의 왈라비처럼) 쓴 양귀비를 매일 얼마큼씩 먹다가 양귀비가 자라는 시기가 지나면 금단증상 같은 걸 보인다고 알려졌다. 서말레이시아의 세가리 멜린탕 열대우림 지역 깊숙이 사는 붓꼬리나무두더지는 버트럼 야자수의 발효된 꽃꿀[花蜜]을 어떤 먹이보다도 좋아한다. 거품이 이는 그 꽃꿀의 알코올 농도는 맥주(3.8퍼센트)와 비슷하다(몸길이 10센티 남짓인 이 동물은 포도주 아홉 잔 안팎에 해당하는 알코올을 매일 섭취하면서도 취한 기색을 보이지 않는다고 한다.—옮긴이).

미국 서부의 관목 수풀 지대에서 풀을 뜯는 소와 말이 방향감각을 잃고, 다리에 힘이 빠지고, 무리와 어울리지 않거나 갑자기 사나워질 때, 목장주들은 즉각 로코초(草) 탓이 아닌지 의심한다. 이 콩과 식물의 몇 종류가 서부 전역에서 많이 자라며, 작은 스위트피와 모양이 비슷한 푸른색, 노란색, 자주색, 혹은 하얀색의 꽃으로 그 유형을 확인할 수 있다. 로고초에 취한 가축은 절벽에서 떨어지거나 포식동물 부근을 넋 놓고 서성이다 죽을 수 있고, 그러지 않는다 해도 결국 굶어 죽거나 회복이 불가능할 만큼 심한 뇌 손상을 입는다. 결과가 이렇게 심각한데도 평소 먹는 어떤 풀보다 그 풀을 더 좋아하는 소나 말들이 있다. 그리고 의미심장하게도, 이들은 그 풀을 한 번 맛보면 다시 먹으려 드는 수가 많다. 로코초는 해당 가축의 불운과 죽음 말고도 목장주들을 골치 아프게 만드는 또 하나의 고약한 문제를 일으킨다. 교실에서 인기 있는 아이 하나가 마약쟁이일 때처럼, 가축 한 마리가 로코초를 먹으면 다른 것들도 따라 할 수 있다. 그래서 목장 사람들은 로코초를 먹은 가축을 무리에서 떼어내 그런 행동이 퍼지지 않게 하는 데 애써야 한다. 로코초는 야생동물에게도 영향을 미친다. 엘크나 사슴, 영양이 이 풀을 몇 입 먹고 나서 멍하게 앞을 응시하고 안절부절 서성거리는 모습이 목격되었다.

텍사스에 사는 붙임성 좋은 코커스패니얼이 두꺼비를 핥는 일에 관심을 보이기 시작했을 때 그 주인들의 삶은 혼란스러워졌다. 완벽한 반려동물이었던 레이디는 어느 날 수수두꺼비의 피부에 있는 환각 유발성 독소를 맛보고 나서부터 뒷문에 집착하면서 걸핏하면 나가게 해달라고 애원했다. 내보내주면 레이디는 곧장 뒤뜰의 연못으로 달려가서 냄새로 두꺼비를 찾아냈다. 일단 발견하면 그것을 얼마나 힘차게 빨아대는지 두꺼비의 피부 색소가 다 빠져버릴 정도였다. 주인들 말에 따르면, 두꺼비 독소를 진탕 즐기고 나면 레이디는 "방향감각을 잃고, 자기 안에 틀어박히며, 꾸벅꾸벅 졸고 흐리멍덩해진다"는 것이다. 얼마 안 가 이웃들은 혹시라도 이 나쁜 습관을 배울까 봐 자기네 개를 레이디와 놀지 못하게 했다. 레이디의 주인들은 파티나 학부모회를 주최할 때 사람들이 개의 이 버릇에 눈살을 찌푸리는 게 두려웠고, 그러다보니 공동체 생활에서 마땅히 해야 할 일에도 선뜻 나서질 못했다. 미국 공영 라디오 방송(NPR)에서 이들의 재미있는 사연 하나를 소개한 적이 있다. 어느 날 밤 레이디의 여주인은 새벽 네 시에 뒷마당에 나가서 개에게 줄 두꺼비를 필사적으로 찾았다고 한다. 말 그대로 중독 방조 행위였는데, 어떻게든 레이디를 집안으로 들어오게 해야

식구들이 조금이라도 잠을 잘 수 있기 때문이었다.[2)]

아주 오래전부터 사람들은 동물에게 술을 주면서—혹은 그 동물이 스스로 찾아 먹는 것을 보면서—재미있어 했다. '돼지가 낑낑대듯이 취했다(hog-whimpering drunk).' 식민지 시절의 뉴잉글랜드에서 유행했던 이 표현은, 사이다를 만들기 위해 사과에서 즙을 짜고 남은 걸쭉한 찌꺼기를 먹고 취한 돼지들이 내는 소리 때문에 생겼을지도 모른다.

아리스토텔레스는 그리스의 돼지들이 "압착된 포도 껍질을 잔뜩 먹었을" 때 취한다고 했다. 저술가이며 술의 역사를 쓰기도 한 이언 게이틀리에 따르면, 아리스토텔레스는 야생 원숭이를 술로 유인해 잡는 방법을 기록하기도 했다. 야자주가 든 단지를 여기저기 전략적인 위치에 놓아두어서 원숭이가 마시도록 한 다음, 취해서 정신을 잃으면 잡아들이는 식이었다. 이 방법은 19세기에도 효과가 있었던 모양으로, 다윈은 저서 『인간의 유래와 성선택*The Descent of Man*』에서 똑같은 과정을 묘사하고 있다.[3)]

BBC가 카리브 해의 섬인 세인트키츠에서 촬영한 비디오를 보면 요즘의 술 취한 원숭이들이 나온다. 얼굴이 동그랗고 밝은 것이 꼭 큐리어스 조지(20세기 중반에 인기 높았던 어린이용 그림동화 시리즈의 주인공으로, 호기심 많은 갈색의 작은 원숭이—옮긴이)처럼 생긴 그 원숭이들은 비키니 차림의 호텔 손님들 사

---

2) 오스트레일리아의 노던 준주(準州)에서도 수의사들은 수수두꺼비를 핥는 개들을 치료했다. 한 수의사는 이렇게 말했다. "수수두꺼비를 핥고 난 개는 얼굴에 미소를 띠고, 마치 (할 일을 다 끝낸 서부영화의 주인공이 그러듯—옮긴이) 석양을 마주 보며 새로운 삶으로 떠나갈 것처럼 보이는데, 실제로는 대부분의 개가 그 맛을 한 번 더 보기 위해 다시 돌아가고…이후에도 거듭거듭 그것을 하러 갑니다."

3) 다윈은 또한 원숭이의 숙취를 자세하게 설명했다. "다음날 아침에 원숭이들은 매우 짜증스럽고 우울해했다. 지끈거리는 머리를 두 손으로 감싸고 아주 불쌍한 표정을 지었다. 맥주나 와인을 주었더니 질색을 하며 돌아섰지만 레몬즙은 좋아했다."

이를 재빠르게 누빈다. 그리고 결혼식장의 10대들처럼 아무도 보지 않을 때까지 기다렸다가 누군가 마시다 남긴 다이키리나 마이타이 칵테일을 집어들고 도망간다. 그다음에 원숭이에게 생기는 일은 이 비디오가 빠른 컷으로 편집되어 더 인상적이긴 해도, 발효한 호박에 취한 다람쥐에서부터 상한 자두를 먹고 거나해진 염소에 이르기까지 다른 다양한 동물에게 일어나는 일들과 다를 바 없다. 원숭이들은 흔들흔들한다. 갈지자로 걷는다. 기우뚱한다. 넘어진다. 일어나려고 애쓴다. 그러다 정신을 잃는다.[4)]

물론 동물과 인간의 약물 사용을 비교하는 데는 한계가 있다. 오늘날 인간 세상의 중독자들에게 판매되어 쓰이는 약들, 그러니까 박사님들이 '설계'하여 만들어낸 효과가 막강하고 빠르게 중독되는 여러 형태의 오피오이드나 마리화나, 코카인 따위 향정신성 물질들은(이런 것들을 '디자이너 드러그'라고도 한다.—옮긴이) 그 원천인 식물들에서 자연 상태로 얻을 수 있는 것들과는 크게 다르다. 그리고 인간 세상의 소비자들이 구할 수 있는 알코올은 대자연에서 저절로 생산되는 것보다 훨씬 더 정제되었고 강렬하다. 이에 더해 과학자들이 야생동물의 약물 사용과 그 영향을 조사할 때 대부분의 사례를 관찰과 일화에만 의존해야 하는 점도 좌절감을 주는 요소다. 실제로, 야생동물의 중독 모델을 연구하는 몇 안 되는 논문에서는 이런 사실을 안타까워하면서 더 엄격한 현장 연구의 필요성을 강조한다. 그래도 실험실에서는 통제된 상황을 더 잘 조성할 수 있으며, 이런 환경에서 과학자들은 동물의 약물 사용과 남용을 다양하게 연구해왔다.

---

4) 세인트키츠섬 원숭이들은 자신의 '선택'에 의해 술을 훔친다고 할 수도 있다. 하지만 인터넷을 보면 사람들이 재미 삼아서 동물들에게 취하는 물질을 주는 사례가 넘쳐나는데, 이것은 윤리적으로 문제가 있으며 경우에 따라서는 노골적인 학대라고도 할 수 있다.

약물 남용 연구에서 가장 많이 이용되는 동물은 쥐인데, 쥐는 인간과 공통되는 중독 양상을 많이 보인다. 우리 인간들처럼 쥐 역시 약물 사용을 시작하려면 맨 처음에 느끼는 혐오감부터 극복해야 한다. 또, 몇몇 약의 영향 아래 있을 때는 신경근을 통제하지 못한다. 쥐 역시 니코틴과 카페인에서 코카인과 헤로인에 이르기까지 다양한 약을 찾아내고 스스로 양을 정해 투여하는데, 때로는 과용해서 죽음에 이르기도 한다. 일단 중독이 되면(연구자들은 '습관성'이 되었다고도 한다) 자신이 선택한 약을 얻기 위해 섹스, 음식, 심지어 물까지 포기할 수 있다. 우리가 그러듯 쥐도 통증이나 과밀 수용, 혹은 낮은 사회적 지위 때문에 스트레스를 받을 때 약을 더 많이 사용한다. 자기 새끼들을 돌보지 않는 경우도 있다. (반대로, 새끼에게 젖을 먹이는 암컷 쥐는 약을 찾는 행동을 덜 할 수 있다.) 그런데 쥐가 포유류 중 가장 인기 있는 중독실험 모델이긴 해도, 취하게 만드는 약물의 유혹을 받는 실험동물이 쥐만은 아니다.

벌은 코카인을 먹으면 '춤'을 더 격렬하게 춘다. 실험실 수조 안의 아직 다 자라지 않은 제브라피시(제브라다니오)는 처음 모르핀을 받아먹었던 쪽에서 많은 시간을 보낸다. 고등학생이 각성제 리탈린을 먹고 대학수학능력시험 점수를 높이는 것처럼, 달팽이도 메스암페타민(필로폰의 성분—옮긴이)을 먹고 나면 기억력이 좋아지고 움직임이 더 원활해진다. 거미에게 마리화나에서 벤제드린(암페타민 성분의 약 이름—옮긴이)까지 다양한 약을 먹여 보면, 어떤 약을 먹느냐에 따라 그물을 지나치리만치 복잡하게 치기도 하고 너무 엉성하게 치기도 한다.

수컷 초파리가 알코올을 먹으면 성욕 과잉이 되고 동성 간의 짝짓기를 더 많이 하는데, 이는 에탄올이 생식과 관련된 신호 메커니즘을 방해하기 때문일 수 있다. 예쁜꼬마선충이라는 길이 1밀리미터 정도의 아주 미미한

벌레조차도 포유류를 취하게 할 농도로 알코올을 투여하면 움직임이 느려진다. 그리고 그 암컷은 취했을 때 알을 더 조금 낳는다.

약물을 찾고, 점차 내성이 강해지고, 그러면 더 많은 양을 더 자주 쓰려 드는 것. 약을 구걸하거나 갈구하는 것. 이런 전형적인 중독 증상을 보이는 동물이 인간뿐이라면, 중독이라는 병은 인간에게 고유한 것이라고 할 수 있을 것이다. 하지만 인간만 그러는 게 아님은 분명하다. 동물 세계 도처에서 수많은 종들이—두뇌가 고도로 발달한 포유류만이 아니다—물론 아주 똑같지는 않다 해도 비슷한 방식으로 약물에 반응한다.

설치류든 파충류든 반딧불이든 혹은 소방관이든, 취하게 만드는 물질을 먹은 유기체들은 비슷한 영향을 받는다는 관찰 결과는 두 가지 점을 뚜렷이 시사한다. 그 하나는, 동물과 인간의 몸과 뇌가 자연에서 가장 강력한 약물들을 받아들일 수 있는 특정 출입구들을 점진적으로 발달시켰다는 점이다. 수용체(受容體, receptor)라고 하는 이 출입구는 세포 표면에 위치해 화학적 분자를 받아들이는 특별한 통로다. 예를 들어, 아편류(opiate, '아편제'라고도 하며 마취 작용을 하는 아편 계열의 알칼로이드를 총칭하는 말—옮긴이)에 대한 수용체는 인간뿐 아니라 지구상에서 가장 오래된 종류의 물고기들, 심지어 양서류와 곤충에서도 발견되었다. 카나비노이드(마리화나의 취하게 만드는 성분)를 위한 수용체는 새와 양서류, 어류, 포유류는 물론 홍합과 거머리, 성게에서도 확인되었다. 이것은 또 하나의 시사점으로 이어진다. 즉 아편류와 카나비노이드가—그리고 이 밖에도 많은 향정신성 물질들이—동물의 건강과 안전을 지키는 데 주요한 역할을 한다는 생물학적 가능성이다. 실제로 이런 약물-반응 체계들은 그것이 동물의 생존 확률, 다시 말해 '적응도(fitness)'를 **높이기** 때문에 생겨나고 유지되었을 가능성이 있다. 이 문제는 뒤에서 더 자세하게 다루겠다.

앞에서 본 동물들의 사례는 중독자에게 낙인을 찍으려 하거나 중독증에 관해 훈계하려 드는 사람들에게 다시 생각해볼 여지를 준다. 매년 추수감사절이면 술에 취해 이상한 행동을 해서 분위기를 망치는 쓸모없는 삼촌을 보며 당신은 개인적 결함 탓이라고 생각했을지 모르지만, 사실 그것은 인간에게만 있는 충동이 아니다. 동물 세계에서 빌 삼촌만 화학적인 보상을 찾고 그에 반응하는 건 아니다. 그런 사실을 안다고 해서 연례 가족 모임이 더 즐거워지거나 삼촌의 삶이 더 수월해지지는 않을 것이다. 그러나 삼촌이 알코올에 중독되도록 하는 것이 연충류에서 영장류까지 다른 무수한 동물들도 가지고 있는 화학적 보상 체계이며 이것은 태곳적부터 존재해왔다는 사실에는 변함이 없다. 사실 빌 삼촌은 주류 판매점에 가는 것과 알코올 중독자 갱생 모임에 가는 것 중에서 선택을 할 수 있다. 하지만 초파리에게 같은 선택권이 주어진다면, 초파리 또한 가끔은 스티로폼 컵에 담긴 시큼한 커피보다 속을 따끈하게 데우면서 마음을 달래주는 에탄올을 선택할지 모른다.

야크 판크세프는 자신이 쥐를 간질이는 일로 유명해지리라고는 전혀 생각지 않았다. 그는 건축가나 전기 기사가 되고 싶었으며, 한때는 피츠버그대학교 신입생 시절의 급우였던 소설가 존 어빙에게 자극받아 작가가 되려고도 했다. 그러다 학부 시절 정신병원에서 인턴으로 일하면서 다른 길로 들어섰다. 단기 입원부터 자해를 막기 위해 벽면에 쿠션을 댄 병실에 수용하는 것까지 다양한 방식의 치료를 필요로 하는 환자들을 보면서, 그의 표현을 빌리면 "어떻게 인간의 마음, 특히 감정이 그토록 균형을 잃고서 행복한 삶의 능력을 끝없어 보일 만큼 지속적으로 파괴하게 되는지" 알아보고 싶다는 생각이 들었다. 그래서 그는 심리학자가 되었고, 그다음엔 신경과학자가 되었다. 지금 그는 다양한 동물 종의 뇌가 어떻게 작동하는지를 연구하기에 더없이 유리한 위치에 있다. 워싱턴주립대학교 수의과대학의 동물복지과학 베일리 석좌교수로서 판크세프는 인간의 감정 체계에 관한 그의 전문지식을 다른 동물의 건강을 연구하는 학과에서 활용하고 있다.

판크세프의 전문 분야는 포유류가 놀거나, 짝짓기를 하거나, 싸우거나, 헤어졌다가 다시 만나거나 할 때 뇌 안에서 벌어지는 화학적, 전기적인 변화다. 그리고 그는 인간의 중독 행동이 우리 뇌의 아주 원시적인 부분, 무수한 동물 종이 공유하는 부분에서 비롯된다고 확신한다.

쥐 간질이기는 1990년대 중반에 시작되었다. 판크세프가 몇십 년에 걸쳐 설치류의 놀이 충동을 연구한 뒤였다. 판크세프는 박쥐의 초음파 발성을 측정하는 음향 장치를 이용해, 쥐들이 놀이를 할 때 두 가지의 아주 다른 소리를 낸다는 사실을 발견했다. 즐겁게 노는 쥐들은 약 50킬로헤르츠에 이르는 높은 음조의 찍찍 소리를 많이 내는데, 이런 주파수의 음은 사람의 귀로는 들을 수 없다. 판크세프에게 그것은 행복한 소리로 들렸으며, 아이들이 키득거리고 웃는 소리와 좀 비슷했다. 판크세프는 쥐들이 다른 상황에서도 이 같은 소리를 낼지 궁금했다. 어느 날 아침, 그는 사람 손에 쥐이는 데 익숙한 쥐 한 마리를 잡아서 뒤로 눕힌 다음 배와 겨드랑이를 간질였다. 그 순간 그는 50킬로헤르츠의 그 소리를 들었다. 이어서 다른 쥐도 간질여봤다. 마찬가지였다. 그런 식으로 이후 여러 해 동안 여러 다른 실험실에서 수많은 쥐를 간질였고, 언제나 50킬로헤르츠 소리가 났다.

판크세프와 동료들은 쥐들이 다른 몇몇 특정한 상황에서도 이 '행복한' 소리를 낸다는 것을 알아냈다. 교미할 때와 먹이가 주어지기 직전에도 그랬고, 수유하는 어미 쥐가 새끼들과 만났을 때도 그런 소리를 냈다. 그러나 그 소리가 특히 많이 나는 것은 서로 친한 쥐 두 마리가 함께 놀 때였다.

쥐들이 많이 내는 또 한 종류의 소리는 훨씬 낮은—그러나 역시 사람의 귀에는 들리지 않는—22킬로헤르츠로 측정됐다. 무서운 상황을 예견하면서 불안해할 때, 싸움을 할 때, 그리고 특히 싸움에서 졌을 때, 쥐는 이 낮은 소리를 낸다. 육체적 고통을 나타내는 것은 아니지만, 심리적인 괴로움 즉 정신적 고통을 반영하는 것임은 분명해 보인다. 새끼 쥐들은 어미가 돌보지 않거나 어미 쥐의 따뜻한 품에서 떨어져야 할 때 이런 유의 소리를 낸다.

판크세프는 높은 음의 소리를 기계를 이용해 우리가 들을 수 있는 주파수로 바꿔보면 대략 사람의 웃음소리와 비슷하다고 말한다. 그리고 낮은 소리는 사람의 신음소리처럼 들린다고 한다. 판크세프는 쥐가 자신이 원하는 약물을 받으리라고 기대할 때 높은 찍찍 소리를 낸다는 사실을 발견했다. 약을 못 받고 금단증상을 겪을 때는 낮은 소리를 신음처럼 낸다.

판크세프는 쥐가 정신적 고통을 느낄 때와 갈망하는 약물을 못 받았을 때 같은 소리를 내는 것은 우연이 아니라고 생각한다. '고통'은 내가 중독자들과 그들을 치료하는 의사들을 인터뷰할 때 반복해서 들었던 단어다. 압도적 다수의 중독자가 '고통을 완화하기 위해', '고통을 없애기 위해' 혹은 '괴로움이 사라지게 하기 위해' 문제의 약물이 필요하다고 말한다.

그들이 뜻한 게 말 그대로의 고통, 즉 육체적 통증인 경우는 거의 없다(중독은 신체의 통증을 완화하기 위해 처방받은 약으로 시작되는 경우가 많고, 특히 오피오이드 중독이 그렇기는 하지만). 중독자들이 묘사하는 고통은 그보다는 말로 표현할 수 없는 내면의 아픔, 즉 감정에 고동치듯 밀려드는, 또는 사회적 관계 속에서 민감하게 느끼는 그런 아픔이다.

'감정적으로' 고통스럽다고 표현할 수 있는 느낌을 다른 동물들도 살면서 경험하는지 궁금해한 것은 판크세프가 처음이 아니다. 오랜 옛날부터 사상가들이 골치를 썩여온 근본적인 질문 하나가 바로 "동물들도 우리 인간과 같은 감정을 느끼는가?"였다.

찰스 다윈은 1872년에 출간한 저서 『인간과 동물의 감정 표현*The Expression of the Emotions in Man and Animals*』에서 이 문제와 씨름했다. 그는 자신이 제시한 진화의 원리를 해부학적 구조 너머로 확대하려고 노력하면서, 자연선택이 감정과 행동에도 적용될 수 있다고 주장했다. 하지만 이 생각은 인기를 얻지 못했다. 두 세기 동안 견지되어온 르네 데카르트의 이원론, 즉 육체와 영혼은 별개의 것이라는 견해에 배치되었기 때문이다. 데카르트주의자들은 오직 인간만이—더 정확히는 남성만이—영혼을 가지고 있으며, 영혼은 지능이 자리한 곳이기도 하다고 생각했다. 동물은 영혼도 감정도 없이 순전히 물질적 영역에서만 존재했다. 동물들에게는 "나는 생각한다. 그러므로 나는 존재한다"가 아니라 "나는 생각할 수 없다. 그러므로 나는 느낄 수 없다"가 더 맞는 표현이라고 그들은 믿었다.

인간 아닌 종에서 감정을 추적할—심지어는 그것을 규정할—도구가 없는 상태에서, J. B. 왓슨과 B. F. 스키너 같은 20세기 초의 행동주의 심리학자들은 오로지 행동 관찰만을 통해 동물이 무엇을 느끼고 있는지를 추론해야 했다(행동주의[behaviorism]란 자극에 대한 반응으로 일어나는 행동을 통해 인간과 동물의 심리를 객관적으로 관찰하고 예측하려는 입장이다.—옮긴이). 이 과정에서 동물과 인간의 차이점은 큰 장애가 되었다. 대부분 동물의 얼굴 근육은 관찰자가 분명히 알아볼 수 있는 방식으로 고통에 반응하지 않는다. 또한 그들 대부분이 다쳤을 때 소리를 내지 않는데(적어도 사람이 들을 수 있는 주파수로는 내지 않는다), 이는 아마도 포식자의 주의를 끌지 않기 위한 자기 보호 전략인 듯하다. 또, 많은 동물이 도움을 구하기보다는 혼자 틀어박힌다. 이처럼 반응 방식이 인간과는 너무나 다르다는 사실은 동물이 육체적 고통을 느끼지 않는다는(혹은 느끼지 못한다는) 행동주의자들의 견해에 힘을 실어주었다.

동물의 두개골 안에서 벌어지는 일을 볼 수 없었기 때문에 행동주의자들은 동물의 행동에는 의식이 동반되지 않는다고 결론지었다. 자신이 고통받고 있음을 '알지' 못한다면 그 고통을 느낄 수도 없을 것이다. 행동주의자들은 오직 인간의 뇌(그리고 매우 발달한 일부 진원류[眞猿類] 원숭이의 뇌)만이 고통이라는 불쾌한 감각을 처리할 만큼 높은 수준의 인지 기능을 지닌다고 믿었다. 그들은 몸과 마음을 일치시키려고 애썼지만 결과적으로 그것을 더 분리하게 된 것이다. 동물은 이전의 영혼 없는 물리적 개체에서 이제는 무미건조한 생물 기계가 되었을 뿐이다. 인간의 의식이 고통을 느끼기 위한 전제조건이라는 이 같은 생각은 놀랍게 20세기 종반까지도 유지되었다.[5)]

이런 믿음은 자신의 경험을 말로 표현하지 못하는 또 다른 집단에도 적용되어 때로 비극적인 결과를 낳기도 했다. 바로 유아들 얘기다. **1980년대 중반까지도** 의학계의 통념은, 신생아들의 신경망은 아직 불완전해서 제대로 기능하지 못한다는 것이었다. 그래서 아기는 더 나이 든 사람이 느끼듯 고통을 '느낄 수 없다'는 게 당시의 정설이었다.[6)]

---

5) 마크 베코프, 제프리 메이슨, 템플 그랜딘을 비롯한 동물복지 분야 여러 연구자들이 이 논쟁을 21세기로 옮겨와 그들의 저서에서 동물에 대한 공감에 입각한 과학적 논의를 전개했다.

6) 1900년대 초, 유아가 통증을 느끼는지를 알아보기 위해 미국에서 손꼽히는 몇몇

이런 견해가 언짢으리만큼 오랜 세월 지속되었지만, 오늘날엔 통증 관리가 수의학과 인간의학 모두에서 높은 우선순위를 차지하고 있으며, 다행히 여기에는 소아과도 포함되어 있다.

뇌 영상 기법을 비롯한 여러 기술의 발달로 뇌의 감정 체계를 직접 연구하는 것이 가능해졌다. 이에 따라 신체 구조와 마찬가지로 감정도 진화해 왔다는 다윈의 견해를 뒷받침할 만한 증거가 제시되고 있다. 감정은 그 생명체의 적응과 생존에 얼마나 유익한지에 따라 자연선택의 대상이 된다. 이유는 아주 간단하다. 우리가 '느낌' 혹은 '감정'이라고 부르는 것은 뇌에서 어떤 기운처럼 발산되는 덧없고 실체 없는 생각의 수증기가 아니다. 감정에는 생물학적 토대가 있다. 감정은 뇌 속 신경과 화학물질의 상호작용으로 생긴다. 그리고 다른 생물학적 특질들처럼, 감정 또한 자연선택에 의해 보존되거나 폐기될 수 있다.

물론 동물이 세상을 어떻게 느끼며 살아가는지를 인간이 완전히 알 수는 없다. 저술가이자 뉴욕대학교의 신경과학자인 조지프 르두를 포함한

병원에서 끔찍한 실험들이 시행되었다. 예컨대 바늘로 신생아의 피부를 반복해서 찌르거나 팔다리를 아주 차거나 뜨거운 물에 갖다 대고는 반응을 기록하는 식이었다. 전문가들이 신생아는 통증을 느끼지 못한다고 얼마나 확신했는지, 1980년대 중반까지도 신생아에 대한 큰 수술이 종종 **마취 없이** 행해졌다. 여기에는 흉곽을 비집어 열고 폐에 구멍을 낸 뒤 주요 동맥을 묶어둬야 하는 심각한 심혈관 수술도 포함되었다. 갈비뼈를 부수거나 흉골을 절개할 때의 통증을 완화해주는 약제는 사용하지 않으면서 아기에게 투여한 것은 마비를 유도하는 강력한 약물이었다. 수술하는 동안 움직이지 못하도록 말이다(아기가 얼마나 무서웠을지 상상해보라). 이러한 가슴 아픈 과정은 질 로슨이라는 엄마가 조산아인 아들 제프리의 마취 없는 심장수술에 관하여 쓴 주목할 만한 이야기에 상세히 서술돼 있다. 1985년 제프리가 사망한 후 로슨은 아기들의 고통을 덜어줄 필요성을 의료인들에게 교육하자는 캠페인을 벌여 의학계의 인식에 일대 전환을 불러왔다. 동물의 고통에 대한 인식이 커진 것 또한 이에 힘입었다고 할 수 있다.

일부 과학자는 동물의 내면세계를 얘기할 때 '감정'이라는 단어를 쓰는 것에 반대한다. 르두는 동물이 자신을 방어하고 생존과 건강을 촉진하도록 뇌 속에 고정되어 있는 체계들을 지칭하기 위해 '생존 회로(survival circuits)'라는 용어를 만들었다.

미시간대학교의 정신과 의사이며 한창 성장하고 있는 분야인 진화의학(evolutionary medicine)의 선구자 랜돌프 네시는 〈사이언스〉지에 기고한 논문에서 이렇게 말한다. "자연선택에 의해 형성되는 … 감정들은 … 진화 과정에서 반복적으로 발생해온 기회를 이용하고 위협에 대처하기 위해 생리 반응과 행동 반응을 조절한다. … 감정은 행동에 영향을 미치며, 그 결과 적응력에도 영향을 미친다." 네시의 견해는 생물학자 E. O. 윌슨을 따른 것으로, 윌슨은 "사랑은 증오와 함께하고, 공격은 두려움과 함께하며, 외적 개방성은 내적 침잠과 함께한다. … 이 같은 뒤섞임은 개체의 행복을 증진하기 위한 게 아니라 조절유전자를 최대한 많이 물려주기 위한 것이다"라고 써서 당시에 논란을 불러일으켰다(윌슨의 이 구절은 스트레스 상황에서 생물체가 보여주는 양면성에 관한 것으로, 1975년 발간된 『사회생물학』에 나온다.—옮긴이).

우리가 그것을 '감정'이라고 부르든 않든, 동물들은 생명을 유지하는 데 중요한 일을 하고 나면 즐겁고 긍정적인 기분으로 보상받는 것 같다. 그 중요한 일이란 먹이를 찾고, 짝에게 다가가고, 은신처로 피하고, 포식자에게서 달아나고, 친족이나 또래들과 어울리는 등의 활동이다. 인간이나 동물의 어린것이 자기를 돌봐주는 부모와 만날 때 느끼는 반가움과 즐거움은 예컨대 부모와의 긴밀한 유대를 조장하는 효과가 있다. 즐거움은 우리의 생존을 돕는 행동에 대한 보상인 것이다.

반대로, 우울과 두려움, 비탄, 고립감을 비롯한 여러 부정적인 감각은 동물에게 자신이 생존을 위협받는 상황에 있음을 알려준다. 불안은 우리를 조심스럽게 만든다. 두려움은 우리로 하여금 위험을 피하도록 해준다. 우리가 하이킹 코스에서 방울뱀을 만나거나 현금 인출기 앞에서 복면강도에 맞닥뜨렸을 때 불안해하고 두려워하지 않는다면 어떤 어려움에 처하게 될지 상상해보라.

이처럼 지극히 중요한 느낌들을 만들어내고, 조절하고, 형태를 지어주는 한 가지가 있다. 우리 뇌 속의 미세한 주머니들—소포(小胞, vesicle)라고 한다—에 들어 있다가 경우에 따라 조금씩 분비되는 중독성 화학물질들이 그것이다.

비유를 들자면, 우리 각자는 고유한 유전적 '엄지손가락 지문'과 행동 '암호'에 반응해 이런저런 서랍들이 열리는 픽시스 3500 기계를 체내에 하나씩 가지고 태어난다 할 수 있다. 우리의 개인적인 '화학물질 인출 장치' 속에는 작은 캡슐에 든 천연의 마약들이 저장되어 있다. 그 가운데는 시간을 사라지게 하는 오피오이드, 현실을 활기차게 해주는 도파민, 나와 남의 경계를 흐리는 옥시토신, 식욕을 높이는 카나비노이드 등이 있고 이 밖에도 종류가 많은데, 그중엔 아직 확인되지 않은 것들도 있다.

각자의 두뇌 안에 들어 있는 이 상자에 접근하는 것은 인간을 포함한 많은 동물에게 가장 강력한 동기부여 요소의 하나일 수 있다. 그런데 동물은 그 물질을 빼내기 위해 숫자를 입력하는 대신 행동을 해야 한다. 행동이 바로 암호다. 진화 과정에서 인정을 받은 무언가를 하면 원하는 물질을 얻게 된다. 하지 않으면 아무 것도 얻지 못한다.

먹이 찾기, 사냥감에 접근하기, 식량 저장하기, 탐나는 짝을 찾아다니고 발견하기, 둥지 만들기. 이 모두는 동물의 생존 가능성, 즉 생물학자들이 적응도라고 하는 것을 크게 높이는 활동의 예다. 기대와 흥분이라는 즐거운 느낌—뇌의 신경회로와 화학작용에서 만들어지는 느낌—은 동물의 진취성과 모험, 호기심, 발견을 고무한다.

우리 인간 역시 생명 유지를 위해 이와 유사한 여러 활동을 한다. 단지 그것에 붙인 이름이 다를 뿐이다. 우리는 그런 활동을 쇼핑, 부의 축적, 데이트, 집 보러 다니기, 실내 장식, 요리 등으로 부른다.

실제로 인간과 동물의 이런 활동들을 연구한 결과, 그것들은 이러저런 화학물질, 대개는 도파민을 비롯해 그와 유사한 자극을 주는 화합물들의 분비 증가와 연관되었다. 랜돌프 네시는 "민달팽이에서 영장류까지" 먹이를 찾고 먹는 행위들을 도파민이 매개한다고 지적한다. 초파리와 꿀벌에서도 오래된 도파민 작용성 체계가 발견되었는데, 이는 그들의 행동에도 유사한 보상 경험이 작용하고 있음을 시사한다. 먹이를 찾는 벌들은 옥토파민(벌의 도파민이라 할 수 있다)의 분비가 증가해 있다. 여기서 주목할 점은, 먹이를 찾으려는 동물의 충동이 배고픔 때문이라기보다 보상에 대한 욕구에서 비롯되는 듯하다는 것이다.

안전함의 확인 역시 이런 화학적 보상을 촉발할 수 있다. 생체검사 결과가 양성으로 나왔을 때, 거리에서 음침한 분위기를 풍기며 뒤를 따라오던 사람이 다른 길로 방향을 바꾸었을 때 얼마나 큰 안도감을 느꼈는지 생각해보라. 밀려드는 그 안도감은 실은 뇌 속에서 화학물질이 분출되는 것이다.

오피오이드의 수용체들과 경로들(헤로인과 모르핀 등 여러 마약이 이용하는 것과 동일한 경로들)은 포유류가 등장하기 한참 전인 4억 5,000만 년 전에 살았던 유악류(有顎類), 즉 턱뼈가 있는 척추동물들에게서도 발견되었다. 이는 꼬치고기류에서 왈라비, 맹도견(盲導犬), 헤로인 중독 노숙자에 이르기까지 동물의 아편류에 대한 반응이 아주 오래되었으며 친숙한 것임을 뜻한다.

판크세프의 연구팀은 아편류가 개와 기니피그, 집병아리에서 분리(주로 어미로부터의 분리—옮긴이)나 위험을 알리는 소리를 조절한다는 사실을 알아냈다. 또한 개가 꼬리를 흔들고 서로의 얼굴이나 주인의 얼굴을 핥을 때, 이 역시 오피오이드에 의해 조절됨을 발견했다. 오피오이드는 새끼 쥐가 젖을 빠는 행동에서 중요한 역할을 한다. 그리고 어미 쥐는 새끼가 가까이 있을 때 뇌에서 기분 좋은 화학적 보상이 촉발되는 것으로 나타났다.

아편류와 도파민 외에도 많은 화학물질이 우리 몸과 뇌 안에서 끊임없이 작용한다. 카나비노이드, 옥시토신, 글루탐산(아미노산의 일종인데, 신경전달물질 역할도 한다.—옮긴이)을 포함한 여러 물질이 긍정적, 부정적 느낌들이 동시에 존재하는 복잡한 체계를 만들어낸다. 불협화음으로 그득한 이 화학적 대화(판크세프가 "인간 두뇌 속 신경화학물질의 정글"이라고 표현한 것)가 감정—동기를 창출하고 행동의 동력이 되는 감정—의 토대를 이룬다.

일천 척의 배를 띄우게 하고(16세기 영국 시인 크리스토퍼 말로가 트로이아 전쟁의 불씨가 된 헬렌의 미모를 묘사하면서 쓴 표현—옮긴이), 타지마할을 짓게 하고, 오페라 「라 보엠」 4막 로돌포와 미미의 사별을 보며 비애와 위안이 뒤섞인 감동을 일으키게 할 만큼 강력한 인간의 감정은 인간과 동물 모두에게 있는 '생존 회로'(조지프 르두의 용어를 쓰자면)에서 나왔다. 다시 말해, 우리의 감정이 오늘날처럼 존재하는 이유는 그것을 구성하는 요소들이 먼 옛날 우리의 동물 조상들이 살아남고 번식하는 데 도움이 되었기 때문이다.

그리고 바로 이런 이유 때문에 마약은 삶을 심하게 망가뜨릴 수 있다. 우리 몸의 정상적 보상 수준을 훨씬 넘는 양과 농도로 약물을 먹고, 흡입하고, 주사할 때 수백만 년에 걸쳐 신중하게 조절된 체계가 무너져버린다. 이 약물들은 우리 몸 안의 픽시스 3500 메커니즘을 장악하거나 아니면 완전히 무시하기 때문에, 우리는 화학물질을 얻기 위해 암호를—즉 행동을—입력할 필요가 없어진다. 네시는 이렇게 말한다. "약물을 남용할 때, 생존에 대단히 유익한 일을 했다는 거짓 정보를 알리는 신호가 뇌 안에서 만들어진다." 다시 말해, 특정한 성분의 약제들이나 불법 판매 마약은 보상에 이르는 가짜 급행 선로—자신이 뭔가 유익한 일을 하고 있다는 느낌에 이르는 지름길—을 제공한다.

이 같은 차이점은 중독을 이해하는 데 아주 중요하다. 외부에서 화학물질을 얻을 수 있을 때, 동물은 먹이를 찾거나 도망가거나 무리와 어울리거나 자신이나 타자를 보호하는 등의 '일'을 할 필요가 없다. 그냥 보상으로 곧장 가면 된다. 마약이라는 화학물질은 그 동물의 뇌에 적응도가 향상되었다는 가짜 신호를 제공한다. 하지만 실제로 그 능력은 전혀 변하지 않았다.

도토리 100개를 찾는(혹은 100명의 새 고객을 확보하는) 위험하고 시간도 많이 드는 일을 하면서 오후 내내 고생할 까닭이 무엇인가? 코카인을 한 번만 흡입하면 훨씬 더 강렬한 보상 상태에 이를 수 있잖은가. 좀 덜 극단적인 예를 들자면, 마티니 한두 잔만 마시면 자신이 이미 사람들과 유대 관계를 맺었다고 생각하도록 뇌를 속일 수 있는데 뭐하러 회사 파티에서 30분 동안이나 어색한 잡담을 하겠는가?

이런 식으로 생각해보면, 삶을 유지하는 데 꼭 필요한 일상의 일들에 전혀 신경을 쓰지 않는 약물중독자들의 그 지나치고 알 수 없어 보이는 행동도 이해가 되기 시작한다. 약물은 그걸 사용하는 사람의 뇌에게 그가 적응도를 높이는 중요한 일을 했다고 말한다. 실은 그런 일을 전혀 하지 않았음에도 말이다. 그의 뇌에 있는 수용체들은 오피오이드 분자가 해시시 파이프에서 왔는지 아니면 신뢰하는 친구와 나눈 대화에서 왔는지 알지 못한다. 수용체들은 또한 도파민 분자가 강력한 크랙 코카인에서 온 건지 아니면 술집에서 전화번호를 얻어냈거나 힘든 과제를 마감에 맞춰 끝낸 큰 기쁨에서 온 건지 알지 못한다. 보상으로 생겨나는 느낌은 그가 **실제로** 자원을 얻었거나, 짝을 찾았거나, 사회적 지위가 높아졌다고 신호를 보낸다. 여기서 무서운 아이러니는, 약물들이 이런 느낌을 워낙 강력하게 모방하기 때문에 그 약을 사용하는 사람은 삶에 필요한 진짜 일들을 하지 않을 수도 있다는 점이다. 그의 뇌는 그가 이미 했다고 말하기 때문이다.

우리는 중독자들과 그들의 형편없는 자제력을 마음껏 비난할 수 있다. 하지만 근본적으로 따져보면, 약을 쓰고 또 쓰려는 강한 충동은 개체의 생존 가능성을 극대화하기 위해 진화 과정에서 등장하여 정교하게 다듬어지고 유전되어온 뇌의 생명활동 때문에 생겨난 것이다. 이렇게 볼 때 우리 모두는 타고난 중독자다. 이 사실이 모든 동물로 하여금 중요한 일들을 하도록 '동기 부여'를 한다.

바로 이런 이유에서 픽시스 3500 기계들이 우리 병원 여기저기에서 보초를 서고 있는 것이다. 이 기계들은 약물에의 접근을 제한한다. 약물중독 치료 프로그램 '프로미시스(Promises)'의 CEO 데이비드 색은 내게 이렇게 말했다. "손에 넣을 수 없는 약에 중독될 수는 없습니다."

합성약이나 식물에서 얻은 약물을 체내에 투여할 때 우리는 뇌 속의 상자에 보관된 화학물질은 사용하지 않게 된다. 하지만 천연의 약물들은 그곳에 여전히 들어 있다. 그리고 앞에서 보았듯, 그 물질을 방출시키기 위한 암호는 삶의 기본적인 행동들이다. 여기서 흥미로운 가능성이 드러난다.

동물이 외부에서 약을 입수할 수 없다 해도, 체내의 상자에 침투해 저장된 물질들을 분비시킬 다른 방법이 있을 것이다. 삶에는 불필요하지만 보상을 이끌어내는 행동을 암호로 입력하고 또 입력하는 것 말이다. 중독은 우리가 **하는** 행동으로도, 우리가 약을 **먹을** 때만큼이나 효율적으로 작동될 수 있으리라는 것이다.

심장병 전문의로서 내가 약물 중독을 다루게 되는 경우는 대개 그것이 환자의 심장에 문제를 일으켰을 때다. 그러나 1980년대 후반에 정신과 의사가 되기 위한 교육을 받을 때 나는 우울증과 불안증이 있는 환자를 치료한 적이 있다. 잘생기고 옷도 세심하게 차려입는 사람이었다. 매주 진료를 받을 때 그는 한결같이 예의 바르고 붙임성 좋게 행동했는데, 그런 태도를 나는 치료 과정에 마음을 연 것으로 해석했다.

우리가 처음 만났을 때 나는 그가 불안해하는 주된 이유를 알게 되었다. 그는 아내 몰래 바람을 피우고 있었다. 얼마 안 되어 나는 그가 정부 또한 속이면서 그녀의 가장 친한 친구와 관계를 맺고 있다는 걸 알게 되었다. 그는 이 세 여자 모두와 고정적인 관계를 유지하면서 하룻밤 섹스도 자주 즐겼다. 그는 이처럼 복잡한 섹스 일정을 매주 요령껏 조절해야 하는 데서 오는 스트레스와 불안감을 토로하면서도, 그런 일을 도저히 멈출 수가 없다고 했다. 나는 그가 자신의 행동에서 받는 자극을 느낄 수 있었다. 여러 여자와 관계하는 일과 그걸 가족에게 숨기는 일의 위험성, 그런 짓을 들키지 않고 해내는 데서 얻는 스릴 등을 그는 즐기고 있었던 것이다. 담당 정신과 의사로서 나는 그 모든 게 위험하게만 들렸다. 그는 자신의 결혼생활을, 자식과의 관계를, 그리고 직장생활을 위태롭게 하고 있었다(그의 정부는 부하 직원이었다). 몇 달이 지나자 그는 치료받으러 오지 않았고, 위험한 행동을 계속하다가 결국 직장과 아내를 잃었다.

당시 정신의학에는 치료에 대한 주된 접근 방식이 하나 있었는데, 바로 정신역동 심리치료(psychodynamic psychotherapy, 정신역동 정신요법)였다. 이 요법의 기본 전제는 우리의 성인기 자아가 대체로 어린 시절의 경험에 의해 형성된다는 것이다. 그 환자를 치료하는 내내 정신과 의사로서 나는 그가 아내와 안정된 성적 관계를 유지하지 못하는 주된 이유가 일차적으로는—어쩌면 순전히—어린 시절의 트라우마(정신적 외상)와 관련된 애착(attachment)의 문제에서 비롯되었을 거라고 추정했다('애착 이론'의 핵심은 아기가 감정적, 사회적으로 정상적인 발달을 하기 위해서는 하나 이상의 주된 보호자와 친밀한 관계를 형성해야 한다는 주장이다.—옮긴이). 지도교수들도 그 진단이 옳다면서 내 치료 계획을 지지해주었다. 그래서 나는 거의 치료 기간 내내 환자의 어린 시절에 대해 캐물으면서 그 문란하고 위험한 행동의 연원을 찾으려 했다.

25년이 지난 지금 돌아보면, 그의 무모한 성적 행동을 내가 충분히 이해하지 못했음을 깨닫게 된다. 정신의학 분야는 그사이에 많이 발전해서, 어린 시절의 경험이 실제로 유전자와 뇌에 적극적인 영향을 미쳐 세월이 지난 뒤 중독에 대해 취약해질 소지를 마련한다는 사실을 인정하게 됐다. 하지만 그때 내가 놓쳤던 부분은, 그런 형태의 성생활을 할 때 체내에서 분비되곤 하는 신경화학물질에 환자가 중독되었다는 사실이다. 스릴-위험-새로움과 연관된 도파민의 분비가 급증했을 테고, 아마 섹스 그 자체에서 얻는 쾌락의 보상도 있었을 것이다. 지금이라면 그에게 성 중독 치료 프로그램을 권했을 것이다. 하지만 당시에 나는 그런 생각을 전혀 하지 못했다. 알코올 중독이 뇌의 질병이라는 이론이 그때 막 등장하고 있었으므로, 의학계에서는 섹스나 쇼핑 혹은 과식 같은 행동을 약물중독과 같은 범주로 분류할 수 있다는 생각을 하지 못했다. 오늘날에도 약물이 아니라 행동에 중독된다는 개념에 대해 이해가 완전하지 않다. 행동중독이라는 게 '진짜' 중독인지 아닌지에 대해서는 중독 연구 분야 안팎 모두에서 의사들의 의견이 갈린다.

나 역시 최근까지는 아주 회의적이었다는 사실을 고백해야겠다. 당신이 신발 사들이기에 '중독'되어 있다고? 정말 그런가? 캔디콘을 끊임없이 먹는다고? 포르노물을 못 보거나 비디오 게임을 못 하면 금단증상으로 육체적 고통을 느낀다고? 그런가…. 약물중독을 뇌질환으로 보는 건 이해가 되었지만, '중독'이라는 용어를 행동에 적용하는 것은 최근까지도 뭔가 허술해 보였다. '중독이니 잘못을 따질 필요없다'는 기분 좋은 책임 회피. 나쁜 습관을 버리지 못하는 20세기적 게으름과 무능력. 제 잘못이 아닙니다, 판사님. 제 **병** 때문이지요.

그러나 지난 몇 년 동안 수의학적 시각에서 사람 환자들을 이해하려고 노력한 결과 내 생각은 달라졌고, 놀랄 만한 가설에 이르게 됐다. 약물중독과 행동중독은 서로 **연결되어 있다**는 것이다. 그리고 두 중독의 공통 언어는 적응도를 높이는 행동을 보상하는—그리고 양자가 함께 사용하는—신경회로 체계에 있다.

가장 흔하게 치료받는 행동중독들은 진화의 시각에서 볼 때 적응도를 크게 높이는 것들이다. 섹스가 그렇고 폭식, 운동, 일이 그렇다. '자연 상태'에서, 혹은 자연선택으로 시험받을 때, 이런 행동들에 불리한 점이 많으리라고 상상하기는 힘들다. 문제의 행동을 극단적으로 한다 해도 그렇다.

도박과 강박적인 쇼핑—이것들은 인간만 하는 행동이지만—은 동물들에게 아주 큰 이익을 주는 두 가지 행동, 즉 먹이의 채집 및 사냥과 동일한 신경 경로를 이용한다. 이런 행동에는 자원을 획득하겠다는 구체적인 목표 아래 노력을 집중하고 에너지를 쏟는 일이 필요하다. 그 자원은 대개 식량이지만, 때로는 피신처일 수도 있고 둥지를 지을 재료일 수도 있다. 신경화학물질이 주는 보상은 동물의 이 같은 긍정적 행동을 강화한다. 판크세프가 말하듯, "모든 포유동물은 자원을 찾는 체계를 뇌 속에 지니고 있다."

신경생물학적으로 보면 도박은 채집의 극단적 형태로서, 다만 먹이가 금전적 수익으로 대체되었을 뿐임을 알 수 있다. 먹이나 돈은 분명 그 자체가 보상이지만, 진짜 보수—이게 중독되는 건데—는 위험을 감수하고 뭔가를 추구하는 일과 연관되는 신경화학물질들이다. 행동은 보상을 이끌어내고, 보상은 외부의 화학물질이 그러듯 의존 상태를 만든다.

뇌 보상을 이끌어내는 행동을 생존 가능성 증대와 연결 짓다 보니 나는 비디오 게이밍, 이메일, 소셜 네트워킹처럼 과학기술과 관련된 '중독'들에 대해서도 다시 생각해보게 되었다. 어느 중역이 자신은 스마트폰에 중독되었다고 농담을 한다 해도, 그의 근질거리는 엄지손가락을 진정시키기 위해 알코올 중독자처럼 열두 단계의 프로그램이 필요하다는 생각은 하지 않을 것이다. 그러나 많은 사람들이, 중요한 회의를 하는 중이거나 운전을 하고 있을 때조차도 그 작은 화면을 확인하려는 충동을 이겨내지 못한다. 우리의 스마트폰, 페이스북 페이지, 트위터 피드 들은 생존을 위해 경쟁하는 동물에게 가장 중요한 것들을 두루 갖추고 있다. 사회 연결망, 짝에게로의 접근, 포식자의 위협에 관한 정보 등이 그것이다. 하지만 약물과 마찬가지로 이런 도구들은 노력 없이도 보상을 얻게 해준다. 실제로 자원을 찾지 않아도 도파민이 뿜어져 나오는 것이다. 우리는 다른 사람들과 직접 대면하는 불편을 감수하지 않아도, 마치 무리의 일원이 된 것처럼 기분좋은 느낌에 마취라도 된 듯 잠겨들 수 있다.

내가 인터뷰했던 수의사들은 '중독'이라는 단어를 동물에게 적용하기를 꺼려했다. 그들이 지적했듯, 대체로 반려동물은 스스로 약물이나 알코올에 중독되지 않는다.

그런데 반려동물이 갈망하는 듯 보이는 게 하나 있다. 바로 보상이다. 그 보상은 머리를 쓰다듬으면서 "착하지"라고 말해주는 일처럼 간단한 것일 수도 있다. 얼린 간 한 조각이나 귀리 한 입일 수도 있고, 배를 문질러주는 일일 수도 있다.

행동을 한 가지 하고 보상을 받아라. 오래전부터 동물 조련사들은 먹이나 칭찬 같은 보상을 이용해 이런저런 예측 가능한 행동들을 유도해냈다. 캘리포니아의 무어파크대학교 교수이자 '외래 동물 훈련 및 관리 프로그램'의 훈련 담당자인 게리 윌슨은, 먹이라든지 칭찬하는 소리 형태의 외부 선물은 사실상 동물의 뇌로 통하는 다리라고 내게 말했다. 이 다리는, 먹이가 생기리라고 기대할 때 분비되어 좋은 느낌을 만들어내는 신경화학물질과 주인이 바라는 행동을 연결해준다.[7]

7) 클리커 트레이닝(clicker training)이라는 기법은 동물이 요구된 행동을 할 때마다 클리커라는 조그만 도구로 금속성의 똑딱 소리를 내는 동시에 먹이를 주는 것이다. 결국 그 동물은 클리커 소리와 기분 좋은 먹이라는 신경화학적 보상을 연결 짓게 된다. 그러면 먹이를 주지 않고 똑딱 소리만 내도 동물은 그 행동을 계속하는데, 이는 그의 뇌가 그 소리만 들어도 보상을 기대하고 도파민을 분비하도록 길들여졌기 때문이다. 클리커 트레이닝의 인간용 버전은 체조를 비롯해 동작의 정확성이 요구되는 운동 종목의 선수들을 훈련하는 데, 그리고 교실과 특수교육 집단에서 긍정적인 행동을 강화하는 일에 점점 더 많이 쓰이고 있다. 동물을 대상으로 한 기법이라는 인상을 지우기 위해 명칭을 'TAG 교육(teaching with acoustical guidance)'이라고 붙였는데, 이 역시 행동과 보상을 연결 짓는 원리를 바탕으로 한다. "신경학적으로 클리커 트레이닝은 뇌 편도체의 도파민 센터들을 활성화한다"라고 윌슨은 말했다. 클리커는 "하나의 표지(標識), 도파민 분비 체계를 내적으로 강화하는

이런 식으로 볼 때, 일부 동물 훈련의 의식되지 않은 목표는 동물에게 보상의 기쁨과 새로운 행동을 연결 짓는 법을 가르치면서 일종의 행동중독을 만들어주는 것이라고 할 수도 있다. 존스홉킨스대학교의 신경과학 교수이며 『고삐 풀린 뇌*The Compass of Pleasure*』의 저자인 데이비드 J. 린든은 인간이 느끼는 학습과 훈련의 기쁨을 다른 중독들과 신경생물학적으로 관련짓기도 한다.

그는 도박, 쇼핑, 섹스 등의 행동과 마찬가지로 학습은 "안쪽앞뇌 쾌감회로라고 불리는, 뇌 부위들이 상호 연결되어 작은 집단을 이룬 곳으로 수렴하는 신경신호를 촉발한다"라고 지적한다. 개를 성공적으로 훈련하면 쾌감회로에 의해 추진되며 학습중독(배움중독)이라고도 할 수 있는 중독이 만들어진다. 린든은 이들 쾌감회로가 "코카인이나 니코틴, 헤로인, 혹은 알코올 같은 인공 활성제에도 반응한다"라고 말한다.

인간의학은 최근에 와서야 약물의존을 (무슨 감염처럼) 우리가 처치하고 치료해 지난 일로 금방 돌려버릴 수 있는 병적 상태라기보다 지속적으로 (어쩌면 평생에 걸쳐) 보살펴야 하는 만성적 신체질환으로 보기 시작했다. 중독의 기원을 진화적 관점에서 이해하면 이 병에 대처하는 방식을 개선하는 데 도움이 될 수 있다. 나아가 약물 사용자와 중독자의 처지를 더 잘 헤아리고 배려하는 데에도, 그리고 온갖 동물의 약물 사용은 우리가 살아가면서 늘 추구하는 것을 좀 더 많이 얻으려는 시도일 뿐임을 이해하는 데도 도움이 될 것이다.

100명의 사람을 발암물질에 노출시켰을 때, 그들 모두가 암에 걸리지는

것이 된다."

않을 것이다. 약물도 마찬가지다. 100마리의 동물이 약물 분자에 노출되었다고 해도 전부 그것에 중독되지는 않는다. 코커스패니얼이 모두 두더지를 핥지는 않는다. 모든 원숭이가 칵테일을 훔치거나 매일 칵테일을 마시고 싶어 하지는 않는다. 왈라비도 단지 일부만이 울타리를 뛰어넘어 양귀비 즙을 먹는다.

같은 모집단에 속하는 개체들 사이의 이 같은 차이를 가리키는 생물학 용어는 '비균질성(heterogeneity)'이다. 중독과 관련해 비균질성이 의미하는 바는, 각각의 사람과 각각의 동물은 각각의 화학물질에 대해 약간씩 다른 반응을 보인다는 것이다. 이는 중독에 대한 감수성의 정도가 유전의 영향을 강하게 받는다는 수많은 연구 결과에 의해 뒷받침된다. 최근 들어 약물 중독 가족력이 있는 집안에서는 자녀들에게 그들이 선천적으로 지니고 있는 특정한 취약점에 대해 교육하기 시작했다. 하지만 중독에서는 환경 요소들—엄마의 자궁 속 상태에서부터 먹는 음식, 접하는 병원체들에 이르기까지—도 중요한 역할을 한다. 우리가 먹는 것, 사는 곳, 하는 일, 심지어는 부모의 양육 방식까지도 우리의 유전자가 발현되는 방식을 바꿀 수 있다는 사실이 과학자들에게 점점 더 명확해지고 있다. 새롭게 등장한 후성유전학(後成遺傳學) 분야에서는 개인의 유전암호가 실제 세상과 만날 때 일어나는 현상을 연구한다. 그리고 본성(선천성)과 양육(후천성)이 명확히 구분되지 않고 피드백 고리를 이루어 끝없이 서로 영향을 주는 이유를 설명한다.

어떤 고등학교 2학년생이 알코올이나 약에 중독될 가능성이 어느 정도인지는 유전자에 의해 미리 결정된다. 하지만 후성적(후성유전적) 효과는 그 아이가 이들 화학물질을 언제 어떻게 접하는가에 따라 발생한다. 어느 10대는 금요일 밤 운동 경기가 끝난 후 친구 집에서 있은 파티에서 처음으로 마리화나를 피우고는 신경 반응들이 활성화된 결과 대마초가 약물중독의 입문 약물(gateway drug)이 될 수 있다. 반면 그와 함께 있었던 절친한 친구에게는 그 첫 마리화나가 그저 친구들끼리 모여 놀다가 별 생각없이 한 번 피워본 것으로 그쳐, 세월이 지난 뒤 그때 일을 돌아보면서 철없던 시절의 쓸데없는 장난이었다며 웃게 될지도 모른다. 같은 파티에서 같은 약을 했지만 훗날의 결과는 다를 수 있는 것이다. 둘 중 누구든 더 나이 들어 성인이 되었을 때, 또는 더 어린 시절에 마리화나를 처음 피웠다면 결과가 또 달라졌을 수 있다.

많은 사람이 그렇듯 어떤 동물들은 뚜렷한 부작용 없이 약물의 쾌락을 즐길 수 있다. 말레이시아의 붓꼬리나무두더지는 야자수의 발효된 꽃꿀을 엄청나게 많이 먹지만, 눈에 띄게 반사기능이 둔해지거나 신체 조정력이 손상되지 않는다. 숱하게 우승하고 지금은 은퇴한 경주마 젠야타는 전통에 따라 매번 경기가 끝나면 기네스 흑맥주를 마셨어도 다음 경기에서 또 이기곤 했다.

비균질성 때문에 각 동물의 체내에 저장된 약물들은 같지 않다. 후성유전은 거기에 접근하는 암호를 조정한다. 암호는 우리가 살아가는 내내 정해지고 변하지만, 암호 결정의 특히 중요한 시기는 어린 시절, 즉 유아기(乳兒期)부터 청소년기에 이르는 때다. 인간과 동물에 관한 데이터를 보면 외부의 약물에 노출되는 시기가 이를수록 훗날 그것에 중독되고 민감하게 반응할 가능성이 더 커지는 듯하다.

이 점은 매우 중요하다. 중독될 수 있는 신경화학물질과 행동의 관계는 우리가 이 세상을 만나는 순간부터 시작된다(그 전부터일 가능성도 아주 높다). 아기가 젖을 빨면 체내에서 오피오이드가 분비된다는 사실이 밝혀졌다. 생명을 유지하는 기본적 임무에 대한 화학적 보상이다. 사실 판크세프를 비롯한 여러 사람은 '애착'과 관련된 신경화학물질이 많이 있고 강력하며, 그 물질들을 방출시키는 암호들 중 일부는 유아기에서도 가장 이른 시기에 정해진다고 믿는다. 어린 삶의 다양한 요소들—신체적 건강, 뇌의 '배선', 그리고 아주 중요한 것으로 부모의 양육 방식—은 점점 더 복잡하고 힘들어지는 환경에 각자의 뇌에 있는 상자가 어떻게 반응할지에 영향을 미친다.

어린아이들과 마찬가지로 청소년의 뇌 역시 매우 가변적이다. 뇌가 세상의 체계를 파악하고 적응하려는 바로 그 시점에 강력한 보상 화학물질의 외부적 원천인 약물을 뇌에 쏟아넣는 것은 평생 지속되는 영향을 미칠 수 있다. 내성(耐性) 수준과 반응 민감도에 영향을 미칠 수 있는 것이다. 주비퀴티의 시각으로 인간과 동물의 중독을 두루 살펴보면, 어느 종에서든 약물을 처음 접하는 나이를 늦추는 것이 강력한 보호 효과가 있는 듯하다. 청소년기에 해당하는 나이의 설치류와 인간 이외의 영장류를 대상으로 알코올 노출의 영향을 광범위하게 연구한 결과, 알코올은 이들 어린 포유류 술꾼이 다 성장한 뒤까지 뇌에 장기적인 영향을 미쳤다. 인지 기능의 손상 외에도, 어린 나이부터 술을 마시면 훗날 알코올 중독이 될 위험 또한 커질 수 있는 것으로 나타났다.

미국에서는 금주법(1920~33)도 시행해보았고, 마약에 대해 "'아니요'라고 말하기(Just Say No)" 캠페인도 벌여보았다. 음주 허용 연령을 스물한 살로 했으며 마약 사용은 나이를 불문하고 금지했다. 하지만 어떤 조치로도 10대들이 원하는 물질에 접근하는 걸 완벽히 막을 수는 없었다.

그러나 모든 증거를 종합해볼 때, 현명한 부모라면 아이들이 술이나 약을 처음 접하는 나이를 최대한 늦추기 위해 더 노력하고, 가능하다면 아이들에게 화학적 보상을 얻는 더 자연스러운 방법을 가르쳐야 함을 알 수 있다. 자연스러운 방법에는 운동, 신체적이거나 지적인 경쟁, 그리고 '안전한' 모험으로 예술 공연 참여 따위가 포함된다.

발효한 열매를 즐기는 여새든 밤늦도록 파티를 즐기는 사람이든, 알코올이나 마약에 취해 비극에 이르는 개체들이 적지 않다. 인간 세상에서는 자동차 사고나 자살, 살인, 불의의 부상 등의 증가가 이와 연관된다. 야생에서도 취한 동물은 위험에 처할 가능성이 더 커진다. 포식자에게 더 쉽게 잡히고, 짝짓기 기회를 놓치며, 날아가다 빌딩 벽에 부딪치기도 한다.

하지만 자연에도 나름의 금욕 프로그램이 존재한다. 야생에서 풀과 장과류(漿果類) 열매를 비롯한 먹을거리들은 계절적 변화, 기후, 경쟁 상태, 포식 관계를 포함한 많은 요소에 따라 구할 수 있는 양이 달라진다. 이 같은 변동성 때문에 동물들은 그렇지 않았다면 중독되었을지 모를 먹이에 접근하는 일이 자동적으로 어려워진다. 이를테면 코카인을 대주던 단골 밀매자가 11월부터 3월 사이엔 뉴욕을 떠나 따뜻한 마이애미에 가고 없는 상황이 야생에서 벌어지는 셈이다. 이처럼 약물이 든 먹이에 지속적으로 접근하지 못하는 데다 정글이나 사막, 혹은 열대 초원에서는 동물이 취했을 때 죽을 위험도 더 커지므로, 야생에서는 중독 현상이 인간 세상에서처럼 나타날 가능성이 별로 없다.

중독에서 회복되는 데는 우리 각자가 지니고 태어난 그 상자를 다시 온전하게 사용하는 일도 필요할 수 있다. 약물 남용자들은 술병이나 알약, 혹은 주사에서 찾던 쾌감과 똑같은(비록 덜 강렬하지만) 느낌을 제공하는 건강한 행동들을 배울 수 있다. 실제로, 일부 재활 프로그램이 어떤 중독자들에게 아주 효과적인 까닭이 여기 있는 게 아닌가 싶다. 이런 프로그램에서 권장하는 행동들—사람들과 어울리고, 친구를 사귀고, 뭔가를 기대하고, 계획하고, 목표를 세우는 일 등—은 모두가 우리 안의 신경화학물질을 보상으로 내려주는 아주 오래되고 잘 조절된 체계의 일부다.

아이러니하게도, 중독과 싸우는 수단의 하나는 다른 중독일 수 있다. 극도로 정제된 약에 의존하는 대신 삶을 살 만한 것으로 만들어주는 일들을 열심히 하는 것이다. 몸을 움직여 일을 하고 운동을 하면서 엔도르핀의 분비를 느끼며, 게임이나 사업에서 건전한 경쟁, 건전한 모험을 하면서 아드레날린 분출을 맛보고, 멋진 식사를 계획하고 차리면서 기대에 부풀고는 드디어 그 식사를 즐기고, 피와 살을 지닌 실제의 사람들과 어울리면서 오피오이드의 분출을 느끼며, 다른 사람들을 도우면서 훈훈한 만족감에 휩싸이는 것이다. 이를 '자연적 황홀감'이라 한다면 존 덴버 노래만큼이나 구식으로 들리겠지만, 이 말은 은유가 아니다. 우리 인간을 포함한 모든 동물에게 동기를 부여하고 삶을 지속케 해온 아주 오래된 보상이다.

제6장

무서워서 죽다

—야생에서의 심장마비

1994년 1월 17일 새벽 4시 31분에 규모 6.7의 지진이 발생했다. 나는 침대에서 뛰쳐나와 떨리는 마음으로 로스앤젤레스 전역의 수백만 주민과 함께 땅의 흔들림이 멈추길 기다렸다. 드디어 동요가 멈추자 나는 차를 몰고 병원으로 갔다. 아드레날린과 카페인이 몽롱한 피로감을 몰아냈다. 이제부터 베이고 긁히거나 멍이 든 환자 몇 명만을 치료하게 될지 아니면 대규모 재앙에 직면하게 될지 모르는 채 나는 UCLA 응급실로 갔다. 당시엔 전혀 예상치 못했지만, 그날 아침의 지각변동은 10년도 넘게 지난 뒤 의학에 대한 나의 시각을 송두리째 흔들게 되었다.

그때 나는 '벼룩(flea)'이었다. 이 말은 남자다움을 과시하는 구식의 외과 의사들이 그들의 눈엔 지나치게 분석적인 책상물림 내과 의사들을 깔보며 붙인 별명이었다(별명의 연원에 대해서는 설이 다양하다. 예를 들면, 내과의의 청진기가 반려견의 벼룩 퇴치용 목걸이 같아서, 벼룩처럼 떼 지어 회진을 다녀서, 벼룩처럼 환자를 마지막까지 떠나지 않아서 등등이다.—옮긴이). 나는 그 별명을 받아들여 벼룩처럼 열정적으로 통통 뛰어다니면서, 윗사람들이 내 말을 들을 만큼 가까이 있을 때면 의학적 세부 사항들과 난해한 진단 내용들을 지껄여대곤 했다. 필요하다면 베체트병의 아리송한 증상 발현을 명확하게 설명할 수도 있었다. 촌스러울 만큼 모범생이었던 나는 재발성 단발연골염의 다섯 번째와 여섯 번째 진단 기준을 다른 벼룩들과 경쟁하며 외우기도 했다. 우리는 의학 역사에서 처그-스트라우스 혈관염이나 라스무센 뇌염에 대해 우리만큼 열정을 보인 사람은 없었으리라고 자찬하곤 했다.

당시 나는 새로이 내과 의국장(chief resident)을 맡으면서 비교적 귀에 익은 이름의 병들을 앓는 실제 환자들을 직접 진료했다. 또 이 해에 내과 레지던트의 지루하고 고된 과정을 마무리하고 혹독한 세부전공 과정을 앞두고 있었던 나는 의학적으로 기이한 현상들이라는 매우 흥미로우며 단연 지적인 주제에 흠뻑 빠져들기도 했다. UCLA 같은 의과대학 부속병원에서 이런 태도는 용인을 넘어 장려되는 것이었다.

그러나 북아메리카의 도시 지역에서 지금까지 측정된 것 중 가장 빠른 지반가속도를 지닌 지진이 지각 아래 24킬로미터 깊이에서 시작되었을 때, 모든 것이 변했다. 아파트 건물이 주저앉았고, 고속도로가 꺾어졌다. 애너하임 스타디움의 득점판이 넘어져 몇백 개의 (다행히 비어 있었던) 의자를 덮쳤다. 남부캘리포니아 전역에서 수천 명이 다쳤다.

곧바로 나는 기이한 현상들에 대한 이런저런 생각에서 벗어나 눈앞의 상황과 마주해야 했다. 그날 내내 우리는 몰려드는 환자들의 심각한 부상과 가벼운 찰과상을 치료했다. 노스리지 지진으로 알려진 그 사건 직후의 극적인 며칠을 정신없이 보내는 동안 묘한 동향이 나타났다. 그때는 깨닫지 못했지만, 심장병 전문의로 막 발을 내딛는 나에게 그 현상은 특별한 의미를 지닌 것이었다.

지진이 일어난 날과 그로부터 스물네 시간 동안, 로스앤젤레스에서 심장마비 발생이 급증했다. 로스앤젤레스의 검시관은 심장사가 네 배로 늘었다고 했다. 나중에 〈뉴잉글랜드 의학 저널*New England Journal of Medicine*〉에서 보도한 내용을 보면, 그날 로스앤젤레스에서 이른바 '심장 사건(cardiac event, 심장에 급성 심근경색증이나 불안정협심증 등의 심각한 증상이 생기는 일—옮긴이)'을 겪은 사람의 수는 노스리지 지진 전후 몇 년 동안 같은 달 같은 날에 발생한 숫자의 다섯 배에 가까웠다. 결론을 내리면 이렇다. 남부 캘리포니아 사람들 중 적어도 일부는 지진이 일어났을 때 공포에 질려 죽은 것이다.

이런 조사 결과가 흥미롭긴 했지만, 나의 일상적 진료에는 거의 영향을 미치지 않았다. 내가 치료하는 환자 대부분은 극도의 공포를 느끼는 사람들이 아니었다. 그래서 그 일은 머릿속 한구석, 의학적으로 기묘한 현상들을 모아놓은 선반에 얹어두었다. 그러고 몇 해 뒤의 어느 날, 야생동물 수의사가 내게 의미심장한 비디오 한 편을 보여주었다.

첫 장면은 완만하게 굽으며 뻗은 조용한 물가였다. 잔물결이 아침 햇살에 반짝였다. 그러다 갑자기 폭발음이 정적을 깨뜨렸다. 도요새 떼가 물에서 솟아올랐다. 새들은 필사적으로 날개를 퍼덕이며 호수 가운데로 날아갔고, 그물포에서 발사된 거대한 그물이 그들을 좇아 직사각형으로 펼쳐졌다. 대부분의 새가 그물을 피하고는 잔잔한 파도 위에 다시 자리 잡았다. 하지만 20여 마리는 성공하지 못했다. 미처 공중으로 날아오르지 못하고 그물에 꼼짝없이 갇혀버린 것이다.

비디오는 거기서 끝났지만, 그 수의사가 다음에 일어난 일을 말해주었다. 포획 팀이 그물에 걸린 새들에게 뛰어갔다. 생물학자인 그들은 재빠르면서도 조심스럽게 손을 놀려 버둥거리는 새들의 날개와 부리, 발톱을 차례로 그물에서 떼어내면서 하나하나 꺼냈다. 그리고 역시 차분하면서도 빠른 동작으로 그 새들을 뚜껑에 구멍이 나 있는 플라스틱 상자에 넣었다.

포획한 새들은 꼬리표를 붙이고 기록한 다음 놓아주게 되어 있었다. 해당 종의 건강과 이주 경로에 관한 정보를 얻기 위해서였다. 하지만 그들 중 몇 마리는 다시 날지 못했다. 발포에 놀라고, 덮쳐온 그물에 질리고, 자신을 움켜잡는 인간의 손에 겁먹어 그 자리에서 죽고 말았다.

그 비디오를 보며 내가 깨달은 것은, 비록 장소와 시간과 종은 다르다 해도 그 호반의 새들은 노스리지 지진 때 심장마비로 죽은 사람들과 비슷하다는 사실이었다. 더 구체적으로 말하면 그 새들의 죽음은, 심장 정지(cardiac arrest, 심장이 수축하지 않아 혈액 공급이 멎은 상태. 줄여서 '심정지'라고도 한다.—옮긴이)의 한 유형으로 매년 수만 명에게 닥쳐드는 돌연심장사와 생리적으로 유사한 모습을 띤다. 동물에서 두려움으로 촉발되는 '심장마비'와 인간에게 일어나는 같은 현상 사이의 공통부분을 연구하면 돌연심장사에 대한 학문적 이해의 폭을 넓힐 수 있을 것이었다. 그리고 이런 결과는 환자들을 그들 몸 안에 있는 보이지 않는 위협에서 보호하는 데 도움이 될 것이다.

노스리지 지진 때의 로스앤젤레스 사람들처럼, 전 세계 모든 지역의 사람들에게 지진, 토네이도, 쓰나미의 충격과 극적 상황은 말 그대로 심장에 와서 꽂힌다. 자연재해 후에 사람들이 가슴 통증이나 부정맥으로 입원하고 심지어 사망까지 하는 것은 그럴 때 정전이 되고 적십자 텐트가 세워지는 것만큼이나 예측 가능한 일이다.

사람에 의해 일어나는 재난 역시 심장을 정상 박동에서 벗어나게 만든다. 걸프 전쟁(페르시아 만 전쟁)의 전투가 본격 시작된 1991년 초에 이라크군은 텔아비브 교외를 비롯해 이스라엘의 여러 지역으로 스커드 미사일을 쏘기 시작했다. 이 공격이 이어지던 주일 동안, 시민들은 언제 미사일로 폭파될지 모른다는 공포에 시달려야 했다. 하루 종일 시도 때도 없이 귀를 찢는 공습경보 사이렌이 울렸다. 나중에 통계학자들은 이 전쟁에 관한 여러 수치들을 철저히 훑다가 의미가 큰 데이터를 발견했다. 그 공포의 주간에 심장 사건의 발생이 예상 수치를 넘었다는 사실이다. 스커드 미사일로 인한 사망자보다 충격과 공포의 생리적 결과 때문에 죽은 사람이 더 많았을지도 모른다. 군사전략 차원에서 스커드 미사일 공격 자체는 거의 효과가 없었다. 전시에 훨씬 더 효과적인 무기는 공포였다.

알카에다의 9·11 공격 이후, 미국 전역의 겁에 질린 사람들은 다음 공격이 언제 올지 불안해하면서 집안에 웅크리고 있었다. 심장에 기록 장치가 심어져 있는 심장병 환자들에게서 모은 데이터를 보면,[1] 그 무시무시한 나날의 불안감이 심장에 심각한 위험을 초래한 것으로 나타났다. 감지된 뒤 전기 충격을 시행한 생명 위협적 심장 율동(리듬)의 빈도가 평상시의 두 배로 치솟았다. 그리고 이런 경향은 비행기가 떨어진 곳인 뉴욕과 워싱턴 DC, 펜실베이니아뿐 아니라 미국의 다른 지역에서도 나타났다. 사람들은 비행기가 날아와 부딪치거나 추락하고, 건물이 무너지고, 연기와 불길에서 사람들이 뛰어내리는 끔찍한 장면을 텔레비전에 못 박힌 채 지켜봤는

---

1) 삽입형(이식형) 제세동기(implantable cardioverter defibrillator, ICD)는 사망에 이를 수 있는 부정맥의 위험이 큰 심장에 수술로 삽입한다. 이 작은 전기 장치는 심장박동을 한 순간도 쉬지 않고 읽다가 박동 속도가 위험할 정도로 줄거나 늘면 25~30줄(joule)의 전기를 가하여 자동차 배터리가 방전됐을 때 그러듯이 심장을 '점프스타트'시키는데, 이를 '조율한다(pace)'고도 표현한다. 환자들은 이때의 충격을 "심한 딸꾹질"에서 "당나귀가 가슴에 발길질을 하는 느낌"까지 다양하게 묘사한다. 이전의 연구들에서도 논쟁 등 감정이 고조되는 일이 있은 뒤에 제세동기의 활동이 증가하는 것으로 나타났다. (제세동[除細動]은 '[심장의] 잔떨림 제거'라는 뜻이다.—옮긴이)

데, 이처럼 재난을 몸으로가 아니라 단지 눈과 귀로만 접한 사람들에게도 공포로 인한 신체적 충격이 엄습했다.

많은 사람이 직접 느껴봤을 테지만 갑자기 풍선이 탁 터진다든지 발밑에서 땅이 살아 움직인다든지, 무슨 일로든 깜짝 놀라게 될 때 우리의 심장은 반응을 보인다. 때로 우리 몸은 뇌가 무해한 충격인지 치명적 위협인지를 판별하기도 전에 반응부터 한다. 집에 앉아 운동 경기 중계를 열광적으로 시청하는 사람들은 다음의 사실을 알아둘 필요가 있다. 꼭 직접 경기를 해야만 우리의 심실(心室)이 패배의 고뇌에 반응하는 것은 아니다.

1998년도 월드컵 축구 대회를 예로 들어보자. 잉글랜드와 아르헨티나가 힘겨운 과정을 거쳐 16강까지 올라 맞붙게 됐다. 승자는 준준결승에서 네덜란드와 대결할 것이었다. 축구에서 국가 간의 경쟁은 늘 치열하게 마련이지만, 이 대결은 팬들에게 특별한 의미가 있었다. 16년 전 두 나라는 포클랜드(말비나스) 제도를 차지하기 위해 전쟁을 벌였다. 그 소규모 전쟁에서 영국이 공식적으로 승리했지만, 대부분의 아르헨티나인은 패배를 인정하지 않았다. 이후 두 팀은 축구장에서 만날 때마다 서로 한을 품은 듯 경기를 벌였다, 98년의 경기는 무승부로 끝났다(젊은 데이비드 베컴은 심판이 뻔히 보는 앞에서 다른 선수를 걷어차 퇴장을 당했다). 이제 승부차기로 우열을 가려야 했다.

선수들이 한 사람씩 차례로 골키퍼 앞에 서서 슛을 했다. 점수가 아르헨티나 4, 잉글랜드 3이 되었을 때 영국 선수 데이비드 배티가 들어섰다. 그는 짧은 보폭으로 빠르게 공을 향해 달려갔고…공을 발로 차서…공중으로 날렸다. 하지만 배티의 축구화를 떠난 공은 양쪽 골포스트 사이의 공간을 가르기 전에 골키퍼 카를로스 로아의 장갑 낀 손에 부딪쳤다. 아르헨티나의 승리였다.

마음을 졸이던 아르헨티나 팬들은 한숨을 돌렸고, 기뻐 날뛰었다. 하지만 고국의 술집에서 텔레비전을 보던 영국 팬들은 충격을 받아 멍한 상태로 입을 다물지 못했다. 그리고 그날 영국 전역에서 심장마비가 **25퍼센트 넘게 증가했다**.

관중들의 스트레스와 심장 건강 사이의 특이한 관련성은 유럽에서 실시된 여러 연구에서도 확인되었다. 흥미로운 사실은, 승부차기로 끝나는 축구 시합이 특히 치명적이라는 것이다. '서든데스'라는 불길한 이름이 붙은 승부차기는 더 말할 나위도 없다(여기서는 한 골만 먼저 얻으면 이긴다.—옮긴이). 런던의 〈가디언*Guardian*〉 지 스포츠 담당 기자인 리처드 윌리엄스는 그런 시합은 가학적이며 "시장 광장에서 벌어지던 태형(笞刑)의 현대판"이라고 했다. 아닌 게 아니라 승부차기 방식이 불안을 일으키는 것은 확실하므로, 국제축구연맹(FIFA)에서부터 미국 청소년축구기구에 이르는 축구 단체들은 이런 형태의 승부 가리기 금지 방침을 고려하기도 했다.

나 역시 아이들이 펜싱 선수권 대회에 나갔을 때 두 손을 가슴에 꼭 모아 쥐고 서서 혈압이 오르는 걸 느끼며 긴장 속에 경기를 지켜보았으므로, 경기장 사이드라인 밖의 관중용 나일론 의자에 앉아 초조한 몸짓을 보이는 선수 부모와 조부모들의 애타는 심정을 잘 안다. 승부차기 금지가 실현된다면 그들의 위험스러운 심장 율동이 훨씬 줄어들 수 있으리라고 생각한다.

1990년대 중반까지만 해도 심장과 마음의 관계는 그저 막연하게만 이해되었다. 많은 의사들은 감정이 심장 기능에 실제로 물리적 영향을 미칠 수 있다는 생각을 크리스털 치유나 동종요법에 대한 관심만큼이나 삐딱하게 보았다. 진짜 심장병 전문의는 그가 눈으로 볼 수 있는 진짜 문제들,

즉 동맥에 쌓이는 플라크(죽상반)라든지 색전을 일으키는 혈전, 대동맥 파열 등에 집중해야 할 것이었다. 감수성은 정신과 의사의 영역이었다.

하지만 1990년대에 변화가 나타났다. 일본의 한 심장병 전문의 팀이, 극심한 감정적 스트레스를 겪은 후 가슴을 쥐어짜는 듯한 격렬한 통증으로 응급실을 찾는 환자들의 심장이 정상이 아니라는 점에 주목했다. 그들의 심전도는 심근경색 때와 같은 모양을 보였다. 그러나 의사들이 심장 혈관에 염료를 주입하고 관찰했을 때, 그들의 심장동맥(관상동맥)은 폐색 증상이 전혀 없이 완벽하게 건강하고 깨끗했다. 유일하게 특이한 점은 심장 아래쪽(심실 벽을 말한다.—옮긴이)이 전구 모양으로 이상하게 불룩하다는 것이었다. 그 모양을 보고 의사들은 일본 어부들이 문어를 잡는 데 사용하는 둥근 항아리인 다코쓰보(たこつぼ, 蛸壺)를 떠올렸다. 그렇게 해서 '다코쓰보 심근증(takotsubo cardiomyopathy)'이라는 이름이 생겼다. 이 명칭에 담긴 새로운 설명은, 심각한 스트레스(두려움, 슬픔, 고뇌)만으로도 심장의 화학적 반응, 형태, 심지어 혈액을 뿜어내는 방식까지 변할 수 있다는 직접적이고 물리적인 증거였다.[2)]

이 심근증은 곧 '상심증후군(broken-heart syndrome)'이라는 별명을 얻었다. 새 이름을 얻은 이 질환이 여기저기서 화제에 오르고 있을 때, 전국의 응급실에는 다코쓰보 환자가 줄줄이 나타났다. 사랑하는 개가 눈앞에서

---

2) 다코쓰보라는 명칭과 개념 규정이 나오기 전에 우리는 이런 증상을 '심장동맥 연축(攣縮, spasm, 경련성 수축)'으로 진단하곤 했다. 이 병에 특히 취약해 보이는 사람들이 있었는데 여기에는 중년 여성, 편두통 병력이 있는 사람, 혈액순환의 장애 때문에 손가락 끝이 핏기 없이 하얘지는 레이노증후군 환자가 포함된다. 명확히 정의되지 않았던 이 심장 '연축'은 코카인 사용과도 연관이 있다고 보았기에, 환자가 가슴 통증으로 응급실에 왔는데 동맥에서 플라크가 발견되지 않으면 약물중독을 의심해서 환자에게 캐묻고는 했다.

차에 치이는 모습을 본 한 젊은 여성은 축 늘어진 반려견과 자신의 가슴을 함께 움켜잡고 피투성이로 응급실에 왔다. (대부분의 다코쓰보 환자처럼 그녀는 치료를 받고 살아났지만, 목숨을 잃는 환자도 있다.) 또 어떤 환자는 손에 땀을 쥐게 하는 3D 블록버스터 영화를 30분쯤 보다가 가슴이 마구 뛰고 호흡이 가빠지고 자꾸 구토가 나서 극장에서 급히 나와야 했다. 의사들은 다코쓰보로 진단했다.

강렬한 감정이 어떻게 해서 심장에 물리적 손상을 줄 수 있는지 이해하려면 심장학의 기초 지식을 몇 가지 알아두는 게 좋다. 특별한 상황이 아니라면 아마도 심장은 우리가 관심을 전혀 두지 않는 대상 중 가장 중요한 것일 테다. 완벽한 하인처럼 심장은 지금 이 순간에도 우리의 가슴안 눈에 보이지 않는 곳에서 열심히 그리고 세심하게 일하고 있다. 우리 아버지의 정자가 어머니의 수용적인 난자와 만난 뒤 23일째부터 심장은 그렇게 일해 왔다. 매년 우리의 심장은 3,700만 번 뛰고 250만 리터의 혈액을 내보낸다.

집이 그렇듯 심장에도 배관 시설과 전기 시설이 있다. 배관 시설은 혈액을 몸 안의 파이프들—동맥과 정맥들—로 보내 순환시킨다. 집안으로 물을 들여오는 수도관과 밖으로 물을 내보내는 하수관처럼 이들 동맥과 정맥도 뭔가에 막히면 끔찍한 결과가 초래될 수 있다. 예를 들어 대표적 심장 '마비'인 급성 심근경색은 심장 자체에 혈액을 공급하는 혈관이 갑자기 막혀버린 결과다. 배관 시설의 파열 역시 끔찍할 수 있다. 대형 동맥들이 찢어지고 터질 때 그 결과는 대개 치명적이다.

이와 전혀 다른 범주의 심장 문제가 있는데, 그것은 전기 자극 체계의 선천적 혹은 후천적 손상에서 비롯된다. 이 체계가 온전한지의 여부는 심전도로—그래프용지나 컴퓨터 모니터에서 위아래로 급하게 경사를 이루며

들쭉날쭉하게 계속 그려지는 선으로—파악할 수 있다. 우리는 의학 드라마와 약 광고에서 심장의 정상 전류를 나타내는 이런 그래프를 수도 없이 보았다. 그리고 이 전기의 흐름을 소리로 변환한 것도 들었다. 경보 신호장치에 연결되면 그 일정한 흐름은 **삐…삐…삐** 하는 안정된 소리를 내는데, 이것은 모든 게 괜찮다는 걸 의미한다. 신경을 쓰며 대기 중인 의사에게 환자의 심장이 이런 패턴으로 뛴다는 것보다 더 마음 놓이는 소식은 없다. 이런 패턴을 정상동율동(正常洞律動, normal sinus rhythm)이라고 한다.

하지만 안타깝게도, 이처럼 흔들림 없는 리듬을 보여야 정상인 전기 자극 체계는 미국에서만 매일 700명의 심장에서,[3] 전 세계에서는 수천수만의 심장에서 치명적으로 문제를 일으킨다. 일정하던 박동이 갑자기 통제를 벗어나 빨라지거나 느슨하고 약해져 예측 불가능한 상태가 된다. 이를 청진기로 들어보면 **두근두근** 소리가 불안정하고 불규칙하며 낮은 특징을 띤다. 심장박동이 빨라지면—이것을 심실빈맥(心室頻脈, ventricular tachycardia)이라 하는데—심전도에 분명하게 나타난다. 정상동율동에서 일정한 순서로 반복되어 나타나던 뾰족한 봉우리와 낮은 골짜기 모양이 위가 일률적으로 둥글둥글하며 다닥다닥 붙어서 이어지는 '언덕' 모양이 된다. 한편, 심실의 각 부분이 무질서하게 불규칙적으로 수축하는 것은 심실세동(心室細動, ventricular fibrillation)이라고 하며, 이것 역시 쉽게 알아볼 수 있다. 모니터나 그래프용지에 아래위로 짧고 들쭉날쭉한 파형(波形)이 폭이 좁고 굉장히 불규칙한 모양으로 이어진다.

심장에 대해 잘 알고 있는 사람이라면 심실빈맥과 심실세동의 소리를

---

3) 매일 700명이라면 승객을 가득 채운 747 비행기가 하루 평균 1.5대씩 추락할 경우의 사망자 수와 맞먹는다. 공중보건에서 이 문제가 얼마나 중요한지를 실감할 수 있을 것이다.

듣고 파형을 보는 순간 한 가지를 떠올리게 된다. 지체 없이 누군가가 저 괴로워하는 사람의 맨가슴에 제세동기(한국의 행정 용어로는 일반인이 이해하기 쉬운 '심장충격기'다.—옮긴이)의 패들을 갖다 대고, "올 클리어!"(이제 전기가 통하니 감전되지 않게 떨어져 있으라고 주위 사람들에게 경고하는 말—옮긴이)라고 외치고는 제대로 작동하지 않는 심장에 몇백 줄(joule)의 전기를 흘려보내 충격을 가해야 한다는 것이다. 이 특수화된 전기요법이 즉각 실시되지 않을 경우, 심전도의 파형은 기복이 심하고 바위투성이 같은 경고 형태에서 우리가 경외감과 함께 '플랫라인(flatline, 아무 파형도 없는 평탄한 직선—옮긴이)'이라고 부르는 저 악명 높은 수평선 형태로 넘어갈 것이다. 심장의 율동이 '생명을 유지해주는' 것에서 '악성의' 것으로 바뀌게 되면 심장의 혈액 분출 기능이 약해지거나 정지한다. 의사들은 전기적인 이유로 일어나는 심장의 이 같은 참사에 정확하지만 지극히 건조한 이름을 달아 '돌연심장사(sudden cardiac death)'라고 부른다(줄여서 SCD 혹은 '돌연사'라고도 한다).[4]

심장사는 과체중 흡연자의 불안정한 동맥에 여러 해 동안 플라크가 쌓이다가 발생하는 충분히 예상 가능한 경우도 있고, 고등학교 운동선수가 자신에게 있는 줄도 몰랐던 선천성 결함으로 급사할 때처럼 갑작스럽게 발생하는 경우도 있다. 하지만 '최종 공통경로'는 모두 같다. 그 경로란 심

4) 심실세동, 심실빈맥과 돌연심장사는 여러 가지 원인으로 발생할 수 있다. 어떤 사람들은 긴QT증후군(long QT syndrome, QT연장증후군) 같은 위험한 심장 율동을 지니고 태어난다. 후천적인 원인으로는, 전해질장애나 바이러스 감염, 항생제를 비롯한 여러 약물, 대동맥 파열 등이 모두 치명적인 부정맥을 일으킬 수 있다. 심지어 벼락을 맞거나, 가라테나 태권도 식의 빠르게 내려치는 손에 맞거나, 리틀리그 야구장에서 가슴으로 날아드는 직선타구를 심장 율동상 아주 부적절한 순간에 맞는 등 불가항력적인 경우에도 심장판막들이 격렬하게 흔들리다가 움직임을 멈춰버릴 수 있다(의사들은 이를 '심장진탕[震蕩]'이라고 한다).

장의 전기 활동에 장애가 생긴 결과, 생명을 유지해주는 정상적 심장 율동이 죽음을 예고하는 심실세동이나 심실빈맥의 부정맥으로 변하는 것이다. 하지만 돌연심장사로 죽는 사람 중에는 이전에 특별한 심장 문제가 없었던 이들도 있다. 별다른 문제 없이 건강했던 이런 환자들의 경우, 심대한 감정적 충격이라는 원인 하나만으로 심장 율동이 규칙적이고 안전한 상태에서 위험하고 치명적인 상태로 변한다. 놀라거나 겁에 질리거나 충격을 받거나 억울해할 때, 중추신경계가 고도로 활성화되어 아드레날린을 비롯한 스트레스 호르몬들을 분출한다. 이들 카테콜아민(catecholamine, 도파민과 노르에피네프린, 에피네프린[아드레날린]의 총칭—옮긴이)은 혈관으로 쏟아져 들어간다. 마치 화학적 기병대처럼, 힘과 용기를 주면서 탈출을 돕고자 감정 고조의 현장에 나타나는 것이다. 하지만 신경내분비계의 이 같은 분출은 환자를 구하는 대신, 혈관에 쌓인 플라크 침착물을 부서뜨려 동맥이 혈전으로 막히게 함으로써 치명적인 심장마비를 일으키기도 한다. 또한 이들 호르몬은 잘못된 순간에 불필요한 박동을 촉발해 심장을 심실빈맥 상태에 이르게 할 수도 있다. 그리고 한꺼번에 막대한 양으로 분출될 때 이들 화학물질은 그 자체만으로도 심실에 있는 20억 개 심장 근육세포의 일부를 비롯한 우리 몸의 근육에 독성 효과를 미칠 수 있다. 이런 경우에 환자를 공격하는 것은, 본질적으로 보면, 위험한 카테콜아민을 잔뜩 장착하고 공포가 방아쇠를 당겨주기를 기다리는 반응 신경계 그 자체다.

바로 이것이 다코쓰보 심근증에서 일어나는 일이다. 그 촉발 요인이 실패한 사랑이든, 전쟁이든, 지질학적 요동이든, 아니면 야구 경기든, 카테콜아민의 물결은 심장 근육에 손상을 주어 심실 벽이 문어잡이 항아리처럼 불룩해지게 만들고, 때로는 위험한 부정맥을 일으킨다.

하지만 내가 수의사들과 의견을 교환하기 시작하면서 알게 된 것처럼,

다코쓰보는 이야기의 일부분일 뿐이다.

댄 멀케이히는 누구든 아크틱 캣 F1000 스노모빌을 타고 가다 강력한 5등급 허리케인에 갇히고 연료마저 바닥났을 때 함께 있고 싶을 그런 사람이다. 어찌 보면 맥가이버 같기도 하고 데이비 크로켓(미국의 전설적인 서부 개척자이며 군인 · 정치가—옮긴이) 같기도 한 멀케이히는 콧수염을 풍성하게 기르고 동그란 금속테 안경을 썼으며 목소리는 낮고 깊다. 슈퍼영웅과 슈퍼괴짜의 특징을 겸비한, 보기 드물게 괜찮은 사람인 그는 어류의 질병을 연구하는 미생물학자로 20년을 보낸 뒤 마흔한 살에 직업을 바꾸어 야생동물 수의사가 되었다. 내가 그를 만났을 때, 그는 알래스카에서 바다코끼리, 고니, 카리부(북아메리카 북부에 사는 순록—옮긴이) 같은 멸종 위기에 처한 북방 동물들을 추적하고 치료하는 일을 하고 있었다. 그가 해야 하는 일은 안경솜털오리 몸 안에 위치 추적용 위성 송신기를 삽입하는 섬세한 수술에서부터 동물들의 사라져가는 사냥터를 관찰하고 보존 노력을 하는 국제 팀의 일원으로 500킬로그램이나 나가는 북극곰의 목에 추적연구용 목걸이를 다는 아주 정교한 움직임이 필요한 작업에 이르기까지 다양했다.

만나자마자 우리는 두 사람이 직업적으로나 개인적으로 같은 관심사를 지니고 있음을 알게 되었다. 심장과 마음의 상호작용에 죽음이 어떻게 어른거리는지에 대한 관심 말이다. 우리는 공포가 원인이 된 돌연사와 관련해 각자가 경험한 엽기적이면서도 흥미로운 일들을 서로 이야기하며 가까워졌다. 이는 의사들끼리기에 가능한 일이었다.

멀케이히가 이런 문제에 관심을 갖게 된 데는 가슴 아프고 마음 답답한 사연이 있었다. 어떤 동물을 추적하고 잡아서 필요한 치료나 조처를 하고 나면 가끔 그 동물이 그의 손 안에서 조용히 죽고는 했다. 무슨 까닭인지 몇몇 종류의 새가 특히 그랬다. 어떤 때는 의학적 조처를 잘 견뎌내는 것 같다가도 새로운 서식지에 들어가는 순간 약해지고 결국 죽었다. 멀케이히는 그게 자신이 뭔가 잘못했기 때문이 아니라는 걸 알고 있었다. 사실 그가 세심히 지휘 관리를 한 덕에 현장의 생물학자들은 동물에게 훨씬 안전한 방식으로 그 중요한 조사들을 수행할 수 있었다.[5)]

동물들은 쫓길 때와 잡혀서 다루어질 때의 스트레스로 끊임없이 죽어간다. 가슴 아플 뿐 아니라 예측이 가능하기에 더 섬뜩한 이 현상은 수의학 교과서에도 올라 있다. 수의사들은 이런 현상을 포획근병증이라고 한다. 이 병명이 가리키는 것은 겁에 질린 동물이나 포획된 동물, 혹은 포식자나 사냥꾼, 그리고 의도는 좋지만 물정 모르는 야생생물학자들에게서 필사적으로 도망치는 동물이 병들고 죽어가는 현상이다. 이런 상황에 처한 동물은 어떤 때는 마치 괴기 공포 소설에 나오는 젊은 여자처럼 땅에 푹 쓰러져 그 자리에서 죽어버리며, 또 어떤 때는 스트레스가 극심한 사건을 겪고 나서 몇 시간쯤 버티다 죽기도 한다. 며칠이나 몇 주일 동안, 걷거나 심지어 서 있지도 못하는 채로 먹지도 마시지도 않으면서 무기력하고 우울하게 생명을 부지하다가 결국 죽는 수도 있다. 어떤 경우든, 포획당한 뒤에 죽는 비율은 불안스러우리만치 일정하다.[6)] 그 비율은 대개 포획된 해당 종

5) "이 영화의 제작 과정에서 어떤 동물도 해를 입지 않았습니다." 영화의 엔딩 크레디트 자막에서 흔히 보이는 이런 선언은 촬영 현장의 수의사들이 동물의 안전을 위해 노력한 결과 가능해진 것이다. 멀케이히 역시 야생 현장의 수의사로서 생물학자들이 관찰하고 추적하는 야생동물의 안전을 지킨다. 미국 지질조사국 소속인 그는 야생 연구에서 대상 동물들의 안전을 지키기 위한 절차 규정을 앞장서서 만들었고 직접 집행한다.

6) 수의사들은 포획근병증에서 나타나는 전형적 증상들을 '포획쇼크증후군'과

의 1퍼센트에서 10퍼센트 정도이며, 종에 따라서는 50퍼센트에 이르기도 한다.

포획근병증은 백여 년 전 사냥꾼들이 처음 발견했다. 처음에 이 증상은 얼룩말이나 들소, 말코손바닥사슴(무스), 사슴처럼 큰 사냥감에서만 나타나는 것으로 생각되었다. 이들은 있는 힘을 다해 도망치고는, 사냥꾼의 무기에 다친 흔적이 없는데도 무슨 이유에선지 죽어버리는 경우가 많았다.

나중에는 조류학자들도 조그마한 잉꼬에서 키가 껑충한 미국흰두루미, 건장하고 타조 비슷한 레아에 이르기까지 다양한 새의 근육에서 포획근병증의 징표들을 발견하기 시작했다. 해양생물학자들은 돌고래와 고래에서 이 병이 나타난 사례를 기술했다. 스코틀랜드 앞바다에서 저인망으로 야생 노르웨이바닷가재를 잡는 어부들도 이 병 탓에 수익을 제대로 올리지 못했다. 쫓기다 잡힌 바닷가재들은 살이 변색되었을 뿐 아니라 물컹해 보여서 영 먹음직스럽지가 않았다. 마치 상한 것 같았는데, 사실 어떤 면에선 실제로 죽기 전에 이미 죽어 있은 셈이었다. 부패 속도도 빨랐다. 시장에 넘기지도 못했다.[7]

얼마 안 지나 야생동물 수의사들은 동물들을 뒤쫓는—쉬지 않고 추격

'근육파열증후군', '운동실조 미오글로빈뇨증후군', '지연과급성증후군'의 네 종류로 나눈다. 이 용어들에 요약돼 있는 것은 근육 약화와 불안정한 걸음걸이에서부터 신부전과 돌연사까지 포획근병증의 다양한 신체적 발현이다. 포획된 야생동물은 추적당할 때나 포획되었을 때, 혹은 두 시기 모두에 네 가지 증후군 중 하나 이상을 나타낼 수 있다.

7) 이들은 모두 야생동물의 사례지만, 구이용 암탉, 암퇘지, 수소, 새끼 양 등도 도축 전에 받는 스트레스로 근육이 손상된다. 그렇게 상한 근육이 스티로폼 그릇에 담기고 비닐 포장이 되어 고기로 팔린다. 농부들 중엔 이런 사실에 유의해 스트레스를 덜 주는 도축 기술을 도입하려고 노력하는 이들도 있다(동물을 위해서 그러는 건 아닐지도 모른다).

하는—것이 먹이그물(food web, 생태계에서 여러 생물의 먹이사슬[food chain]이 서로 복잡하게 얽혀 형성하는 먹이 관계 및 에너지와 물질의 전달 관계—옮긴이)의 곳곳에서 동물들을 죽이고 있다는 사실을 깨달았다. 남아프리카공화국에서는 인간의 생활권이 국립공원을 자꾸 잠식하는 바람에 공원의 경계를 조절하면서 동물들을 자주 여기저기로 옮겨야 하는데, 이로 인해 포획근병증이 동물 건강에 대한 심각한 위협이자 사망의 주요 원인이 되고 있다. 그중에서도, 먼 거리를 달리는 일에 익숙지 않은 기린을 수송 차량에 태우기 위해 잡을 때는 각별히 조심한다. 워낙 예민해서 잘 불안해하기로 유명하기 때문이다. 북아메리카의 사슴과 엘크(와피티사슴), 순록은 서식지 재배치와 사냥 등으로 인한 포획근병증 사망률이 무려 20퍼센트에 이른다. 토지관리국에서는 해마다 네바다주에서 헬리콥터로 야생 무스탕을 몰아서 모으는데, 이때마다 어느 정도씩 포획근병증으로 죽는다.

동물에게 위협에서 도망칠 기운을 주는 것은 강력한 신경화학 반응, 즉 카테콜아민의 분출이다. 하지만 안전 한계치를 넘어 분비될 때 카테콜아민은 골격근과 심장 근육을 압도하여 분해할 수 있다. 많은 양의 골격근이 분해될 때, 거기서 나오는 근육 단백질이 대량으로 혈류에 방출된다. 이들 단백질은 신장을 제압하고 결국 기능을 정지시킬 수도 있다. 이 같은 근육 손상을 의학 용어로 '횡문근융해증(橫紋筋融解症, rhabdomyolysis)'이라고 한다. '랩도(rhabdo)'—임상에서는 흔히 이렇게 줄여 부른다—는 치명적일 수 있지만, 초기에 발견되면 수액(輸液) 치료와 지지 치료(supportive care)로 효과를 볼 수 있다. 사람들의 경우 이 횡문근융해증은 극도의 트라우마를 겪고 몸을 전혀 움직이지 못하는 상태에서 가장 흔하게 나타난다. 가령 강철 빔과 돌무더기에 깔려 꼼짝 못하는 지진 희생자나 교통사고로 오토바이에서 튕겨 나와 다발성 골절과 심각한 연조직 손상을 입은 사람

같은 경우다. 랩도임을 드러내는 징후가 녹 빛깔의(적갈색, 암갈색 따위—옮긴이) 소변이라는 것은 수의사와 의사 모두 알고 있다. 신장이 채 걸러내지 못하는 유독성 근육효소(근육의 수축에 직접 관계하는 효소—옮긴이)가 넘쳐나면서 소변이 이런 색을 띠는 것이다.

1960년대에 이미 미 해군과 해병대의 군의관들은 신병들이 기초훈련 과정에서 집중적, 반복적으로 체조를 할 때 이따금 탈진, 근육 분해, 콜라 빛깔 소변 등 횡문근융해증에 특징적인 증상을 보이는 것에 주목했다. 사이클이나 달리기 선수, 역도 선수처럼 격렬하게 몸을 움직이는 운동선수들은 물론이고 고등학교 미식축구 선수들까지도 녹초가 될 정도로 힘든 연습을 하고 나면 그 비슷한 증상을 호소할 때가 종종 있다. 동물 선수들 역시 랩도에 걸리기 쉬우며, 특히 경주마가 그렇다. 동물이든 사람이든 강도 높은 운동을 하는 선수는 흔히 자신을 극한까지 밀어붙이며—때로는 통증을 참으면서—경기를 하는데, 이 때문에 랩도에 걸리기도 한다. 이처럼 '심근보다 정신력을 중시하는' 자세는 인간과 동물 모두에서 치명적인 결과를 소리 없이 불러올 수 있다.

그런데 야생동물 수의사들은 지속적인 추격이 없었고 그에 따른 골격근 분해, 횡문근융해증이 없었는데도 어떤 동물이 죽은 원인으로 포획근병증을 지목할 때가 있다.

포획근병증의 한 유형은 사람이 동물을 손으로 다루기만 해도, 혹은 올가미나 그물을 씌우든지, 울타리 안으로 몰든지, 상자에 담든지 우리에 가두든지, 다른 곳으로 옮기기만 해도 나타날 수 있다. '목숨 걸고 도망치는 것'도 무시무시한 일이지만, 적어도 필사적으로 노력하면 살아남을 가능성이 있다. 그에 비해 잡힌다는 것은 최악의 사태인 '게임 오버' 직전의 단계다.

댄 멀케이히가 말했듯, 동물의 경우 "그들이 잡히는 유일한 때는 누군가가 그들을 먹으려 할 때다." 이들에게 속박은 대개 한 가지를 의미한다. 다른 어떤 동물이 내가 움직이지 않기를 원한다는 얘기다. 진화적 관점에서 보면 포획과 속박은 단 하나의 상황을 뜻하는데, 그건 이제 곧 잡아먹힌다, 곧 죽는다는 것이다. 그러니 뇌가 "준비 완료! 발사!" 식의 반응, 즉 최후 수단으로 거대한 카테콜아민 쓰나미를 내보내는 반응을 발달시킨 것도 당연하다.

포획되거나 속박되었을 때 죽는 동물의 예는 아주 많다. 고산토끼(눈토끼), 흰꼬리사슴, 목화머리타마린, 영양 등 다양한 종에게 포획과 속박의 결합은 곧 죽음을 의미할 수 있다. 토끼 비슷하고 주로 추운 지역에 서식해서 '툰드라 버니'로 불리기도 하는 우는토끼(새앙토끼 · 쥐토끼라고도 한다.—옮긴이)는 남아메리카에도 사는데, 이곳의 전문가들은 우는토끼를 포획했을 때 몸통을 힘주어 잡으면 두려움 때문에 죽는다는 사실을 실수를 통해 배웠다. 안전하게 다루려면 붙들지 말고 두 손을 쫙 펴서 토끼가 그 위에 서 있도록 해야 한다. 포식자의 먹잇감이 되는 겁 많은 동물에게만 이런 위험이 있는 게 아니다. 불곰, 스라소니, 울버린, 말승냥이(회색늑대) 같은 최상위 포식자들도 잡히고 나서 죽는 경우가 있다.

요란한 소리라든지 흥분된 분위기는 동물들이 막다른 골목에 몰린 상황에서 위험을 더 악화시킬 수 있다. 서식지 이전 계획에 따라 캘리포니아 모하비 사막의 큰뿔야생양들을 한데 모았을 때, 근처에서 헬리콥터가 우레 같은 소리를 내자 이들의 상태는 아주 나빠졌다. 반려동물로 기르는 집토끼는 록 음악을 쾅쾅 틀거나 심지어 주인들이 큰 소리로 말다툼만 해도 죽는 수가 있다고 한다. 또 폭죽이 터질 때 앵무새에서 양에 이르는 반려동물과 가축들이 심하게 놀라서 죽기도 한 것으로 알려졌다.

1990년대 중반에 코펜하겐의 한 공원에서 덴마크왕립관현악단이 바그너의 오페라 「탄호이저」를 공연했다. 공원 바로 옆에는 코펜하겐 동물원이 있었다. 합창 소리가 드높아지고 독창자들이 최고음을 뽑아낼 때, 여섯 살 된 오카피 한 마리가 불안해하며 우리 안을 맴돌더니 그곳을 벗어나려 했다. 오카피는 스트레스 때문에 몇 분 동안 괴로워하다가 결국 쓰러져 죽었다. 수의사들은 포획근병증이라고 진단했다.

크고 무서운 소리들은—소프라노 가수의 성대에서 나오는 높은 소리는 그 하나의 예일 뿐인데—다른 여러 집단의 심장에도 부정적 영향을 미치는 위험인자라는 사실이 최근에 밝혀졌다. 학술 저널인 〈직업환경의학 *Occupational and Environmental Medicine*〉에 발표된 한 연구 내용을 보면, 업무 현장이 늘 무척 시끄러워서 평소 대화를 하려면 소리를 질러야 하는 사람들은 조용한 곳에서 일하는 사람들에 비해 심각한 심장 사건이 발생할 위험이 두 배나 된다고 한다. 그리고 유전적 심장질환을 지니고 있는 사람 중 일부는 커다란 소리에 기겁했을 경우 심장 율동에 교란이 촉발되어 죽음에 이를 수도 있다.[8)]

---

8) 긴QT증후군에서는 이온 통로(ion channel)의 기능 이상으로 심장박동 사이의 간격이 위험할 정도로 길어진다(이온 통로는 세포막에 존재하면서 세포의 안과 밖으로 이온을 통과시키는 막 단백질이다.—옮긴이). 이 질환 환자들은 치명적일 수 있는 심부정맥 발생에 취약하다. 긴QT증후군은 유전된 것일 수도 있으며(관련 유전자 대부분이 밝혀졌다), 후천적으로 생길 수도 있다. 일부 항생제, 항우울제, 항히스타민제를 비롯해 흔히 쓰는 여러 약제가 긴QT증후군을 일으킬 수 있으며, 심한 구토와 설사 같은 전해질장애 또한 유발 요인이 될 수 있다.

그리고 긴QT증후군 환자를 깜짝 놀라게 만들면 정말로 사망할 수 있다. 감정에 가해진 충격으로 가외의 심장박동이 촉발되고 이것이 부정맥으로 귀결되면서 사망에까지 이를 수 있는 것이다. 이런 결과를 낳는 충격은 갑작스럽고 큰 소음, 분노, 언쟁 등에서 올 수도 있고, **공포**에서 올 수도 있다.

흥미롭게도, 개의 한 품종은 소음의 충격 효과에 대한 방어 수단을 발달시켜온 듯하다. 긴QT증후군을 지니고 태어난 달마티안은 소음으로 인한 돌연사에 취약한데, 이들은 종종 운 좋게도 난청을 일으키는 유전적 돌연변이를 지니고 있다. 이 청각장애가 심장에는 뜻밖의 축복이 된다. 소리를 제대로 듣지 못하는 덕에 연약한 심장이 치명적인 심부정맥에 빠져들 가능성이 줄어들기 때문이다.

기겁하게 만드는 소리와 속박된 느낌은 동물과 인간에게 위험 신호로 받아들여진다. 오페라 소리에 붙들린 오카피처럼, 소음에다 갇혔다는 자각이 더해지면 치명적인 뇌-심장 반응을 일으키기에 충분할 수 있다. 동물과 인간의 감각기관들은 외부 세계에 대한 정보를 제공하며, 뇌는 그에 따라 필요한 회피행동을 한다. 하지만 공포를 유발하는 것이 소음이나 속박만은 아니다.

경우에 따라서는, 속박을 생각하는 것만으로도 비슷한 생리 반응이 일어날 수 있다. 사람들이 9월 11일 벌어지던 일들을 텔레비전으로 지켜보면서 불안해하고 겁먹었듯, 다른 동물들 역시 위협을 보는 것만으로도 격렬한 뇌-심장 반응을 경험할 수 있다.

밴쿠버의 한 동물원에서 얼룩말 네 마리가 죽은 일이 있다. 사인은 포획근병증으로 진단되었다. 그런데 그들은 쫓긴 적이 없었다. 스트레스 요인은 단 하나, 얼룩말 우리 안에 위협적인 아프리카물소 두 마리를 넣은 것이었다. 얼룩말들은 울타리와 그 둘레에 파인 도랑못 때문에 탈출할 수가 없었다.

예기치 않았던 포식자가 돌연히 나타났을 때의 위기감 또한 동물을 위험에 빠뜨릴 수 있다. 야생의 새들을 함께 관찰하던 몇 명의 탐조자(探鳥者)가 얘기하기를, 언젠가 오스트레일리아 해변에서 배가 계피색인 붉은가슴도요 한 무리가 얕은 물을 걸어가는 것을 보고 있었다고 한다. 그때 돌연히 육식조 하나가 휙 내리 덮쳐 아무 의심 없이 물을 헤치던 새들 중 한 마리를 그 무서운 갈고리발톱으로 움켜잡았다. 육식조가 날아가고 난 뒤, 탐조자들은 흥미로운 광경을 볼 수 있었다. 포식자가 건드리지 않았는데도, 근처에 있던 새 몇 마리가 갑자기 비틀거리며 힘이 빠진 모습을 보였다. 몇 마리는 앞으로 나아가려다 넘어지기도 했다.

이처럼 스트레스로 유발되는 근육질환을 조류학자들은 '근육경련(cramp)'이라고 한다. 아드레날린이 분출되면서 그 새들의 심장 근육에도 영향을 미쳤을 것이다. 밴쿠버의 얼룩말처럼 붉은가슴도요 또한 무서운 광경을 목격만 했을 뿐인데도 몸에 심한 영향을 받은 것이다.

우리 인간 역시 생명을 직접 위협하지 않는 상황에서도 강력한 생리적 반응을 일으킬 수 있다. 여객기를 타고 3,000미터 상공을 날 때, 기체가 에어포켓에 들어가 별안간 하강하면 우리 부신과 뇌에서 카테콜아민이 분비된다. 심장박동이 빨라지고 혈압이 올라간다. 죽을 것 같은 느낌이 들 수도 있다. 더 고약한 것은, 이제 곧 잡아먹힐 텐데 몸이 붙잡혀 꼼짝을 못하는 동물처럼, 탈출할 수 없다는 사실 때문에 몸의 생리적 반응이 더 격렬해진다는 점이다.

위협을 정보로서 처리하는 것은 우리 뇌지만, 반응을 일으키는 것은 몸이다. 이때 느껴지는 그 끔찍하고 활성화된 상태가 바로 두려움이다. 그리고 두려움은 포획근병증의 한 가지 핵심 요인이라고 수의사들은 말한다. 아니, 두려움이 **가장** 중요한 요인이라고 말하는 수의사들도 있다. 그렇다면 포획근병증을 일으키는 체내의 위험 요인이 무엇인지가 드러난 셈이다. 그것은 포획된 동물의 활성화된 감정 상태다.

우리는 인간을 포함한 동물의 뇌가 위험에 갇힌 상태에 반응하고 경우에 따라서는 과잉 반응을 한다는 사실을 알았다. 그런데 인간의 상상력은 이 상태에서 한 걸음 더 나아가게 한다. 그래서 학대받는 관계나 엄청난 빚, 눈앞에 닥친 징역형처럼 물리적인 것이 아닌 덫에도 심장이 반응하게 만든다.

2001년의 엔론 파산 사태 후 오욕 속에 횡령으로 유죄 평결을 받은 전 엔론 회장 케네스 레이가 2006년 형을 선고받기 몇 주 전에 심장마비로 사망한 것이 그런 예다. 돌연심장사 분야의 전문가이며 〈심장 율동*Heart Rhythm*〉 지 편집장인 더글러스 P. 자이프스는 플로리다의 한 신문기자에게 이렇게 말했다. "자신이 어찌해볼 수 없는 일들, 이를테면 배우자의 죽음이라든지 실직, 또는 이제 곧 받게 될 종신형 같은 일에 대한 스트레스가 돌연심장사로 이어질 수 있음을 우리는 압니다. 내가 [레이의] 머릿속을 들여다볼 수는 없지만, 머리가 심장에게 얘기를 하고 심장 기능에 영향을 줄 수 있다는 데에는 의문의 여지가 없습니다."

궁지에 몰리고 위협을 느낄 때 온몸을 휩싸는 공포 반응은 무서운 눈으로 쏘아보는 아프리카물소 앞의 얼룩말이나 종신형을 앞둔 화이트칼라 범죄자나 크게 다르지 않을 것이다. 실제로, 모욕적이며 부당하게 구는 상사, 부정적이고 걸핏하면 싸우려 드는 배우자, 숨 막히게 하는 빚 따위가 있을 때 심장과 관련된 사망의 위험도가 상당히 높아진다는 연구 결과들이 있다.

두려움과 속박이 인간과 동물에게 얼마나 큰 해를 입히는지 생각할 때, 이런 유형의 사망에 대해 진단명이 없다는 사실이 놀랍다. 동물의 포획근병증과 두려움이 유발하는 인간의 심장 문제가 서로 연관되기는 하지만 이들은 복잡한 현상이기 때문에, 어떤 사례들이 두려움과 속박 탓인지 확인하는 방법을 알아내는 것이 도움이 될 수 있다. 10여 년 전에 하버드의 신경학자 마틴 A. 새뮤얼스는 "신경계와 심장 및 폐 사이의 해부학적 연관성에 근거하여 모든 형태의 돌연사를 설명하기 위한 … 통일적인 가설"이 필요하다고 말한 바 있다.

내 주비퀴티 여정의 출발점이 된 다코쓰보 심근증이라는 계기는, 스트레스가 원인이 되어 사람에게 나타나는 심부전(심장기능상실)과 동물의 포획근병증을 나란히 놓고 특징들을 비교한 결과 많은 유사성을 확인한 데서 시작되었다. 우리 의사들은 어떤 증상 패턴과 신체적 소견들을 인지했을 때, 그것들을 정리해 증후군을 구성해낸 다음 거기에 이름을 붙인다. 수의사와 의사들은 동물의 포획근병증과 인간의 돌연심장사에서 두려움이 수행하는 역할을 요약해서 표현하는 새로운 공통 용어의 채택을 고려해볼 만하다. 나는 '두려움/속박과 관련된 사망 사건(fear/restraint-associated death event)'의 머리글자인 FRADE를 제안한다. 이 명칭은 의미의 폭이 동물과 인간 모두에서 감정에 의해 촉발되는 사망을 아우를 만큼 넓은 동시에 비감정적인 원인은 배제할 수 있을 만큼 제한되어 있다. 이 용어로 인간의 응급실과 야생의 현장 모두에서 나타나는 임상 사례들을 한데 모을 수 있다. 예컨대 나이 든 여성이 극심한 두려움 때문에 다코쓰보 심근증으로 사망한 경우와 오카피가 덫에 걸려 포획근병증으로 죽은 경우를 연결 지을 수 있는 것이다. 다른 분야들에서처럼 의학에서도 이름이 붙지 않은 공통성은 간과되게 마련이다. 언젠가는 두려움 및 속박과 관련된 사망의 기저에 있는 신경해부학적, 신경내분비적 원리가 더 명확히 이해되고 그 특징들이 완전히 설명될 것이다. 하지만 그때까지, 이런 종류의 죽음을 공통된 용어를 사용해 분류한다면 수의사들과 의사들이 두 종에 나타나는 갑작스럽고 치명적인 심장 사건들을 비교해 방지 전략을 이끌어내는 데 도움이 될 것이다.

많은 의사가 두려움과 심혈관질환의 관련성을 요즘 와서야 인정하고 있다. 하지만 이 위험한 관계는 시대를 불문하고 온갖 문화들에서 주목받아왔다. 예를 들어, 부두교의 저주라든지 과도하게 불길한 생각 따위가 순전히 물리적인 견지에서는 설명하기 어려운 치명적 결과들을 빚어내곤 했다.

외과 의사 중에는 자신이 수술대 위에서 죽으리라고 확신하는 환자를 수술하느니 차라리 집도를 포기하겠다는 사람이 많을 것이다. "외과 의사들은 자신의 죽음을 확신하는 환자들을 경계합니다." 매사추세츠종합병원 벤슨-헨리심신의학연구소의 설립자 중 한 사람인 허버트 벤슨이 〈워싱턴포스트〉와의 인터뷰에서 한 말이다. 보스턴에 있는 브리검여성병원의 정신과 의사 아서 바스키도 이런 환자들의 생각이 '자기실현적 예언'이라는 데 동의한다.

이를 노세보(nocebo, '나는 해[害]할 것이다'라는 뜻의 라틴어) 효과라고 하며, 플라세보(placebo, '나는 기쁘게 할 것이다'라는 뜻의 라틴어) 효과의 반대다. 잘 알려진 플라세보 효과('속임약[위약] 효과'라고도 하며, 의사가 환자에게 가짜 약을 투여하면서 진짜 약이라고 하면 환자의 믿음 때문에 효과가 나타나는 현상—옮긴이)와 달리, 노세보 효과에서는 투여한 물질이 무해한데도 환자가 그것을 해로운 점이 있는 약이라고 여길 때는 실제로 **부정적** 효과를 낸다. 부두 죽음(voodoo death, 두려움 등 강한 감정적, 정신적 쇼크 때문에 갑자기 사망하는 심인성 죽음. 주술로 타인을 죽게 할 수도 있다는 부두교의 믿음에서 온 말이다.—옮긴이)이라는 것이 실재하는지 궁금해한 적이 있다면, 그 대답이 '그렇다'일 수 있는 이유를 노세보 효과가 알려준다. 마법을 거는 사람이 진짜로 그런 능력이 있어 보이고 희생자 자신도 그런 일을 불신하는 사람이 아닐 때, 심장과 마음의 연결 관계가 활성화하면서 스트레스로 유발되는 심장사에서 나타나는 일련의 치명적인 움직임이 시작될 수 있다. 어떤 사람들은 이것을 '심장마비에 의한 살인'이라고도 한다. 이때 유전적 요인도 한 역할을 하는 듯하다. 부두 죽음이 특정 민족 집단 및 지역에 집중되는 경향이 있기 때문이다.[9)]

이런 죽음들은 FRADE와도 연관 지을 수 있다. 민간전승이 가미된 부두 죽음과 원인이 명확한 동물의 포획근병증 사이의 관련성은 동물과 인간의 신경계에 공통된 생명활동에 있다.

오랜 세월에 걸쳐 동물들은 외부의 위험에 대한 감각을 안전을 추구하는 행동 반응으로 전환하는 방식을 다양하게 발달시켰고, 일부 개선도 해왔다. 독소를 방출하거나 냄새를 피우는 동물도 있고, 전류나 독으로 쏘아대는 동물도 있다. 말미잘은 쿡 찌르면 움츠리면서 바닷물을 내뿜는다. 파리는 내리치는 손이나 파리채를 재빠르게 피한다. 하지만 위협에 대한 반응으로 특히 널리 퍼져 있고 오래된 것은 카테콜아민 분비다. 그 기원은 식물과 동물이 나뉘기 전인 20억 년 전으로 거슬러 올라간다. 예를 들어 감자의 잎과 덩이줄기는 추위나 가뭄, 화학 화상(화학물질에 의한 조직의

---

9) 가령 수면 중에 사망하는 야간급사증후군(sudden unexpected nocturnal death syndrome)은 라오스 몽족의 젊은이에게 주로 발생한다. 몽족은 꿈속에서 무시무시한 악령(다초[dab tsog]라고 부른다)이 나타나서 꿈꾸는 사람을 실제로 '죽이는' 특정한 악몽을 경계한다. 이런 일의 근저에는 아마도 심장의 전기적 문제(유전적일 수 있다)가 있을지 모른다. 하지만 죽음에까지 이르려면 악몽이 유발하는 아주 격렬한—그래서 카테콜아민을 분비시키는—스트레스가 있어야 한다(이런 악몽의 형상들은 뿌리 깊은 민간전승에서 유래한 것들이다). 필리핀의 젊은이들도 이와 비슷한 방웅옷(bangungot, '자면서 일어나 신음한다'는 뜻의 타갈로그어로, 악몽을 뜻한다)이라는 증상으로 사망한다고 알려졌다. 이런 얘기들은 현재의 혹은 한때의 공포영화 팬들에게 친숙하게 들릴 텐데, 왜냐하면 영화 「나이트메어*Nightmare on Elm Street*」 시리즈의 전제가 바로 이것이기 때문이다. 이 영화에서는 10대들이 꿈속에서 살인자 프레디 크루거에게 쫓기고 살해당하며, 그 결과 현실에서도 죽는다.

손상—옮긴이) 같은 스트레스 요인에 카테콜아민 분비로 반응한다. 이렇게 하면 감염을 포함한 여러 위협에 대해 저항력이 커지는 듯하다.

식물은 도망갈 수가 없다. 하지만 척추동물의 경우, 도망으로 위험을 피해야 할 때는 박동이 빨라지고 숨어서 위험을 피할 때는 아주 느려지는 식으로 반응하는 심장이 종종 삶과 죽음의 갈림길에서 목숨을 구해주곤 했다. 그런데 이 정연하고 효율적인 체계에는 중대한 결점이 하나 있다. 야생동물은 살아가면서 단 한 번만 위험을 과소평가해도 죽을 수 있기 때문에 경고 체계가 과잉반응 쪽으로 맞춰질 수 있다는 점이다. 진화의학 전문가인 랜돌프 네시는 이 과잉반응을 화재 방지용 연기 탐지기에 빗대어 설명한다. 경보가 엉뚱한 때에 울릴 수 있다 해도, 여러 번 경보가 잘못 울리는 편이 진짜 화재가 났는데도 울리지 않는 것보다는 낫다는 얘기다. 행동생태학자인 스티븐 리마와 로런스 딜이 풍자적으로 지적했듯, "죽임을 당하면 미래의 적응도가 크게 줄어든다."[10)]

과잉반응은 생물체의 기관계(器官系) 어디에서나 볼 수 있다. 우리의 면역계는 우리를 보호하는 과정에서 '과잉반응'을 하고, 그 결과 류마티스 관절염과 루푸스 같은 자가면역질환을 일으키기도 한다. 습진과 켈로이드(흉터종) 반흔조직은 몸이 외상에 과도하게 반응한 또 다른 예다. 우리

---

10) 때로는 우리를 보호하게 되어 있는 것이 사고로 우리를 죽이기도 한다. 인간이 만들어낸 시스템들의 일부에서 이런 현상의 예를 볼 수 있다. 자동차 에어백을 생각해보자. 충돌 직후 극히 짧은 순간에 효과적으로 생명을 구하기 위해서는, 열에 눋지 않게 처리된 이 폴리에스테르 쿠션이 시속 320킬로미터를 넘는 속도로 부풀어 펴져야 한다. 그러니 1998년 에어백 장착이 의무화된 이래 그것이 수만 명의 목숨을 구하긴 했어도, 순식간에 터지듯 펼쳐지는 그 힘 때문에 심장이 파열되고 폐동맥이 찢기고 경추가 부러져 수천 명이 사망한 게 놀랄 일만은 아니다. 이런 일은 차 앞자리에 타고 있던 아기와 어린아이들에게 주로 일어났는데, 그 후 이들을 앞자리에 앉히는 것은 불법으로 규정되었다.

몸은 미생물과 싸우기 위해 발열을 하는 경우가 있는데, 이때 열이 너무 높아지면 발작이나 뇌 손상이 일어날 수 있다. 생명 유지에 중요한 기도(氣道)를 깨끗이 하기 위한 기침은 기관지 경련이나 갈비뼈 골절로 이어지기도 한다. 정신의학 쪽에서도 이런 반응이 나타나서, 불안장애나 공황발작, 공포증은 위험에 대한 병적인 과잉반응이라 할 수 있다. 이는 보호본능에서 비롯된 것이다.

FRADE는 또 다른 과잉 대응을 보여준다. 카테콜아민이 적절한 상황에서, 즉 적응적으로 분출될 때 얼룩말은 전속력으로 사자에게서 도망가거나, 덮쳐든 사자를 필사적으로 몸부림쳐 떨쳐버릴 수 있다. 그러나 적절치 못한 상황에서, 즉 부적응적으로 이 스트레스 호르몬이 분출될 때는 동물의 근육이 분해되고, 신장이 망가지고, 급기야 심장이 멎을 수도 있다. 우리의 뇌와 심장이 협력해 우리를 죽일 경우도 있다는 것은 얼핏 납득이 가지 않는다. 하지만 FRADE가 우리에게 상기시키는 점은, 안전 체계란 강력해야 하며 때로는 과잉반응을 하도록 조율되었을 수 있다는 것이다. '다음 기회'가 없는 위험한 상황에서는 더더욱 그렇다.

수의사거나 반려동물 가게에서 일하거나 혹은 주인 없는 개나 고양이를 잡는 게 직업이 아니라면 동물을 자주 포획할 일은 분명 없을 것이다. 그리고 계몽된 21세기에 살면서 우리가 다른 사람을 붙잡아 꼼짝 못하게 만들 일도 거의 없다. 그렇지 않은가?

예전 언젠가 내가 중환자실 당직 근무 중이었을 때, 한 젊은 여성이 사투를 벌이고 있었다. 포도상구균 감염이 그녀의 여러 장기로 퍼졌는데 그 중 심장은 간신히 수축과 이완을 하고 있는 상태였다. 신장은 기능을 잃었고 간 기능도 크게 떨어지고 있었으며, 칼륨, 칼슘, 마그네슘, 나트륨의 임계 균형이 위험한 수준으로 깨져 있었다. 그녀는 며칠 동안 잠을 자지 못했다. 한 달 전까지만 해도 그녀는 지역 초등학교의 쾌활하고 인기 있는 교사였다. 하지만 그날 밤 그녀는 생명이 위협받는 상태에서 의식이 혼란스러워졌고, 그에 더해 **불안해했다**. 이것은 위독한 환자들에게서 워낙 자주 일어나는 일이어서 이름까지 붙었다. '중환자실 정신증(ICU psychosis)'이다.

그녀는 침대에서 몸부림치다가 왼쪽 콧구멍 밖으로 나와 있는 코위관(콧구멍을 통하여 위에 넣는 관—옮긴이)을 할퀴었다. 그러고는 오른손으로 앙상한 왼쪽 손목의 부드러운 피부에 꽂혀 있는 동맥내관을 잡아당겼다. 그녀는 목정맥에 안내도관을, 요도에 카테터를, 사타구니에는 혈액투석 카테터를 달고 있었는데, 그중 하나라도 뽑아낸다면 피가 사방에 낭자해질 것이었다. 혹시라도 혈압이 아주 약한 심장을 보조해주는 대동맥 내 풍선펌프를 잡아당기기라도 하면, 내부 압력이 아주 높은 대형 동맥이 찢어져과다 출혈로 죽을 수 있었다.

그녀의 몸을 불안정한 마음으로부터 보호하기 위해 나는 부드러운 재질의 신체 억제대를 쓰자고 했다. 간호사들이 조심스러우면서도 빠르게 움직여 나일론과 면이 섞인 천에 양털 느낌의 안감을 댄 15센티미터 너비의 띠를 그녀의 손목에 묶었다.

몇 초 동안 모든 것이 잠잠했다. 심장 모니터(심장 감시장치)의 규칙적이고 편안한 삐-삐-삐 소리가 심장 율동이 안전하고 정상적임을 알려주었다.

그런데 다음 순간 그녀가 자기 팔에 끈이 감긴 것을 감지했다. 그리고 손을 빼내려 들기 시작했다. 나는 '화학적 구속'이라 불리는 방법의 한 종류인 정주(정맥주사)진정법을 지시했다. 하지만 환자는 계속 몸부림쳤고, 눈에 보이게 혼란스러워했으며, 무척 겁에 질린 것 같았다. 곧이어 침대 위의 심장 모니터에서 나는 삐 소리가 달라졌다. 속도가 빨라졌고 약간 불규칙해졌다. 심실빈맥 상태로 들어간 것이었다. 이미 혈압이 낮은 상태였으므로 즉각 조처를 취해야 했다.

중환자실 팀은 이런 상황에서 필요한 인명 구조 순서를 연습하고 몸으로 익힌다. 상황이 발생하면 말은 거의 필요 없다. 간호사가 환자 가슴의 왼편에 점착성이 있고 크기가 페이퍼백 책만 하며 선이 연결된 패드를 붙이고, 환자를 굴려 옆을 향하게 한 다음 등판의 양쪽 어깨뼈 사이에 다른 패드를 놓았다. 함께 일하는 심장 전문 펠로(fellow, 레지던트 과정을 마치고 적어도 1년간 추가로 훈련을 받으면서 진료에도 참여하는 의사. 한국에선 '전임의'라고 한다.—옮긴이)가 제세동기의 조절 손잡이를 150줄(joule)에 맞추고 침착한 목소리로 모두들 침대에서 물러나라고 했다. 간호사들과 다른 의료진은 양손을 올리고 손바닥을 밖으로 한 자세로 물러났다. 환자나 침대의 어느 부분이라도 만지면, 환자에게 곧 가하게 될 전기가 그들의 몸으로도 흘러 들어갈 수 있기 때문이었다. 그 펠로가 '쇼크(shock)'라고 표시된 볼록한 붉은색 버튼을 눌렀다.

150줄의 전기가 체중 55킬로그램의 몸을 흐르는 순간, 환자의 몸이 빳빳해지면서 침대에서 약간 튀어 올랐다. 모두의 눈이 모니터로 쏠렸다. 우리의 귀는 일정한 간격으로 울리는 삐-삐-삐 소리를 기다렸다. 잠깐의 시간이 지나자 그 소리가 들렸다. 그녀의 심장 율동이 정상으로 돌아온 것이다.

그녀가 갑자기 심실빈맥 상태로 들어간 게 손목을 억제대로 묶었기 때문인지는 확실하게 알 수 없다. 급성 감염에 따른 심근염, 전해질장애, 빈혈, 저산소증 등 몇 가지 위험 요인이 있긴 했다. 하지만 이제 나는 속박이 동물에게 심장 정지를 일으킬 위험이 있다는 걸 알았으므로, 그것이 인간 환자에게 어떤 영향을 미칠지를 전과는 다른 시각으로 바라본다.

예전에 나는, 경우에 따라선 신체의 속박이 환자의 안전을 위해 필요한 조처라고 늘 생각했다. 이 방법은 다른 직종에서도 통상적으로 사용된다. 아마 사람들의 생각보다 훨씬 자주 쓰일 것이다. 정신건강 관련 시설이나 노인 요양 시설 등에서는 자신이나 다른 사람을 위험에 빠뜨릴 수 있는 환자들에게 현대판 구속복(straitjacket, 강압복)과 억제 도구들을 흔히 사용한다. 경찰 등 법 집행관, 군 장교, 교도관들 모두 제멋대로 행동하는 사람들을 통제하기 위해 수갑 따위의 속박 장치를 사용한다.

관련된 모든 사람의 안전을 위해 속박이 최선의 방법인 상황들이 분명 있다. 그것이 주위에 있던 무고한 사람들은 물론이려니와 관계 경찰관이나 군인, 간수, 병원 잡역부, 간호사, 심지어 '억류자' 자신에게까지 좋은 방법일 수 있음을 나도 안다.

그러나 수의사들이 속박을 포획근병증의 주요한 요인으로 본다는 사실을 알기 전에는 나는 그것이 신체에 나쁜 영향을 줄 가능성에 대해선 생각조차 해보지 않았다. 인간의학계에서 속박의 잠재적 위험성을 논의하는 적은 거의 없다.

하지만 FRADE, 즉 두려움 및 속박과 관련된 사망은 동물 세계 어디에서나 발생한다. 지금까지 우리가 인간에게는 그런 게 존재하지 않는다고 생각할 수 있었던 것 역시 인간의학과 동물의학이 분리되어 있기 때문이다. 수의사들이 알고 있는 사실, 즉 두려움은 그것이 의사가 환자를 위하려다 뜻하지 않게 유발한 것이든 테러리스트가 고의적으로 불러일으킨 것이든 치명적일 수 있다는 사실을 이제 우리 의사들도 알아야 한다.

수의사들이 추적과 공포, 포획이 지닌 위험성에 관해 더 많은 것을 알게 되면서 동물의 포획근병증을 예방하는 일에 대한 그들의 책임 의식도 더 단호해졌다. 캐나다 숲속에서 덫에 발이 걸린 회색곰이든 진료실 수술대 위의 애완용 토끼든, 스트레스를 줄이는 몇 가지 간단한 가이드라인을 따르면 그 동물을 보호할 수 있다는 데 대부분의 수의사는 동의한다. 그 가이드라인은 다음과 같다. 소음과 움직임을 최소화할 것. 스트레스와 관련된 고통의 초기 징후를 알아볼 수 있는 소규모의 정예 팀과 함께 일할 것. 안정을 중시하는 접근법을 개발할 것.

두려움과 속박의 위험성에 대해 생각하면서 나의 진료 방식도 바뀌었다. 지금도 환자의 신체 속박을 지시해야 할 때가 있긴 하지만, 그럴 때에도 위험성을 신중히 고려하면서 수의사들의 가이드라인을 떠올리곤 한다.

돌연심장사와 포획근병증의 얼크러진 가닥들을 풀면서 그것이 수많은 동물 종을 어떻게 휘감고 있는지를 살피고, 그 가닥들을 FRADE로 다시 엮다보니, 전혀 뜻밖의 환경에 도사리고 있는 또 다른 잠재적 위험에까지 생각이 미치게 되었다. 그곳은 알래스카의 도요새가 사는 물가나 경찰차 뒷자리, 또는 증상이 통제되지 않는 환자가 누운 중환자실과는 아주 동떨어진 곳, 신생아실이라는 아늑하고 따뜻한 보호막 속이다.

'요람사(crib death 또는 cot death)'라고도 하는 영아돌연사증후군(sudden infant death syndrome, 유아급사증후군)은 태어난 지 한 달에서 1년 사이에 영아(유아, 젖먹이)가 사망하는 주된 원인이다. 미국에서만 매년 2,500명이 넘는 아기가 이 증후군으로 사망한다. 국제적인 통계 수치는 다양하지만, 영아돌연사증후군은 데이터가 있는 모든 나라에서 영아 사망의 주된 원인이다. 엄밀하게 정의하면 여기 해당되는 돌연사는, "한 살 미만 아기의 갑작스러운 죽음 가운데, 철저한 부검과 사망 현장 조사, 병력 검토를 포함해 사안에 대한 면밀한 조사를 시행했음에도 원인이 밝혀지지 않은 경우"

이다. 그 '밝혀지지 않은'이라는 부분은 의사들에게 큰 좌절감을 준다. 많은 아기들이 어떻게, 그리고 왜, 삶에서 죽음으로 조용히 미끄러져 들어가는지 알 수가 없는 것이다.

원인에 관한 견해들은 넘쳐나서, 환경오염이나 간접흡연, 분유 수유, 조산, 또는 신경전달물질인 세로토닌의 부족 따위가 제시된다. 하지만 지금까지 영아돌연사증후군 위험 증가와 가장 강력한 상관성을 보인 요소가 하나 있는데, 아기를 엎어 재우는 것이다. 얼핏 생각하면 지극히 당연한 얘기 같다. 아기는 너무나 작고 약해서 스스로 돌아누울 수 없으므로 부드러운 매트리스나 침구에 얼굴을 묻고 있으면 질식할 수 있다. 하지만 그리 단순하지만은 않다. 이 증후군으로 사망한 아기들은 사후 검사에서 질식의 흔적이 전혀 보이지 않는 경우가 많다. 그래서 검시 의사들은, 이 죽음이 호흡과 관련된 게 아니라면 혹시 심장과 관련된 것은 아닐지 생각했다.[11]

사람이 얼굴을 아래로 하고 엎드려 있을 때, 심장의 위쪽 방들(심방)은 주요 정맥들에서 몰려드는 피로 가득 차게 된다. 이때 심방 안에서 압력에 민감한 신경(압력수용체)이 혈액량의 증가를 감지하고 일련의 자율적 역반응을 활성화한다. 그에 따라 호흡하려는 충동이 줄어든다. 심장박동의 속도도 준다. 이러한 반사들은 태곳적부터 많은 종이 보여 온 잠수반사(diving reflex), 즉 물속에 들어갔을 때 산소 대사를 줄이는 반응과 같은 진화적 유산인 듯하다. 그리고 이것은 아기를 엎어서 재울 때 아기의 심장박

---

11) 영아돌연사증후군의 일부 사례는 신경계와 호흡 계통, 심혈관 계통의 증상들이 중첩되며 발생할 수도 있다. 새로운 어느 이론에서는 이 증후군이 뇌 기능의 이상으로 인해 혈중 이산화탄소 농도의 비정상적인 상승(과탄산혈증)을 제대로 감지 못하는 것과 관련된다고 본다.

동과 호흡이 반사적으로 느려질 수 있음을 뜻한다.

어류와 설치류처럼 관계가 먼 동물들도 겁을 먹을 때면 공통적으로 심박수가—때로는 갑작스럽게—줄어든다. 깜짝 놀라게 하는 큰 소리가 났을 때, 사람의 태아뿐 아니라 새끼 사슴이나 악어의 심박수도 크게 낮아진다는 사실이 입증되었다. '공포서맥' 혹은 '경보서맥'이라고 하는 이 반응은 동물을 소리 없이 가만히 있게 해주어 포식자에게 발견될 위험을 줄이는 보호반사다. 이것은 놀라우리만큼 오랜 시간, 즉 1분이나 그 이상 지속될 수 있다. 어린 동물에게서 특히 강하게 나타나며 자라면서 다소 약화된다. (더 자세한 내용은 2장 '심장의 속임수'에 나와 있다.)

일찍이 1980년대에, 동물의 행동과 생리에 관한 지식이 풍부한 혁신적인 노르웨이 의사 한 사람이 나름의 주비퀴티적 계기를 맞았다. 의사이자 신경생리학자였던 비르예르 카다가, 숨어 있는 어린 동물의 심장이 느려지는 반응과 잠자는 아기의 심장이 멈추는 위험이 서로 연관된 현상이라고 본 것이다. 카다의 이론은 타당성이 있는 것으로 널리 인정되었지만, 대부분의 의학자들은 카다와 달리 영아돌연사증후군의 일부 사례들이 심장박동을 늦추는 두 가지 요인—엎드린 자세와 두려움—이 복잡하게 얽힌 결과일 수 있다는 사실을 인식하지 못했다.

이를테면 다음과 같은 과정을 상정할 수 있다. 아기를 요람에 엎드린 자세로 재운다. 그에 따라 심장박동이 약간 느려진다. 그런데 갑자기 문이 쾅 닫히거나, 자동차의 도난경보기가 작동하거나, 격한 말다툼 소리가 들려오거나, 전화벨이 울리는 등 깜짝 놀라게 하는 소음이 발생한다. 아이는 깜짝 놀라면서 겁을 먹는다. 많은 종의 어린것들이 그렇듯, 아기의 심박수도 돌연하고 충격적인 소음에 반응해 곤두박질친다. 이럴 때 아기의 아직 덜 자란 심장은 돌이킬 수 없는 정도로 느려질 수도 있다고 연구자들은 말한다. 그게 아니라면, 엎드렸기에 이미 박동이 느려진 아기의 심장에 큰 소리의 충격이 더해지면서 심장 율동에 치명적 변화가 촉발될 수도 있다. 둘 중 어느 쪽이든 영아돌연사증후군 사례의 일부는 두려움의 생리와 관련된다는 얘기다.

이것 말고도 영아돌연사증후군에는 동물의 포획근병증과의 중요한 연결점이 또 하나 있다. 이 증후군이 FRADE의 일부임을 시사하는 것인데, 바로 속박이다. 속박은 영아돌연사증후군에서도 아주 파괴적인 역할을 할 가능성이 있다. 그러나 인간의 아기들에게 속박은 그물이나 다리를 옭는 덫, 혹은 우리의 형태로 오지 않는다. 정신과나 중환자실의 성인 환자들처럼 손목을 묶일 일도 없다. 아기를 속박하는 것은 아주 오래전부터 있었고 최근 다시 나타난 관습인 포대기로 단단히 감싸기(swaddling)다.

아기를 포대기로 감싸는 것은 전 세계적으로 주된 육아 관행의 하나였고, 지금도 그렇다. 포대기로 단단히 싸면 까다로운 아기가 진정되고, 빨리 잠들고, 자신에게 상처를 내지 않게 된다는 것이다. 돌보는 사람이 아기를 데리고 다니기가 쉽기도 하다. 이상적으로 보면, 아기를 포대기로 감싸는 것은 사랑이 담긴 두 팔로 아이를 보호하는 것과 비슷하며, 더 나아가 아기가 아늑한 자궁에 있을 때처럼 편안한 느낌을 갖게 해줄 듯도 하다.

그리고 흥미롭게도, 벨기에 브뤼셀의 어린이대학병원 의사들의 연구에 따르면, 포대기로 감싸기는 영아돌연사증후군을 조금은 방지하는 효과도 있다고 한다. 다만, 아기가 엎드리지 않고 반듯이 누워 잘 때만 그렇다.

이 의사들은 포대기로 감싸기에는 섬뜩한 이면이 있다고 말한다. 포대기로 단단히 싼 아기를 엎어 재운 뒤 갑자기 큰 소리를 들려주면 영아돌연사증후군의 위험이 세 배로 **증가한다**는 것이다.

이 실험에서 벨기에 의사들은 생후 8주에서 15주까지의 아기들을 하룻밤 사이에 네 가지 상태—포대기에 싸여서 엎드려 잘 때와 반듯이(즉 등을 대고) 누워서 잘 때, 포대기 없이 엎드려 잘 때와 반듯이 누워서 잘 때—에 차례로 놓고 비교했다(30명으로 실험을 시작했으나 중도에 깨어나 30분 이상 다시 잠들지 않은 10명은 제외했다.—옮긴이). 포대기로 감싼 효과를 내기 위해, 침대 시트로 아기를 싸고 모래주머니들을 달아 팔다리를 못 움직이게 했다. (걱정할 것 없다. 2004년에 시행된 이 실험에서는 문제 발생에 대비해 아기들에게서 눈을 떼지 않고 관찰했으며, 부모들이 동의 서명을 했고, 소아과 의사가 계속 함께 있었다.) 그런 다음 의사들은 갑작스러운 '청각 자극'을 가했다. 소형 스피커를 들고 아기들의 작은 귀에서 2.5센티미터 정도 떨어진 곳에서 3초 동안 90데시벨의 백색 소음을 냈다. (90데시벨은 헤어드라이어의 '강풍' 소리, 혹은 오토바이가 부르릉거리며 지나가는 소리와 강도가 비슷하다.)

그 결과, 엎드려 자든 반듯이 누워 자든 아기들은 단단히 감싸여 '속박'되었을 때 소음에 더 민감하게 반응해서, 속박되지 않았을 때보다 더 빨리 그리고 더 심하게 심장박동이 느려졌다. 이 같은 실험 결과가 시사하는 바는, 엎드려 있는 것만으로도 이미 위험의 초입에 든 아기들에게 포대기로 단단히 싸는 속박을 더하게 되면 심장박동이 느려지는 과정의 마지막이자 치명적인 단계가 유발될 수 있으며, 갑작스럽게 시끄러운 소음을 가했을 때 특히 그러하다는 것이다.

아기를 포대기로 감싸는 것은 대개의 경우 안전하며, 아기를 돌보고 신체적, 정서적으로 안정시키는 데 일정한 역할을 하는 게 사실이다. 하지만 이것이 엎드린 자세, 깜짝 놀라게 하는 소리와 결합하게 되면 포식자가 가해오는 속박으로 잘못 해석되어 이미 느려지고 있는 심장박동이 더욱 느려질 수 있다. 소음과 속박이 많은 동물 종의 어린것들에서 경보서맥을 촉발할 수 있음을 상기한다면, 영아돌연사증후군이라는 퍼즐에 주비퀴티적인 조각을 더할 수 있다. 여기서 필요해지는 것은 동물생리학자와 야생생물학자, 그리고 이런 정보를 아기 환자들을 위해 활용할 수 있는 1차 진료 소아과 의사들 사이의 직접적인 대화다.

심장 근육의 율동적인 수축과 이완이 그렇듯, 심장과 뇌의 대화는 자궁 안에서부터 시작되어 우리가 죽는 순간까지 계속된다. 이는 참으로 다행스러운 일이다. 왜냐하면 놀라고 심지어 겁에 질리기까지 하는 일도 종종 우리를 위험에서 지켜주는 구실을 하기 때문이다. 그 놀람과 두려움이 도요새를 탈출하도록 부추기고, 지진이 일어났을 때 캘리포니아 사람들이 피신처를 찾게 한다. 강력하면서도 취약점을 지닌 심장-뇌 연합은 대개의 경우 생명을 구한다. 하지만 이따금 생명을 끝낼 수도 있다.

제7장

비만한 행성

—동물은 왜 뚱뚱해지고 어떻게 날씬해지는가

칼로리를 계산하며 음식을 먹어온 세월 내내, 나는 회색곰에게서 다이어트에 관한 조언을 얻으리라고는 전혀 생각지 못했다. 그런데 어느 날 나는 100명가량의 동물원 수의사와 함께 조명을 끈 회의실에서, 시카고 브룩필드 동물원의 뚱뚱한 알래스카 회색곰인 짐과 액시가 어떻게 몇백 파운드를 줄였는지에 관한 이야기를 열심히 듣고 있었다.

그 비결을 전해준 사람은 브룩필드 동물원의 영양사인 제니퍼 와츠 박사였다. 안경을 썼고 성격이 느긋한 그녀는 그곳 동물들의 식단을 감독하는 사람이었다. 그녀 옆의 화면에는 식이요법 '이전'의 사진이 떠 있었다. 그것은 텔레비전의 모든 '변신' 프로그램에서 내가 제일 좋아하는 부분, 즉 "공개해주세요" 직전의 순간과 같았다. '이전' 사진에서 곰들의 흔들거리는 배는 땅에 거의 닿을 듯했다. 울룩불룩한 살덩이들이 옆구리를 따라 출렁거렸다. 오랫동안 먹이를 너무 많이 준 결과, 곰들은 얼굴이 부풀어 올랐고 목은 흔적조차 사라졌다.

이어서 와츠는 '이후' 장면을 띄웠다. 내 주위의 수의사 몇몇이 나직이 웃는 소리가 들렸다. '이전'와 '이후'의 차이는 어마어마했다. 곰들은 날씬하고 반드르르 윤이 났으며 건강해졌다는 게 한눈에 보였다. 그 곰들이 내 환자였다면, 몸무게와 함께 비만과 관련된 건강 문제까지 뚝 떨어졌음을 확인하고 나도 마음을 놓았을 것이다.

내가 심장병 전문의이긴 하지만 어떤 날에는 의사보다 영양사 같다는 느낌이 들기도 한다. 환자들, 가족, 친구들은 걸핏하면 내게 무얼 먹어야 할지를 묻는다. 음식을 잘못 선택해서 몸에 여분의 무게를 달고 다니는 것이 우리를 병들게 할 수 있다는 사실을 이제는 모두가 알고 있다. 비만, 체중 증가, '올바르게 먹는 것', 이런 데 대한 관심이 현대 예방의학의 핵심이다.

그럼에도 그 회색곰들에 대한 와츠의 이야기를 들으면서 나는 언뜻 놀라우면서도 지극히 당연한 사실 하나를 깨달았다. 지구상에서 인간만이 살찌는 동물은 아니라는 것이다. 게다가 알고 보면 하마나 바다코끼리처럼 뚱뚱함을 상징하는 동물들만 살이 찌는 것도 아니다. 조류, 파충류, 어류, 심지어 곤충까지 온갖 동물들이 살이 찐다. 그리고 빠진다. 그들은 추가로 드레싱을 주문하지도 않고 주사나 약, 심리치료, 급기야는 수술 등으로 날씬해지기 대작전을 벌이지 않는데도 살이 찌거나 빠진다. 체중을 얼마라도 줄이기 위해 다이어트를 하는 사람들과 우리 시대의 아주 심각하고 파괴적인 건강 문제인 비만과 씨름하는 의사들을 비롯해 모든 인간에게 동물 세계의 살찌기 현상은 무수한 잠재적 교훈들을 지니고 있다.

하지만 그 순간까지 나는 "**동물도 살이 찌는가**?"라는 의문을 떠올려본 적조차 없었다.

다들 많이 들어본 말이겠지만, 우리는 '비만이라는 역병(疫病)'의 한가운데에 있다. 수백만이 생명을 위협하는 이 장애와 싸워야 한다. 세계 곳곳의 의사들은 절박하게 치료법을 찾고 있다.

그런데 이 비만 전염병에 대해 이런 말을 하면 놀랄지도 모르지만, 나는 지금 과체중인 사람들을 얘기하는 게 아니다(적어도 아직은 그렇다). 우리 주위에는 또 하나의 비만 역병이 돌고 있다. 그것은 우리의 개와 고양이, 말, 새, 그리고 물고기 들을 괴롭힌다. 전 세계에서 사람이 기르는 동물들은 이전 어느 때보다 뚱뚱해졌으며 지금도 계속 몸무게가 늘고 있다.

정확한 수치를 알기는 어렵다. 그 이유 중 하나는, 반려동물의 주인과 수의사들은 그들이 사랑하는 래브라도리트리버나 얼룩무늬 고양이가 그저 영양이 좋은 수준에서 확실히 살찐 상태로 넘어갔음을 알아채지 못하는 경우가 많다는 점이다. 하지만 미국과 오스트레일리아에서 실시한 연구들에서는 과체중과 비만인 개와 고양이의 수치를 25퍼센트에서 40퍼센트 사이쯤으로 추정한다. (일단은 동물이 우리 인간보다 잘하고 있다. 미국의 성인 중 현재 과체중이거나 비만인 사람의 비율은 놀랍게도 70퍼센트에 가깝다.)

우리 곁 반려동물의 과도한 몸무게에는 비만과 관련된 여러 낯익은 질병도 따라붙는다. 당뇨, 심혈관계의 문제, 근골격계 질환, 포도당 불내성(못견딤증), 일부 암 등이 그런 병이며, 고혈압도 여기 들어갈 수 있을 것이다. 이것들이 낯익은 까닭은 인간 비만 환자들에게도 거의 같은 문제가 나타나기 때문이다. 그리고 사람과 마찬가지로 개와 고양이에서도 몸무게와 관련된 이들 질병은 흔히 때 이른 사망으로 이어진다.

과도한 허리둘레와 싸우는 동물들의 노력 역시 낯설지만은 않을 것이다. 어떤 개는 식욕 억제를 위해 다이어트 약을 먹는다. 심각한 비만이어서 그 엄청난 군살 때문에 척추가 부러지거나 엉덩관절이 탈구될 위험이 있을 때, 지방흡입술은 종종 선택되는 치료법이다. 반려 고양이에게는 '캣킨스(Catkins)' 다이어트라는 걸 시킨다. 인간들 사이에서 인기 높았던 고단백, 저탄수화물의 앳킨스(Atkins) 다이어트를 동물에게 맞게 변형한 것이다. 수의사들은 '뚱뚱한 조랑말'을 치료하는 일이 점점 늘고 있다. 수의사들은 통통한 물고기에게는 먹이를 너무 주지 말라고 주인들에게 가르친다. 건장한 도마뱀에게는 운동을 더 시켜서 여분의 체중을 빼도록 하라고 조언한다. 어떤 거북이들은 너무 뚱뚱해져서 이젠 껍질 속으로 들락날락할 수가 없다고 그들은 전한다. 그들은 과체중의 새들을 얼마나 많이 보는지, 그 새들에게 '퍼치 포테이토(perch potato)'라는 별명을 붙이기도 했다(이 별명은 우리 속 홰[perch]에 올라앉아 잘 움직이지 않는 새를 가리키는 말로, 소파에 눌어붙어 텔레비전만 보며 여가를 보내는 게으른 이를 뜻하는 '카우치 포테이토[couch potato]'의 조류 버전이다.—옮긴이).

야생이 아닌 환경에 사는 외래종 동물들 역시 점점 몸집이 둥그스름해지고 있다. 군더더기 살이 건강에 미치는 영향을 염려해서 북아메리카와 유럽의 동물원 수의사들은 홍학에서 개코원숭이까지 다양한 비만 동물에게 살빼기 식이요법을 실시했다. 그 대부분은 인간용 감량 프로그램들의 전략을 차용한 것이다. 다이어트 제품 및 서비스 회사인 웨이트 워처스의 방식에 따라 음식과 칼로리 관련 점수를 매일 계산해본 사람이라면, 제니퍼 와츠가 이와 유사한 시스템을 적용한 브룩필드 동물원의 고릴라나 앵무새가 나날이 어떤 과정을 거치는지 짐작할 수 있을 것이다. 인디애나폴리스에서는 동물원 사육사들이 통통한 북극곰을 칼로리가 거의 없는 인공 감미료 첨가 젤라틴으로 유혹하면서 우리 안을 돌아다니게 부추긴다. 예전에는 설탕이 든 마시멜로와 당밀을 미끼로 썼었다. 톨레도에서는 살찐 기린들에게 그들이 전에 먹던 영양가 낮고 칼로리만 높은 크래커 대신 염분을 줄이고 섬유소를 늘려 특별히 만든 비스

킷을 주었다.

이 모든 뚱뚱한 동물들이 공통적으로 지닌 특징, 이들을 야생의 동족이나 조상들과 구분하는 특징은 한 가지, 먹이를 인간이 준다는 점이다. 이 동물들은 매일의 식사를 대부분 혹은 완전히 인간에게 의존하며, 우리는 그들의 입술이나 부리를 통과하는 모든 음식의 질과 양을 통제한다. 그러므로 사실 이 동물들의 체중 문제에 대해 그들 자신을 비난할 수는 없다. 물론 개들은 주인이 자기 앞에 놓아주는 것은 거의 무엇이든 먹으며, 그러고 나서도 더 먹을 게 없는지 코를 킁킁거리며 찾아다닌다. 고양이가 의지력을 발휘해 살찌는 맛난 음식을 거부한다는 건 터무니없는 생각처럼 보인다. 따라서 결론은 하나다. 책임은 우리에게 있다. 음식을 점점 더 건강에 해롭게 만드는 종, 그러면서도 해로운 음식을 많이 먹으면 안 된다는 걸 이해할 지력을 지닌 종인 우리 인간 말이다. 우리는 자신의 늘어나는 허리둘레뿐 아니라 우리가 기르는 동물의 허리둘레에도 책임이 있다.

우리 인간들 주변에 사는 것만으로도 동물은 살이 찔 수 있다. 예를 들어, 볼티모어 시내의 골목길을 기어 다니는 쥐들은 1948년에서 2006년 사이에 10년마다 약 6퍼센트씩 더 뚱뚱해졌는데, 아마도 그들의 먹이 대부분이 인간의 쓰레기통과 식료품 저장실에서 왔기 때문일 것이다. 그리고 이 쥐들이 비만이 될 확률은 약 20퍼센트 증가했다. 하지만 이들의 몸무게 증가가 살찌게 하는 음식 쓰레기 때문만은 아니었을지 모른다. 이들 도시 쥐를 연구한 학자들은 또 다른 집단에서 흥미롭게도 유사한 체중 증가 현상을 발견했다. 도시 쥐의 시골 사촌들 또한 비슷한 시기에 거의 같은 비율로 뚱뚱해진 것이다. 그리고 볼티모어 주변의 초원 공원지와 농촌 지역의 쥐들 역시—그들의 먹이는 더 '자연의' 것이었는데도—비만이 될 가능성이 증가했다.

동물이 원래 태어난 자연 환경에서 살면서 그들이 '먹어야 하는' 것, 즉 그들과 함께 진화해온 가공되지 않은 먹이를 먹는다면 따로 노력하지 않아도 날씬하고 건강한 상태를 유지할 수 있을 거라고 우리는 낙관적으로 생각한다. 하지만 꼭 그렇지는 않다. 나 자신도, 야생에서 동물은 배가 부를 만큼 먹으면 더는 안 먹으리라고 오랫동안 생각했다. 그런데 사실은 많은 야생 어류, 파충류, 조류, 포유류가 기회만 있으면 과식을 한다. 때로는 엄청난 정도로—건강에 좋은 자연산 먹이일지라도—그렇게 한다. 다이어트를 하는 많은 사람의 두 가지 실패 원인, 즉 음식이 넘쳐난다는 것과 그걸 언제든 먹을 수 있다는 것은 야생동물들에게도 이겨내기 어려운 유혹이다.

야생에서는 먹이를 얻기 힘들 거라고 생각할 수 있지만, 한 해 중 어떤 시기와 어떤 조건하에서는 먹이가 무진장 많을 수 있다. 씨앗이 온 들판에 흩어진다. 애벌레들이 모래와 초목을 덮는다. 잎사귀 아래마다 알이 있어서 쉽게 찾아 먹을 수 있다. 덤불엔 딸기를 비롯한 장과류가 그득하다. 꽃에서는 꿀이 스며 나온다. 이처럼 주위에 먹이가 풍부할 때 동물들은 게걸스럽게 먹는다. 소화관이 물리적으로 더는 받아들이지 못할 상태가 되어서야 먹기를 중단하는 경우도 많다. 타마린 원숭이들은 앉은자리에서 장과류를 너무 많이 먹고는 창자가 가득 차 방금 마구 욱여넣었던 과일들을 그대로 배설하는 모습이 목격되곤 했다. 육식성 어류는 많은 물고기를 정신없이 잡아먹은 다음 소화도 안 된 살들을 배설하기도 한다. 사자 같은 커다란 고양잇과 동물들은 사냥을 하고 나서 움직이지도 못할 정도로 많이 먹는 습관이 있다. 샌루이스오비스포의 캘리포니아주립공과대학교의 동물영양 전문가이며 샌디에이고 동물원과 야생동물공원의 첫 영양 책임자였던 마크 에드워즈는 내게 이렇게 말했다. "우리 모두는 매일 필요한 양을 초과해서 음식을 먹도록 만들어져 있어요. 내가 아는 한 모든 종이 그렇게 합니다." 실제로, 음식이 무제한으로 주어질 경우 개와 고양이, 양, 말, 돼지, 소를 비롯한 가축들은 하루에 아홉 끼에서 열두 끼까지 먹는다.

넘쳐나는 먹을거리에 언제든 접근할 수 있을 때 일부 야생동물은 놀라 우리만큼 뚱뚱해진다. 최근 오리건주의 어류 및 야생동물관리국에서는 C-265라는 기억하기 쉬운 별명을 지닌 물범을 안락사 시켰다. 그의 죄목은, 멸종 위기에 처한 왕연어를 연례 대이동 시기에 과도하게 먹어치웠다는 것이었다. 마치 뷔페에 간 듯 연어를 열광적으로 포식한 결과 C-265의 몸무게는 단 두 달 반 사이에 거의 두 배로(252킬로그램에서 473킬로그램으로) 불었다. 귀중한 왕연어의 개체수가 주는 것을 막기 위해 자연보호관들이 폭죽을 터뜨리고 고무탄을 쏘아댔지만 C-265의 식욕은 수그러들지 않았다. 그리고 폭식을 한 것은 C-265만이 아니었다. 2008년에 한 연방법원 판사는 연어의 개체수를 지키기 위해 매년 여든다섯 마리의 물범을 죽이는 것을 허락해서 논란을 불러일으켰는데, 이 판결에 따라 수많은 물범이 안락사를 당했다.

캘리포니아 근해 대왕고래들의 몸무게는 그들이 좋아하는 먹이인 크릴의 양에 따라 해마다 기복이 있다. 어떤 해에는 너무 말라서 등판의 척추뼈 하나하나가 눈에 띄게 돌출된다. 그렇지 않은 해에는, 고래 관광선 선장이 내게 한 말을 빌리자면, 대왕고래들은 "뚱뚱하고, 행복하고, 느긋하다." 그리고 영화 「펭귄—위대한 모험*March of the Penguins*」에 나온 장면, 바다에서 몇 주 동안 먹이를 실컷 먹고 나서 제대로 걷지도 못하던 황제펭귄들의 그 불룩이 늘어져 출렁거리던 흑백의 배를 누가 잊을 수 있겠는가?

콜로라도주의 남부 로키산맥에서는 1960년대 이후 기온이 올라갔는데, 이는 노란배마멋의 체형 변화와 밀접한 관련이 있다. UCLA의 생태학·진화생물학과장인 대니얼 블럼스틴이 내게 이 현상을 설명했다. "지난 40년 동안 눈이 그 전보다 이르게 녹았기 때문에 마멋이 동면에서 나오는 시기도 빨라졌지요. 따라서 성장 기간이 늘어나 더 좋은 몸 상태로 다음 동면에 들어갈 수 있었고, 이는 생존과 번식에서 성공 확률을 더 높여주었습니다." 다시 말해서 마멋이 전보다 뚱뚱해졌다는 것이다. 블럼스틴이 임페리얼칼리지런던과 캔자스대학교의 생물학자들과 함께 〈네이처〉 지에 발표한 연구 결과를 보면, 여러 세대를 거치면서 마멋은 점점 몸이 불어서, 50년 가까운 조사 기간 동안 평균 체중이 10퍼센트 이상 늘어났다. 이 같은 증가가 그리 커 보이지 않는다면, 같은 50년 동안 미국 성인 남성의 평균 체중 역시 10퍼센트가량(1960년의 약 75킬로그램에서 2002년 약 84킬로그램으로) 증가했다는 질병통제예방센터의 자료 수치를 생각해보라. 이런 경향은 비록 함축된 의미는 다를지라도 인간의 비만 역병 현상과 상응한다. 블럼스틴은 말한다. "마멋의 개체수는 지난 10년간 세 배로 늘었습니다. 통통한 마멋은 행복한 마멋이지요."

카르파티아산맥 기슭에 사는 슬로바키아 사람들은 한때 그들 지역의 호수에 독특한 종의 야생 잉어—부근의 수로들에서 발견되는 것보다 크고 살이 많은 물고기—가 산다고 믿었다. 하지만 자세히 조사한 결과, 그 인상적인 물고기들은 강꼬치고기(민물꼬치고기)로, 인근 수로의 그 작다는 물고기들과 똑같은 종임이 밝혀졌다. 홍수로 인해 근처 농장 지대에서 영양소들이 호수로 쓸려 들어왔고, 그래서 풍족해진 먹이를 물고기 대식가들이 듬뿍 섭취한 결과 그들의 몸이 알아볼 수 없을 만큼 부풀었던 것이다. 주변에 여분의 먹이가 있을 때 이처럼 엄청나게 비대해지는 것은 다른 많은 지역의 어류들도 마찬가지다.

인간이 그렇듯 야생동물 역시 먹을거리가 풍족하고 그걸 언제든 먹을 수 있는 환경에서는 뚱뚱해질 수 있다는 얘기다. 물론 동물도 계절과 삶의 주기(이에 대해서는 곧 다시 얘기하겠다)에 따라 정상적으로—그리고 건강하게—살이 찌기도 한다. 아무튼 여기서 핵심은 동물의 몸무게가 주위 환경에 따라 오르내릴 수 있다는 사실이다.

나는 주비쿼티 접근법을 통해 동물이 뚱뚱해지는 이유와 방식을 보다 섬세한 시각으로 보게 됐다. 그리하여 몸무게가 도표상의 고정된 숫자에 그치는 게 아니라는 사실을 새삼 깨달을 수 있었다. 몸무게란, 아주 거대한 것부터 극히 미세한 것까지 엄청나게 다양한 외적·내적 과정들에 대한 **역동적이고 끊임없이 변하는 반응**이다.

지혜로운 내 동료 한 사람도 이런 뜻이 담긴 말을 했다. "비만은 환경의 질병이다." 리처드 잭슨은 UCLA 환경건강과학과의 과장이며 질병통제예방센터 산하 국립환경보건센터의 소장을 지냈다. 2010년에 녹화한 열정적인 인터넷 비디오에서 그는 자신의 말이 의미하는 바를 설명했다.

> 비만이라는 역병이 불러온 문제 하나는 우리가 희생자에게 책임을 돌리는 경우가 너무 많다는 것입니다. 물론 우리 모두는 **자제력**을 더 지녀야 하며 의지력을 더 발휘해야 합니다. 하지만 모든 사람이 동일한 일련의 증상을 보이기 시작한다면, 우리의 건강 상태를 변화시키는 주범은 우리 마음속에 있는 무엇이 아니라 환경 속에 있는 어떤 것입니다. 그리고 우리 환경에서 변하고 있는 게 뭔가 하면, 우리가 위험한 음식, 설탕이 잔뜩 든 음식, 고지방 음식, 고염도 음식을 만들었으며…그 음식을 아주 쉽게, 그리고 아주 싸게 살 수 있도록 했다는 것인데, 그것은 분명

맛이 좋지만 우리가 먹어야 할 음식은 아닙니다.

이는 미국 식품의약국(FDA) 국장을 지냈으며 2009년에 펴낸 저서 『과식의 종말*The End of Overeating*』에서 가공식품을 비판한 데이비드 케슬러의 지적과 비슷하다. 그는 과도한 설탕, 지방, 그리고 소금이 뇌와 몸을 '사로잡고' 식욕과 욕구의 순환을 자극해 살찌게 하는 음식에 저항하는 것을 거의 불가능하게 만든다고 주장했다. 요컨대, 설사 우리가 감자 칩 한 봉지나 쿠키 한 접시를 거부할 수 있다 해도 지금 우리의 '환경'에서는 어디를 둘러봐도 이런 음식들의 산이 끝도 없이 이어져 있다는 것이다.

이처럼 살찌우는 환경은 동물들 주위에도 있으며, 그래서 그들 역시 과도하게 먹는다. 우리 생각으로는 영리해서 그러지 않을 듯싶은 동물도 마찬가지다.

어느 이른 아침 나는 다음과 같은 광경과 마주쳤다. 햄버거 부스러기와 케첩 자국이 있는 종이 접시 위에 놓인, 기름에 눅눅해진 프렌치프라이. 바닥까지 비워진 도리토스 부대 옆에 입을 벌리고 있는 노란색 엠앤엠스 봉지. 이리저리 길게 엉겨 붙은 기름이 무지개 색으로 번들거리는 피자 상자와 그 옆에 놓인 반쯤 마시다 남은 탄산음료 캔들.

이곳은 일요일 아침의 대학 남학생 클럽 회관도, 폭식증 환자의 침실도 아니었다. 심장질환 집중치료실 야간당직 팀의 대기실이었다. 이 어지러운 자취를 남긴 젊은 의사들은 심혈관의학 부문 순환근무 중이었으며, 그중엔 심장병 전문의 수련 연차가 높은 사람도 몇 있었다. 최고의 의과대학들에서 엄선된 이 의사들은 직전의 24시간을 현대인이 잘 걸리는 치명적인 질환 중 몇몇 종류—심장마비, 동맥 파열, 뇌졸중, 동맥류 따위—를 치료하면서 보냈다. 밤새 꼬박 가슴 통증, 비정상적인 심전도, 혈관조영상(血管造影像), 제세동의 소용돌이 속에 있었던 것이다. 그리고 이들 병증의 대부분은 환자들이 원래 가지고 있던 심장동맥(관상동맥)질환 때문에 생긴 것이었는데, 이 질환은 미국인들의 으뜸가는 사망 원인이며, 설탕과 정제 탄수화물, 소금, 그리고 특정 지방이 많이 함유된 식품의 섭취와 뚜렷이 연관되어 있다.

내가 미국 곳곳의 의과대학 부속병원에서 수련하던 시절 내내 식음료 공급 부서에서는 '야식(midnight meals)'이라는 것을 내놓곤 했다. 파스타, 샌드위치, 두툼한 쿠키, 그래놀라 바, 햄버거, 기름진 튀김류, 캔디 등의 호화로운 식단이었다. 이 진수성찬은 더없이 힘들고 긴 노동시간에 대한 보상이자 격려였으며, 동료 간의 유대를 강화할 좋은 기회이기도 했다. 하지만 우리 대부분에게, 한밤중에 마음껏 즐기던 그 모든 맛난 음식에 근무 중 끊임없이 받는 스트레스가 더해진 결과는, 요즘 우리가 환자들에게 가급적 피해야 한다고 늘 말하는 바로 그 '비만을 유발하는' 환경이었다.

어떤 음식을 먹는 게 **좋은지는** 심장병 전문의가 아니라도 알게 마련이다. 적어도 캔디와 피자 위주의 식단엔 문제가 있다는 사실 정도는 누구나 안다. 앞에서 본 야간당직 의사 대기실의 아침 풍경이 많은 것을 말해주는 이유가 바로 여기에 있다. 심장병 전문의들은 잘못된 식습관 때문에 병이 든 신체 부위를 자신의 눈으로 보고 손으로 직접 만지며 치료한다. 스스로를 불사신처럼 여기는 집중치료실 인턴과 레지던트들의 젊은이다운 자신감은 제쳐두고라도, '정크푸드를 먹는 심장병 전문의'는 의학적 모순어법으로 보인다. 줄담배를 피우는 암 전문의나 알코올 중독자인 간 전문의 등 자기가 전공한 병으로 죽기를 바라는 듯 행동하는 다른 분야 의사들과 마찬가지로, 그들은 의도와 섭취 사이의 인지적 단절을 보여주는 살아 있는(아직은 그렇다) 화신이다. 우리 의사들은 모든 교육과 경험이 그러지 말라고 경고하는 데도 불구하고 대량살상 무기 같은 음식들을 먹는다. 2012년 미국에서 30만 명 가까운 의사를 대상으로 조사한 결과, 심장병 전문의의 34퍼센트가 자신이 과체중이라 했고 4퍼센트는 아예 비만이라고 답했다. 우리가 음식을 먹을 때면 지식과 자유의지를 넘어서는 어떤 힘이 작용하는 게 분명하다.

진화생물학자 피터 글럭먼은 현대의 비만을 진화적인 '불일치(mismatch)'의 사례, 즉 우리의 유전적 특성과 환경 사이의 간격이 점점 벌어지면서 생긴 현상의 하나로 꼽는다. (우리는 동물 조상에게서 먹을 것이 풍족할 때든 굶주릴 때든 계속 살아남게 해주는 섭식 행동을 물려받았다. 하지만 인간의 문화로 인해 우리는 이러한 섭식 행동과 일치하지 않는 시리얼과 전동 스케이트보드 같은 비만을 촉진하는 것들로 가득한 환경을 만들었다.)

이러한 불일치는, 심장질환 집중치료실의 당직 대기실 풍경이 **가장 나쁜** 식습관의 전형을 보여준다기보다 수백만 년 전부터 전해 내려오면서 **효과를 보았던** 섭식 전략을 상징하는 것일 수 있는 이유를 설명해준다. 그리고 기회만 주어지면 쿠키를 비롯한 맛난 간식을 먹으려 드는 것은 대기실의 그 젊은 의사들만이 아니다.

건조한 미국 서부 지역에서 붉은수확개미들은 수백만 년 전부터 씨를 먹는 데 적응해왔다. 그들에게 씨는 최고의 먹이다. 씨는 저장했을 때 보존이 잘 된다. 그리고 씨를 먹으면 단백질, 지방, 탄수화물 같은 영양소를 적절한 비율로 섭취할 수 있다.

씨를 먹기 때문에 이 개미들은 기본적으로 채식주의자다. 하지만 그들

앞에 참치 조각이나 설탕 쿠키를 놓고 무슨 일이 일어나는지 보라. 오랜 세월 진화하면서 환경에 가장 알맞게 선택한 섭식 행동은 이 순간 아무 소용이 없다. 수백만 년 동안 자연선택을 거치면서 신중하게 습득해온 먹이 저장 행동도 쓸데없다. 개미는 고기와 쿠키를 걸신들린 듯 먹는다.

이와 비슷한 일이 마멋에게도 일어난다. 이 엷은 갈색의 설치류는 캘리포니아의 시에라네바다산맥과 콜로라도의 로키산맥을 비롯해 전 세계의 고산지대에 산다. 마멋은 때때로 거미나 곤충을 먹기도 하지만, 대체로 풀을 뜯고 사는 초식동물이다. 하지만 오랫동안 마멋을 연구한 생물학자들에 따르면, 이들이 채식을 선호하기는 해도 기회만 생기면 생고기를 게걸스럽게 먹어치운다고 한다. 보통 때는 채식을 하는 얼룩다람쥐와 일반 다람쥐도 젖분비 시기에는 고기를 먹는데, 그때는 단순한 육식에 그치지 않고 동족까지 먹는 동물이 되어 차에 치여 죽은 다른 다람쥐를 게걸스럽게 먹어댄다.

그 이유는 아주 단순하다고 UCLA의 진화생물학자인 피터 노낵스는 말한다. 같은 양일 때, 고기와 가공된 설탕을 먹는다면 가장 적은 노력으로 가장 많은 영양소를 섭취할 수 있다. 고기와 설탕은 칼로리가 더 많고 소화도 더 잘된다. 피터 노낵스는 이렇게 말한다. "생존하는 데는 많은 고기를 먹을 필요가 없습니다." 씨앗 한 더미를 수확하려면 많은 노동이 필요하다. 풀 뭉치들을 씹어 먹는 일도 에너지가 많이 든다. 개미나 마멋이 이런 과정들을 건너뛰고 곧장 영양소를 얻을 수 있다면, 당연히 그렇게 할 것이다.

진화생물학자들은 단백질에 대한 욕구—여기엔 지방과 소금에 대한 기호도 포함된다—가 아주 오래전에 시작되어 지금까지 보존된 메커니즘이라고 생각한다. 설탕에 대한 욕구는 아마 그보다 조금 뒤에 생겼을 텐데, 약 1억 년 전 식물이 꽃을 피우고 씨와 과일 안에 설탕을 모으기 시작한 때쯤일 가능성이 크다. 우리 인간은 단백질과 설탕을 추구하는 동물들과 조상이 같고, 따라서 충동 또한 같을 수 있다.

이는 지방이 많은 피자, 설탕이 든 초콜릿, 소금기 짙은 프렌치프라이로 어지럽혀진 당직 의사 대기실 풍경이 꼭 인간의 타락한 식습관을 보여주는 예는 아니라는 걸 뜻한다. 그보다는 특정 식품류에 대한 선호가 우리에게까지 보존돼왔다는 증거일 수도 있다. 지난 몇억 년 동안 모든 동물이 하나같이 단백질과 지방, 소금, 설탕을 차지하려는 충동을 지녀왔다면, "정크푸드를 먹지 마시오"나 "몸에 좋은 음식을 먹으시오" 같은 진심 어린 충고가 그 충동과 경쟁할 수 있다고 생각하는 것은 순진하달 만큼 낙관적이라 하겠다.

오늘날의 식품회사들은 사람들의 건강에는 아랑곳없이 그들이 생산하는 제품에 이런 성분들을 더 많이 넣음으로써 오랫동안 진화해온 이 충동에 편승해왔다. 우리가 '딱 하나만' 먹고 그만두지 못하는 데는 다 이유가 있는 것이다. 유사한 상황에서 마멋도 그렇게 하지 못한다.

그리고 이따금은 그래도 괜찮다. 동물들의 몸무게는 오르내리는 게 보통이며, 어떤 경우에는 아주 큰 차이로, 한 해 동안 몇 번을 그러기도 한다. 동물 세계 어디서든 이것은 건강하다는 표시다. 실제로 동물원 영양사들은 돌보는 동물의 몸무게에 하나의 목표치를 정해놓지 않는다. 그저 범위만을 설정하며, 만일 기린에서 뱀에 이르는 동물들이 계절과 삶의 단계에 따라 그 범위의 한쪽 끝에서 다른 쪽 끝까지 몸무게가 오가지 않으면 오히려 걱정한다. 야생에서 많은 종의 수컷들은 짝짓기 철 이전 몇 주 동안 살이 찐다. 암컷들은 알에 영양을 공급하기 위해, 새끼를 위해 젖을 분비하거나 다른 먹을 것을 공급하는 일에 대비해, 몸에 지방을 축적한다. 물범과 뱀을 비롯해 털갈이나 허물벗기를 하느라 열량을 많이 소모하는 동물들은 그러기 전 며칠에서 몇 주까지 일정 기간은 열량을 지방의 형태로 저장해둬야 한다. 무엇보다도 동면에 들어가기 전에 동물은 몸무게가 엄청나게 늘어난다. 몇 달을 먹지 않고 지내야 하기 때문이다. 계절적인 서식지 이동 역시 살이 찌고 빠지는 중요한 주기를 가동하는 요인이다. 그리고 어떤 동물의 삶에서든 물질대사 차원에서 굉장히 힘든 시기는 태어난 직후의 몇 시간에서 몇 주까지다. 이와 연관해, 새끼 새에서 사람의 신생아에 이르기까지 많은 동물에서 아기 시절은 가장 살이 쪄 있는 시기다.

심지어 곤충의 체지방도 그들 삶의 중요한 시기마다 오르내린다. 어떤 곤충은 변태하기 전이나 알을 낳기 전에 살이 찐다. 벌들은 영양이 충분하면 많은 양의 지방을 만든다. 벌집의 밀랍은 꿀벌 지방의 한 형태다. 지방은 식물에도 있다. 밀랍처럼 광택이 있고 물이 스며들지 않는 잎의 피막이나 씨 속의 영양분 덩어리(배젖) 등의 주성분이 그것이다.

그런데 자연은 그 나름의 '체중 관리 계획'을 야생동물에게 부과한다. 그 대표적인 예는 먹이가 부족한 시기가 주기적으로 닥치는 것이다. 포식자의 위협도 동물이 먹이에 제대로 다가갈 수 없게 한다. 몸무게는 올라가기도 하지만 내려가기도 한다. 만일 야생동물 식으로 몸무게를 줄이고 싶다면, 주위에 있는 음식의 양을 줄이고 손에 넣기 어렵게 만들라. 그리고 나날이 음식을 얻는 데 많은 에너지가 들도록 하라. 다시 말하면 환경을 바꾸라는 얘기다.

이것은 많은 동물원에서 이미 쓰고 있는 방법이다.

코펜하겐 동물원에 우연하게라도 시간을 잘 맞춰서 간다면, 전 세계의 다른 동물원에서는 보기 쉽지 않은 광경을 목격하게 될 것이다.

죽은 임팔라 한 마리가 우리 한가운데에 놓여 있다. 그 위엔 십여 마리의 사자가 마치 버려진 소시지 조각에 우글거리는 파리들처럼 들러붙어 있다. 특유의 풍성한 갈기를 지닌 다 자란 수컷이 임팔라 위에 높이 앉아서 목과 얼굴을 뜯는다. 수컷의 사랑을 받는 암컷 두 마리가 그 옆에 쭈그리고 앉아 찬찬히 고기를 우적거린다. 다른 두세 마리는 죽은 짐승의 배를 열어 내장을 헤쳐놓고 있다. 강아지처럼 몸이 나긋하고 동작이 어설픈 어린 새끼들은 어른들 사이를 들락날락하면서 죽은 짐승의 살을 한 입씩 잡아채느라 입 주위로 피가 뚝뚝 흐른다. 사자들은 흡족한 듯 나직이 으르렁거려 으스스한 소리를 내고, 간간이 그들의 이빨이 죽은 짐승의 뼈를 부수는 특유의 빠작 소리가 들린다. 이 대형 고양잇과 동물들은 배가 너무 불러 움직이기 힘들어지고 나른한 만족감으로 눈꺼풀이 내려앉을 때까지 먹어댄다.

아프리카 남쪽의 초원에서 벌어지곤 하는 포식의 향연을 이처럼 인위적으로 재현하는 것을 '죽은 동물 먹이기'라고 한다. 코펜하겐 동물원의 영양사를 비롯한 관리자들은 사자와 호랑이, 치타, 늑대, 자칼, 하이에나에게 뜯어먹으라고 줄 사체를 신중하게 선택한다. 곧 썩을 그 고기에 병은 없는지, 영양가는 적절한지 확인한다. 먹이가 될 동물은 같은 동물원의 다른 구역에서 데려온 것일 경우가 많으며, 먼저 안락사를 시킨 다음 육식동물을 위한 고기로 '재활용'한다. 죽은 동물 먹이기에 찬성하는 사람들은 이처럼 가공 없이 온전한—발굽, 털, 눈알 따위가 모두 남아 있는—먹이는 육식동물들로 하여금 야생에서 자연 그대로의 방식으로 먹이를 취할 때 느끼는 맛과 기분을 동시에 느끼게 해준다고 말한다.

하지만 비판자들은—대개 북아메리카와 영국 일부 지역 사람들인데—그 방식이 잔인할 뿐 아니라, 자연에서의 그 같은 살육에 익숙지 않은 가족 단위 방문객들에게는 거부감만 줄 것이라고 말한다. 그래서 영미의 동물원 영양사들은 대부분 개인적으로는 죽은 동물 먹이기를 좋아하면서도 여론을 받아들여 이미 조각으로 잘랐거나 완전히 갈아놓은 고기를 제공한다. 그들이 어떤 동물에게 예컨대 피가 흐르는 소의 다리나 허리 같은 큰 덩어리를 먹일 경우에는 관람객이 못 보는 곳에서 몰래 주거나 관람 시간이 끝난 다음에 준다.

내가 코펜하겐 동물원의 수의사인 마스 베르텔센에게 죽은 동물 먹이기에 대해 물었을 때, 그는 전혀 불편한 기색 없이 말했다.

"동물은 원래 그렇게 먹어야 합니다." 세상 사람들의 항의가 두려워 그렇게 못하는 동물원은 "큰 목소리를 내는 소수에 굴복하는 겁니다"라고 그는 덧붙였다. 호랑이에게 말고기를 갈아 만든 패티를 먹이로 준다면, 그것 역시 말을 먹는 것이긴 해도 단단한 뼈를 으스러뜨리고 연골을 씹고 가죽과 털을 소화할 때 얻게 되는 영양상의 이득은 다 놓치게 된다고 그는 지적했다. 실제로 육식동물이 야생에서라면 사냥했을 것과 같은 먹잇감(태즈메이니아데빌은 캥거루, 사자는 일런드영양, 치타는 가젤)을 온전한 형태로 주어서 먹게 하는 동물원에서는 해당 동물의 이가 더 깨끗하고 튼튼하며, 잇몸도 건강하고, 심지어 태도가 느긋해지는 등 행동까지도 긍정적으로 변한다고 한다. 대부분의 수의사는 자신이 돌보는 동물을 의인화하기를 싫어하는데 베르텔센도 다르지 않아, 코펜하겐의 사자들이 이처럼 더 자연적인 방식으로 먹을 때 '즐거움을 느낀다'는 말은 하지 않았다. 하지만 그 고양잇과 동물들이 "즐거운 시간을 보내는 것 같다"라고 활짝 웃으며 말했다.[1)]

---

1) 동물의 사체를 먹이로 주는 다른 여러 곳에서처럼, 베르텔센의 동물원에서도 이런

동물이 갇힌 상태에서 먹는 방식을 그 동물이 야생에서 취했을 방식과 조화시키는 일은 그들을 치료하는 수의사와 식단을 짜는 영양사 앞에 놓인 과제다. 자연 속에서 동물은, 최선의 상황에서라면, 자신의 송곳니와 발톱으로 잡을 수 있는 가장 건강하고 영양 균형이 잘 맞는 끼닛거리를 자유롭게 선택하고 잡아먹는다. 여기서 더 중요한 사실은, 그들의 먹이는 그걸 얻기 위해 수행해야 하는 신체적이고 인지적인 많은 활동과 복잡하게 얽혀 있다는 것이다. 야생의 식사에서 배 속과 머릿속이 분리되는 경우는 거의 없다. 먹잇감을 쫓기 전에 아드레날린이 분출되어 기분이 짜릿해질 때든, 조개껍질을 힘들여 벌린 뒤 그 속의 살을 한 입 먹으며 흐뭇해할 때든, 한동안 굶었다가 배를 그득 채우고는 편안해졌을 때든 다 마찬가지다.

그런데 동물원에 있는 동물의 경우에는, 무엇을 먹고, 언제 먹고, 얼마나 먹고, 심지어 어디서 먹는지까지, 그러니까 먹는 일에 관한 사실상 모든 사항을 **남들이** 결정한다. 하지만 동물이 조상에게서 물려받은 그 모든 야생의 본능들, 먹이를 사냥하거나 채집하고 위험을 경계하는 등의 본능은 동물원이라는 환경에서 크게 제약되기는 해도 완전히 사라지지는 않는다. 그래서 동물의 사체를 주는 것은 먹는 일에 관한 결정을 동물들의 발과 주둥이에 돌려주는 한 가지 방법이다. 줄기콩 같은 채집 대상을 우리 안 여기

식으로 배부르게 먹인 육식동물에게는 이후 며칠간 대개 먹이를 주지 않는다. 일부 야생동물이 보이는 '포식 후 단식'이라는 자연스러운 행태를 따르는 것이다. 캔자스주 토피카에 있는 워시번대학교의 조앤 올트먼은 반려동물용 식품 회사인 힐스의 과학자들과 함께 토피카 동물원에 수용돼 있는 아프리카 사자 다섯 마리를 연구했다. 연구 팀은 매일 먹이를 주던 이 사자들을 일주일에 세 번만 먹였다. 포식 후 단식 식이요법인데, 그 결과 사자들의 소화와 대사 기능이 좋아졌으며, 먹는 양은 줄었다. 또한 끊임없이 왔다 갔다 하는 행동도 줄어들었다.

저기에 창의적으로 벌여두고 찾아 먹도록 하는 것 또한 하나의 방법이다. 이렇게 하면 그릇에 담긴 음식을 그냥 후루룩 먹게 하는 것보다 동물에게 더 큰 통제력과 도전 의욕을 줄 수 있다. 동물의 건강이나 복지를 개선하기 위해 환경을 조절하는 것을 '환경 풍부화(environmental enrichment)'라고 한다(보다 구체적으로 '동물행동 적정환경 조성'으로 의역하기도 한다.—옮긴이).

환경 풍부화는 1980년대부터 동물 관리의 한 기준으로 인정되었는데, 주로 동물원의 동물에게서 페이싱(pacing), 즉 공연히 계속 왔다 갔다 하는 것 등의 바람직하지 않은 행동을 줄이기 위한 방법으로 채택되었다. 더 '자연스러운' 또는 더 '야생적인' 행동 표현을 허용하는 환경이 경우에 따라서는 동물을 더 건강하게 만들 수 있기 때문이다.

워싱턴 D.C.의 스미스소니언 국립동물원의 환경 풍부화 사례를 보면, 가령 문어를 위해서는 수조에 선반, 아치 지붕으로 덮은 길, 터널, 문간 등을 설치해 탐험하도록 하는 식이다. 오랑우탄에게는 15미터 높이의 탑 여덟 개를 따라 150미터 길이로 매달려 있는 공중 케이블망인 '오랑우탄 이동 시스템'을 만들어주어, 정글에서 그러듯 두 손으로 줄을 번갈아 잡으며 휙휙 돌아다닐 수 있게 했다. 벌거숭이뻐드렁니쥐(벌거숭이두더지쥐)의 경우, 그것이 다니는 땅속 길을 사육사가 가끔 비트나 당근 조각들로 막아놓는데, 이는 야생에서 땅 속의 뿌리를 만났을 때처럼 장애물을 갉거나 옆을 파서 우회해 가도록 만들기 위해서다.

물리적인 환경 외에, 수의사와 영양사, 사육사 들이 환경 개선 노력을 기울이는 주된 부분은 동물의 식사다. 영양사들은 회당 먹이의 양을 줄여서 더 자주 준다. 그리고 먹이를 흩뜨려놓고 숨긴다. 살아 있는 먹잇감을 주기도 한다. 이처럼 동물의 식사 여건을 여러 모로 바꿔줄 때, 먹이를 취하는 일은 하나의 **과정**이 된다.

어떤 동물도 자기 앞의 그릇에 남이 담아주는 음식을 먹도록 진화하지는 않았다. 그들은 달렸다. 땅을 팠다. 어떡할지 궁리했다. 굶주리기도 했다. 뭔가를 먹는 것은 이 모든 '노동'의 대가였다. 인간이 농사를 짓게 되면서 식량이 언제 얼마나 생길지를 예측하기가 꽤 수월해졌을 때도, 고기를 먹으려면 여전히 동물을 잡든지 키우든지 해야 했다. 농사짓기란 따지고 보면 체계화된 채집일 뿐이다.

요즘 우리 인간 대부분은 반려동물과 동물원 동물이 그렇듯, 다음번 끼닛거리를 어디서 구해야 할지 걱정하지 않아도 된다(슬프게도 일곱 명 중 하나는 여전히 그래야 하지만). 그러나 어디에서 무엇을 먹을지를 농업 관련 기업들과 슈퍼마켓, 레스토랑 체인 따위에 점점 더 맡기면서, 우리는 먹을거리를 모으고 준비하는 불편함을 대행시킬 뿐 아니라 음식을 먹기까지 경험하는 도전과 문제 해결, 심지어는 그 흥분까지도 넘겨준다. 갇혀 있는 동물들의 경우와 마찬가지로 현대인의 먹는 행위 역시 자연선택의 강박 아래 발달했던, 음식을 둘러싼 생리적이며 행동에 기반을 둔 복잡한 충동과 결정들에서 점점 더 멀어져갔다.

리처드 잭슨이 비만을 "환경의 질병"이라고 할 때 그가 문제 삼는 환경은 우리가 인간 특유의 창의적 재간으로 만든 것이다. 우리가 이리저리 주무르고 만지작거려온 음식들. 그 음식을 먹도록 사람들을 부추기는 마케팅. 직접적인 활동의 필요를 줄임으로써 인간을 역사상 어느 때보다도 덜 움직이게 만드는 편의성. 음식이 풍족하고 그걸 언제든 먹을 수 있는 이런 환경에서 산다면 어떤 종의 동물이든 비만이 될 것이다.

하지만 주비쿼티의 시각에서 보면 다른 환경 요소들이 드러난다. 우리가 볼 수조차 없고 생각이 미치는 적도 거의 없지만 비만에서 드러나지 않는 역할을 할 수 있는 것들이다. 알고 보면 식욕과 물질대사를 움직이는 아주 거대하고 극히 미세한 힘들—음식의 양이나 칼로리 양, 운동 수준보다 더 복잡하며 예기치 못한 작용력—이 있는 것이다. 그리고 이는 동물의 몸무게 증가에 관한 이야기를 훨씬, 훨씬 더 흥미롭게 만든다.

매년 가을, 10월의 둘째 주 즈음에 브룩필드 동물원의 두 수컷 악어, 개스턴과 티보이는 먹기를 뚝 그친다. 이후 거의 여섯 달 동안 그들은 모든 먹이를 거부한다. 4월 초가 되어 두 악어가 큰 소리로 울고 사육사에게 달려들려고 하면, 영양사 제니퍼 와츠는 이들이 쥐와 토끼를 주식으로 한 식사를 재개할 준비가 되었음을 안다. 먹는 일에 다시 시들해지는 10월까지는 말이다.

이 악어들의 식사 일정이 시계처럼 정확한 이유가 있다. 바로 체내시계다.

누구나 알고 있듯, 지구에서는 한 해가 계절에서 계절로 예측 가능하게 흘러간다. 그날그날의 햇빛 양도 날짜와 위도에 따라 지극히 규칙적으로 증가하고 감소한다.

나날의 삶 역시 거대하면서도 아주 친숙한 규칙적 일정을 따른다. 헤아릴 수 없이 많은 날을 그랬듯, 지구는 24시간 주기로 자전을 하고 그에 따라 빛과 어둠이 끊임없이 서로를 뒤따른다. 30억 년이 넘는 세월 동안, 단세포 생물로 시작된 지구의 생명체들은 이 단순한 사실과 함께 진화했다. 이 같은 '일주기(日週期) 생체리듬(circadian rhythm)'은 지구의 태양 주위 공전(公轉)과도 연관되는 주야주율(晝夜週律, diurnal rhythm)과 함께 배고픔과 식욕, 음식물 등의 섭취, 심지어 소화에까지 영향을 미친다. (일주기 생체리듬이란 지구상 생명체들의 생리적, 생화학적 활동과 행동 양상이 하루 즉 24시간을 주기로 하여 반복적인 변동을 보이는 현상을 가리키며, '활동일 주기, 일주성, 하루주기 리듬, 일주성

율동' 등 번역어가 다양하다. 주야주율이란 낮과 밤을 주기로 하여 생물체의 활동 내용과 구조 · 기능 등이 변화하는 것을 말하는데, 앞의 것과 헛갈리기 쉽고 번역어들도 종종 겹친다. 양자의 차이는 전자가 순전히 내생적인 데 비해 후자는 환경단서의 영향도 받는 점이라고 설명되기도 한다.—옮긴이)

내가 의과대학에서 공부하기 시작한 30년 전만 해도, 세미나 같은 데서 일주기 생체리듬과 주야주율이 음식의 선택 및 영양과 관계있다고 주장했다면 사람들의 비웃음을 사서 계속 앉아 있기가 어려웠을 것이다(비만과의 관련성을 얘기했다면 더했을 테고). 당시 이런 작용력들은 『오래된 농부 책력*The Old Farmer's Almanac*』에서 언급되는 짤막한 정보들과 비슷하게, 식물과 동물 모두에서 관찰되며 괄목할 만큼 일관되고 예측 가능하지만 한편으론 민간전승적이고 원리를 알 수 없어서 표준적인 과학 지식처럼 이용하기에는 거북스럽고 어려운 것이었다.

그러다 지난 10여 년 사이에 상황이 바뀌었다. 분자생물학자들은 일주기 생체리듬이 무엇에 기초하고 있는지를 알아냈다. 우리 몸 전체에서 시간을 추적하는 실제 '시계'들이었다. 이 시계의 들리지 않는 째깍거림을 우리는 이전에도 감지해왔으나, 어느 날 갑자기 그 시계들이 아주 많고 다양하며 그럼에도 한결같다는 사실을 알게 되었다.

두피 세포에서 심장 깊숙이에 있는 세포에 이르기까지 모든 인간의 세포에는 우리가 시계 유전자(clock gene)라고 부르는 것에 의해 만들어지는 진동자(oscillator)가 있다. 진동자는 우리가 칼로리를 얼마나 빨리 태우는가에서부터 칼로리 섭취를 언제 원하는가에 이르기까지 모든 것에 영향을 미친다. 동물에게만 있는 것도 아니다. 태곳적부터 종을 불문하고 존재해온 진동자는 식물은 물론 박테리아와 균류, 효모의 세포 안에서도 끊임없이 흔들리고 있다. 지구에서 가장 오래된 단세포 생물의 일종인 시아노박테리아(남[藍]세균)까지도 자체의 진동자가 빚어내는 생체리듬이 있다.

소위 고등 생명체, 즉 뇌가 있는 동물은 체내 곳곳의 모든 세포에 있는 무수한 진동자 '드로이드(droid, 로봇을 뜻하는 'android'의 준말—옮긴이)'로부터 메시지를 받아들여 통합 조정하는 '임무 통제' 장치를 발달시켰다. 이를 시교차상핵(視交叉上核, suprachiasmatic nucleus)이라고 한다. 인간의 경우 이것은 대뇌 시상하부의 시교차 부위, 즉 두 눈의 망막에서 나와 대뇌 중추로 가는 시신경이 도중에 교차하는 곳에 세포들이 솔방울 모양으로 모여 이룬 참깨만 한 크기의 신경핵이다. 우리 몸이 받아들이는 외부의 신호들—생체리듬과 관련해서는 차이트게버(zeitgeber, 독일어인데 영어로 직역하면 'time-giver'—옮긴이)라고 부르는 것—은 모든 신체 기능에 강력한 영향을 미친다. 기온이나 식사, 수면, 심지어 사람들과 어울리는 행위까지 우리 몸의 시계에 영향을 미친다. 하지만 차이트게버 가운데 영향력이 가장 큰 것은 단연코 빛이다. 빛이 눈을 통해 들어와 시교차상핵에 닿으면 시교차상핵은 외부의 시간 신호와 몸 전체의 진동자들이 서로 일치하게끔 동기화(同期化)한다.

새로운 연구 결과에 따르면 빛이 언제 얼마나 많이 우리 눈을 통과해 시교차상핵에 와 닿는지가 우리의 드레스나 바지 치수에 조용하고 은밀하게 영향을 미치는 것으로 보인다. 몇몇 연구에서는 교대근무가 비만과 관련 있다는 결과가 나왔다. 그동안 사람들은 체중 증가가 수면 부족에도 기인할 수 있다고 흔히 생각해왔다. 하지만 동물 세계에 관한 연구 결과들은, 잠을 충분히 자지 못하기 때문이 아니라 빛과 어둠의 주기가 깨어지기 때문에 비만이 올 수 있음을 시사한다. 〈미국과학아카데미 회보 *Proceedings of the National Academy of Sciences*〉에 발표된 쥐에 관한 연구에서는, 밝든 흐릿하든 늘 빛이 있는 환경에서 사는 생쥐는 어둠과 빛의 주기가 표준적인 환경에서 사는 생쥐들보다 체질량지수(body mass index, BMI)와 혈당 수치가 모두 높은 것으로 나타났다.

고기를 얻기 위해 닭을 살찌우는 농부들은 빛에의 노출 정도를 가지고 닭의 무게를 조절하는 실험을 했다. 〈세계의 가금*World Poultry*〉이라는 소식지에 보도된 연구 결과를 보면, "희미한 조명 아래 자란 브로일러 육계는 밝은 빛을 받은 것에 비해 약 70그램 무거웠다."

브룩필드의 악어를 생각해보라. 10월과 4월에 이 악어들에게 무슨 일의 변화가 생기는 것은 아니다. 갑자기 억지로 깨어 있어야 하거나 2교대 근무를 해야 하는 건 아니라는 얘기다. 악어들은 온도가 조절되는 우리 안에 있으니 기온이 변하는 것 또한 아니다. 그들로 하여금 먹는 것을 시작하거나 중단하게 만드는 것은 바로 빛이다.

서머타임(일광 절약 시간)이 시작되면 한 시간이 당겨지는데, 이 정도 변화로도 일주기 생체리듬이 깨어져 우울증, 교통사고, 심장마비가 증가할 수 있다는 사실이 여러 연구에서 드러났다. 이 리듬은 동물의 음식 섭취와 대사에 영향을 미친다. 그렇다면 인간의 식욕과 관련해서도 일정한 역할을 하리라고 보지 않을 수 없다. 전등과 텔레비전, 컴퓨터로 환경조명을 조절하게 되면서 우리의 융통성과 생산성은 엄청나게 커졌다. 하지만 그것은 동시에, 수십억 년에 걸쳐 만들어졌으며 지구상의 셀 수 없이 많은 생명체가 공유하고 있는 하루하루의 주기와 연간 주기를 흐트러뜨린다.[2)]

---

2) 말할 필요도 없이, 한 생명체가 받는 햇빛의 양을 결정하는 가장 큰 요소는 그 생명체가 지구의 어느 위치에 있느냐다. 위도는 식물의 당분 생산뿐 아니라 포유류의 물질대사 양상과도 상관관계가 있는 듯하다(일반적으로, 적도에서 멀어질수록 혈당 수치나 장과류 열매의 당도가 낮아진다). 그런 결과가 직접적 영향(햇빛, 또는 전자기나 중력 등 다른 물리적 힘에 노출되는 것) 때문인지 혹은 진화적인 것(많은 세대를 거치면서 그 지역에서 구할 수 있는 먹이에 적응하는 것)인지는 더 연구가

일주기 생체리듬 같은 포괄적 요소들은 동물의 체내시계(생체시계 · 생물시계라고도 한다.—옮긴이)에 영향을 미쳐 그 동물이 언제 먹고 얼마나 많이 먹는지를 좌우할 수 있다. 그런데 이보다 더 흥미롭고 강력한 일련의 과정이 동물의 몸 깊숙이에서 눈에 보이지 않게 진행된다. 조용하고 눈에 보이지 않지만, 이 내부의 동인(動因)들은 몸무게 증가에 관한 수수께끼 하나를 밝혀준다. 똑같은 음식을 먹어도 두 이웃이나 두 친척의 몸에서 각기 다르게 처리되어 체중에 상이하게 반영되고, 심지어 한 동물 개체에서도 연중 어느 때인지에 따라 먹은 결과가 달라지는 미스터리 말이다.

어떤 동물들의 창자는 놀라운 재주를 부린다. 아코디언처럼 팽창하고 수축한다. 이 말이 그리 대단하게 들리지 않을 수도 있지만, 몸무게에 미치는 영향은 엄청날 수 있다. 같은 음식을 먹더라도 당면한 일이 무엇인지에 따라 칼로리 흡수량을 조절할 수 있게 해주기 때문이다.

그 메커니즘은 단순하다. 창자의 길이를 따라 띠처럼 뻗어 있는 근육에 의해 창자가 줄어들고 늘어나는 것이다. 긴장해서 힘이 들어갔을 때는 창자가 짧아지고 팽팽히 조여지며 작아진다. 그리고 편안할 때는 길게 늘어난다.

창자가 길게 뻗어 있는 상태일 때는 그곳을 지나는 음식과 접촉하는 표면적이 더 커진다. 그러면 세포들이 더 많은 영양소를, 따라서 더 많은 에너지를 뽑아낼 수 있다. 창자가 수축해서 다시 짧아지면 그곳을 통과하는 음식의 일부는 전혀 흡수가 되지 않는다.

필요한 문제다. 아무튼 지리적 위치가 인간의 몸무게에 미치는 영향은 철저하게 무시되었다.

일부 작은 명금류(鳴禽類, 참새목에 속하는 노래하는 새들—옮긴이)는 서식지를 이동하기 전 몇 주 동안 위장관의 길이가 25퍼센트 증가한다. 먼 거리를 날아갈 힘을 얻으려면 반드시 살을 찌워야 하기 때문이다. 마찬가지로 일부 논병아리와 섭금류(涉禽類, 두루미, 백로, 해오라기처럼 다리와 목, 부리가 길어서 물속의 물고기나 벌레 따위를 잡아먹는 새들—옮긴이)의 장 내부 표면적은 이동 전 먹이를 먹는 동안 거의 두 배가 된다. 오랜 비행에 필요한 힘을 공급할 수 있을 만큼 살이 찌면 창자는 다시 줄어든다.

이처럼 창자를 늘이고 줄이는 능력은 어류와 개구리, 그리고 다람쥐, 들쥐, 생쥐를 포함한 포유류에서도 목격되었다. UCLA의 생리학자이며 저술가인 재러드 다이아몬드는 비단뱀이 한 번 먹이를 먹고는 몇 달을 그냥 지내는 비결을 알아내기 위해 이 뱀의 내장을 연구한 적이 있다. 조류와 작은 포유류들처럼 비단뱀의 창자 또한 어떤 음식이 언제 통과하느냐에 따라 극적으로 늘어날 수 있는 역동적이고 반응력이 좋은 기관이다.

우리 인간이 몇만 달러씩 들여서 위나 소장의 일부를 잘라내거나 우회로를 만드는 비만대사 수술(고도 비만과 관련 합병증을 치료하기 위한 각종 수술법—옮긴이)을 받으며 이루려 하는 것을 동물은 '자연적으로' 해내고 있는 건지도 모른다. 다른 동물이 그렇듯 우리 인간도 위장관이 줄어들면 칼로리와 영양소의 흡수량이 적어질 수밖에 없다. 동물의 경우 그것은 수술이 아니라 근육 활동에 의해 줄어들며, 이는 특정한 음식, 계절적 단서, 그리고 위장관 일대를 확대하고 수축하는 다른 알려지지 않은 요인들에 의해 촉발된다.

사람들의 설명하기 힘든 체중 증가의 근저에도 이와 비슷하게 아코디언처럼 늘어나고 줄어드는 창자가 있는 걸까? 안타깝게도 우리의 위장관이 과연 이 같은 재주를 부리는지, 부린다면 언제 그러는지에 대한 직접적인 연구는 거의 없다. 하지만 흥미로운 단서들은 있다. 우리 창자의 근육 역시 다른 동물들의 위장관 근육처럼 민무늬근(평활근)이다. 그리고 부검을 통해 우리는 사람이 죽어서 그 민무늬근이 힘을 쓰지 못할 때 창자가 50퍼센트쯤 더 길어진다는 사실을 알고 있다. 그러니 살아 있는 동안 이 근육이 활발하게 움직이면서 창자가 약이나 호르몬, 심지어 스트레스 등—환자가 평소보다 더 먹지 않는데도 이상하게 몸무게가 늘 때 종종 지적되는 요인들—에 반응해 길이를 변화시키도록 해주고, 따라서 칼로리 흡수량도 달라지게 하는 것은 아닐까. 흔히 쓰는 약들 중 많은 것이 분명치 않은 메커니즘에 의해 원치 않는 체중 증가를 초래한다. 이 약들이 민무늬근에 미치는 영향이 창자가 명금류의 것처럼 늘어나는 데 일조하고, 그 결과 칼로리가 더 많이 흡수되어 몸무게가 증가하는 건 아닌지 생각해보는 것도 흥미롭다.

그런데 동물의 창자는 우리의 위장관을 역동적으로 만드는 놀라운 생리 기능에 대한 실마리 외에도, 몸무게라는 복잡한 문제에 관한 또 하나의 열쇠를 가지고 있다. 그들의 창자에는 육안에는 드러나지 않으며 과학자들이 이제 겨우 탐구하고 이해하기 시작한 하나의 우주가 있다. 그곳을 잠시 들여다보자.

인간을 포함한 모든 동물의 대장 안 깊숙이에는 할리우드의 특수효과 실험실에서 생각해내는 어떤 것보다도 더 이상하고 경이로운 생명체들이 사는 온전한 우주 하나가 번창하고 있다. 그곳에는 길고 가느다란 꼬리가 달린 박테리아, 다리 세 개짜리 바이러스, 주름 장식이 있는 진균류, 극히 미세한 벌레들이 있다. 이 눈에 보이지 않는 엄청난 수의 생명체가 우리의 창자를 거처로 삼고 있다. 그것은 과학자들이 '미생물군집(microbiome,

미생물무리)'이라고 부르는 어둡고 바글거리는 세상이다. 우리의 피부, 입, 치아 등에는 (그리고 심지어 폐처럼 한때는 미생물이 없다고 생각되었던 곳들에까지) 눈에 보이지 않는 생명체들이 얼마나 우글거리는지 우리 몸 안의 세포 열 개 중 실제 사람의 세포는 겨우 하나 정도일지도 모른다. 나머지 모든 세포는 훨씬 작은 미생물들이라는 얘기다. 이 식민지화가 워낙 엄청나서 일부 유전학자들은 성인들을 '초개체(superorganism, 초유기체)'라고 부른다. 초개체란 인간 자신의 세포에다 그의 몸 안에 살고 있는 모든 생명체의 세포를 더한 것을 의미한다. 우리 각자는 마치 산호초와 같아서, 눈에 보이지 않는 야생의 거주자들이 사람별로 독특한 조합을 이루어 살고 있는 미생물 생육지인 것이다.[3)]

일반적으로 말하면, 그 수가 몇 십조에 이를지도 모를 이 미세한 벌레와 식물들이 우리의 소화관에서 살고 싶어 하는 데 대해 우리는 감사해야 한다. 그들 중 다수가 우리가 먹은 음식을 분해하여 흡수하기 좋은 영양소로 만들어주는데, 이것은 우리 세포가 혼자 힘으로는 할 수 없는 일이다. 미생물학자들은 인간의 유전자 배열이 우리 안의 모든 미생물 거주자의 그것과 어떻게 상호작용 하는지를 이제 막 연구하기 시작했다. 그리고 이 외래 생물의 군집들이 우리가 소화하고 물질대사를 하는 방식에 영향을 줄 뿐 아니라 우리로 하여금 특정한 음식을 선택하거나 갈망하게 만드는 것도 같다는 점 등을 알아내고 있다.

우리 체내의 미생물군집 가운데는 세력이 큰 두 개의 박테리아 집단이

---

3) 미생물군집에 대한, 더 나아가 미생물학 일반에 대한 이해를 도우면서 재미까지 있는 글을 읽고 싶다면, 〈뉴욕타임스〉의 과학 기고가이며 여러 권의 책을 쓴 칼 지머의 『마이크로코즘*Microcosm*』과 『바이러스 행성*Planet of Viruses*』 같은 저서를 추천한다.

있다는 사실이 밝혀졌다. 바로 후벽균류(厚壁菌類, Firmicutes)와 의간균류(擬桿菌類, Bacteroidetes)다. 2000년대 초에 세인트루이스 워싱턴대학교의 유전학자들은 이 박테리아들이 우리 스스로는 소화 못 하는 음식을 어떻게 분해하는지 관찰했다. 그리고 재미있는 사실을 발견했다.

비만인 사람들은 창자에서 후벽균의 비율이 더 높았다. 마른 사람들은 의간균을 더 많이 가지고 있었다. 비만인 사람들이 일 년에 걸쳐 감량을 했을 때, 그들 장의 미생물상(相) 즉 미생물의 종류와 양, 혼합비 등이 마른 사람들의 미생물상과 비슷해지기 시작했다. 무엇보다도, 의간균이 후벽균보다 많아졌다.

이 연구자들은 생쥐를 대상으로 같은 실험을 했고, 같은 결과를 얻었다. 비만인 생쥐들은 창자에 후벽균이 더 많았다. 그리고 흥미롭게도, 뚱뚱한 생쥐의 똥은 마른 생쥐의 것보다 남겨진 칼로리가 적었다. 뚱뚱한 생쥐들은 같은 양의 먹이를 먹어도 어떻게든 더 많은 에너지를 흡수한다는 얘기다. 그래서 연구자들은 소화관을 통과하는 음식에서 칼로리를 추출하는 일에서 후벽균이 대단히 효율적이라고 생각하게 됐다. 그 연구에 대해 〈네이처〉 지 2006년 12월호에 발표된 논문에서는 이렇게 말하고 있다. "비만인 생쥐들 속의 박테리아는 그들의 숙주(宿主)가 섭취한 음식에서 칼로리를 추가로 뽑아내 에너지로 쓸 수 있도록 돕는 것 같았다."

이것이 의미하는 바는, 후벽균 무리가 번성하고 있는 사람은 그 덕분에 이를테면 사과 하나에서 100칼로리를 얻는 데 비해, 의간균이 더 많은 그의 친구는 같은 사과에서 70칼로리밖에 얻지 못할 수 있다는 것이다. 당신의 직장 동료가 다른 사람들의 두 배를 먹으면서도 몸은 전혀 불지 않는 이유의 하나가 바로 이것일지 모른다.

장내 박테리아의 '개인적 혼합비'가 우리가 음식에서 뽑아내는 에너지의 양에 영향을 미친다면, 몸무게 증감의 요인이 식이와 운동만은 아닐 수도 있다. 미생물군집과 연관된 효과들은 '섭취 칼로리 대 소비 칼로리'라는 한때 난공불락이었던 패러다임에 도전한다.[4)]

사실 수의사들은 동물의 대사 기능에 영향을 주는 미생물군집의 힘을 오래전부터 인식했다.[5)] 반추동물과 말, 거북이 등 이른바 장내 발효 동물은—심지어 일부 원숭이까지도 그러한데—미생물들이 적절한 균형을 이루고 있지 않으면 소화와 영양 섭취를 할 수 없다. 나는 의과대학 시절 장내세균들의 힘에 관해 배운 게 거의 없었지만, 브룩필드 동물원 영양사인 제니퍼 와츠에게서 자신이 영양학 교육을 받을 때 강조되었다는 핵심 원

---

4) 사업가 기질이 있는 마른 사람은 유의하기 바란다. 당신의 배꼽 몇 센티미터 안쪽에서 바글거리는 박테리아 무리는 수십억 달러 가치의 사업 기회를 발효시키는 중일 수도 있다. 우리 내장에서 지배적인 박테리아 종이 무엇인지가 체질량지수(BMI)에 영향을 미친다면, 적정량의 후벽균이나 의간균을 대변으로 주입하거나 경구 주입을 함으로써 우리가 목표로 하는 신체상(像)에 더 빨리 도달할 수 있을지도 모른다. 언젠가는 칼로리 섭취 및 소비량을 매일같이 따질 필요 없이, 박테리아의 축복을 받은 마른(그리고 비위가 약하지 않은) 사람에게서 바람직한 장내세균들을 구입하여 체중을 줄이는 날이 올지 모른다.

5) 인간의학에서 이른바 대변요법(fecal therapy)은, 클로스트리듐 디피실균 같은 미생물의 감염으로 인해 발생하는 고질적이고 때로는 생명까지 위협하는 설사 등 위장관질환에 대한 획기적인 치료법이다. 장내세균 구성이 정상적인 사람(대개 배우자)에게서 변을 얻어 믹서에서 걸쭉하게 섞은 다음 소장내시경 끝에 놓아 환자의 작은창자에 집어넣는다. 코를 찡그릴지도 모르겠으나, 이것은 환자의 건강 회복을 위한 아주 효과적이고 비용이 적게 드는 해결책이다. 농장의 수의사들은 이미 수십 년 전부터 이런 유의 치료법을 써왔다. 기증자 격인 건강한 소의 옆구리 피부에 구멍을 낸 다음 이를 통해 세균이 풍부한 담즙과 위액을 추출한다. 뽑아낸 이 '황금액(液)'(종마 사육자들이 사용하는 황금액, 즉 암말의 오줌과 혼동하지 말 것)은 다른 동물에게 넣어 위장관 내 세균 분포 상태를 정상화한다. 동물원 수의사들은 항생제를 몇 차례 쓰고 나면 그 동물 환자의 소화관을 정상 상태로 만들기 위해 대변요법을 상례적으로 시행한다. 특히 어미와 새끼 간의 대변 이식이 효과적이라고 한다.

칙 하나를 들을 수 있었다. "장 속의 벌레들을 먼저 먹여라. 그런 다음 동물을 먹여라." 제니퍼 와츠는 이 원칙을 따라 신선한 잎채소와 부분적으로 발효된 풀(사일리지)을 건강에 좋도록 섞어서 동물에게 먹이는 것을 잊지 않는다. 채소를 먹는 게 우리 몸에 좋은 까닭은 거기서 섬유질을 얻기 때문만이 아니라 우리 창자 속에 사는 유익한 미생물 무리들에게 영양을 공급하기 때문이기도 할까? 어쩌면 우리는 샐러드를 먹을 때마다 우리 장 속의 벌레들을 먹이고 있는 건지도 모른다.

미생물군집의 힘을 잘 알고 있는 또 다른 수의사들이 있다. 우리가 고의로 살을 찌우는 동물, 즉 가축을 돌보는 수의사다. 요즘 공장형 축산 기업들은 700킬로그램짜리 거세한 수소에서 30그램도 안 되는 병아리에 이르기까지 온갖 식용동물에게 항생제를 예사로 투여한다. 이런 항생제들이 동물의 창자 속에 사는 벌레들, 즉 미생물 무리에 어떤 영향을 미치는지를 알아보면 인간의 비만 역병에 대한 의미 깊은 단서를 찾을 수 있을 법하다.

농장에서 이런저런 질병의 확산을 막기 위해 동물들에게 항생제를 투여한다는 사실은 나도 오래전부터 알고 있었다. 비좁고 스트레스가 큰 사육환경에서는 특히 그렇다. 하지만 항생제는 동물을 병들게 만드는 미생물들만 죽이는 게 아니다. 유익한 장내세균들도 대량으로 없애버린다. 게다가 감염이 걱정할 수준이 아닐 때에도 항생제를 사용한다. 그 이유를 알면 아마 놀랄 것이다. 항생제를 투여하면 **먹이를 덜 주고도** 동물을 살찌울 수 있다. 항생제가 살찌는 것을 촉진하는 정확한 이유는 아직 과학적으로 밝혀지지 않았지만 그럴듯한 가설 하나를 소개하면, 항생제가 동물의 위장관 안의 미생물상(相)을 변화시켜서 칼로리 추출 전문가인 미생물 무리가 창자를 지배하게 된다는 것이다. 소화기관이 여러 개의 위로 구성된 소뿐만 아니라 사람과 좀 더 비슷한 위장관을 지닌 돼지와 닭도 항생제의 영향으로 살이 찌는 이유가 바로 여기 있을지 모른다.

항생제 사용으로 가축의 무게가 바뀔 수 있다는 것은 대단히 중요한 포인트다. 이와 비슷한 일이 다른 종의 동물, 즉 우리 인간에게도 일어날 수 있기 때문이다. 장내 미생물상을 변화시키는 것은 그게 항생제든 다른 무엇이든 몸무게뿐 아니라 우리 몸의 대사와 관련된 다른 요소들, 이를테면 포도당 불내성, 인슐린 저항성, 콜레스테롤 수치의 이상 등에도 두루 영향을 미치게 마련이다. 또한 잊지 말아야 할 것은 우리 안의 미생물군집을 구성하는 셀 수 없이 많은 생명체가 복잡한 방식으로 끊임없이 상호작용을 하고 있다는 사실이다. 이들 생명체 하나하나는 일주기 생체리듬에 반응하는 진동자를 지니고 있다. 우리 몸 안에 담긴 작은 우주의 저 활동적인 구성원들이 물질대사에 미치는 영향은 의사들이 생각해온 것보다 엄청나게 크다.

후벽균과 의간균에 대한 연구 결과가 〈네이처〉지에 발표되자 식이와 운동보다 의식적인 통제가 더 어려운 다른 비만 위험 요소들에 대한 관심이 촉발되었다. 얼마 지나지 않아 인터넷 블로그들은 뚱뚱한 친구가 있는 사람은 자신도 과체중이 될 가능성이 커진다는 또 다른 연구 결과로 시끌벅적했다. 하버드의 의료사회학자 니컬러스 크리스타키스와 캘리포니아대학교 샌디에이고 캠퍼스의 정치학자이자 의대 교수로 유전자 정치학을 연구하는 제임스 파울러가 사회적 습관과 관행은 '전염'된다고 주장한 것이다. 뚱뚱한 친구의 잘못된 음식 선택과 운동 습관이 음식에 대한 우리 자신의 의지력과 태도에 영향을 미칠 수 있다는 얘기다. 크리스타키스와 파울러는 여기서 말하는 '전염'은 물리적이 아닌 상징적 의미라고 바로 덧붙인다. 비만 치료용 위 밴드 수술을 하는 병원의 대기실에서 다른 사람이 어쩌다가 내 쪽으로 재채기를 했다고 해서 내가 '비만 독감'에 걸리지는 않으며, '전염성'인 것은 다른 사람의 음식에 대한 태도라는 뜻이다.

하지만 동물에 관한 문헌들을 연구하면서 나는 비만도 전염될 수 있다는 말이 비유에 그치는 것만은 아님을 알게 되었다. 일부 전문가에 따르면 이것은 말 그대로의, 실재하는 현상이다. 루이지애나 페닝턴생물의학연구소의 식품영양과학자인 니힐 두란다르는 이렇게 설명한다. "동물이 특정 바이러스들에 감염되면 비만해진다는 사실이 입증되었다." 그것을 그는 '감염성 비만(infectobesity)'이라고 부른다. 두란다르는 일곱 가지의 바이러스와 하나의 프리온(prion, 광우병과 크로이츠펠트 · 야코프병 등의 유발 인자로 여겨지는 감염성 단백질 입자—옮긴이)이 닭, 말, 사자, 쥐 등 다양한 동물에서 비만과 관련성을 보였다고 말한다. 그렇다, 미세한 병원체에 의해 퍼지거나 촉진되는 감염성 체중 증가가 있다는 얘기다.

5월 중순에서 8월 하순 사이의 아주 더운 날이면, 펜실베이니아주의 스테이트칼리지 시 일대의 많은 연못 중 어느 하나의 물가에서 키가 크고 마른 생물학자가 카키색 반바지에 낡은 모자를 쓰고 무성한 부들 사이를 살금살금 다니는 모습을 보게 될 가능성이 크다. 그는 웅크린 자세로, 남들은 알아채지도 못할 만큼 아주 천천히 움직일 것이다. 그러다 갑자기, 숙련된 포핸드 스윙으로 나무 자루가 달린 잠자리채를 갈대나 부들 무리 사이로 휙 내지를 것이다. (그가 설명하기를, 이 동작은 라크로스 채나 테니스 채를 공을 향해 휘두르는 것과 비슷하며, 그래서 이 일을 시킬 대학원생은 가능하면 전에 그런 운동들을 해본 사람으로 고른다고 한다.) 그러고는 채를 잡지 않은 쪽 손으로 그물을 꽉 쥐어 막고는 노린 것을 잡았는지 확인하려고 안을 들여다볼 것이다. 사냥감은 학명으로 '리벨룰라 풀켈라(*Libellula pulchella*)', 즉 열두점박이 잠자리다.

제임스 마든은 곤충학자이며 펜실베이니아주립대학교의 생물학 교수다. 그는 20년 넘게 펜실베이니아주 중심부의 연못들에서 잠자리 날개의 비행역학을 연구했다. 그는 이 놀라우리만큼 호리호리하며 근육이 발달한 곤충이 지구상에서 가장 적응도가 높은 동물의 하나라고 나에게 말했다. 무려 3억 년에 걸쳐 진화하면서 잠자리는 공중에서 정지하고 아래위로 빠르게 움직이고 원을 그리며 나는 데 필요한 곡예술을 완벽하게 발달시켰고, 그래서 마든은 이들을 "세계 최상급의 동물 엘리트 스포츠 선수"라고 부른다.

일반적으로 잠자리들은 호전적이고 텃세가 심하며 다른 수컷과 언제든 맞붙을 준비가 되어 있다. 그들 두 마리가 만나면 서로에게 공격적으로 날아들어 마치 발레를 하듯이 우아한 공중전을 벌이며, 패자가 쫓겨나는 것으로 싸움이 끝난다. 하지만 어떤 수컷들은 그런 싸움의 바깥에 머물고 싶어 한다. 싸우기를 갈망해서 기회만 생기면 화닥닥 붙는 대신 그들은 날개의 움직임을 아끼면서 '미끄러지듯' 활공하며, 누가 도전해 와도 맞붙지 않고 슬쩍 빠져나간다. "난 그냥 지나가는 중이야. 아무 문제 없으니 나한테 신경 쓰지 마. 막 가려던 참이거든"이라고 말하는 듯이.

2000년대 초에 마든은 일부 잠자리의 이런 행태에 흥미를 느꼈으며 그게 혹시 근육 수행력과 관계있는 건 아닌지 궁금했다. 그래서 동작이 상대적으로 느린 이들 회피적인 잠자리들을 모았다. 그 잠자리들을 실험실에 가져왔을 때 마든은 충격적인 사실을 발견했다. 겉으로는 지극히 정상적인—군살 없이 탄탄해 보이고 언제라도 싸울 수 있을 듯한—모습이었지만, 검사해보니 실제로는 아주 심하게 병들어 있었다. 그 병은 '곤충 세계의 제트 전투기들'에게는 어울리지 않는 것이었다. 그들 모두가 의학적으로 비만이었다.

문제의 잠자리들의 체조직 안에는 그 뛰어난 날개 근육을 움직일 에너지로 바뀌어야 할 지방이 그냥 쌓여가고 있었다. 혈당[6] 농도는 건강한 잠자리의 두 배였는데, 이는 그들이 인슐린 저항성 같은 상태에 있음을 뜻했다. 인간의 제2형 당뇨병 환자들과 비슷하게 말이다. 그들은 느리고, 힘이 없고, 나태해져서, 암컷을 차지하기 위해 싸우거나 영역을 지킬 능력이 없었다.

야생 잠자리에서 일종의 대사증후군[7]이 나타날 수 있다는 사실은 사람의 체중 증가에 관한, 어쩌면 비만이라는 전염병 그 자체에 대한 종래의 견해를 수정할 근거가 될 수도 있다. 마든은 그 잠자리들의 내장을 들여다보다가 놀라운 발견을 했다. 크고 하얀 기생충들이 창자를 덮고 있었던 것이다. 기생충의 일부는 아주 커서 최대 0.5밀리미터까지 되었고 현미경 없이도 볼 수 있었다. 확대해서 관찰하니 자그맣고 통통한 쌀알처럼 생긴 게 그런대로 온순해 보였다.

하지만 그 기생충들이 잠자리의 내장에서 저지른 일은 전혀 온순하지 않았다. 그것들은 사람에게 말라리아와 크립토스포리듐증을 일으키는 것들과 같은 계통의 원생동물인 족포자충류(簇胞子蟲類)로, 이들이 유발하는 염증 반응은 잠자리의 지방 대사를 방해했다. 이 때문에 잠자리의 체조직, 특히 근육 주위에 지방이 쌓였고, 그에 따라 근육 수행력이 떨어져 잠자리

---

6) 잠자리의 혈액은 혈림프(hemolymph, 혈액림프)라고 하는데, 그것의 주된 탄수화물은 트레할로오스(trehalose)다. 마든은 그것을 혈당이라고 부른다.
7) 대사증후군이 있으면 심장병과 뇌졸중 위험이 커진다. 대사증후군은 인슐린저항증후군으로도 알려져 있는데(정확히 같은 개념은 아니다.—옮긴이), 중성지방(triglyceride), 혈압, 또는 포도당 수치가 지나치게 높거나 환자의 '좋은' 콜레스테롤(HDL 콜레스테롤)이 지나치게 낮을 때 이 증후군으로 진단한다. 대사증후군이 있는 사람은 사과 모양의 체형을 보이는 경우가 많다.

는 영역을 포기하고 짝짓기 기회도 포기하게 됐다.

잠자리의 근육이 산소와 이산화탄소를 교환하는 양상을 측정함으로써 마든과 대학원생 루돌프 실더는 기생충 감염이 직접적으로 이런 변화를 일으킨다는 사실을 알 수 있었다. 그는 내게 설명하기를, 이는 단지 기생충 탓에 힘이 빠져서 둔하고 느려졌기 때문만은 아니라고 했다. "이 잠자리들의 물질대사에서 구체적인 구성 부분들이 변했어요."

족포자충 감염은 또한 p38 MAP 키나아제라고 하는 면역 및 스트레스 반응에 관련된 신호전달 분자의 만성적 활성화를 초래했다. 이 분자는 사람에서는 인슐린 저항성—제2형 당뇨병으로 이어질 수 있는 상태—에 연루된 물질이다.

흥미롭게도 이 기생충들은 비침습적(非侵襲的)이다. 위장관의 벽을 갉아먹거나 눈에 보이게 손상하지 않는다는 뜻이다. 염증 반응은 그들이 분비하고 배설하는 물질에 의해 촉발되는 듯했다. 섬뜩하게도, 족포자충에 감염되지 않은 잠자리가 그런 배설물이나 분비물이 극미량 포함된 **물을 마시기만 해도** 혈당이 비정상이 되었다.

처음에 나는 비만에 감염 요소가 있을지 모른다는 생각이 터무니없어 보였다. '식이요법과 운동, 섭취 칼로리 대 소비 칼로리'라는 기존의 간단명료한 접근법에 물들어 있고, 칼로리 섭취를 줄이고 신체 활동을 늘리면 일시적으로라도 체중 감량 효과가 있다는 걸 잘 아는 나에게 감염성 비만이라는 개념은 뜻밖이었으며, 솔직히 말하면 믿기 힘들었다.

그러나, 나는 전혀 모르고 있었지만, 몸무게 증가를 촉진하는 감염성 병원체를 찾으려는 연구가 적어도 1965년 이래 진행되고 있었다. 그 시작은 시러큐스에 있는 뉴욕주립대학교 의과대학의 한 미생물학자가 특정한 기생충이 생쥐와 햄스터를 비만하게 만드는 방식을 연구하면서부터다. 그는 이 기생충이 그들 설치류의 혈류에 호르몬을 '유출'하면 숙주인 동물이 기생충의 화학적 요구를 충족하기 위해 더 많이 먹게 되는 것일 수 있다고 보았다.

실제로 많은 종류의 감염이 식욕에 영향을 미친다. 촌충은 우리를 배고프게 만든다. 어떤 바이러스들은 식욕을 뚝 떨어트린다. 사실 식욕은 의사가 환자에게 문진(問診)을 할 때 제일 먼저 물어보는 사항에 속한다. 감염 여부를 가장 민감하게 반영하는 표지의 하나이기 때문이다. 이런 사실들을 보며 나는 미생물 침입자들이 우리가 무엇을 어떻게, 언제 먹는가를 조종할 수도 있다는 현실적인 가능성을 보다 진지하게 생각하게 됐다.

사람의 위장관에 생기는 심각한 질병에 뜻밖에도 감염 요소가 있다는 사실이 밝혀진 것은 그리 오래전이 아니었다. 수십 년 동안 사람들은 위궤양이 스트레스가 많은 생활과 지나치게 민감한 성격 때문에 생긴다고 생각했다. 의사들 역시, 걱정과 불안이 많거나 기름지고 자극적인 음식을 거부 못하면 위궤양에 걸린다고 했다. 2005년에 오스트레일리아의 의사 배리 마셜과 병리학자인 J. 로빈 워런은 이런 믿음을 무너뜨린 공로로 노벨 의학상을 받았다. 많은 궤양의 원인이, 일정량의 항생제로 쉽게 치료되는 감염성 박테리아인 헬리코박터 파일로리균임을 밝혀낸 것이다. 하지만 노벨상까지 가는 길은 멀었다. 마셜과 워런은 오랜 기간 비판과 거부와 멸시를 견뎌야 했다. 이제는 사정이 달라져서, 연구자들은 과민성 대장증후군과 크론병의 원인일 수 있는 생물체를 찾기 위해 우리 체내의 미생물군집을 조사하고 있다. 다음 연구 목표는 비만이어야 하지 않을까.

하지만 대사증후군의 원인들 가운데 감염되는 것에 관한 연구는 여전히 영양학자와 의사들이 묵살하는—혹은 적어도 들을 준비가 제대로 되어 있지 않은 듯한—단계에 있다. 제임스 마든은 자신의 연구 결과를 가장 권위 있는 학술지인 〈미국과학아카데미 회보〉에 발표했고, 당뇨병 연구 저널에도 자신의 견해를 담은 글을 썼다. 그럼에도 그는 내게 이렇게 말했다. "사실 별다른 반응이 없었어요. 의학계는 우리의 연구 결과에 영향을 받거나 그 내용을 간절히 듣고 싶어 하는 것 같지 않았습니다. 의학계의 반응은 '그래서 어쨌다고?'가 대부분이었어요."

인간의 비만에서 감염이 일정한 역할을 하는 것으로 결국 밝혀질지는 아직 말하기 어렵다. 하지만 여러 학문 분야를 아우르는 주비퀴티적인 접근법—농대 생물학과 잠자리 전문가의 지식을 인간의 비만 연구자들과 연결하는 방식—을 활용하면 건강을 크게 위협하는 요소인 비만에 관해 획기적인 가설들이 나오고 시야가 확대될 수도 있다. 우리는 몸 안에, 몸 표면에, 그리고 주위에 온갖 미생물이 우글거리는 세상에 살고 있다. 우리의 질병 중 많은 것이 이 미생물들에 대한 몸의 방어 반응에서 비롯된다. 비만의 위험한 증가 현상을 이해하고 억제할 임무를 지닌 연구자들에게는 생태적 요소들에—빛과 어둠과 계절 변화와, 그렇다, 감염성 유기체에까지— 마음을 열어놓는 일이 더없이 중요하다. 마튼은 2006년 논문을 발표했을 때 이렇게 말했다. "대사질환은 사람들에게만 생기는 뭔가 이상한 일이 아닙니다. 일반적으로 동물도 이런 증상들에 시달립니다. … 잠자리에 관한 우리의 연구 결과가 인간의 질병과 연관성이 있을지 모른다고 생각하는 것은 과감한 추정임을 인정합니다. 그러나 우리가 이러한 가능성들을 지적하지 않는다면 무책임한 일이 될 것입니다."

다시 한 번 말한다. "비만은 환경의 질병이다." 여기에는 빅맥과 세그웨이 전동 스쿠터 같은 것들이 일차적인 역할을 하지만, 앞에서 든 훨씬 크고 훨씬 작은 요인들 역시 그에 못지않은 역할을 한다. 체중 증가에 대한 확대된 환경적 접근법에 따라 시카고 지역에서는 이미 두 명의 비만 환자를 치료했다. 바로 브룩필드 동물원의 뚱뚱한 회색곰 두 마리다.

액시와 짐의 몸무게가 이전 몇 해 동안 대폭 늘어난 원인이 일주기 생체 리듬이었는지, 불균형한 미생물군집이었는지, 계절을 착각한 창자였는지, 감염성 기생충이었는지, 아니면 그저 먹이를 너무 많이 먹었기 때문이었는지는 단언하기 어렵다. 하지만 그 곰들이 무엇을 언제 어디서, 어떻게, 그리고 얼마나 많이 먹는지를 와츠가 바꾸기 전에 그들의 체중이 증가한 패턴은 우리와 비슷했다.

와츠는 획기적인 변화를 도입하기로 결심했다. 그런데 그 내용은 음식을 먹는 일만큼이나 오래된 것이었다. 그녀는 야생의 식사가 한 해 동안 보이는 리듬을 본뜨기로 했다. 다시 말해, 계절의 흐름과 곰들의 신체 생리를 길잡이로 삼았다.

와츠는 그 곰들이 **무엇을** 먹을지에서 시작했다. 그간 그들의 먹이는 풍부했고 수시로 먹을 수 있었으며, 1년 내내 대체로 같은 메뉴였다. 가공된 개먹이, 그 지역 빵집에서 만든 빵, 슈퍼마켓에서 사온 사과와 오렌지, 간 쇠고기 등이 그것이었다. 와츠는 곰들의 미각을 조금씩 바꿔나갔다. 예컨대, 상추를 없애고 케일을 내놓았다. 사과를 망고로 대체했다. 고구마와 오렌지 대신 시금치, 샐러리, 피망, 토마토를 주었다. 이런 농산물은 그 곰들이 야생이었다면 알래스카의 강기슭에서 찾아 먹었을 것과 비록 똑같지는 않았지만, 이전과 비교하면 영양소를 폭넓게 제공하는 다양한 먹이를 제철에 준다는 면에서 개선된 것이었다.

변화를 준 지 얼마 지나지 않아, 곰들은 사육사가 먹이를 가지고 나타나면 마치 인간 식도락가들이 새로 생긴 맛집에서 내놓은 색다른 음식에 코를 벌름거리는 것처럼 흥분했다. 와츠는 또한 물고기, 쥐, 토끼 같은 먹이를 온전한 형태로 첨가했는데, 야생에서 해당 동물이 흔히 보여 곰들이 잡아먹곤 하는 시기에 맞춰 식단에 올렸다. 아울러, 명나방 애벌레 몇 상자를 주문해 곰의 먹이 채집용 더미—커다란 토탄질 흙더미—에 쏟고는 곰이 흙을 뒤지며 그 벌레들을 마음껏 찾아 먹게 했다. 이 같은 먹이가 차례차례 주어질 때마다, 곰들은 단백질과 비타민의 새로운 원천을 계절에 맞추어 먹을 뿐 아니라 그 먹이 안에 살고 있던 온갖 새롭고 다양한 미생물까지 섭취하게 됐다. 이 모두가 처음부터 의도된 건 아니라고 와츠는 말하지만, 어쨌든 그녀는 자신의 모토를 따르고 있었다. 위장관 속 '벌레들을 먼저 먹이기' 말이다.

와츠는 또한 곰들이 좀 더 계절에 맞춰 동면에 들어갈 수 있게 했다. 그것은 완전한 동면은 아니었다(야생에서도 대부분의 곰은 본격적인 동면은 하지 않는다). 그래도 액시와 짐에게는 커다란 변화였다. 이전 10년 동안은 먹이를 먹이려고 그들을 겨울 내내 매일 깨웠다. 그러려면 종종 사육사들은 소리를 지르거나 커다랗게 땡땡 소리를 내야 했다. 와츠는 곰들이 겨울 몇 달 동안 그냥 자게 하라고 지시했다. 그리고 혹시 그들이 깨면 먹이를 종일 곁에 두지 말고 딱 '한 번' 적은 양을 먹을 기회를 준 다음 곧 치우도록 했다. 이 계획의 겉으로 드러나는 결과는, 곰들이 섭취하는 칼로리의 총량을 줄였으므로 체중 감소에 유리하게 작용한다는 것이다. 하지만 더 깊은 효과가 있었을지 모른다. 잠과 물질대사는 상호 연관되어 있으므로, 길어진 단식 기간에 반응해 곰의 몸에서는 창자가 길어지거나 짧아지는 등 여러 생리적 변화가 생겼을 수 있다.

마지막 조처로, 곰들은 더 큰 집으로 옮겨졌다. 이 새로운 환경에서는 곰들에게 '불편한' 방식으로 먹이를 제공하는 게 가능해져서, 곰들로 하여금 야생에서의 채집과 사냥을 흉내 내게 해 먹이를 먹는 데 더 많은 에너지를 쓰도록 할 수 있었다.

하지만 이처럼 변화를 많이 주었음에도 와츠는 그 곰들의 자연 상태에서의 식이 방식을 완전히 재현해낼 수는 없었다. 우리가 천 년 전은 물론이고 백 년 전의 조상들처럼 먹는 것도 거의 불가능하듯, 동물 종마다의 야생적 식이 방식을 동물원에서 복제하는 것은 실현 가능한 일이 아니다. 동물원 사육사들이 식료품점이나 도매상에서 사들이는 과일은 야생동물이 먹는 과일과 전혀 다르다.[8] 캐나다 로키산맥의 자연에는 바나나 농장이 없다. 오렌지 과수원도 없다. 야생 수박 덩굴이나 망고 나무도 없다. 설사 와츠가 야생의 과일과 똑같은 특질들을 정확히 같은 비율로 지닌 과일을 구할 수 있었다 해도, 세척해 상자에 넣고 냉장해서 운송한 과일에 사는 미생물들은 자연환경에서 동물이 먹었을 과일 속의 미생물과는 완전히 다를 것이다.

다행히 와츠는 '완벽하게 야생에서처럼 먹이는 것'은 그야말로 공상일 뿐임을 이해했다. 그녀는 주어진 여건 아래에서 할 수 있는 최선을 다했다. 그리고 나중에 보니, 곰들의 자연 생태에 관한 지식을 반영한 방식으로 그들의 식습관을 조절하는 것으로도 충분했다. 곰들은 몸무게가 줄었다. 기분이 좋아지고 활력도 커진 듯했다. 한마디로, 더 건강해졌다.

와츠의 성공에서 우리는 인간의 삶에—다루고자 하는 문제가 세계적인 비만 역병이든 개인적인 감량 노력이든—적용할 수 있는 교훈들을 본다.

---

8) 오늘날 우리가 건강에 좋은 과일이라고 하는 것들은 하나같이 사람들이 공들여 만들어낸 것으로, 세심히 관리된 진화의 산물이다. 이 일은 아주 옛적의 농업 종사자들에 의해 시작된 후 수천 년에 걸쳐—특히 최근 몇십 년 동안 집중적으로—그 방법이 '개선'되었다. 우리가 오늘날 슈퍼마켓에서 보는 과일은 인간의 미각에(그리고 운송 편의에) 맞추어 재배되었다. 수분이 넘치고 당도가 아주 높게끔 상업적으로 생산하는 과일에는 야생의 과일이나 아주 옛날의 과일보다 섬유소가 적다.

연구자와 의사들은 음식물을 흡수하는 창자에 계절이 미치는 영향과 함께, 풍요와 결핍이라는 환경의 순환 주기도 고려해야 한다. 우리는 미생물 군집의 복잡한 세계를, 감염이 대사에 미치는 영향을 심각하게 받아들여야 한다. 그리고 낮의 길이와 빛의 주기 같은 포괄적인 힘에 대해 생각해볼 필요가 있다.

풍족한 환경에 사는 현대인들은 결핍의 시기가 빠진 끊임없는 식사 주기를, 즉 일종의 '단일 계절(uniseason)'을 만들어냈다. 이처럼 행복하고 풍족하지만 정태적(靜態的)이며 엄청나게 살찌도록 만드는 이 환경에 나는 '끝없는 수확(eternal harvest)'이라는 이름을 붙였다. 당분은 가공식품에도 넘쳐나고, 불편한 씨가 없도록 품종이 개량되고 지퍼를 열듯 쉽게 껍질을 벗기면 먹기 편하게 쪽이 나뉘어 있는 아름답고 가공되지 않은 과일에도 넘쳐난다. 단백질과 지방 역시 주변에 지천이다. 끝없는 수확의 세계에서는 먹이동물이 자라서 도망가거나 우리와 싸워 물리치는 법을 배울 일이 결코 없기 때문이다. 우리의 식품은 미생물이 거의 제거돼 있고, 우리가 북북 문질러서 흙과 농약을 씻어낼 때 더 사라진다. 온도 조절 덕분에 기온은 언제나 완벽한 23도다. 조명을 마음대로 할 수 있기 때문에, 우리는 해가 지고 한참이 지나서도 빛이 환한 식탁에서 안전하게 식사할 수 있다. 1년 내내 우리의 날은 멋지고 길다. 그리고 밤은 짧다.

동물의 하나로서 우리 인간은 끝없는 수확의 세계가 살기에 지극히 편한 곳이라고 생각한다. 하지만 계속 살이 찌고 그 결과 대사질환이 늘 따라다니는 지금의 상태에 계속 남아 있기를 원치 않는다면, 이 달콤한 안락(安樂)에서 벗어나야 할 것이다.

제8장

격렬해진 그루밍

—통증, 쾌락, 그리고 자해의 기원

어떤 증상을 호소하든 무슨 병을 앓고 있든, 인터넷에 들어가면 그와 관련된 온라인 지원 모임이 있어서 도움을 받을 수 있다. 이런 사이트에서 사람들은 경험담을 나누고 치료에 관한 정보를 공유하면서 혼자가 아님을 확인한다. 거기 올라온 말이나 글 가운데는 가슴 아픈 것이 적잖다. 최근에 내가 어떤 온라인 포럼들을 훑어보았을 때도 이어지는 대화 내용은 그야말로 고통의 울부짖음이었다. "너무나 걱정됩니다." "가슴이 미어지는 것 같아요." "얘가 그걸 영영 멈추지 않을까봐 두려워요." "어떡해야 할지 막막하네요." "그 애가 이렇게 된 지 벌써 여러 해예요." "누군가 제발 절 좀 도와주실 수 없나요?" "정말 참담합니다. 내가 끔찍한 엄마인 것만 같아서요."

내가 본 사이트들은 인간 환자를 위한 것이 아니었다. '깃털뽑기장애'라고 하는, 의외로 아주 흔한 문제를 가진 반려조(伴侶鳥)들을 위한 사이트였다. 각각의 사연은 다양했지만, 전체적 주제는 같았다. 줄리엣, 지크, 주빌리, 미즈 얼 등등의 이름을 가진 새들은 모두가 더할 나위 없이 건강했었다. 그러던 어느 날, 그들의 주인은 새장 바닥에 색색의 깃털이 수북이 쌓인 걸 발견했고, 새의 어깨나 가슴, 아니면 꼬리에 깃털 없이 맨숭맨숭해진 부분이 있음을 알게 됐다. 새들은 자신의 깃털을 하나하나 계속 뽑아내고 있었고, 때로는 그 밑의 살갗을 쪼아 피가 나기도 했다. 수의사들이 검사해봐도 진드기나 감염 같은 물리적인 자극 요인은 발견되지 않았다. 주인들은 가습기를 설치하고, 상처 난 살갗에 알로에베라를 발라주고, 품질이 더 좋은 모이를 사주었다. 그럼에도 새들의 깃털 뽑기는 계속되었다. 한 퀘이커앵무의 주인은 절망해서 이렇게 썼다. "요즘 들어 우리 새는 자기 털을 뽑으면서, 사람들이 미성숙한 깃털을 잘못 건드렸을 때 그러듯 짧게 비명도 질러요. 그러면서도 곧바로 다시 깃털을 뽑는 겁니다(미성숙 깃털은 깃촉 즉 깃대 밑쪽 단단한 부분과 비슷한 모양으로, 속에 아직 피가 흐르고 있기 때문에 잘못 만지면 아프고 피도 난다.—옮긴이). 그러니까, **아파하면서도** 털을 뽑는 거지요. … 모이주머니 앞쪽 배와 날개 아래 털이 뽑혀나간 부분에서 작은 핏자국 몇 개를 본 적도 있어요."

지금껏 한 번도 새를 키워본 적은 없지만, 인간의 심장을 다루는 의사이자 정신과 의사이기도 한 나는 이 증상이 뭔지 알아볼 수 있었다. 이유를 알 수 없는 행동 변화, 고의적으로 자신의 몸에 고통을 주고 외관을 훼손하며 사랑하는 사람들을 혼란과 괴로움에 빠트리는 행위들. 내가 떠올린 것은 두어 해 전에 본 환자, 심계항진 증상으로 진료를 받은 스물다섯 살 된 여성이었다. 그녀의 왼쪽 팔뚝 안쪽을 가로질러 칼로 능숙하게 벤 자국이 몇 개 있었는데, 다른 상황에서였다면 내 외과의사 동료 중 하나의 솜씨였을 수도 있는 칼자국이었다. 베는 부위의 살균 소독과 청결에, 그리고 상처가 어떻게 아물지에 대해 신경을 썼음이 역력했다. 하지만 이 상처가 생길 때, 그 자리에는 어떤 의사도 없었다. 내 환자는 오른손에 면도칼을 쥐고 자신의 피부를 그은 것이다. 그녀는 이른바 '커터(cutter)'였다.

'커팅'은 아마도 우리 시대 자해 행위의 가장 상징적인 형태일 것이다. 보수적인 부모들이 불안으로 손을 쥐어짜게 만들고, 타블로이드 신문이 군침을 흘리게 하는 데 딱 좋은 방식이다. 그 이름이 모든 걸 말해주지만, 혹시 모르는 사람이 있을까 봐 설명하면 이렇다. 면도날이나 가위, 깨진 유리, 안전핀 등 날카로운 물체로 자신의 피부를 의도적으로 그어서 피가 흐르고 상처가 나게 하는 것이다. 대개 커터들은 옷으로 덮어서 증거를 숨길 수 있는 신체 부위, 가령 팔 안쪽, 허벅지, 배 같은 곳을 긋는다. 어떤 사람들은 충동적으로, 무엇이든 손에 집히는 도구를 가지고 그렇게 한다. 이와 달리 의식을 치르듯 자해 행동을 하는 사람들도 있다. 그중 일부는 매일 같은 시간에 같은 장소에서 일을 치른다. 즐겨 쓰는 커팅 도구와 사후 마무리를 위한 거즈, 일회용 반창고, 소독용 알코올 티슈 등 도구 일습을 담은 '장비함'을 갖춰놓은 경우도 있다. 상상이 되겠지만, 커터들은—특히 오랫동안 이런 행동을 한 사람들은—상흔이 남고 점점 늘어나, 즐겨 베는 부위를 보면 아래위로 평행하는 줄들이 붉은 사다리 같아 보이기도 한다.

정신과 의사들은 사람이 자신에게 상처를 입히기 위해 생각해내는 온갖 창의적인 방법들을 아우르기 위해 '커터' 대신에 '자해 행위자(self-injurer)'라는 용어를 쓴다. 어떤 사람은 담배, 라이터나 찻주전자로 자신에게 화상을 입힌다. 또 어떤 사람은 몸을 어디에 쾅쾅 박거나 주먹으로 치거나 꼬집어서 살에 멍이 들게 한다. 발모벽(拔毛癖)이 있는 사람들은 머리, 얼굴, 팔다리, 생식기에서 털을 비비고 뜯어낸다. 연필이나 단추, 신발 끈, 식기류 같은 물건을 삼키는 사람들도 있다. 이 방식은 감옥에서 흔히 보인다.

자해가 불안과 초조가 한 특징인 하위문화나 정신적으로 심각한 병이 있는 사람에게서만 나타난다고 생각할지도 모르겠다. 하지만 나의 정신과 동료 의사들에 따르면 자해는 일반 대중 사이에 광범위하게 퍼져 있다

고 한다. 치료사들과 학교의 상담 지도교사들도 이를 확인해준다.[1)]

유명 인사들이 의도치 않게 자해를 홍보해주기도 한다. 나만 해도 1995년 다이애나 비가 BBC 방송 인터뷰에서 자신이 레몬 껍질 벗기는 기구와 면도날로 자해를 했다고 밝혔을 때 충격을 받았다. 그녀는 유리 장식장에 몸을 부딪고 계단 아래로 구르는 등 칼날과는 무관한 자해 행위도 했다. 앤젤리나 졸리는 슈퍼맘과 인권운동가로 새로운 모습을 보이면서, 한편으로는 크리스티나 리치, 조니 뎁, 콜린 패럴 등 다른 유명 연예인들처럼 과거의 자해 경험을 세상 사람들에게 고백했다. 이들이 사용한 도구는 칼, 탄산음료 캔의 잡아 뽑는 고리, 깨진 유리 조각, 담배, 라이터 등이었으며, 자신의 손가락을 쓰기도 했다. 불안하고 초조한 도시 젊은이들 사이에서 공감을 얻는 자해 행위는 「열세 살의 반란*Thirteen*」과 「처음 만나는 자유*Girl, Interrupted*」 같은 10대의 고뇌를 그린 영화에서도 부각된다. 그리고 영화 「세크리터리*Secretary*」에서 매기 질런홀과 제임스 스페이더가 아마도 이제까지 나온 것 중 가장 낙천적인 가학피학적 러브스토리를 시작하려 할 때 등장하는 자해는 코믹한 분위기를 띠기까지 했다.

하지만 면도날 자국이 즐비한 내 커터 환자의 팔을 보았을 때 나는 여전히 혼란스러웠다. 그녀는 사려 깊고 똑똑한 성인 여성으로 남부럽잖은 직업도 가지고 있었다. 「세크리터리」에서 매기 질런홀이 연기한 인물과 아

---

1) 25년 전 내가 의과대학생으로 캘리포니아대학교 샌프란시스코 캠퍼스의 정신과 병동에서 교육받고 있을 때만 해도 자해는 일반 대중 사이에선 흔치 않은 일로 생각되었다. 자해는 보통 발달장애나 정신질환과 관련된 것으로 진단되었다. 이를테면 조현병(정신분열병) 환자의 눈 찌르기나 성기 훼손, 자폐증 환자의 머리찍기(머리를 어딘가에 마구 부딪치기) 같은 식이다. 실제로 자해는 투렛증후군, 레시나이언증후군, 발달장애의 일부 유형, 경계성 성격장애('인격장애'라고도 한다.—옮긴이) 등 특정 장애들과 관련해서도 발생한다.

주 비슷했다. 그녀는 왜 일부러 자신을 베는 걸까? 그건 의사가 마취제를 사용하면서 엄격히 정해진 절차에 따라서만 시행하는 일 아닌가. 그녀가 나에게 온 것은 심장 진료를 위해서였지만, 이런 의문 때문에 나는 자해의 이유를 묻지 않을 수 없었다. 그녀는 무미건조하게 대답했다. "정신과 의사는 제가 자살을 하려 드는 거라고 말해요. 하지만 아니에요. 죽고 싶었다면 그렇게 했을 거예요. 긋고 나면 기분이 좋아지는 것뿐이에요. 속이 후련해지죠."

그녀의 대답은 다른 커터들의 말과 일치했다. 스물두 살의 한 여성은 코넬대학교 웹사이트에 올린 글에서 다음과 같이 말했다. "나는 열두 살 때부터 팔을 긋기 시작했어요. … 그럴 때의 느낌을 가장 잘 표현하는 말은 '완전한 행복감'이라고 생각해요. 마음이 아주 편안해지거든요."

행복감? 편안? 후련함? "**기분이 좋아진다**"고? 여러 해 동안 정신의학을 공부하고 20년 동안 병원에서 일했으면서도 나는 여전히 이 말이 믿기지 않는다. 하지만 커터들과 그 치료사들은 그게 사실이라고 한다. 이들은 자해하는 사람들이 때로 칼을 너무 깊숙이 찌르는 바람에 치료를 받아야 하기도 하지만, 대부분은 자살하고 싶어 하는 게 아니라고 말한다.[2)]

그런데 그들이 그러는 **이유**가 뭔지, 한마디로 말해, 우리는 정확히 알지 못한다. 정신과 의사들은 자신을 긋는 행동을 청소년기, 통제의 문제(예컨대 '다른 것은 마음대로 안 돼도 내 몸은 내 뜻대로 할 수 있다'는 식—옮긴이), 감정에 대한 지각력의 결여, 그리고 느낌을 표현하는 능력의 결핍 등과 관련지

---

2) 자살 의도가 없다는 것은 자해와 관련해 비교적 새로운 견해다. 사실 자살자의 손목에 있는 상흔이나 얕은 상처들—20년 전만 해도 우리가 '주저흔(躊躇痕, hesitation marks)'이라고 부르던 것—가운데 일부는 아마도 이전에 했던 자해의 흔적이었을 것이다.

었다. 자해는 또한 어린 시절의 성적 학대, 경계성 성격장애, 거식증(신경성 식욕부진증), 폭식증(신경성 대식증), 강박장애 같은 정신적 문제들과도 결부되었다. 자해하는 환자들의 말을 들어보면, 자신이 스트레스를 받고 불안하며, 기대와 선택을 감당할 수 없고, 심지어는 완전히 고립되고 무감각해진다고들 한다.

어린 시절의 트라우마와 부모의 학대는 오래전부터 자해 행위의 원인으로 지목돼왔다. 하지만 이는 불완전한 설명으로 밝혀졌다. 영화와 텔레비전에 등장하는 정형화된 커터는 성적으로 학대당하고 부모의 보살핌을 제대로 받지 못한 경계성 성격의 여자아이일지 모른다. 그러나 사실 자해하는 비율은 남자와 여자가 대략 비슷하다고 한다. 남녀 간의 차이는 그보다는 자해 방식에 있다. 남자는 자신을 때리거나 불로 지지는 반면, 여자는 대개 칼로 긋는다. 어떤 사람은 부모의 영향에서 이미 벗어난 청년기에 이런 행동을 시작한다. 그리고 자해 행위자 중 어린 시절 학대를 받은 적이 없다는 사람도 많다.[3]

따라서 수수께끼는 여전히 남아 있다. 무엇이 스위치를 켜는가? 음울하고 호르몬의 지배를 받는 청소년, 직업과 책임을 지닌 성인을 자해하는 사람으로 만드는 것은 무엇인가?

---

3) 미국정신의학회에서 펴내는 『정신장애 진단 및 통계 편람*Diagnostic and Statistical Manual of Mental Disorders*』 4판(약칭 DSM-IV, 1994)에는 자해가 경계성 성격장애의 한 증상으로 올라 있다. 다른 정신의학 교재들에서는 이를 노출증이나 병적 도벽, 투렛증후군의 통제되지 않는 틱(tic)이나 이상한 소리 내기와 함께 충동조절장애의 하나로 분류한다. 근 20년 만에 개정되는 것이어서 많은 기대가 걸려 있는 『편람』 5판(DSM-V)에서는, 자해 행위의 근저에 놓인 신경생물학적, 유전학적 요인들에 대한 지식의 확대를 반영하여, 자살 의도가 없는 커팅 등의 자해 행위를 재분류할 것으로 보인다. (2013년에 발간된 『편람』 5판에서는 자살 의도가 없는 자해 행위를 더 연구가 필요한 새로운 장애로 분류했다.—옮긴이)

나는 이 문제에 주비퀴티의 관점으로 접근하면 어떤 통찰을 얻을 수 있을지 알아보기로 했다. 인간의 신경증적인 행위와 유사한 행동을 동물에게서도 발견한다면 그것은 해당 증상의 기원을 '정신없이 바쁜 현대의 삶'이라든지 '인간의 커다란 뇌' 따위를 넘어선 어딘가에서 찾을 수 있는 기회가 될 것이다. 그렇지만 내가 동물도 자해를 하는가라고 묻기 시작했을 때, 그 질문은 터무니없어 보이기까지 했다. 동물이 자신의 몸을 훼손한다니, 그게 도대체 무슨 의미일까?

동물 자해의 전형적 이미지는 늑대가 사냥꾼의 덫에서 빠져나오려고 자기 발을 물어뜯는 것이다. 하지만 절박한 위기에서 탈출하기 위한 이런 의도적인 자해는—극한상황에 처한 인간들의 이야기에도 때때로 나오지만—내가 찾는 게 아니었다. 내가 알아보고자 한 것은 인간들처럼 최면에 걸린 듯한 상태에서 강박적으로 벌이는 동물의 자해 행동이었다. 그리고 말할 필요도 없이, 인간 아닌 동물에게서 면도날로 긋거나 담뱃불로 지진 증거를 찾을 수는 없을 터였다.

물론 그런 것은 보이지 않았다. 하지만 조사를 시작하니 면도날이나 담뱃불 못잖게 무서운, 보통은 적과 싸우는 데 쓰이는 무기들을 금방 발견할 수 있었다. 이빨, 발톱, 부리와 맹금(猛禽)의 갈고리발톱 따위였다. 여기서 핵심적인 질문은 "동물이 이런 것들을 자신에게 쓰기도 하는가?"였다. 놀랍게도 대답은 "그렇다"였다. 게다가 자주 그런다는 거였다. 새들의 깃털뽑기장애는 수의사들이 익히 알고 있는 동물 자해의 많은 사례 중 하나에 불과했다.

언젠가 내 친구가 기르던 고양이가 다리털이 다 빠지고 그 자리의 시뻘겋게 문드러진 상처에서 진물이 질질 흐른 적이 있었다. 친구는 피부병일 거라고 생각하며 고양이를 수의사에게 데려갔다. 수의사는 몇 가지 검사를 통해 기생충이나 무슨 전신질환 때문은 아님을 확인한 뒤, 내 친구에게 그 고양이의 문제는 '몰래 핥기'라고 했다. 이것은 집고양이들이 흔히 보이는 증상으로 심인성(신경성) 탈모증이라고도 한다(사람의 신경성 탈모와 달리, 스트레스나 성격상의 문제 때문에 지나치게 털을 핥고 다듬어서, 즉 과도한 그루밍 때문에 생긴다.—옮긴이). 혼자 방 안에서 자신에게 상처를 내는 커터처럼 그 고양이도 남들이 보지 않는 곳에서 비밀스럽게, 뚜렷한 신체적 원인이 없는데도 스스로를 해치고 있었던 것이다.

골든리트리버나 래브라도리트리버, 독일셰퍼드, 그레이트데인, 도베르만핀셔 등을 기르는 사람은 그 개들에게 종종 나타나는, 자신의 몸을 강박적으로 핥고 물어뜯는 증세를 아마 본 적이 있을 것이다. 그 때문에 생긴 상처들이 아물지 않은 채 한 다리 전체나 꼬리 밑 부분을 뒤덮을 수도 있다. 진단명은 지단(肢端)핥음피부염(핥음육아종 또는 개의 신경피부염이라고도 한다)이며, 곰팡이나 벼룩, 감염 같은 외부 요인과는 무관하다. 뚜렷한 신체적 이유 없이 이런 행동을 한다는 얘기다. 기르는 개가 이런 식으로 자신을 물어뜯는 걸 본 적이 있으면 알 테지만 그 모습은 종종 일종의 무아지경이나 최면 상태 같아서, 멍한 눈으로 머리를 까딱거리며 핥고… 핥고…핥고…또 핥는다.

반려동물 상점의 파충류 코너에서 일해본 사람이라면 거북이가 자기 다리를 물고 뱀이 자기 꼬리를 씹는 것을 보았을 것이다. 이런 유의 증세로 고생하는 또 다른 동물은 마구간에 있다. 말들의 '옆구리 물기' 얘긴데, 자기 몸을 격렬하게 물어뜯어 피가 나고 아물던 상처가 다시 벌어지곤 하며, 그에 더해 사납게 빙빙 돌고, 발길질하고, 돌진하고, 날뛰는 수도 있다. 이럴 때 말의 주인 대부분은 마치 10대 자녀가 칼로 자해한다는 사실을 알게 된 부모처럼 당황하고 상심한다.

옆구리 물기, 꼬리 빨기, 깃털 뽑기 같은 행동은 우리가 생각하는 것보다 더 흔할 수 있다. 적어도 어떤 품종들에서는 그렇다. 예를 들어 도베르만의 70퍼센트 정도까지가 많은 시간을 들여가며 종종 고통스러운 반복적 행동을 하는데, 여기엔 자해도 포함되지만 꼭 그것만은 아니다. 터프츠대학교의 수의학자인 니컬러스 도드먼은 말과 개가 보이는 강박행동들을 치료하고 연구한다. 도드먼은 매사추세츠대학교와 매사추세츠공과대학교(MIT)의 수의학자들과 함께 개의 7번 염색체에서 그들이 개의 강박장애(canine compulsive disorder)라고 부르는 것의 발병 위험 증가와 관련된 유전자 영역을 찾아냈다.

인간의 강박장애와 개의 강박장애가 같은 질환인지는 확언할 수 없다. 인간의 경우 강박적인 생각, 즉 원하지 않는데도 반복적으로 드는 생각(obsession, 강박사고)이 강박적인 행동(compulsion)을 일으킬 때 강박장애로 진단한다. 이에 비해, 수의사가 동물에게 이 진단을 내릴 때의 판단 기준은 행동뿐이다. 말이 통하지 않으므로, 동물이 집요하게 반복하는 행동의 근저에 강박사고가 있는지의 여부를 수의사가 밝혀낼 방도가 없다.

가구 주위를 몇 시간씩 돌거나, 탈진할 때까지 뒤로 공중제비를 넘거나, 상처가 나고 피가 흐를 때까지 살갗을 문지르는 반려동물을 주인이 데리고 왔을 때, 수의사는 이런 행동을 '상동증(常同症)'이라고 부른다는 설명을 해주기도 한다. 이 범주에 속하는 여러 증상의 극단에는 머리찍기, 뽑기, 쑤시기, 찌르거나 후비기 등이 있다. 어떤 경우엔—특히 새들에서 그러한데—강박적으로 계속 우는 것도 인간의 투렛증후군과 연관됐을 수 있는 상동증으로 간주된다. 수의사들은 상동증의 범주에 속하는 행동이라면 설사 정도가 가볍다 해도 관심과 개입이 필요하다고 본다.

말이나 파충류, 조류, 개, 그리고 인간에서 나타나는 강박행동의 다수가 환자를 고통스럽게 하고 삶에 큰 지장을 줄 가능성을 비롯한 주요 임상적 특징들을 공유한다. 그런가 하면 흥미롭게도 이런 행동 중 다수가 청결 행위와 관련된다. 많은 강박장애 환자가 반복적으로 손을 씻는다는 얘기는 대부분 들은 적이 있을 것이다. 이와 비슷하게, 스트레스를 받는 고양이는 그들 나름의 청결 도구인 까끌까끌한 혀를 쉴 새 없이 사용한다. 수의사들은 이런 증상의 정곡을 찌르는 간명한 구어체 명칭을 생각해냈다. '과잉 그루밍(overgrooming)'이 그것이다.

과잉 그루밍? 처음 이 용어를 들었을 때 내 머리에 문득 떠오른 것은 수많은 자연 다큐멘터리에서 본 장면, 유인원들이 서로 털을 손질하고 이나 벼룩, 진드기 등 몸에 기생하는 벌레들을 잡아주는 모습이었다. 이 친근한 청결 행위와 사회적 의식(儀式)이 자칫하면 파괴적일 수 있는 어떤 것으로 악화되기도 한다는 사실이 놀라웠다. 곧이어 나는 그루밍을 하는 동물 종의 범위와 그 행동들이 기이해질 수 있는 정도가 내가 상상했던 것보다 훨씬 크다는 사실 또한 알게 되었다.

분명히 말하는데, 그루밍은 많은 동물에게 먹고 자고 숨 쉬는 일만큼이나 기본적인 행동이다. 자연의 결벽증 환자들은 진화에서도 유리했을 것이다. 그들에게는 기생충과 감염이 적었을 것이기 때문이다.

영장류는 털을 다듬고 몸의 벌레를 잡아줄 때 다양한 방법을 사용한다. 어떤 침팬지들은 서로에게서 이를 비롯한 벌레를 잡아내서는 그걸 팔뚝에 놓고 손으로 찰싹 쳐 죽인 다음에 먹는다. 나뭇잎을 이용해 짝의 털에서 벌레들을 집어내는 침팬지도 있다. 일본원숭이(일본마카크)는 이의 알 즉 서캐를 엄지손가락과 집게손가락으로 털 속에서 떼어내는 정교한 기술이 있는데, 이 기술은 모계를 통해 대대로 전해진다.

이처럼 이 같은 걸 없애는 게 궁극적인 목표일진 몰라도, 동물의 그루밍에는 더 당면한 이유 또한 있다. 간단히 말해, 그루밍을 하면 기분이 좋아진다. 그래서 그루밍은 많은 동물 집단의 사회 구조에서 필수적인 역할을 한다.

어떤 침팬지 집단은 벌레를 잡아내지 않고 그냥 서로의 등을 긁어주고 손을 꽉 잡는다. 검정짧은꼬리원숭이(셀레베스도가머리마카크), 특히 그 암컷은 서로를 안고 옆구리를 맞비빈다. 그리고, 영장류는 대부분 가족 구성원끼리 그루밍을 해주지만 친족이 아닌 개체들도 상대의 털에 손을 댈 경우가 있는데, 그럴 만한 이유가 있어서다. 서열이 낮은 보닛원숭이(보닛마카크)나 꼬리감는원숭이가 집단 내의 다른 개체에게 그루밍을 해주면 그 대가로 보호를 받고, 싸울 때 지원군을 얻고, 다른 원숭이의 새끼를 안아볼 수 있다. 일부 개코원숭이는 상대가 교미를 하려 들 만큼 흥분했는지 가까이에서 냄새를 맡아보려고 그루밍을 해준다.

사회적 그루밍이 갖는 엄청난 중요성은 영장류에만 해당되는 게 아니며, 심지어 육지 포유류에서만 그런 것도 아니다. 물고기의 세계에서도 사회적 그루밍은 종종 평화를 유지케 해준다. 열대의 산호초에 사는 청줄청소놀래기라는 작은 물고기는 사실상의 수중 건강미용 관리 시설의 운영자로서, 거기 오는 다른 물고기들의 기생충과 반흔조직(흉터조직)을 뜯어내 먹는다. 고객 물고기 중에는 보통 때라면 청소놀래기를 말 그대로 아침거리로 삼켰을 덩치 큰 포식자들도 있다. 하지만 이 몸청소 센터의 평온한 분위기 속에서 놀래기들은 전혀 겁내지 않고 포식자에게 다가가서는 이빨 근처로 휙휙 다니고 심지어 아가미 속으로 쑥 들어가기까지 한다.

이러한 관계는 그저 동물들이 서로 협동하는 훈훈한 사례로만 여기고 넘어갈 일이 아니다. 과학자들은 청소를 받고 있는 물고기뿐 아니라 순서를 기다리는 물고기까지도 그루밍의 진정 효과를 느낀다는 것을 발견했다. 그루밍에 대한 기대와 이전의 경험 때문에 포식자 물고기라도 그 구역에서는 청소놀래기뿐 아니라 **어떤** 물고기도 잡아먹으려 들 가능성이 적다. 이 연구를 한 과학자들은 물속의 이 '안전지대'를, 인간 사회의 우범 지역 안에서 폭력이 금지되는 장소로 흔히 암묵적 합의가 돼 있는 이발소에 비유했다.

그루밍의 강력한 진정 효과는 다른 개체와 함께하는 사회적 의식에서뿐 아니라 홀로 하는 몸단장에서도 나타난다. 고양이와 토끼는 깨어 있는 시간의 최대 3분의 1까지를 자기 몸을 꼼꼼하게 핥는 데 쓴다. 바다사자와 물범도 하루 중 많은 시간을 자신의 털을 뒤지면서 보낸다. 새는 흙 속에서 뒹굴고, 깃털을 부풀리고, 부리로 깃털을 다듬거나 뽑는다. 뱀은 얼굴을 닦을 냅킨도 손도 없으므로 식사가 끝나면 종종 얼굴을 땅에 비벼서 닦는다.

하지만 아마 어떤 동물도 그루밍 방식과 절차가 우리 인간만큼 많고 다양하지는 않을 것이다. 인간은 치장하고, 씻고, 윤을 내는데, 그걸 혼자서, 혹은 짝을 지어, 혹은 무리를 지어서 하고, 도구나 '제품'들을 쓰기도 하고 안 쓰기도 하며, 돈을 안 들이기도 하고 터무니없는 값을 치르기도 한다. 나도 일에서나 가정에서 스트레스를 받을 때 손톱 관리실이나 미용실에서 위안을 찾는데, 이는 다른 수천만 미국 여성—요즘은 그러는 남성도 점점 늘어가지만—이 흔히 하는 행동이다. 실제로 내 경우, 주기적으로 좋은 그루밍을 받으면 마음이 안정되고 중심이 잡히는 듯하다. 동료애, 보살핌, 그리고 특히 반복적인 촉각 자극이 스트레스를 누이면서 나의 몸과 마음을 한결 편안하게 해준다.

일반적으로 볼 때, 우리 인간은 그루밍을 많이 한다. 그리고 다른 동물들이 그렇듯 우리도 그루밍에서 육체적인 쾌감을 느낀다. 일주일 동안 캠

핑을 다녀온 뒤 따듯한 물로 샤워할 때의 즐거움, 면도를 말끔히 해서 매끄러워진 피부가 주는 만족감, 미용실이나 의상실 같은 데서 한껏 보살핌을 누릴 때의 흡족함, 그리고 옷을 멋지게 차려 입고 거울을 볼 때의 짜릿함을 생각해보자. (사람들이 그루밍에 들이는 시간과 돈의 양은 제각각이지만, 그루밍을 전혀 하지 않으면 사회적으로 아주 위태로워질 수 있음을 우리는 안다.)

건강하고 편안하다는 우리의 느낌은 한 꺼풀 거죽에만 머무는 게 아니다. 그루밍은 실제로 뇌의 신경화학적 상태를 바꾼다. 혈류에 아편류가 방출되게 하며, 혈압을 낮추고, 호흡을 늦춘다. 내가 다른 사람이나 동물을 그루밍 해줄 때도 이런 효과의 일부를 얻을 수 있다. 그저 동물을 어루만지기만 해도 긴장이 완화된다는 사실이 밝혀졌다.

푹신한 발톱관리 의자에 앉아 두 발을 따뜻한 비눗물에 담그고 있노라면, **과잉** 그루밍이라는 게 과연 가능한지 믿기가 어려워진다. 또한 마음을 진정시켜주는 이 그루밍이라는 행동이 다이애나 비가 면도날로 자신의 넓적다리를 긋는 행동과 어떤 관계가 있을 수 있다는 것도 믿기지 않는다. 혼자 새장에 갇혀 있는 앵무새하고는 더욱 관계가 없어 보인다. 하지만 그루밍에는 우리가 스파에 가서 비용을 지불하고 받는 사회적으로 용인된 형태들을 넘어선 것들이 있다.

좀 더 사적인 형태의 그루밍도 있다. 유난히 행동이 정결하거나, 그런 티를 내는 사람들을 빼고 우리 대부분이 항상—그리고 흔히 무의식적으로—하는 소소한 행동들이다. 대체로 별 문제가 없는 것들이지만, 그래도 될 수만 있으면 나의 그런 행동을 남에게 보이거나 남들의 그 행동을 보고 싶어 하지 않는다. 지금 이 책을 잡고 있는 당신의 손가락들을 한번 보라. 손톱 뿌리의 큐티클(각피)이 매끈한가, 아니면 가장자리가 들쑥날쑥해서 뜯어내거나 물어뜯어 주기를 기다리고 있는가? 혹시 머리 타래를 손가락에 감아 돌리고 있는가? 자꾸 눈썹을 비틀거나, 뺨을 쓰다듬거나, 두피를 문지르고 있지는 않은가? 머리카락 뽑기와 딱지 떼어내기, 손톱 물어뜯기에 대한 연구들이 공통적으로 지적하는 점은, 이런 소소하고 무의식적이며 자기위안적인 행동을 하는 사람은 대체로 최면에 걸린 듯 차분한 상태에서 그런다는 것이다.[4]

그리고 우리는 무의식적으로 이 행동들의 강도에 변화를 준다. 손가락으로 머리카락을 만지작거리다 보면 이따금 한 가닥 뽑고 싶은 충동을 느낄 것이다. 그 뿌리가 모낭에 남아 있으려고 버틸 때 약간의 긴장이 느껴지고…당신은 조심스레 조금 더 당기고…약간 더 힘을 주고…그러다 마침내 순간적으로 찌르는 듯 따끔, 하며 머리카락이 뽑힌다.

또는 지난번 우리 몸 어디에 작은 상처 딱지 하나가 있었던 때를 생각해보자. 그걸 건드리지 않고 그냥 둘 의지력을 지닌 사람도 있겠지만, 대부분은 아마 그것의 딱딱한 가장자리를 손톱으로 여기저기 긁어대다가 딱지가 자연스레 벗겨질 '준비'가 되기도 전에 전체를 뜯어버렸을 것이다.

조금 더 나아가, 여드름을 짤 때 느끼는 작은 만족감을 생각해보자. 이런 일을 해본 적이 정말로 전혀 없는 사람들은 다음에 이어지는 내용에 혐

---

4) 머리 타래를 손가락에 감아 돌리고 손톱을 물어뜯는 것 말고도, 많은 사람이 스트레스를 받으면 껌을 씹는다. 그런데 주비퀴티의 관점에 걸맞게, 야생의 영장류 일부는 나무에서 아라비아고무—아카시아 진액이 굳은 것으로, 탄성이 있어서 천연 껌으로 쓰인다—를 집어내서 씹는다. 동물원 동물의 행동을 연구하는 심리학자들은 상동증을 막는 방법의 하나로 영장류에게 이 껌을 주기도 한다. 실제로, 영양 섭취와 무관하게 껌 등의 물질을 씹는 것이 진정 효과를 내기도 한다는 사실이 밝혀졌다. 단, 어느 치아로 씹는지에 따라 그럴 수 있다는 것이다(일부 치과의들은 뒤어금니로 씹으면 마음이 편안해지고, 앞니나 송곳니로 씹으면 활기가 생긴다고 주장한다).

오감을 느낄지 모른다. 하지만 대부분의 사람은 그 절차를 안다. 매끈한 피부를 손가락으로 쭉 더듬다가…불룩 튀어나온 부분에 닿고, 그런 다음—그 모든 충고에도 아랑곳없이—짜고…다시 짜고…여드름의 저항과 따끔거리는 통증을 느끼고, 그러다 마침내 그것이 툭 터지면서 알맹이가 나온다. 피가 날 때도 있다. 심지어 가끔은 (피부과 의사의 지시는 나 몰라라 한 채) 터진 걸 다시 짜면서 더 많은 피를 밀어낸다.

방출…그에 이은 **후련함**. 우리 모두 그것을 느껴봤다. 상처 딱지나 여드름, 혹은 구부러져 피부 속으로 파고드는 털 같은 건 건드리지 않는다는 사람이라도, 큐티클을 물어뜯거나 두피를 긁어대거나 콧구멍을 꽤 세게 파본 경험은 있을 것이다.

사실 사람들은 하루 종일 이 방출(발산)-후련함의 고리에 의지한다. 자신의 머리를 쓰다듬고, 발톱을 뜯고, 볼 안쪽을 씹는 것 등은 모두 강력한 자기위안 행동이다. 스트레스를 받을 때면 평소보다 조금 더 문지르고, 잡아 뽑고, 잘근거리고, 눌러 짤 수 있지만, 우리 대부분의 그런 행동은 결코 도를 넘지 않는다. 이런 행동들은 일상의 삶에 녹아들어, 우리가 활동적이면서도 차분한 상태를 유지하도록 돕는다. 하지만 어떤 사람들은 '방출…그리고 후련함'의 느낌에 대한 욕구가 워낙 강해서, 그 느낌의 극단적 수준을 갈망한다.

방출…그리고 후련함, 이는 커터들이 자신의 몸을 베는 이유로 제시하는 바로 그것이다. 우리가 머리칼 한 가닥을 뽑거나 여드름 하나를 짜는 순간 얻을 수 있을 후련함의 강도와 그에 대한 기대를 **크게, 아주 크게** 확대하기만 하면 커터들이 자신의 피부를 면도날로 긋는 이유에 이르게 된다. 내 수의사 동료들도 시사하듯, 이런 자해 행동이 그보다 덜 파괴적인 형태의 그루밍들과 놓인 위치만 다를 뿐 같은 스펙트럼에 속해 있음을 우리가 인정한다면, 자해란 정말로 그루밍이 격렬해진 형태라고 하겠다.

사실, 본격적인 통증이라는 요소가 더해지면 심지어 그루밍의 긍정적인 생화학적 효과가 강화될 수도 있다. 이미 밝혀진 대로, 통증과 그루밍은 둘 다 몸에서 엔도르핀을—마라톤 선수들이 달리는 중 '러너스 하이(runner's high)'라는 도취감을 느끼게 해주는 그 자연산 아편류를—분비하게 만든다. 통증은 또한 카테콜아민도 분비시키는데, 이것은 시간이 지나면 몸의 주요 기관들을 손상하지만 단기간에는 혈당을 높이고 동공을 확장시키고 심박수를 늘리면서 몸이 순간적으로 힘을 크게 쓰도록 자극한다. 그러므로 어떤 면에서 보면 자해를 하는 사람은 체내의 자연적이고 강력한 화학반응을 급속히 촉진하는 자가치료자다. 어떤 커터들은 최면 비슷한 상태와 자해를 향한 너무도 강렬한 욕구가 함께 온다고 말한다. 이는 약을 갈망하는 중독자나 5,000미터 도로경주를 앞두고 기다림에 들뜬 조깅 마니아, 멍한 눈으로 자신의 발을 거듭 핥는 독일셰퍼드의 상태나 욕구와 그리 다르지 않다.

심장병 전문의인 나의 관심을 강하게 끈 것은, 스스로에게 가하는 고통이 때에 따라서는 혈액의 화학성분을 바꾸는 데 그치지 않고 심장 자체에 영향을 주기도 한다는 사실이었다. 매사추세츠의 연구자들은 자신을 물곤 하는 레서스원숭이 한 무리에게 심작박동 측정기가 달린 작은 조끼를 입혔다. 측정되는 심박수는 리모컨으로 확인할 수 있었는데, 새 옷과 기계가 낯선 원숭이들이 그걸 자연스럽게 물어뜯곤 할 때는 그들의 심박수가 별로 치솟거나 떨어지지 않는다는 걸 발견했다. 하지만 원숭이들이 자신을 물 때는 그 행동 전 30초 동안 심박수가 현저하게 증가했다가 이빨이 털에 닿는 순간 극적으로 떨어졌다. 심박수가 급격히 떨어질 때는—특히 흥분이나 두려움 때문에 치솟았다가 급강하를 할 때는—마음이 진정되는 느낌이 들 수 있다. 자신을 무는 레서스원숭이처럼, 커터들은 칼날이 자신의 살에 닿는 순간을 (두려움과 흥분을 동시에 느끼면서) 기다릴 때 약간의 빈맥(심박수 증가) 상태가 되었다가 이윽고 살갗이 베어지고 피가 흐르면 심박수가 한순간에 떨어지면서 마음이 진정되는 것으로 보인다.

따라서 사람과 동물이 자해를 하는 이유의 하나는 생화학적인 것일 수 있다. 즉, 그들은 신경전달물질을 바탕으로 한 피드백 고리에 갇혀 있는데, 이 고리에서는 그들이 통증을 일으키는 뭔가를 하고 나면 그들 몸이 평안함과 좋은 기분으로 보상한다는 얘기다. 그리고 그들의 심장은 흥분으로 마구 뛰다가 급격히 느려지면서 이런 기분을 더욱 강화하는 것 같다.

흥미로운 점은, 서로 반대되는 두 가지—쾌락과 고통, 그루밍(몸단장)과 신체 손상—가 몸에서 유사한 결과를 빚어낸다는 것이다. 너무나 비슷해서 어떤 사람들의 몸은 이것들을 혼동하는 듯하다. 뽑기, 쑤시기, 씹기 등 때로는 우리 자신을 해치는 행동이, 우리를 진정시키고 평화를 지켜주고 건강을 유지케 하고 근심을 잠재우는 그루밍과 동일한 스펙트럼에 속해 있기 때문에 유전자군에 남게 됐다. 하지만 문제 하나가 여전히 남아 있다. 정상적인 행동의 연장선상에 있든 아니든 인간과 동물의 자해는 일탈되고 위험한 행동이므로 통제할 필요가 있다는 점이다. 자해 행동은 정신적 부적응과 고통의 징후일 뿐 아니라 끔찍한 감염에서 시작돼 죽음으로 끝나는 심각한 건강 문제를 초래할 수도 있다.

수의학이 인간의학에서도 탐구할 만한 새로운 통찰을, 혹은 적어도 새로운 방향을 제시할 수도 있는 지점이 바로 여기다. 전통적으로 정신과 의사들은 성격장애나 과거의 트라우마 같은 것을 통해 자해를 이해하려 했다. 그래서 우리는 자해자가 성적 학대를 받은 적이 있는지, 또는 경계성 성격장애의 특징들을 보이지는 않는지부터 살펴보곤 한다. 하지만 수의사 동료들은 문제에 더 직접적으로 접근한다. 환자와 얘기를 나눌 수 없는 상황에서(어쩌면 이것이 외려 도움이 되었을지 모르는데), 그들은 가장 흔하게 자해를 촉발하는 세 가지 요인을 확인했다. 스트레스, 고립, 그리고 권태(倦怠)다.[5)]

말이 자기 옆구리를 자꾸 물어서 수의사에게 치료를 부탁하면, 그는 아마 환자가 어떻게 자랐는지부터 확인할 것이다. (개의 경우, 어린 시절을 보호시설에서 보낸 경험은 성견이 되었을 때 신경증적 행동을 보이는 원인이 된다고 한다.) 문제의 말에게 '망아지 시절'의 트라우마가 없었고 신체적 원인(가령 창자가 꼬였다든지 인대가 찢어졌다든지 등) 또한 배제할 수 있다고 판단하면, 다음으로 수의사는 극심한 스트레스나 고립, 권태에 대해 알아본다.[6)]

스트레스의 정도를 측정하기 위해 수의사는 그 말의 사회적 상황과 환경을 조사할 것이다. 마구간에 그를 괴롭히는 존재가 있는가? 그게 사람인가 다른 말인가? 어떤 일을 당할지 모른다는 불확실성이나 불안감에서 오는 스트레스는 동물의 자해를 부를 수 있다.

---

5) 이런 흔한 원인들을 고려하기 전에 수의사는 먼저 별다른 질병은 없는지부터 확인해 요인에서 배제한다. 정신과 의사들도 환자에게 새로운 증상이 나타났을 때 이런 확인 및 배제 과정을 거친다. 예를 들어 환자가 새로이 우울 증상을 보이면, 의사는 갑상선기능저하증이나 쿠싱증후군은 아닌지, 심지어 췌장암은 아닌지까지 확인해볼 것이다. 이와 마찬가지로 동물이(인간도 포함하여) 자해 행위를 보인다면, 신체적 고통을 포함한 기질적 원인은 없는지를 우선 확인하고 배제해야 한다.

6) 보고된 동물 자해 사례는 대부분이 동물원 등에 갇혀 있는 개체에게 발생한 것이며, 어떤 상황에서는 그처럼 억류되어 있는 것 자체가 자해 유발 요인들을 악화시킬 수도 있다. 그렇다고 갇힌 환경에서만 동물이 스트레스나 고립, 권태를 느끼는 것은 아니다. 따라서 비슷한 행동이 야생 상태에서도 나타날 텐데, 마음대로 돌아다니는 동물을 관찰하는 데는 어려움과 한계가 있으므로 그런 사례가 덜 보고된다고 볼 수 있다.

고립 또한 자해를 유발할 수 있다. 수의사들이 써보는 해결책의 하나는 그저 다른 개체와 같이 있게 하는 것이다. 새들은—혼자 있고 싶어 하는 듯해 보이고, 같이 있는 새들을 공격해 몰아내는 새라 해도—새장을 다른 새장에 가깝게 옮겨놓기만 해도 자해를 멈췄다. 다양한 종류의 원숭이와 유인원 역시 같은 종의 다른 개체와 한 우리에 넣었을 때 자해가 급격히 줄었다. 종마들은 마구간에 혼자 두지 않고 암말과 함께—즉, 가장 자연스러운 짝과 함께—풀을 뜯게 하면 자해를 멈추는 수가 많다. 치타에서 경주마까지 많은 종류의 동물이, 당나귀나 염소, 닭, 토끼 등 다른 종과 짝을 지어주었을 때 같은 효과를 보인다. 그 이유의 일부는 큰 동물이 작은 동물을 혹시라도 밟을까봐 두려워하는 것과도 관련되는 듯하다. 마치 뭔가 목적의식이 있으면 그 때문에 자해 욕구가 줄어드는 것 같다.

동물이 권태의 징후를 보이면 수의사들은 바짝 긴장한다. 가령, 방목하는 말들은 하루 중 많은 시간을 풀을 뜯으며 보낸다. 이와 달리, 마구간 일꾼이 꼴망태에 맛있고 칼로리가 높은 곡물을 채워 넣어 말이 움직이지 않고도 배를 채울 수 있게 하면, 그 말은 배가 차고 넘치는 상태가 되어 돌아다닐 일도 풀을 씹을 일도 없이 빈둥거린다.

권태는 상동증 발생의 매우 큰 위험 요소여서, 동물원의 행동학자들은 권태와 관련된 연구를 하나의 학문 분야로까지 발달시켰다. 앞에서 보았듯, 환경 풍부화(동물행동 적정환경 조성)는 동물이 야생에서 자연스럽게 보이는 행동을 동물원에서도 할 수 있도록 환경을 조성해 심리적, 신체적인 복지를 높여주는 것이다. 사육사들은 얼린 핏덩어리와 좋아하는 먹이의 냄새로 육식동물을 흥분시킨다. 환경 풍부화의 방법은 새로운 흙더미를 만들어 탐험하게 만들기, 통나무나 깃털이나 솔방울을 주어서 갖고 놀도록 하기, 전엔 듣지 못했던 여러 가지 소리를 들려주기 등 간단한 것일 수도

있다.[7)]

수의사들은 동물의 상동증 행동을 목격하면 환경 풍부화를 확대하거나 변화를 준다. 피닉스 동물원의 코요테 관리사는 두 마리의 코요테가 다리를 팽팽히 펴고 귀를 뒤로 젖힌 자세로 같은 길을 왔다 갔다 하는 걸 보고는, 피를 빙과처럼 얼린 것을 주어서 갖고 놀게 하고, 비둘기 날개들을 나뭇가지에 매달아 뛰어오르게 만들고, 덤불 주위에 기린과 얼룩말의 오줌을 뿌려서 코요테가 고정된 길에서 벗어나도록 유인했으며, 튜브 모양 마대에 땅콩버터를 채워서 코요테가 이 특식을 먹기 위해 애쓰도록 했다. 그렇게 몇 주일이 지나자 코요테들은 귀를 정상적으로 세우고 차분하고 빠르게 돌아다녔다.

조련사들은 말에게 다양한 장난감을 주어서 갖고 놀도록 하지만, 군집성(群集性)이 강한 이 동물이 권태를 느끼고 스트레스를 받을 때 가장 확실한 해결책은 역시 무리에 끼어 살도록 하는 것이다. 어쨌거나 말은 무리를 지어 살도록 진화하지 않았는가. 일반적으로 말들은 무리 중 하나가 자지 않고 보초를 서고 있어야 안심하고 잠을 잔다. 그러니 홀로 사는 게 말에게 스트레스가 되는 것도 이상하지 않다.

우리 인간과 다른 동물 간의 깊은 관계에 대한 인식이 인간의 자해 문제를 어느 정도 밝혀줄 수 있는 것은 바로 이 지점에서다. 우리가 이미 알고 있는 바를 새로운 맥락 속에서 보게 해주는 동시에, 그 문제에 대응할 획기

7) 1985년에 미국 농무부는 갇혀 사는 동물들의 심리적 안녕(psychological well-being)에 매우 중요하다고 생각되는 여섯 가지 요소를 제시했다. 열거하자면, 사회적 집단 조성, 구조물과 기본 시설(우리와 그 바닥재, 잠자리, 홰 등의 환경을 의미), 먹이를 찾아다닐 기회, 장난감이나 조작(操作)할 수 있는 물건들, 오감 자극, 그리고 훈련 등이다.

적인 방법들을 제시하면서 말이다. 그러려면 먼저 고릴라 한 마리, 약간의 껌과 매니큐어 이야기부터 해야겠다.

몇 년 전, 버밍햄 동물원의 환히 빛나는 흰색 처치실에서 마스크를 쓰고 수술복을 입은 수의사 몇 명이 구부린 자세로 엄청나게 큰 수컷 고릴라를 유심히 들여다보고 있었다. 바베크는 심부전을 앓고 있었다. 심부전은 내가 거의 매일 인간 환자를 치료하는 병이다. 인간과 고릴라, 어느 쪽 유인원이든 이 병에 걸리면 약해지고 생기가 없어진다. 그 병세가 극히 심각한 인간 환자는 숨 가빠하고 침대에서 화장실까지 가거나 옷을 입는 등의 아주 간단한 움직임에도 기진맥진하며, 때로는 말하는 것조차 힘들어한다. 가장 안 좋은 상태의 환자는 식욕을 잃고 근육이 소실되고 몸무게가 떨어진다. 고릴라 바베크 역시 먹는 속도가 느려졌다. 한때 180킬로그램을 넘던 체중이 이제는 145킬로그램 정도로 줄어버렸다. 수의사들은 이 병든 고릴라의 심장에 첨단 심박조율기(pacemaker)—심부전이 최악으로 진행된 인간 환자의 가슴에 삽입하는 것과 같은 종류—를 달아주려는 참이었다.

수의 테크니션(veterinary technician, '수의간호사, 동물병원 간호사, 동물간호복지사'라고도 함.—옮긴이)들이 바베크를 마취시키고 관을 삽입하는 동안 의사들은 손을 깨끗이 씻고, 바베크의 가슴을 소독약으로 닦고, 심장 부위를 덮고 있는 은빛 섞인 검은 털을 커다란 직사각형 모양으로 깎아냈다. 의료 시술을 위해 마취를 한 고릴라는 신기할 정도로 사람 같아 보일 수 있다. 우리에게 익숙한 소용돌이무늬 지문이 있는 손가락과 가죽 같은 손바닥이 힘이 축 풀린 채 몸의 양 옆에 벌려져 있다. 깨어 있을 때는 아주 위협적으로 보일 수 있는 무시무시하게 큰 덩치와 눈 위의 튀어나온 뼈(안와상융기)

도 고릴라가 마취 상태에 있을 때는 취약해 보이고, 생각에 잠긴 듯하며, 심지어 지혜로워 보이기까지 한다.

의사들은 살균 소독된 메스로 조심스럽게 피부를 절개하고 나서 심박조율기 삽입 작업을 시작했다. 여섯 시간 동안 수술은 순조롭게 진행되었다. 의사들은 상처를 닫고, 붕대를 감고, 테크니션들이 바베크에게 깨어날 준비를 시키도록 방을 나갔다.

그런데 수술을 하는 동안, 인간 병원의 수술실에서라면 수간호사가 히스테리를 일으킬 만한 일이 몇 가지 있었다. 수술이 한창이던 때 보조자 한 사람이 평소엔 거무스름한 바베크의 손톱을 새빨간 매니큐어로 칠했다. 또 다른 사람은 고릴라의 두 다리 털을 여기저기 조금씩 밀어내고는 의사들의 메스가 근처에도 가지 않은 피부를 느슨하게 꿰매어 '유인용' 실밥을 만들었다. 그러는 동안 수의사 몇 명은 인간 병원의 수술실에서는 엄격히 금지된 짓을 했다. 그들은 마스크에 가려진 입으로 커다란 껌 뭉치를 힘들여 씹었다. 그러면서 이따금 입에서 놀이용 구슬 크기의 껌 덩이를 끊어내 바베크의 털 사이에 끼워 넣는 이해할 수 없는 행동을 했다.

바베크 담당 수의사가 나중에 내게 설명하기를, 인간의 보건규정에는 위배되는 그런 일들이 사실은 환자를 보호하기 위한 기발한 계략이라고 했다. 구체적으로 말하면, 그 계략은 바베크 가슴의 절개 부위를 섬세하게 꿰맨 진짜 봉합사를 보호하기 위해 고안되었다. 뭔가 보호책을 쓰지 않으면 바베크가 깨어난 후 몇 분도 안 돼 실밥을 뜯어버릴 게 분명하기 때문이었다. 하지만 어떻게 보호할 건가? 나의 사람 환자들은, 적어도 반흔조직이 형성되는 서른여섯 시간 동안은 실밥을 만지작거리고 싶더라도 참으라고 구슬리면 대체로 따라준다. 하지만 세상의 어떤 설교로도 고릴라가 상처를 탐사하는 걸 막을 수는 없을 것이다.

그래서 수의사들은 기발한 속임수를 생각해냈다. 그들은 환자의 신경을 다른 데로 돌리는 방법으로 봉합사를 보호하려 했다. 그러기 위해 고릴라로 하여금 애초에 실밥 같은 걸 뜯어내게 만드는 본능적 충동, 즉 그루밍의 충동을 역으로 이용하기로 했다.

바베크의 수의사들은 그 고릴라가 나의 인간 환자들이 수술 후에 흔히 그러듯, 정신이 혼미한 채 갈피를 못 잡고 불편한 상태로 마취에서 깨어났다고 했다. 회복실을 둘러보던 바베크는 절개한 상처가 있는 가슴 쪽으로 손을 움직이기 시작하다가, 손을 들어 올린 상태로 동작을 멈췄다. 새빨간 손톱들이 딱딱한 사탕처럼 빛났기 때문이다. 그게 족히 몇 분은 바베크의 관심을 끌었다. 그러다 다시 손을 가슴 쪽으로 움직였지만 얼마 못 가서 손가락에 껌 덩이가 닿았다. 그 거슬리는 물질을 뜯고 비틀고 잡아당겨서 겨우 떼어냈나 했더니 곧바로 또 다른 껌 덩이가 손가락에 닿았다(수의사들은 껌을 씹고 나서 미생물을 죽이기 위해 열처리를 했다). 그 다음 바베크의 눈길을 끈 것은 발목에 있는 가짜 봉합 실밥이었다. 이처럼 바베크가 걸리적거리는 뭔가를 처리할 때마다 또 다른 것이 기다렸다가 관심을 끌어당김으로써 가장 중요한 것, 즉 가슴 봉합선에 그의 주의가 쏠리지 않도록 했다.

인간의학과 동물의학이 이미 하나로 수렴하고 있는 곳 중의 하나가 바로 여기다. 어느 쪽에서도 그걸 깨닫지는 못하고 있지만 말이다. 일부 치료사는 자해를 하는 사람들에게 조언하기를, 자신을 베거나 불로 지지거나 타박상을 입히고 싶은 충동을 느낄 때는 몸을 덜 해치면서 주의를 다른 데로 돌리게 하는 '대용 통증'을 시도해보라고 한다. 손가락 하나를 아이스크림 통에 갑자기 집어넣거나, 얼음 한 조각을 손으로 꽉 쥐거나, 고무 밴드를 손목에 끼우고 탁 튕기는 것 등의 방법이 때로 효과가 있다. 신선한 피가 뿜어져 나오는 것을 갈구하는 커터들은 베고 싶은 부위를 칼날 대신 빨간색 사인펜으로 그으면 된다. 빨간 식용색소를 넣어 만든 얼음덩이를 살갗에 문질러서 갈망을 적시는 진홍의 액체가 흐르게 할 수도 있다. 혹은 상처로 그림을 그리고 싶었던 피부라는 캔버스에 헤나 물감을 휙 뿌려도 된다(이 물감은 상처 딱지 비슷한 밀도로 말라붙어서 실감과 만족을 더해주는 추가적 이점도 있다. 물감 딱지는 다음날 떼어내면 그만이다). 자해 욕구에서 주의를 돌리는 이런 대안들은 좀 더 안전한 방법으로 자해의 '방출…후련함' 효과를 얻게 해준다.

그러나 수의사들은 그때그때의 신체적 주의 분산이라는 대처법과 함께 좀 더 장기적인 사회적 관계의 변화도 필요하다고 지적한다. 스트레스와 고립, 권태에 대한 해결책이 필요하다는 얘기다. 그리고 생각해보면 이런 점은 사람에게도 해당될 수 있을 것이다. 먼 조상들 시대의 청소년은 오늘날 선진국의 그 또래가 누리는 여가나 손쉬운 풍요 같은 건 꿈도 꾸지 못했다. 요즘의 전형적인 중산층 10대는 마구간에 혼자 있는 말과 어딘가 비슷한 데가 있다. 필요한 것의 대부분이—음식이 특히 그렇지만, 오락과 신체 활동까지도—소화하기 쉬운 토막들로 제공된다는 점에서다. 그래서 그들은 남는 시간은 많은데 나날의 생존 투쟁같이 심신의 활기를 북돋우는 활동은 거의 없는 상태에 있다.

이러한 문제는 오락과 정보를 제공하면서도 개개인을 고립시키는 현대의 과학기술에 의해 악화될 수 있다. 방안에 혼자 앉아 텔레비전 시청, 비디오 게임, '소셜' 네트워킹 따위를 즐기는 사람들조차도 과학기술에 힘입은 그런 고립된 활동이 우리로 하여금 실재하는 사람들과 단절된 느낌을 갖게 할 수 있다는 걸 안다. 각종 여가 활동과 만족도를 비교한 조사 결과, 모든 연령대, 모든 사회경제 집단의 사람들이 한결같이 불만스러워하는 유일한 오락은 텔레비전 시청이었다. 자해하는 새의 주인을 비롯해 흔히 보이는 문제를 가진 사람은 자기와 같은 걱정거리가 있는 사람들로 이루어진 온라인 모임에서 위안을 찾을 수 있는데, 이 현상에도 어두운 면이 있다. 인터넷은 커터들(그리고 자해 성향이 강한 여타 하위문화 집단의 사람들, 예컨대 거식증 환자들)에게 **부적절한** 종류의 또래집단을 만나게 해준다. 그런 행동을 조장하고 지지하며, '기술을 향상시키는' 정보를 제공하고, 그 행위를 칭송하는 시를 올리며, 그걸 남들이 모르도록 숨기는 방책을 알려주는 집단을 연결해주는 것이다.

동물원 사육사들은 동물이 먹이를 찾도록 만든다. 우리도 10대들이 자신의 먹이를 키우고 조리하는 일—이것은 깊은 평온과 만족감, 나아가 목적의식까지 줄 수 있는 활동인데—에 참여토록 할 방법을 찾아야 할까? 동반자가 있을 때 동물의 상동증이 줄어드는 것처럼, 인간에게도 반려동물은 벗이 되고 책임을 지우고 운동을 하게 만들며, 다른 곳으로 관심을 돌리게 해줄 수 있다. 외로웠다가 무리 속에 다시 넣어진 말처럼, 고립된 커터들도 그들 자신의 무리를 찾도록 격려해주면 좋을 것이다. 비교적 주류에 속하는 활동(스포츠, 연극, 음악, 자원봉사)에서든, 소수의 사람들이 즐기는 활동(중세 역사 재현 행사, 유튜브 비디오 제작, 스크래블 게임)에서든, 육체를 지닌 실재의 사람들과 함께하고 서로 의지할 때 깊은 소속감을 느낄 수 있기 때문이다.

심리치료는 극단적인 자해 행동에 대한 전통적인(그리고 종종 매우 효과적인) 요법인데, 여기서는 수의사들이 자해 동물에게 적용하는 두 가지 접근법을 실제로 결합할 수 있다. 지지적 상담(supportive counseling)은 다른 사람들과 함께 지내는 경험을 처음으로 커터에게 제공한다. 함께 얘기하고 가까이 앉아 있는 사람, 그에게 책임을 져야 하는(상담 약속을 지켜야 하니까) 사람을 만나는 것이기 때문이다. 또한 심리치료는 목소리, 언어, 반응, 그리고 곁에 있어주는 행동을 통해 다른 사람을 진정시키고 이를테면 '어루만지는' 것이므로 사회적 그루밍의 한 형태로 볼 수도 있다. 나아가 실제의 접촉 및 마사지 요법에서 치료자와 환자가 물리적인 접촉(촉각 자극의 반복)을 하는 것 또한 고립과 스트레스의 느낌을 '방출하여 후련하게' 해주는 유용한 방식일 수 있다.

하지만 주비퀴티는 또한 인간의 자해 행위에 관해 좀 더 심층적인 질문을 제기한다. 어떤 사람이 자기 몸을 담뱃불로 지진다면, 분명 우리는 그 행위를 멈추게 할 방법을 찾아야 한다. 하지만 그보다 덜 극단적인 형태의 자해는 받아들여주거나 참아줄 수 있을까? 혹은 당연히 그래야 하는 걸까? 사실 우리는 이미 그렇게 하고 있다.

최근 자해의 증가와 병행하여 '관리된 신체 상해'의 한 종류가 유행하고 있다. 내게 자해 흉터를 보여준 환자를 진료하던 때, 나는 그녀의 머리끝에서 발끝까지 그득 찬 듯한 문신에 대해 한마디 언급하지 않을 수 없었다. 그녀는 그 대부분이 자해를 중단했던 5년 동안 시술받은 거라고 했다. 이제 그녀는 두 가지를 다 하고 있었다. "제가 이렇게 많은 문신을 해온 것은 실은 몸을 칼로 베길 원하기 때문이라고 생각해요." 그녀는 말했다. "사람들은 흔히 문신이 아프지 않다고들 하지만, 실제론 아파요."

두말할 필요 없이, 문신은 자해와 다르다. 문신은 아주 오래전부터 있었으며, 세계의 많은 지역에서 신성한 문화 예술 형식으로 여겨진다. 하지만 문신은 일종의 그루밍으로, 인간의 영장류 사촌들이 하는 행동들과 많은 유사점을 지닌다. 그것은 두 개체 간의 친밀한 상호작용이다. 또한 문신은 흔히 사회적 지위를 부여한다. 그리고 문신을 받을 때의 통증은 엔도르핀 분비를 유발한다.

자해가 격렬해진 그루밍의 한 형태라는 주비퀴티적 견해는, 우리 사회에서 고통을 수반하고 신체를 침범하는 몸치장 의례가 점점 늘어나는 현상을 완전히 새로운 시각으로 보게 해준다. 사람들은 전신 제모, 생식기 미백, 산(酸) 박피, 반복적 전기분해요법, 큐티클 제거, 성인 치열교정, 자외선 이용 치아 미백, 레이저 피부 시술, 할리우드에서 인기 높은 주사 보톡스 등을 기꺼이 받고 맞는다.

사용되는 도구가 문신가의 타투머신이든 성형외과 의사의 바늘이든 자해자의 면도날이든, 혹은 동물 자신의 갈고리발톱과 부리든, 이따금 인간과 동물은 선을 넘어버린다. 그리고 이처럼 선을 넘을 때, 건전했던 자기 돌보기는 심각한 자해 행위로 변할 수 있다. 우리는 그 선이 정확히 어디에서 시작되는지를 규정할 수는 없을지 몰라도, 특정인이 그 선을 넘었을 때 쉽게 알아챌 수는 있다.

우리 모두는—본격적인 커터에서부터 남몰래 머리털을 뽑는 사람, 손톱을 물어뜯는 사람에 이르기까지—그루밍에 대한 충동을 동물들과 공유하고 있다. 그루밍은 유전적으로 타고난 충동으로, 우리가 몸을 깨끗이 유지토록 하고 사회적 유대를 맺게 하는 편익을 주면서 수백만 년에 걸쳐 진화해왔다.

부모, 친구나 동료들, 의사와 수의사들은 어떤 사람이나 동물이 스트레스, 고립, 권태의 징후를 보일 때 유의해야 한다. 이 같은 자해 촉발 요인들을 연극 동아리에서 느끼는 동료애나 뒤뜰 정원을 가꿀 때 느끼는 본능적인 만족감, 누군가가 세심하게 붙여놓은 껌 덩이를 떼어내는 그루밍 과제 등을 통해 물리치려는 것은 단지 주의를 다른 데로 돌리는 일 이상의 의미를 지닌다. 그것은 일련의 진화적 도구들을 사용해 진화 과정에서 잘못 연결된 부분을 고치는 일이다.

제9장

먹기가 두려워

—동물 세계의 섭식장애

정신병원의 섭식장애 병동은 매일 오후 여섯 시께면 긴장이 감돈다. 나뭇잎처럼 깡마른 환자들이 불안한 표정으로 식당에 들어오는 시간이다. 많은 환자가 헐렁한 운동복 바지와 손가락 끝만 겨우 나올 정도로 소매가 긴 큼직한 셔츠를 제복처럼 걸쳐 온몸을 가리고 있다. 그들은 조심스럽게 주변을 둘러보고 서로를 쳐다보면서, 오늘은 어떤 음식을 목구멍으로 넘겨야 하는지를 미리 감지하기 위해 은근히 코를 킁킁대며 냄새를 맡는다. 병원에서는 낱낱의 칼로리까지 철저히 계산해 식사를 준비하며, 어떻게든 먹지 않으려는 사람들을 꾀기 위해 각종 고명으로 음식을 꾸민다. 상냥하지만 주의 깊은 태도의 간호사, 의사, 병동 보조원들은(잡역부들까지도) 음식을 피하거나 숨기거나 토해버리는 사람은 없는지 면밀히 살핀다. 환자들이 식사를 하다 말고 토하러 가는 걸 막기 위해 음식을 내기 전에 화장실 문을 잠글 때도 있다.

1980년대 후반에 정신과 레지던트로 일하면서 나는 여섯 달 동안 UCLA 신경정신의학연구소의 섭식장애 부서의 모든 파트를 돌며 근무했다. 그때 환자 중의 한 사람과 했던 식사가 기억나는데, 열네 살이었던 그녀를 여기선 앰버라고 부르겠다. 창백한 얼굴에 몸이 몹시 여위었던 앰버는 인조목재로 된 둥근 식탁에서 내 옆에 앉아 자기 앞에 놓인 녹색 플라스틱 접시에서 눈을 떼지 못했다. 접시에는 소박한 칠면조 샌드위치와 빨간 사과가 놓여 있었다. 그녀는 그걸 뚫어져라 쳐다보고 또 쳐다봤다. 한참을 그러다가 나를 올려다보았다. 놀랍게도 앰버의 눈에는 공포 같은 것이 서려 있었다. 그녀가 속삭였다. "못 먹겠어요. 정말 못 먹겠어요. 무서워서 이 음식을 먹을 수가 없어요."

무서워서 먹을 수가 없다니, 그렇다면 정말 문제가 심각해 보인다고 속으로 생각했던 기억이 난다. 자연의 이치에 어긋나는 게 아닌가. 인간의 질병을 동물의 질병과 비교하며 연구하는 접근법에 익숙해지기 전이었는데도 나는 이 정신질환은 진화의 원칙에 완전히 반대된다고 생각했다. 야생에서 일부러 굶주리는 동물은 결국 멸종에 직면할 테니까.

그러나 거식증(拒食症, anorexia nervosa, 신경성 식욕부진증)이라고 하는 이런 형태의 절식(絶食)은 미국 여성 200명에 한 명꼴로 발생한다. 게다가 놀라우리만큼 파괴적이다. 환자의 사망률이 최고 10퍼센트에 달하는 거식증은 젊은 여성이 걸릴 수 있는 가장 위험한 정신질환으로 간주된다. 폭식증(暴食症, bulimia nervosa, 신경성 대식증, 식욕이상항진증)은 잘 알려졌다시피 폭식 후에 전부 토해내는 증상을 보이는데, 여성의 약 1~1.5퍼센트, 남성의 0.5퍼센트에게 삶의 어느 시점에든 찾아든다. 이 외에도 다양한 식이 문제들이 급속히 늘어나고 있는데, 이것들은 '섭식장애'를 어순만 바꾼 '장애성 섭식(disordered eating)'이라는 폭넓은 진단 범주로 한데 묶인다. 여기에는 아직 본격 질병이라기보다는 골칫거리의 수준인 폭식, 야식, 혼자 몰래 먹기, 음식 저장 등의 행위가 포함된다. (장애성 섭식을 하는 사람의 일부가 정식으로 섭식장애 진단을 받게 된다. 양자 간의 차이는 문제되는 섭식 행위의 빈도와 심각성, 그리고 당

사자가 느끼는 심적 고통 등이라고 한다.—옮긴이)

종종 섭식장애는 부자나 특권층 사람들에게 주로 생기는 가볍고 심지어 사소한 병으로 치부되기도 한다. 하지만 섭식장애가 세계 곳곳으로 확산되면서 세계보건기구는 이를 우선적 통제 대상 질환의 하나로 선포했다. 그리고 『옥스퍼드 섭식장애 핸드북*The Oxford Handbook of Eating Disorders*』에서 스탠퍼드의 정신과의사 윌리엄 스튜어트 아그라스가 지적했듯, 모든 종류의 섭식장애가 전 세계에서 증가하고 있다.

내가 앰버를 진료한 후 20년이 흐르는 동안 정신과 의사들은 어떤 사람이 섭식장애가 생길 위험이 크며 그러한 감수성의 원인은 무엇인지에 대해 많은 것을 알아냈다. 거기엔 호르몬 상태와 뇌의 신경화학적 특성도 한몫을 한다. 섭식 문제가 집안의 내력인 경우가 적잖으므로 유전적 요인의 역할 역시 큰 것으로 생각된다. 또한 성격에 따라 특히 취약한 유형들이 있다. 섭식장애를 겪는 사람들은 두려움과 불안이 많은 경향이 있으며, 특히 몸무게가 늘고 뚱뚱해지는 것에 대해 그렇다. 그래서 불안장애와 거식증이 함께 진단되는 경우가 많다. 어떤 거식증 환자들은 자신이 완벽주의자라고 인정하거나 자신을 벌하고 싶다고 털어놓는다. 많은 사람이 음식에 중독되었다고, 혹은 굶으면서 느끼는 희열에 중독되었다고 고백한다. 그들은 음식과 몸매를 스스로 통제하는 것을 즐기며, 자신의 상태가 주위 사람들에게 미치는 효과를 즐긴다고 말한다. 정신의학에서는 유아기(幼兒期)의 경험과 가족 구성원 간의 상호작용을 섭식장애의 원인이나 촉발 요인으로 지적하기도 했다.

섭식장애는 복잡하고 미묘하며, 사람에게만 해당되는 것처럼 보인다. 우리가 알고 있는 한 다른 종들은 인간과 달리 신체상(身體像, body image)과 자아존중감(자존감)에 관심을 두지 않는데, 바로 이런 것들에 대한 집착이 위험한 섭식장애를 부추기기 때문이다. 그리고 환자가 사회적 관계에서 지닌 어려움, 살찌는 데 대한 강박적인 두려움 등은 분명 문화라든지 사회적 압력, 대중매체의 메시지, 그리고 '밈(meme)' 등 극히 인간적인 기반 위에서만 나타나는 것 같아 보인다. ('밈'은 유전적 방법이 아니라 모방을 통해 습득되는 문화 요소를 말하며, 예컨대 노래, 선전 문구, 패션, 건축 양식 등이다. 진화생물학자 리처드 도킨스가 1976년 저서 『이기적 유전자』에서 처음 썼다.—옮긴이)

하지만 수의학의 자료들을 더 면밀히 살펴보면, 많은 종에서 공통적으로 보이는 놀랄 만한 섭식 행동들이 있음을 알게 된다. 동물 세계에서도 폭식과 혼자 몰래 먹기, 야식, 음식 저장 따위가 흔하다. 거식증과 폭식증(혹은 이들 두 극단적 증상과 아주 비슷한 것들)은 이런저런 스트레스 상황에 처한 어떤 동물들에게 실제로 나타날 수 있다. 그리고 그 같은 장애와 관련된 동물과 인간의 '심리 작용'은 서로 다르다 해도 신경생물학적으로는 유사점들이 있을 수 있다. 주비퀴티 접근법을 통해 나는 동물들 역시 앰버처럼 때로는 먹는 걸 무서워할 수 있음을 알게 되었다. 사실 야생이든 가정에서 자라는 것이든, 많은 동물에게는 매끼의 음식이 앰버에게 샌드위치가 그러했던 정도로 아주 위험하게 느껴질지도 모른다.

내 말을 제대로 이해하기 위해서는 전혀 다른 두 가지 연구 분야를 나란히 놓고 봐야 한다. 그 하나는 현대 정신의학과 혼란스럽고 불분명하지만 어쨌든 점점 증가하고 있는 섭식장애 진단이다. 다른 하나는 야생생물학과 나날의 먹이를 구하는 과정에서 동물이 보이는 별난 행동, 그리고 그들이 겪는 불운이다.

옐로스톤 국립공원의 자연 속에서 펼쳐지는 전형적인 아침 풍경은 아마 다음과 같을 것이다. 얼룩다람쥐 한 마리가 수염이 길게 난 코를 굴 밖으로 내밀더니 흩어져 있는 솔방울들로 종종걸음을 친다. 다람쥐는 두 앞발을 부지런히 놀리며 솔방울 몇 개를 야금야금 갉아 먹는다. 아무도 없지만 그래도 살그머니, 다람쥐는 솔방울을 양쪽 볼 안에 한가득 물고는 자기 굴로 돌아가 혼자만 아는 땅속 비밀 장소에 숨긴다. 그런 다음, 방금 먹었으면서도 다시 밖으로 나가 먹이가 있는 곳으로 다가간다. 귀를 쫑긋 세우고, 눈을 크게 뜨고, 멈춰 선다. 주위를 훑어본다. 나뭇잎에서 나는 바스락 소리를 무시하고 도토리를 본다. 그 순간 또 한 번 소리가 난다, 바사삭. 이 소리는 다르다. 다람쥐는 자신의 굴을 향해 달아나지만, 너무 늦었다. 덮친다! 후려친다! 보브캣이 다람쥐의 목을 꽉 물고는 축 늘어진 몸을 끌고 간다.

근처의 길게 자란 풀숲 속에는 보브캣의 눈에 띄지 않은 토끼 한 마리가 조용히 웅크리고 있다. 토끼의 심장은 마구 뛰고, 근육은 언제라도 은신처로 뛰어갈 수 있도록 팽팽하게 긴장해 있다. 이제 도망할 필요는 없어졌어도, 토끼는 잠시 더 꼼짝 않고 있다가 확실히 안전하다고 느껴지면 먹이가 있는 곳으로 가려 한다. 하지만 아까 가려다가 고양이 냄새를 맡고 포기했던 장소는 이젠 안 된다. 몇 번만 깡충거리면 닿을 수 있지만 너무 위험하다. 영양가가 적긴 해도 루핀 몇 다발이면 충분할 것이다. 심장이 마구 뛰는 가운데 토끼는 손쉽게 얻을 수 있는 그 식물을 입안 가득이 집어넣느라 부지런히 턱을 움직인다.

토끼가 떠난 풀숲 깊숙이에서 메뚜기 한 마리가 갑자기 얼어붙는다. 근처에 굶주린 거미가 있다는 게 눈에 보이진 않아도 느껴진다. 단백질이 많은 풀잎을 아삭아삭 씹다가 딱 멈춘다. 그러곤 조심스럽게 옆걸음질 쳐서 새로운 풀로 가만가만 다가간다. 설탕이 잔뜩 든 미역취다. 메뚜기의 먹이 저작용 큰턱이 그 끈적끈적한 노란색 꽃들을 빠르게 씹어나가기 시작한다.

강둑 위의 사시나무 숲에서는 엘크들이 겉보기엔 평온하게 잎을 뜯고 있다. 새끼들을 노리고 접근 중인 늑대 무리의 조용한 움직임을 꾸준히 감시하는 엘크의 혈관 속에서 스트레스 호르몬이 솟구치고 있음을 드러내는 것은 귀의 민감한 움직임과 콧구멍의 벌렁거림뿐이다.

둑 옆을 흐르는 강의 사나운 물살 아래, 어린 컷스로트송어가 바위 틈새에 숨어 있다. 그의 주변으로 하루살이 유충, 깔따구를 비롯해 영양가 있는 작은 먹이들이 흘러 다닌다. 하지만 물 가운데로 나가 포식자들에게 자신을 드러내기에는 그는 아직 너무 어리고 미숙하다. 조심성 많은 어린 송어는 바위의 일부인 척 숨어서 꼼짝 않으며, 안전을 위해 먹이를 포기한다.

매와 독수리들은 식욕을 증가시키는 이른바 공복호르몬(hunger hormone)이 배 속을 지배하는 상태로 허공을 날아다닌다. 그들의 사냥감—산쑥도마뱀, 자고새, 불스네이크에서 흙파는쥐, 사슴쥐(흰발생쥐), 스컹크에 이르기까지, 황금빛과 초록빛이 어우러진 관목림에서 늘 경계를 늦추지 않고 살아가는 동물들—은 각기 나름의 위험을 지닌 두 가지 선택을 놓고 늘 저울질한다. 저 하늘의 게걸스러운 포식자에게 노출된 채 먹이를 먹을 것인가? 아니면 계속 숨어서 굶주릴 것인가?

해가 지기 시작하면 동물들은 더욱더 경계를 한다. 어떤 동물은 배고픔을 못 이겨서, 어두워지기 전에 어떻게든 필요한 칼로리를 다 채우려고 한다. 또 어떤 동물은 자신이 저장해둔 먹이에서 골라서, 혹은 이웃의 저장품을 훔쳐와 먹어치운다. 해가 질 때쯤 잠을 깨어 달빛 아래서 먹이를 찾는 위험한 일을 시작하는 동물도 있다.

야생의 식사에 대해 단언할 수 있는 한 가지는, 절대 지루하지 않다는 것이다. 먹이를 한 입이라도 먹을 때마다 두 가지에 죽기 살기로 집중해야 한다. 하나는 먹이를 구하는 것이고, 다른 하나는 먹이가 되지 않는 것이다. 끊임없이 먹이를 찾아내 확보하지 못하면 결국 굶어 죽게 마련이다. 그리고 경계를 게을리 하면 다른 동물에게 잡아먹힐 것이다. 자연에서의 식사는 위험과 아슬아슬한 시도, 스트레스와 두려움으로 가득하다.

그런데 옐로스톤에서 동물들을 관찰하는 대신, 가정의 불 꺼진 부엌과 식당을, 혹은 사무실의 닫힌 문과 자동차의 짙게 선팅 된 창 너머를 들여다본다면 어떨까? 종종걸음을 치거나 전력으로 질주하고, 저장하거나 숨기거나 야금야금 먹는 동물이 다름 아닌 사람이라면? 아침 내내 음식을 찾아다니고, 음식에 집착하고, 그것을 얻거나 피하기 위해 행동을 바꾸는 사람들 말이다. 그렇다면 얘기가 전혀 달라질 수 있다. 사실 21세기를 사는 인간들이 이런 유의 행동을 한다면, 그중 많은 것이 내 정신과 동료들이 해결해야 할 골칫거리가 될 터이다.

오늘날 사람들은 자신을 겁먹고 웅크린 먹잇감으로 생각지 않는다. 따지고 보면 우리는 지구의 역사를 통틀어 가장 무시무시한 포식자다. 우리는 문명화 덕에 먹이사슬의 꼭대기에 편안히 앉아 있고, 따라서 평생 살면서 다른 포식 동물로부터 실제로 위협을 당하는 일이 거의 없다. 이는 감사할 일이지만, 이런 상황 때문에 우리의 DNA에는 아주 오래된 기억이 새겨져 있다는 사실이 가려지기도 한다.

그리 머지않은 과거에 우리는 누군가의 먹이가 될 지극히 현실적인 위협에 매일 직면했다. 우리가 물려받은 생존 능력은 우리의 조상이 수백만 년의 진화를 거치며 발달시켜 온 아주 중요한 본능들—그들을 살아남게 하고 다른 동물의 창자 속에 들어가지 않게 해준 본능들—에 의존해왔다. 오늘날엔 우리가 두유 라테를 들고 스타벅스를 나올 때 폭스바겐만 한

독수리가 우리를 덮치려 드는 일은 없다. 하지만 뒤통수치기가 일상화된 사내(社內) 정치, 폭력이 난무하는 오락, 심지어는 성장 과정 자체도 우리의 동물 조상이 굶주린 육식동물에게 쫓길 때 보였던 것만큼이나 강력한 생리적 반응을 촉발할 수 있다.

우리는 다른 동물 그리고 우리 자신의 동물 조상들과 한 가지 분명한 공통점을 지니고 있다. 살기 위해 먹어야 한다는 점이다. 그리고 우리의 동물 조상이 **두려움, 불안, 스트레스의 영향 아래** 발달시킨 섭식 전략의 자취는 우리가 물려받은 아주 오래된 섭식 관련 신경회로 체계와 행동들에 아직도 남아 있을 것이다. 이는 우리 모두의 내면에 '순조롭지 못하게' 식사를 해야 했던 동물이 숨어 있을지도 모른다는 걸 의미한다.

앰버와 나는 매일 만났다. 치료 병동 안의 다양한 장소나 UCLA 캠퍼스의 어딘가, 예컨대 벤치나 나무 아래 등에서였다. 우리는 앰버의 어린 시절에 대한 기억(겨우 열네 살이니 뭐 대단한 것은 아니었다), 그녀의 생각들, 그녀가 그리는 미래 등을 파고들었다. 왜 앰버가 먹는 것을 두려워하는지 그 정신역동의 핵심을 알아내기 위해서였다.

동물을 연구하는 생태학자들은 물론 그 같은 대화를 나눌 수가 없다. 심리치료를 하는 사람들처럼 그들 역시 한 동물 개체의 섭식 행동을 그의 주변 세계와 분리하여 이해하겠다는 생각은 결코 하지 않는다. 사실 동물의 식생활을 연구하는 과학자들은 먹이와 관련된 어떤 동물의 행동 중 많은 부분이 그 동물이 전혀 통제할 수 없는 요소들에 좌우된다는 것을 알고 있다. 날씨가 어떤지, 먹이가 얼마나 풍부한지, 무리 내 서열은 어떠하며 무슨 계층에 속하는지, 이 모든 것이 불룩한 배와 홀쭉한 배를 가를 수 있다. 그에 더해, 야생에서의 식이 상황을 결정하는 가장 큰 요소의 하나는 포식자의 존재다. 생물학자들은 이를 '공포의 생태(ecology of fear)'라고 부른다.

이 개념이 가리키는 현상을 연구하기 위해 예일대학교의 과학자들은 초원의 풀숲 위에 철망과 유리섬유로 우리를 여러 개 짓고 그 풀들을 주로 먹고 사는 야생 메뚜기를 넣었다. 몇 개의 우리에서는 메뚜기가 평화롭게 먹이를 먹을 수 있게 했다. 그들은 대개 단백질이 풍부한 풀을 먹었다. 하지만 다른 무리의 메뚜기 우리에는 아주 불편한 깜짝 선물이 넣어졌다. 포식자인 거미들이었다. 메뚜기를 보호하기 위해 거미의 입은 접착제로 붙여놓았다.

거미들의 존재는 놀랍고 의미심장한 효과를 낳았다. 생명을 위협하는 적들과 한 공간에 살아야 하는 메뚜기들은 풀 먹기를 거의 포기했다. 하지만 먹는 일을 완전히 멈추지는 않았다. 그들은 꽃을 피우는 종자식물이며 달콤하고 탄수화물이 잔뜩 든 미역취로 먹이를 바꿨다. 같은 유형의 실험을 다시 하면서 이번엔 설탕이 많이 든 쿠키와 단백질이 풍부한 과자 중 하나를 선택해야 할 상황을 만들었을 때도, 메뚜기가 단백질보다 설탕을 선호하는 동일한 결과가 나왔다. 이 실험을 고안한 생태학자 드로어 홀레나는 이런 결과가 아주 흥미로운 사실을 보여준다고 말한다. 거미 때문에 심각하게 스트레스를 받을 때 메뚜기들은 설탕과 탄수화물을 잔뜩 먹은 것이다.

포식자의 위협을 받을 때 다양한 종의 동물은 위험한 상황에 반응해야 할 경우에 대비해 대사의 속도가 빨라진다. 엔진의 회전수를 늘리면 혈액과 근육 속의 연료가 금방 소모된다. 엔진의 가속을 유지하려면 연료를 빨리 공급해야 한다. 단당류(單糖類)와 단순 탄수화물이 이런 필요에 꼭 맞는다(단당류는 가수분해로는 더 이상 간단한 화합물로 분해되지 않는 당류이며, 탄수화물은 단당류가 결합된 중합체인데 단순 탄수화물과 복합 탄수화물로 나눌 수 있다.—옮긴이). 이들 영양소 내부의 화학결합은 잎채소의 긴 고리로 이루어진 지방산이나 단백질의 복잡한 분자들보다 쉽게 분해되므로 내장에서의 처리 과정이 복잡하지 않다. 따라서 몸이 그 에너지를 빨리 흡수해 활용할 수 있다.[1)]

섭식장애를 연구하는 정신과 의사들은 폭식증 환자들이 단백질이나 잎채소를 과다하게 섭취하는 일은 거의 없다는 데 주목한다. 메뚜기처럼 그들도 한껏 먹으려 들 때는 주로 설탕과 단순 탄수화물을—때로는 강박적으로 맹렬히—섭취한다. (스트레스성 폭식자 중 먹고 나서 토하거나 설사약을 써서 배설하는 등의 보상 행동을 하지 않는 사람은 설탕과 탄수화물에의 이 같은 집중에서 벗어나는 수도 있다.)

예일대에서의 연구 결과를 보면, 메뚜기가 그 같은 먹이 선택을 하도록 몰아붙인 것은 그들이 통제할 수 없는 외부 요인, 다시 말해 '공포의 생태'였다. 포식자의 위협이 존재하는 상황에서 메뚜기는 목숨을 구하기 위한 탈출의 속도를 올려줄 먹이를 택했다. 이들의 행동은 인간 폭식자들의 음식 선택을 설명해줄 수도 있을, 아직 제대로 탐구되지 않은 하나의 맥락을 우리에게 제시한다. 그 행동의 기원을 진화 과정에서 찾는 것이다. 스트레스를 받은 사람이 도시락으로 싸온 닭가슴살과 채소를 마다하고 초콜릿이나 누가가 든 캔디바를 먹기로 하는 것은 부적절하고 의지가 박약해 보일 수 있으며 심지어 자기 파괴적으로까지 비칠 수 있다. 하지만 다른 일

---

1) 홀레나가 해준 설명에 따르면, 단백질에는 또한 질소가 풍부한데, 동물들은 그 독성을 피하기 위해 대부분을 배설해야 한다. 스트레스를 받은 메뚜기 등의 동물이 단백질을 피하는 이유는 에너지를 질소 처리 같은 데 쓰기보다 도망 같은 더 긴급한 행동에 쓰는 편이 훨씬 낫기 때문일 수도 있다.

부 동물들도 두려울 때 당도가 높은 음식을 먹으려 한다는 사실을 안다면, 스트레스를 받을 때 캔디를 마구 먹는 사람이 자신의 그런 행동을 더 잘 이해하게 될 것이다. 캔디 폭식이 허리둘레와 혈당, 어금니에 얼마나 해로운지 잘 알면서도 그 충동을 누르지 못하는 까닭은 그것이 위협에 대한 유전적으로 각인된—그리고 태곳적부터 많은 동물의 생명을 구해준—반응에서 비롯된 것이기 때문일 수 있다.

물론 기말시험 주일 동안 밤늦게 연신 캔디를 입에 채워 넣는 대학생, 출장을 떠나기 전에 쿠키 한 줄을 뚝딱 해치우는 회사 간부는 유전자와 두뇌, 문화, 그리고 자기 인식에서 메뚜기와 분명 구분된다. 하지만 같은 동물로서 인간과 그들은 스트레스에 대처하는 생리적 전략을 공유할지도 모르며, 스트레스를 받을 때 탈출용 연료로 단당류를 주입하려 드는 것은 그런 전략의 하나일 수 있다.

공포의 생태는 동물이 무엇을 먹이로 택하는지에만 영향을 미치지 않는다. 그것은 언제 먹으려 할지까지 결정한다. 빛과 어둠의 주기는 동물의 안전감에도 영향을 미친다. 어떤 동물에게는 빛이 먹는 행동을 억제할 수 있고 또 다른 동물에게는 부추길 수 있다. 가령 저빌(모래쥐)을 대상으로 한 연구 결과를 보면, 밤이 캄캄할 때 그들은 먹이를 훨씬 많이 먹었으며 보름달이 환하게 떠서 포식자의 눈에 띌 위험이 큰 밤에는 덜 먹었다. 다윈큰귀생쥐라는 설치류를 대상으로 한 다른 연구에서는, 그것의 우리에 빛을 비추기만 해도 먹이를 찾으러 다니는 시간이 반으로 줄었다. 그 쥐들은 평소보다 거의 15퍼센트나 덜 먹었고 그 결과 몸무게가 줄었다. 전갈 역시 이들처럼 환한 밤을 기피해서, 달이 커질수록 먹이를 덜 찾아다녔다. 빛을 이용하는 광(光)요법이 인간 폭식증 환자 일부에서 음식에 대한 갈망과 과식을 줄일 수 있다는 사실은 이미 알려져 있는데, 동물의 사례들은 이런 효과의 배경을 설명해줄 수 있다. 한밤중에 냉장고를 습격하고 싶은 충동을 진압하려면 부엌 불을 환하게 밝혀놓으면 된다는 민간의 지혜도 이런 진화적 토대에서 비롯되었을지 모른다.

공포의 생태는 동물이 무엇을 언제 먹는가를 넘어 섭식에 관한 동물의 태도 전체를 바꿀 수 있다. 과학 저널리스트 데이비드 배런은 퓨마에 대한 그의 저서 『정원의 야수*The Beast in the Garden*』에서 흥미로운 얘기 하나를 들려준다. 20세기 중반께부터 콜로라도의 볼더 시 근교의 노새사슴들이 이상하게 행동하기 시작했다. 그 전에는 동틀 녘과 땅거미 질 녘에 먹이를 찾으러 은신처에서 조심스럽게 나왔는데, 이 무렵부터는 환한 대낮에 인근 주거지들의 잘 조경된 푸르른 잔디밭에서 먹이를 먹고 느긋이 쉬는가 하면 심지어 거기서 새끼를 낳기까지 했다. 그들이 이처럼 부주의하고 나태해진 시기는 주변 지역의 포식동물 숫자가 유난히 작아졌을 때와 일치했다. 그 전 한 세기 동안 인간들의 사냥으로 늑대가 거의 멸종되다시피 했고, 퓨마 또한 많은 수가 죽었다. 배런은 "주변에서 대형 육식동물들이 사라지면서 볼더의 초식동물들이 번성했다"라고 언급한다.

비슷한 시기에 옐로스톤에서도 유사한 현상이 보였다. 앞선 50년 동안 그 일대에는 무서운 포식자, 늑대가 전혀 없었다. 이것은 옐로스톤의 엘크에게 흥미롭고도 중요한 영향을 미쳤다. 그들은 느긋해졌다. 협곡 깊숙한 곳, 개울 근처, 탁 트인 초원 등 나무숲이 몸을 가려주지 않는 장소에서 풀을 뜯기 시작했다. 주변에 늑대들이 있었다면 이처럼 도망치기 힘든 위험한 곳으로는 갈 엄두조차 못 냈을 것이다. 하지만 언제 공격받을지 모른다는 두려움이 사라지자 엘크는 한 번에 훨씬 오랫동안 풀을 뜯을 수 있었고, 새로운 먹이를 찾아 그 맛을 즐기게 됐다. 늘 먹던 풀만이 아니라 미루나무와 버드나무 잎사귀들도 먹기 시작했다. 먹는 양도 평소보다 많아졌다. 엘크는 더 살찌고 새끼를 더 많이 낳았다.

하지만 1995년에 모든 것이 변했다. 이해에 국립공원관리청과 어류 및 야생생물관리국에서는 옐로스톤의 몇 지역을 엄선하여 늑대 스무 마리를 풀어놓았다. 늑대의 존재는 엘크에게 거의 즉각적으로 영향을 미쳤다. 그들은 경계심을 높였다. 거듭해서 고개를 들어 주변을 살펴보느라 잎이나 풀을 뜯는 데 써야 할 귀중한 시간을 빼앗겼다. 먹이 먹는 장소도 바꿔서, 가능하면 트여 있는 초원보다 몸을 감춰주는 숲속으로 갔다. 이는 인간 사냥꾼의 추적을 받을 때 엘크가 보이는 행동 패턴이기도 하다.

요즘은 약 100마리의 늑대가 옐로스톤 일대를 돌아다니며 엘크를 불안하게 만든다. 공포의 영향 때문에 엘크의 섭식 행동은 야생에서 아주 흔히 보이는 조심스럽고 제한된 형태로 되돌아갔다. 생태학자들은 포식자의 위협에 반응해 덜 먹고, 먹이 선택을 제한하며, 먹는 것을 미루는 다른 동물들의 예를 세계 곳곳에서 확인했다. 예를 들어, 바다소와 비슷한 듀공은 뱀상어가 근처를 돌아다니면 오스트레일리아 샤크 만의 물속 해초지에서 풀을 뜯을 기회를 포기한다. 뉴잉글랜드 남부의 조수(潮水) 웅덩이에 사는 달팽이는 포식성 게인 그린크랩이 근처에 있는 걸 감지하면 고랑따개비와 조류(藻類)를 덜 먹는다. 임팔라와 누(윌더비스트)는 굶주린 사자나 치타가 근처에 숨어 있을 때 경계를 강화한다.

분명한 것은, 위협이 커지면 동물은 어디서 언제 무엇을 먹을지를 제한한다는 점이다. 그리고 위협이 감소하면 섭식행동도 느긋해진다. 먹는 일과 공포의 아주 오래된 관련성은 의사들이 섭식장애를 전혀 새로운 방식으로 이해하는 데 도움이 될 수 있다. 동물들이 조심하고 경계할 때 보이는, 생태학자들이 '만남 회피'와 '강화된 경계'라고 부르는 행동들은 인간 환자들에서 나타나는 '사회공포증' 및 '완벽주의'와 정신의학적으로 겹치는 부분이 있을 법하다.

위협과 공포는 야생에서 여러 형태를 띤다. 그 핵심엔 발톱이나 송곳니, 맹금의 갈고리발톱, 이빨 따위가 있다. 하지만 그런 무기는 물론 신체조차 없으면서도 살아 있는 것들을 늘 따라다니는 위협이 하나 있다. 동물들이 의식적으로 그것을 걱정한다고는 말할 수 없겠지만, 굶주림은 야생의 삶에 언제나 존재하는 또 하나의 위협이다.

현대의 슈퍼마켓은 옐로스톤에서 보이는 야생의 먹이터 풍경과는 달라도 너무나 다르다. 쭉쭉 뻗은 통로 옆 선반들에는 물건이 그득그득 쌓여 있고, 실내의 공기는 쾌적하게 온도가 조절된다. 나는 동물의 먹이 저장 습관에 대해 그리 많이 생각해보지 않았기에, 떠오르는 것이라고는 도토리를 땅 속에 밀어넣는 다람쥐, 오래된 나무 안에 '곡물 창고'를 만드는 딱따구리, 윙윙 부지런히 돌아다니며 공동체에서 쓸 꿀을 만드는 벌들 정도가 고작이었다. 그러나 이런 행동의 이면에 있는 충동은 야생의 식생활과 관련된 가장 불길한 두려움 하나와 직결된다. 바로 굶주림이다.

동물의 식품 저장실은 우리의 눈길이 가는 모든 곳에—나무 꼭대기에서 뿌리, 나뭇가지, 풀, 바위, 관목 덤불, 울타리 기둥, 처마에 이르기까지—은폐되어 있다. 그것들은 내가 상상했던 것보다 더 정교하고 풍성하며, 씨와 견과뿐 아니라 잔가지나 이끼, 버섯, 동물의 사체, 꽃꿀, 꽃가루 등 다른 맛있는 것들도 들어 있다.

어떤 두더지들은 자기 땅굴 안의 벽에 지렁이 등 연충류 벌레의 사육장을 만들어 잡은 먹이를 신선하게 보관했다가 언제든 먹는다. 연충을 잡으면 머리를 물어 끊은 뒤 몸뚱이를 굴의 특별한 장소에 있는 차가운 흙 속에 넣어두는데, 두더지는 잡을 수 있는 벌레는 모두 잡아서 도망 못 가게 상처를 입힌 다음 보관하는 게 습성이므로 이 '먹이의 성채'는 상당히 커질 수 있다. 내가 읽은 자료에 따르면, 전체 무게가 2킬로그램 가깝고 길이가 1.4미터 정도 되며 그 안의 지렁이와 유충이 1,000마리를 넘는 것도 있다고 한다. 몇몇 운 좋은 벌레는 뛰어난 재생 능력 덕에 죽음에서 벗어나기도 한다. 잃어버린 머리가 다시 자라날 때까지 먹히지만 않는다면 탈출할 수도 있다. 흙이 따뜻해지는 봄에 특히 그렇다,

미국 북서부 태평양 연안 지역의 산(山)비버들은 밤에 나가 먹이를 찾아 먹은 다음, 양치식물과 다른 푸른색 채소들을 싹둑싹둑 끊어내 작은 다발들을 만들어서는 통나무 밑이나 바위 위에 쌓아둔다. 나무나 관목의 낮은 가지에 걸어놓기도 한다. 그러고는 나중에 풀 죽은 채소 더미를 자기 둥지 근처에 특별히 마련한 서늘한 저장실로 옮겨놓고 연중 언제든 이 '미니 냉장고'에서 꺼내 먹는다. 이들 채소는 습기가 많아 금세 곰팡이가 생기므로 비버는 얼추 일주일에 한 차례씩 재고를 점검해 상한 것은 교체한다. 우리가 때때로 냉장고의 야채 보관실을 들여다보고 눅눅해진 상추를 버리는 것이나 마찬가지다.

먹이를 저장하는 게 초식동물이나 설치류만이라고 생각하면 안 된다. 맹금류가 먹이를 '필요 이상으로' 잡아서 저장한다는 것은 잘 알려진 사실이다. 아메리카황조롱이가 생쥐를 일곱 마리 잡아서는 시신을 서로 인접한 두 군데의 풀덤불에 보관하는 게 목격된 적도 있다. 한 가면올빼미는 어느 헛간에서 빈 선반을 발견하고는 잡아 죽인 햇병아리 스물두 마리를 그 위에 쌓아놓았다. 곰, 여우, 퓨마는 동물의 사체를 잎사귀와 흙 아래 감추었다 나중에 먹곤 한다. 거미는 늘 자신이 먹을 수 있는 양보다 많은 곤충을 죽여서 거미줄로 둘둘 말아 테이크아웃용처럼 포장해 놓았다가 후에 먹는다. 자칼은 낮에 진흙구덩이에 고기 조각들을 넣어두었다가

밤에 다시 가서 꺼내오는 것이 목격되기도 했다.

자신만의 안전한 식품 저장실에서 혼자 먹을 수 있다면, 포식자에게 공격당할 위험 아래 있는 시간을 최소화할 수 있다. 그에 더해, 먹이를 저장하는 동물은 구애와 짝짓기에 시간과 에너지를 더 쓸 수 있다. 그러나 먹이 저장에서 얻는 가장 큰 보상은 굶주림에 대비할 수 있다는 점이다.

이처럼 저장을 하는 동물은 훗날의 기근에 대비한 비축 식량이 있으므로 먹이가 부족한 위험한 시기에 자신을 보호해줄 안전망을 갖게 된다. 저장 행동은 동물을 말 그대로 안전하게 해주는 것이다. 인간 세상에서도 안전과 식량 저장은 긴밀히 연관된다. 그래서 우리도 만약을 생각해 비상대비용 물품 세트에 말린 콩과 분유를 추가하거나, 찬장에 참치 통조림을 쌓아놓거나, 냉장고에 닭가슴살을 넉넉히 넣어두고는 마음 든든해한다.

하지만 정신과 의사들은 일부 유형의 저장 행동에서 그 근저에 있는 장애의 징후를 본다. 예를 들어, 식품 저장 행동은 심각한 애착장애가 있는 가정위탁 아동, 다시 말해 자신이 안전하다는 느낌이 일찍부터 깨어진 아이들에게서 종종 관찰된다. 음식이 아닌 물건의 저장 역시 공포의 생태와 관련이 있다. 저장을 안 하곤 못 배기는 사람들은 그게 잡지든 비닐봉지든 영수증이든 물건이 산더미처럼 쌓인 것을 보며 자신이 안전하다고 느낀다. 이 소중한 물건들과 이별해야 할 경우 그들은 고뇌와 공포, 불안을 느낀다.

강박적 저장—음식이나 물건을 모으는 것, 심지어 키울 능력을 넘어서 과도하게 많은 반려동물을 기르는 것(animal hoarding, 과잉다두사육) 등—은 오늘날 강박장애의 한 형태로 간주된다. 강박장애는 불안장애, 섭식장애를 비롯해 몇 가지 다른 정신질환과 연관된다. 임상의들은 거식증 환자의 대부분에게 강박장애와 사회공포증 등의 불안장애가 있다는 사실을 안다. 공포와 섭식의 관련성은 인간 외에도 많은 동물 종에서 나타나며, 앞에서 보았듯 불안해하는 엘크, 스트레스를 받는 메뚜기, 조심스러워하는 저빌 등이 그런 예다. 한편, 동물이 보이는 또 다른 증상, 인간 환자들에게 나타나는 것과 너무나 비슷한 증상의 근저에도 공포의 생태가 깔려 있다.

아이러니하게도, 거식증으로 고통받는 환자들을 위한 해답은 그들이 전혀 떠올리지도 보고 싶어 하지도 않을 장소 중 하나에 숨어 있을지 모른다. 바로 양돈장이다. 어떤 암컷 돼지들은 무리 내에서 스트레스를 받는 상황이 되면 먹는 양을 스스로 대폭 줄이기도 하는데, 주위의 다른 돼지들이 평소처럼 먹을 경우에도 그런다. 이들은 몸무게가 계속 줄어들어 아주 수척한 상태가 되며, 등뼈가 툭 튀어나와 있으므로 쉽게 알아볼 수 있다. 거식증에 걸린 사람들의 머리칼이 쉽게 끊어지고 군데군데 빠지듯, 돼지도 모돈(母豚)쇠약증이라고 불리는 이 질환에 걸리면 털이 비정상적으로 거칠고 길게 자란다. 거식증 여성들은 종종 생리가 멈춘다(사실 엄밀히 말하면 이것은 거식증 진단 기준의 하나다). 쇠약해진 암퇘지들은 발정을 하지 않는다. 인간 환자도 암퇘지 환자도 계속 안 먹다보면 죽음에 이를 수 있다.

이 증상과 관련된 두 종 간의 유사성은 신체 생리에서 그치지 않는다. 정신과 의사 재닛 트레저와 농학 교수 존 오언은 그들의 논문 「동물의 행동과 거식증 사이의 흥미로운 관련성Intriguing Links Between Animal Behavior and Anorexia Nervosa」에서 "거식증에 걸린 동물은 평소에 먹는 것을 잘 먹지 않지만 … 그중 일부는 많은 양의 짚을 먹기도 한다"라고 지적한다. 이것은 인간 거식증 환자들이 예전부터 써온 수법과 비슷하다. 영양소가 많고 칼로리가 높은 음식을 피하고 대신 양상추나 셀러리처럼, 배를 채워 포만감을 주지만 그 자체의 칼로리보다 소화시키는 데 더 많은 칼로리가 소모

되는 음식을 먹으려 하는 것이다. 트레저와 오언이 유럽 전역의 농장에서 돼지를 관찰하면서 알게 된 사실은 이보다 더 흥미롭다. 먹이를 안 준 실험용 쥐들이 쳇바퀴를 계속 돌고(에너지 균형이나 비만, 또는 먹이나 약물 투여 등과 쳇바퀴 돌기 즉 신체 활동 간의 관계를 알아보는 연구를 언급하는 것—옮긴이), 거식증 환자들이 트레드밀 위에서 걷고 또 걷는 것처럼, 모돈쇠약증이 있는 돼지들은 유별나게 안절부절못한다. 트레저와 오언은 그리스 최대의 양돈장이며 암퇘지의 30퍼센트가 모돈쇠약증에 걸린 곳을 관찰하고 나서 이렇게 말한다. "바짝 마른 암퇘지들은 영양 섭취와 무관하고 비정상적으로 과다한 행동에 더 많은 시간을 들이며 … 우리 안을 끊임없이 돌아다닌다."

어떤 돼지들이 왜 그리고 언제 모돈쇠약증에 걸릴 위험이 증가하는지 알아내려고 노력하는 과정에서 연구자들은 그 병의 근저에 있는 유전자 배열을 알아보게 되었다. 그리고 이 조사에서 흥미로운 원인 하나를 찾아냈다. 최근 수십 년 동안, 소비자들의 기호는 기름기가 많은 고깃덩어리에서 멀어졌다. 돼지고기를 먹는 사람들도 갈빗살이든 허릿살이든 기름기 없이 먹으려 한다. 심지어 베이컨도 지방이 적어졌다. 가축 농장들은 이런 수요에 맞춰 지방이 더 적어지게 품종개량을 했다. 그리고 바로 여기서 문제가 생기는 듯하다. 트레저와 오언의 설명에 따르면 "돼지들, 특히 극도로 지방이 적게 개량된 돼지들은 절식(絶食)과 쇠약화의 돌이킬 수 없는 과정에 빠져들 수 있다"고 한다.

지방이 적은 품종을 만들기 위해 선발육종(selective breeding), 즉 인위적 선택에 의한 교배를 시킨 결과 "극단적인 특성들을 발현시키는 열성형질들이 노출"된 것이다. 이런 형질들이 몇 세대 만에 발현된다는 사실을 보며 트레저와 오언은 돼지와 인간, 그리고 다른 동물에게도 나타나는 거식증에는 "유사한 유전적 소인"이 있으리라고 추론한다.[2] 이것이 시사하는 바는, 마르는 것을 암호화하는 유전자 배열이 많은 동물에 존재할 수 있으며, 다만 번식이 거의 조절되지 않는 야생의 동물에서는 거의 발현되지 않고 배경에 머물러 있다는 것이다.

인간에게서도 이와 유사한 현상을 볼 수 있다. 쌍둥이들을 대상으로 하거나 가족들을 여러 세대에 걸쳐 추적 조사한 연구들은 거식증의 유전 확률이 아주 높다는 사실을 보여준다. '거식증 유전자'를 찾는 작업은 필연적으로 거식증이 애초에 왜 생기는가 하는 물음으로 이어졌다. 진화심리학자들은 거식증이 어떤 이유로 우리의 먼 조상 세대에서 선택되었을 수 있는지를 설명하기 위해 몇 가지의 상이한 이론을 내놓았다. 그들이 제시한 가설 가운데는 기근에 대한 적응, 사회 계층의 영향, 특정 체형(뚱뚱한 체형이든 마른 체형이든)에 대한 남성의 선호 등이 포함된다.

UCLA의 정신의학 및 생물행동과학 교수이며 〈국제 섭식장애 저널 *International Journal of Eating Disorders*〉의 편집장인 마이클 스트로버가 훨씬 더 그럴듯하다고 평가하는 것은 거식증 환자들이 후대에 물려주는 유전자 배열이 불안과 관계있다는 가설이다. 불안과 심한 스트레스, 공포 반응은 스트로버가 UCLA의 자기 진료실에서 거식증 환자 등 섭식장애가 있는 사람들에게서 매일 보는 주요 특징들이다. "거식증에 걸린 사람들은 그들의 환경에 변화가 있거나 새로운 것이 나타날 때 불안해합니다." 마이클 스트로버가 내게 해준 말이다.

변화는 여윈 암퇘지들에게도 스트레스를 준다. 모돈쇠약증이 유전적

---

2) 지방이 적은 고기의 유행은 돼지고기에만 해당되는 게 아니다. 다른 식용 가축들도 지방이 줄게끔 선발육종을 한 결과 소의 이중근육화(double-muscling, 근육이 정상 수준의 두 배 이상으로 발달하는 것) 같은 기형적인 물질대사 현상이 나타났다.

성향에 기인한다고 상정하더라도 주목할 점은 암돼지가 그것에 가장 취약한 시기와 그 이유다. 이 병증은 새끼를 낳고 젖을 떼기까지 사회적, 신체적으로 힘든 기간—돼지의 경우 이 시기를 '분만'을 뜻하는 '패로잉(farrowing)'이라고 부르는데—에 가장 자주 발생한다. 그리고, 심하게 겁먹고 스트레스를 받아 섭식에 문제가 생기는 것은 어미가 된 돼지만이 아니다. 새끼 돼지에게도 젖을 떼는 시기는 취약해지고 두려운 때다. 사실 바로 이 시기에, 암수 어느 쪽에 특별히 국한되지 않는 새끼 돼지의 소모성 증후군이라는 게 생길 수 있다. 모돈쇠약증에 걸린 암돼지처럼 소모성증후군이 있는 새끼 돼지들은 음식을 거부하고, 마르고 쇠약해지며 때로는 죽기도 한다. 새끼 중 수컷들도 암컷 못지않은 비율로 이 병에 걸린다. 이들이 어미의 보호에서 벗어나 무리의 경쟁 세계로 들어가는 불안하면서도 중요한 시기에 소모성증후군이 엄습하는 것이다.

상업적인 양돈장은 대체로, E. B. 화이트의 『샬롯의 거미줄*Charlotte's Web*』을 탐독하는 사람이 상상할 법한 목가적인 풍경이 아니다. 돼지들의 선천적이고 엄격한 사회적 위계 의식이 야생 상태에서는 무리에 도움이 되었지만, 붐비는 축사 안에서는, 특히 먹이를 먹을 때면, 우월성을 과시하는 행태를 낳는다. 어미의 젖을 빠는 첫날부터 나중에 여물통의 사료를 먹는 시기까지 돼지들은 먹이를 먼저 차지하려고 경쟁하면서 서로의 꼬리와 귀를 물기도 한다. 여기서 이기는 개체들은 더 살찌고 건강해진다. 소심한 것들은 밀려난다. 이런 환경에서 불안, 특히 사회적 불안에 과도하게 반응하는 유전자를 가진 돼지는 모든 중학교 선생님과 청소년 상담교사가 익히 아는 현상, 즉 개체나 집단에 의한 괴롭힘과 따돌림에 취약하다. 농부들은 그런 괴롭힘이 모돈쇠약증의 원인이 될 수 있음을 알기 때문에 자신이 키우는 무리에 그런 일은 없는지 늘 살펴본다. 정신과 의사들 역시 거식증의 발생 원인을 설명하는 전통적인 방식—성심리(性心理) 발전의 장애나 과잉간섭적인 가족 역동성(가족 구조 내에서 발생하는 성원 간의 상호작용—옮긴이), 완벽주의, 신체상(像) 왜곡 등에 주목하는 것—에 더해 불안 및 불편함도 섭식장애와 중요한 관련성이 있음을 점차 더 인식하고 있다.

그렇다면 인간의 거식증 치료에 대한 단서를 돼지우리에서 찾을 수 있을까? 농부들은 암퇘지와 새끼 돼지들이 먹지 않고 죽어가는 걸 그냥 보고만 있는다면 금전적인 피해를 보게 마련이니 대책이 필요하다. 한 연구에서는 두려움이 섭식행동에 영향을 미친다는 전제 아래 불안을 완화하는 약을 새끼 돼지들에게 투여했더니 먹지 않으려는 경향을 극복하고 섭식을 재개해 정상 체중을 회복했다고 보고했다. 하지만 일반적으로는 모돈쇠약증에 걸린 암퇘지와 소모성증후군에 걸린 새끼 돼지들은 건강을 회복하기 어렵다. 어느 수의학 웹사이트에서는 딱 잘라서 "치료는 없다"고 말한다. 정신과 의사들도 이 말에 동의할지 모른다. 거식증이 본격화된 환자들에게 적용해 일관되게 탁월한 효과를 본 약물 치료법은 아직 발견하지 못했기 때문이다.

하지만 몇 가지 예방책은 있을지 모른다. 농부들은 동물을 따뜻하게 해주라고 말한다. 우리 안의 온도를 올리고 바닥에 까는 짚이나 마른 풀 같은 것도 양을 늘리라는 것이다. 쥐를 가지고 실험하는 연구자들 역시, 주변이 따뜻할 경우 먹이를 못 얻은 쥐들의 쳇바퀴 돌기가 현저하게 줄어든다는 사실을 발견했다. 어떤 경우에는 체중이 다시 늘기까지 했다. 이것은 아마 뇌하수체 뒤, 뇌간(뇌줄기) 위쪽에 있는 시상하부(視床下部)라는 작은 뇌조직이 작용한 결과일 것이다. 시상하부는 체온, 섭식, 물질대사를 조절하며, 식욕을 자극하거나 억제하는 데도 아주 중요한 역할을 한다. 실제로, 어린 시절에 시상하부(그리고 다른 뇌 조직들)에 외상성 손상을 입으면 훗날 거식증에 걸릴 수 있다. 거꾸로, 거식증 자체가 시상하부의 기능 장애를 초래할 수도 있다.

양돈 농부들은 또한 병을 앓는 돼지뿐 아니라 무리 전체의 먹이 공급량을 즉시 늘리라고 조언한다. 먹이를 차지하려는 경쟁이 줄기 때문인지, 아니면 취약한 암퇘지들이 발병이라는 함정에 빠져들지 않도록 붙드는 효과가 있는 건지, 아무튼 이 방법은 무리 전체의 건강을 개선해주는 듯하다.

그런데 이런 대책들이 인간 거식증 환자에게도 도움이 될까? 거식증이 본격화된 경우라면 물론 더 종합적인 치료가 필요하겠지만,[3] 초기 징후를 보이는 사람은 스트레스를 받을 때마다 온도조절기의 기준 수치를 몇 도 올리는 간단한 방법으로도 효과를 볼 수 있을까? 수의사와 농부들의 지혜를 좀 더 빌린다면, 의사와 가족들은 발병 가능성이 있는 사람이 사춘기에 접어들거나 처음 엄마가 되는 등 삶의 중요한 전환기에 처했을 때 괴롭힘과 사회적 경쟁에 치이지는 않는지 잘 살피면서 거식증의 실제 발병을 막으려고 노력해봄 직하다.

정신과 의사들에 따르면 어떤 섭식장애는 그것에 대한 감수성이 있는 사람들이 서로 어울리면서 퍼지기도 한다. 단 한 사람의 '선도자'가 그 집단의 많은 사람에게 장애성 섭식행동을 퍼뜨릴 수 있다. 오늘날 폭식증이나 거식증을 동경하는 사람은 거식증을 고취하는 이른바 '프로아나(pro-ana)' 웹사이트에서 그 요령을 배우면 된다('pro-ana'는 본디 'promoting'과 'anorexia'의 합성어로 거식증—흔히 폭식증도 포함한다—을 조장하는 웹사이트나 조

3) 한 병원에서 열 명의 거식증 환자를 대상으로 연구한 결과를 보면, 그들에게 하루 세 시간씩 발열 조끼를 입혔어도 체중에는 아무 영향이 없었다고 한다.

직, 또는 그 구성원을 가리키는 형용사 · 명사로 쓰인다. 더 줄여서 '아나'라고도 한다.—옮긴이). 뼈만 남은 유명인들의 모습이 잇달아 화면을 채우면서 방문자들에게 이른바 '신스피레이션(thinspiration)', 즉 마른 몸매를 위한 자극을 제공한다. 인터넷의 글과 블로그 등은 전 세계 곳곳에서 고립된 상태로 살아가는 거식증, 폭식증 환자들에게 사이버 지지 그룹 역할을 해주며 그들이 자신의 승리—끼니 건너뛰기, 부모님 속이기, 초콜릿 바와 국수 먹고 게워내기, 운동 목표 초과하기—들을 자랑스럽게 얘기할 수 있는 자리를 제공한다. 온라인 친구들은 설사약 과민증 혹은 부모나 배우자의 매서운 눈길을 받으며 함께 식사를 하는 척해야 하는 고충 같은 것에 위로를 보낸다. 그들이 해주는 조언 중에는 음식을 토해낸 뒤 입에서 나는 냄새를 가리는 방법, 연례 신체검사에서 저울 눈금을 올리기 위해 주머니에 무거운 동전을 몰래 집어넣는 요령 따위도 있다. 이런 사이트의 추종자들을 설레게 하는 또 하나의 요소는 박해를 받는 사람들끼리 은밀히 뭉치고 있다는 의식일지도 모른다. 이 사이트들은 웹 관리자와 부모 단체들의 표적이 되어 종종 차단되곤 하지만, 금방 다른 도메인이나 서버로 다시 생겨난다.

하지만 이른바 '아나(ana) 라이프스타일'의 애호가이자 희생자인 사람들은—이런 얘기를 들으면 아마 놀라겠지만—그들 지역 동물원의 고릴라나 아쿠아리움의 흰고래(벨루가)와 공통점이 아주 많다. 폭식증 남자들의 크로스컨트리 팀이나 역시 폭식증이 있는 대학 치어리더들이야 더 말할 나위가 없다(이들은 외형적인 느낌까지도 각기 강인한 고릴라와 미끈한 흰고래 비슷하다는 농담이다.—옮긴이). 왜냐하면 이 동물들의 일부도 끈질기고 대개는 은밀한 습관을 가지고 있기 때문이다. 동물원 수의사들은 그것을 'R/R(regurgitation and reingestion, 먹은 것을 역류시켜 재섭취하기)'이라고 줄여 부른다.

R/R(아르 앤 아르)의 기술적 정의는 "식도나 위에 있는 음식이나 액체를 자신의 의지에 따라 입으로 역류시키는 것"이다. 이런 행동을 보이는 고릴라는 음식 덩어리를 입 속이나 손에, 때로는 땅바닥에 스스로 게워낸다. 한데 그러기 직전에 고릴라는 이런저런 예비 행동을 한다. 관찰된 바로는 자신의 배를 쿡쿡 찌르거나 문지르기도 하고, 땅에 특별한 장소를 준비하기도 한다. 몸을 앞으로 구부리거나, 앞뒤로 흔들면서 머리를 옆으로 젓는 고릴라도 있다. 음식 한 입분을 바닥이나 손이나 입으로 토해낸 고릴라는 그것을 다시 먹는다. 손가락으로 집어 먹거나, 입으로 직접 핥아 먹거나, 입속까지만 올라와 있는 것을 다시 씹어 삼킨다. 어떤 때는 이 과정이 반복되어서 같은 덩이가 아주 여러 번 오르락내리락한다.[4)]

인간의 폭식증처럼, R/R 행동도 집단의 한 개체가 일단 시작하면 퍼져 나갈 수 있다. 예컨대 무리 중에서 나이가 든 고릴라들이 이 행동을 하면 어린 새끼와 아직 덜 자란 고릴라들이 그 모습에 매료되어 실버백(silverback, 나이 든 수컷은 등에 은백색 털이 나므로 이렇게 부른다.—옮긴이)이나 암컷 고릴라 뒤로 몰래 다가가서 토한 것을 훔쳐 먹는다. 어느 고릴라 집단에서는 어린것들이 나이 든 어른들의 R/R 행동을 지켜보고는 그 구부정한 자세를 그대로 흉내 냈다. 어린 고릴라들은 자기 침을 뱉고 다시 삼켰는데, 이를 보고 연구자들은 그 행동이 "사회적으로 강화되는 것일 수 있으며, 어쩌면 학습되는 걸지도 모른다"라고 했다.

R/R 행동은 야생에서는 일어나지 않는다는 게 일반적인 견해다. 적어도

---

4) 동물들이 먹은 것을 역류시키는 행동은 R/R에서 되새김질(반추)에 이르기까지 다양하다. 많은 동물에서 이것은 정상적인 소화 과정의 일부다. 동물의 R/R 행동이 폭식증(신경성 대식증)의 흥미로운 자연 모델이 되는 이유 하나는 그 행동이 스트레스와 관련된다는 게 관찰되었기 때문이다.

연구자에 의해 보고된 바는 없다. 하지만 갇힌 상태의 포유류에겐 그게 육상동물이든 수생동물이든 흔하게 나타난다. 침팬지, 돌고래, 흰고래 등도—모두 인간처럼 이른바 '높은 수준의 인지 능력'을 지니고 있다는 동물인데—야생 아닌 환경에서의 R/R 행동이 관찰되었다. 어느 해양포유류 전문가가 내게 얘기하기를, 아쿠아리움의 수중 탱크 속에서 흰고래가 관람객들이 역겨운 표정으로 지켜보는 앞에서 하얀 액체를 토해내더니 끈 모양으로 휘도는 그것을 따라 무용하듯 우아하게 움직이며 전부 찬찬히 되삼키는 광경을 본 적이 있다고 했다.

수의사들은 R/R 행동을 보게 되면 무엇보다 먼저 그 동물의 사회적 환경을 상세히 조사한다. 양돈 농부들처럼 그들은 집단 내의 상호작용을 주의 깊게 관찰해 스트레스 요인과 두려움이 어디에서 비롯되는지 확인하고 다른 개체들이 R/R을 배울 기회를 가급적 줄인다.[5)]

수의사들은 R/R이 몇 가지 점에서 인간의 폭식증과는 차이가 난다는

---

5) 아울러 그들의 식단도 바꿔볼 만하다. 유제품은 인간의 폭식증, 동물의 R/R 모두와 관련이 있다. 조지아주 애틀랜타 동물원의 사육사들은 동물들의 R/R이 매일 저녁 식사 직후에 가장 심해진다는 사실을 발견했다. 이 시간엔 영양 보충을 위해 모든 동물에게 우유 한 컵씩을 주고 있었다. 동물원 고릴라 관리 팀은 시험 삼아 고릴라의 먹이에서 우유를 빼보았다. R/R을 줄이는 효과가 있지 않을까 해서다. 아니나 다를까, R/R의 패턴이 큰 변화를 보였다. 고릴라들은 여전히 먹이를 속에서 끌어올렸지만, 그걸 다시 삼키는 횟수는 훨씬 줄었다. 식단에서 우유가 빠지자 고릴라들은 자신에게 더 잘 맞는 먹이인 건초를 먹으며 보내는 시간이 많아졌다. 흥미롭게도 이들의 R/R 행동은 계절에 따라서도 차이가 나서, 겨울에 훨씬 많이 나타났다. 활동이 늘어나는 여름에는 일부러 토하는 행동이 훨씬 적었다.

역류-구토를 촉발하는 유제품은 유인원의 다른 한 종인 인간도 좋아한다. 마이클 스트로버의 말을 들어보자. "요구르트는 섭식장애가 있는 사람들이 좋아하는 음식의 하나다. 그들은 요구르트와 친화성이 있다.…그들에게 좋아하는 음식을 열거하라고 해보라. 아마 요구르트를 들 것이다."

사실을 세심하게 지적한다. 사실 R/R은 반추장애(rumination disorder, 되새김장애)라고 하는 또 다른 인간의 질환과 여러 모로 비슷하다. 반추장애는 위 속의 음식물을 입으로 끌어올려 씹은 뒤 뱉거나 다시 삼키기를 반복하는 사람들에게 내리는 진단이다. 수의학 이론 중에는 R/R 행동이 자신을 위안하거나 먹는 즐거움을 연장하는 동물 나름의 방식이라고 보는 견해도 있다. 이것이 사실일 수도 있지만, 반추장애를 겪는 사람들 가운데는 그 행동을 하도록 만드는 정신장애도 가지고 있는 경우가 많다.

R/R 행동과 스트레스의 관계를 고려할 때, 이 토하는 행동 또한 공포의 생태와 연관되는 걸까? 나는 그렇다고 믿는데, 다만 R/R의 근저에 있는 것은 포식자에 대한 두려움이라기보다 사회적 스트레스로 인한 위험스럽고 짓누르는 불안이다.

동물이 겁에 질렸을 때, 감정에 의해 활성화된 소화관은 강력한 방어 무기가 될 수 있다. 텍사스 중부의 매키니폴스주립공원에 사는 검은대머리수리는 사람이나 다른 동물에게 위협당할 때 '맹렬히 토해 내는' 것으로 유명하다. 나비류 연구가들에 따르면, 일부 애벌레들 역시 잘 알려진 구토쟁이다. 조금만 자극을 받아도 반사적으로 토하는 애벌레가 있는가 하면, 스트레스가 거듭되어도 꿋꿋이 견디다가 끝내는 내뿜고 마는 애벌레도 있다. 소화관의 다른 쪽 끝을 보자면, 어떤 동물은 포식자가 뒤로 물러나게 만들어 탈출을 용이하게 하는 공격 전략으로 배변을 한다. 이에 비해 포유류의 여러 종을 포함한 다른 많은 동물들은 공포나 위협에 대한 반응으로 배변한다. 아마도 많은 사람이 중요한 프레젠테이션을 하기 전이나 스트레스를 받으면서 누군가를 만나고 있을 때, 소화관의 어느 쪽 끝으로든 배 속을 비우고 싶은 충동을 느껴봤을 것이다.

나는 사람에 관한 문헌에서는 이를 설명하는 단어를 발견하지 못했지만, 야생생물학자들에게는 훌륭한 용어가 있다. 위협을 당했을 때 토하는 것을 그들은 '방어적 구토'라고 부른다. 비록 그 심리 작용은 크게 다르지만, 스트레스 호르몬이 위장관에 미치는 영향도 이와 아주 비슷할 수 있다. 폭식증 환자가 토하는 것도 '방어적 구토'로 생각한다면 이 질병에 의사들이 접근하고 대처하는 방식을 재고하는 데 도움이 되지 않을까. 나아가 환자들이 자신의 병에 대한 시각을 바꾸는 데도 도움이 될 법하다.

나는 끝내 앰버가 느끼는 두려움들을 모두 규명해내지 못했다. 하지만 몇 주일 지나 앰버가 병원에서 나갈 때 그 작은 몸의 무게는 몇 킬로그램 늘었고 마음속의 불안은 조금 줄어들었다. 그 후 몇 년 동안 나는 앰버가 대학에서 고향에 올 때면 이따금 캠퍼스에서 그녀를 보곤 했다. 그녀는 회복되었고, 건강해 보였다.

하지만 앰버가 그 식당에서 샌드위치를 무서워하던 순간으로 되돌아가서 한 가지를 바꿀 수 있다면, 이렇게 할 것이다. 앰버의 두려움들—살찌는 데 대한, 음식에 대한, 변화에 대한 두려움—을 면밀히 살피면서, 음식 먹는 데 대한 그녀의 두려움이 실은 빗나간 방어 생리임을 이해하도록 도울 것이다. 그녀에게 공포의 생태를 얘기해주고, 옐로스톤의 엘크 이야기를 들려줄 것이다. 늑대가 들끓자 엘크가 조심하느라 먹는 양을 얼마나 줄였는지, 그리고 이 포식자들이 사라지면 얼마나 편안하게 많이 먹었는지 얘기해줄 것이다. 그래서 앰버가 자기 삶 속의 늑대들이 무엇인지 인식하고 두려움을 음식 먹기와 분리할 수 있도록 함께 노력하겠다. 그녀는 둥지나 동굴, 땅굴에서 위험을 무릅쓰고 밖으로 나오는 다른 연약한 동물들과 많이 비슷했기 때문이다. 위협은 그들이 먹을 음식에서 오는 게 아니라, 그 음식을 먹어야 하는 장소인 이 불확실하고 위험한 세상에서 온다는 점에서 말이다.

제10장

코알라와 성병

—감염의 숨겨진 힘

2009년 엄청난 규모의 들불이 오스트레일리아 남부를 휩쓸어 숱한 집들이 파괴되고 200명 가까운 사람이 목숨을 잃었을 때, 자연과 인간의 이 장대한 충돌과 그 사이에 끼인 연약한 동물들의 곤경을 상징하는 사진 한 장이 등장했다. 사진에는 그을린 자국이 있는 밝은 노란색 복장의 소방대원이 있었다. 주위로 부연 연기가 피어오르고, 소방대원은 불에 검게 탄 땅 위에 웅크리고 앉아 기진맥진한 코알라 한 마리의 입에 플라스틱 물병을 대주고 있었다. 코알라는 물을 마시면서 작은 앞발로 소방대원의 손을 꼭 쥐었고, 얼굴이 그을음투성이에다 머리가 헝클어진 소방대원의 눈길은 코알라에게 붙박여 있었다. 생명을 지닌 것에 대한 연민, 인간과 동물의 교감을 보여주는 인상적인 장면이었다.

전 세계의 사람들은 코알라와 소방관의 이야기를 간절한 마음으로 계속 지켜보았다. 야생동물 보호소에 실려가 불에 덴 상처를 치료받고 발을 붕대로 감은 코알라는 그곳에서 '샘(Sam)'이라는 별명을 얻었다. 잿더미에서 구출된 이 오스트레일리아의 아이콘은 역경을 이겨내는 회복력의 복슬복슬한 상징이 되었다. 유대류라기보다는 잿더미에서 다시 태어나는 불사

조처럼 보이기도 했다.

6개월 후에 샘은 블로그 세계에 다시 등장했다. 이번에는 이야기의 결말이 그리 행복하지 않았다. 결국 샘은 죽었다. 화상 때문이 아니었다. 코알라 샘은 클라미디아로 인한 합병증으로 죽었다.[1] 샘에게는 성전염성 질환(sexually transmitted disease, STD)이 있었다(성전염성 질환이란 성교 및 유사 성행위로 감염되는 모든 질환을 뜻하며, '성전파성 질환, 성매개감염병, 성감염증'이라고도 한다. 흔히 말하는 '성병[종전 용어로 venereal disease]'이 이것이다. 1999년부터 WHO에서는 발병 없는 감염까지 포함한 더 포괄적인 용어 'sexually transmitted infection[STI]'을 기준 용어로 권장하고 있다.—옮긴이). 1장에서도 언급했듯, 오스트레일리아에 사는 야생 코알라 사이에선 클라미디아가 걷잡을 수 없이 퍼져서 자칫 그 동물이 멸종할 수도 있다는 우려까지 불러일으켰다.

클라미디아와 코알라. 이 두 단어의 조합은 걸음마를 하는 아이와 심장마비처럼 전혀 **어울리지 않아** 보인다. 작은 유대류 동물들은 천진난만하고 자연스러우며 귀엽기까지 하다. 하지만 누구나 알다시피 성전염성 질환은 전혀 그렇지 않다. 인체의 온갖 모습과 냄새에 익숙해져 있는 의사들 사이에서도 성병은 특히 인기가 없다. 한 번은 의사들을 대상으로 실시한 국제적 조사에서 각종 질병의 상대적 품위를 기준으로 서열을 매겨본

---

1) 엄밀하게 구분하면, 코알라들이 감염되는 것은 클라미디아속(屬)이 아니라 클라미도필라속의 세균들이다(그중에서도 대개 *chlamydophila pneumoniae*나 *Chlamydophila pecorum*). 클라미도필라속의 유전체(게놈)는 같은 클라미디아과(科)에 속하는 클라미디아속의 유전체보다 규모가 약간 크다(분류학상 클라미도필라속은 클라미디아속에서 분리돼 나왔다). 이 차이를 알고 있지만, 여기서 나는 코알라들의 감염을 설명할 때 수의사들이 그러듯이 '클라미디아'라는 용어를 쓰려 한다. 그와 비슷하게, 'the clap'이라는 말도 오랫동안 임균(淋菌)과 그것에 의한 병 임질을 특칭해온 용어지만 오늘날 구어에서는 성전염성 질환(성병)의 통칭으로도 쓰이며, 여기서도 그런 의미다(영어 원문에서 이 장 제목과 본문에 한 번씩 나온다—옮긴이).

적이 있다. 여기서 뇌종양, 심장마비, 백혈병이 최상위 세 자리를 차지했고, 허리 아래를 공격하는 병들은 맨 밑바닥에 자리했다.

지난 50년 동안 의학이 크게 발전한 덕에 사람들은 성전염성 질환에서 더 쉽게 시선을 돌릴 수 있게 되었다. 선진국에서 대부분의 사람들은 이것을 기본적으로 완치될 수 있는 병, 혹은 적어도 매일 약을 먹으면 되는 대처 가능한 만성 질병 정도로 생각한다. (헤르페스에 투여하는 항바이러스 약제, 또는 더 심각한 경우로, 인간면역결핍바이러스[HIV]에 감염된 에이즈 환자들이 이른바 '칵테일 요법'으로 매일 복용하는 병합약제를 생각해보라.) 그뿐 아니라, '안전한 성관계' 교육이 사회 전반에 보급되고 효과를 거두면서, 콘돔 착용 같은 차단피임법(barrier methods)을 쓰고 적절히 절제만 하면 사실상 성전염성 질환에 걸릴 위험이 없다는 강력한—그리고 때로는 진실이기도 한—메시지를 사람들에게 전파했다.

하지만 동물들에겐 안전한 성관계라는 선택지가 없다. 사실 생각해보면, 인간 이외의 동물은 무방비의 성행위만 할 수 있을 뿐이다. 항생제와 백신은 물론이고 콘돔이나 순결서약도 없는 상태에서, 동물은 무엇에 감염되든 상관없이 스스로의 힘으로 어떻게든 극복해서 살아남고 번식해야 한다. 야생의 1평방킬로미터에서 하루 24시간 연중 내내 벌어지는 '안전치 못한' 성행위의 양만 생각해도, 모든 동물이 항상 성병에 감염돼 있지 않은 게 오히려 이상할 정도다.

의사처럼 수의사도 동물의 다른 건강 문제에 비해 성전염성 질환에는 별 관심을 두지 않을 때가 많다. 야생동물 수의사가 고니의 계절적 이동 실태를 조사하기 위해 목에 무선송신기를 부착할 때 그것의 음경에 난 성기 사마귀를 세어보는 경우는 별로 없다. 캐나다 북서부 유콘 지역에 서식하는 카리부의 개체 수를 연례적으로 조사할 때도, 암컷의 질을 검사하려고 내진 자세로 뉘어놓고 한대기후 때문에 차가워진 질경(膣鏡)을 따뜻하게 데우면서 수의사들이 잡담을 나누는 일은 없다. 심지어 동물원에서 번식을 위해 동물을 다른 장소로 실어 옮길 때도 대부분은 성병에 대한 검사를 기본 절차로 실시하지 않는다. 생물학계를 봐도, 동물의 이런 질환을 논의하는 학술 조직은 전 세계에 몇 개 되지 않을 뿐더러 그나마 체계적인 활동을 못 하고 있다.

대부분의 환자와 의사가 그렇듯 나 역시 성전염성 질환에 대해 뭔가 더 알거나 들으려고 애쓰지 않았다. 하지만 우리 모두 이 병들에 관심을 가져야 한다. 아주 치명적일 수 있기 때문이다. 에이즈(AIDS, 후천면역결핍증후군)는 전 세계적으로 여섯째 가는 사망 원인이다. 여기에 인유두종바이러스(human papillomavirus)와 B형 및 C형 간염처럼 성적 접촉에 의해 전염되는 바이러스로 인한 암 때문에 죽는 사람들을 더하면, 사망자 규모는 훨씬 더 커진다. 성전염성 질환은 잘 낫지 않고, 태곳적부터 있었으며, 치명적인 데다, 그걸 통제하려는 인간의 시도를 계속 따돌린다. 그런데 어쩌면 의사들은 전혀 생각지 못했던 곳에서 이 병의 환자들을 도울 방도를 발견할 수 있을지 모른다. 바로 다른 동물의 생식기에서다.

다음의 것들을 보자. 병코돌고래(큰돌고래)는 자궁경부와 음경에 사마귀가 생긴다. 개코원숭이는 음부 헤르페스(포진)에 걸린다. 짝짓기 하는 고래, 당나귀, 누, 야생 칠면조와 북극여우는 사마귀나 헤르페스, 전염성 농포성 외음질염, 매독, 클라미디아를 보유하고 전염시킨다.

성관계를 통해 전염되는 브루셀라증, 렙토스피라증, 질편모충증(膣鞭毛蟲症. 트리코모나스질염)은 소의 습관성 유산과 젖분비 감소를 야기한다. 돼지가 짝짓기를 할 때 세균이 감염되면 낳은 새끼들이 떼로 죽을 수 있다.

농장에서 기르는 거위가 성병에 걸리면 알을 덜 낳게 될 뿐 아니라 죽기도 한다. 말의 전염성 자궁염은 짐작할 수 있듯 암말의 생식력을 파괴하기 때문에, 미국으로 수입되는 모든 번식 적령기의 종마는 보균 여부를 확인하기 위해 적어도 3주 동안은 격리토록 되어 있다. 개의 성병은 유산과 분만 진행부전(난산)을 초래할 수 있다.

처음 동물의 성전염성 질환을 배우기 시작했을 때, 나는 그것에 감염되는 종이 그토록 많다는 데 놀랐다. 하지만 쥐나 말 또는 코끼리의 성행위를 머릿속에 그리면서 생식기의 접촉과 그를 통한 감염의 전파를 상상하기는 그리 어렵지 않았다. 정말 놀라웠던 것은, 성접촉으로 전염되는 병원체는 그들이 좋아하는 컴컴하고 아늑한 환경을 온혈동물에서만 찾지 않는다는 사실이었다. 예를 들어 대짜은행게는 짝짓기를 할 때 수컷에게서 암컷으로 옮는 기생충에 취약하다. 그 기생충은 암컷에게 들어가 알이 있는 곳을 찾아간다. 그리고 알을 발견하면 먹기 시작하는데, 그 결과 태어날 수 있는 새끼들의 숫자가 줄어든다.

곤충들까지도 그 작은 생식기에 성전염성 질환이 있다. 마구잡이 짝짓기로는 지구상에서 으뜸간다고 할 수 있는 두점무당벌레는 성관계로 진드기에 감염될 경우 불임이 된다. 짝짓기를 끝내고 배가 고픈 상태로 우리가 방금 만들어놓은 대짜은행게 수프에 내려앉는 집파리 역시 짝짓기로 생식기에 옮은 진균을 가지고 있을 수 있다. 놀랍게도, 우리 인간이 곤충에게서 감염되는 질병 중 일부는—모기가 옮기는 세인트루이스뇌염과 진드기가 옮기는 반점열처럼—사실 곤충들 사이에선 성적 접촉으로 전염된다. (무당벌레나 진드기 또는 집파리의 짝짓기가 어떤 모습인지 한 번도 상상해보지 않았다면, 인터넷에서 20분만 이미지 검색을 하면 확실히 알 수 있다. 대부분의 곤충이 생식기 접촉과 삽입 성교를 하며, 흔히 후배위[後背位]

를 취한다.)

사실 성전염성 질환은 어류와 파충류에서 조류와 포유류, 심지어 식물에 이르기까지 워낙 많은 생명체에서 번성해서, 활발히 성행위를 하는 모든 생물에 있다고 해도 과언이 아니다. 전문가들도 이런 감염이 아주 많다는 데 동의한다.

그런데도 당신은 이렇게 혼잣말을 할지 모른다. **그래서 어떻다는 거지?** 물론 우리는 동물들의 고통을 줄여주길 원한다. 하지만 인간의 건강과 관련해서 동물의 생식기 질병에 대해 조금이라도 관심을 가져야 할 이유가 뭔가? 더 직설적으로 말해, 우리가 이 동물들과 성행위를 하는 게 아닌데 코알라들이 성병에 걸린다고 해서 왜 신경을 써야 하는가?

대답은 간단하지만 그만큼 우리를 심란하게 만들기도 한다. 병원체는 언제나 새로운 경로를 찾고 있으며, 그 과정에서 인간과 다른 동물을 구분하지 않는다는 게 답이기 때문이다. 예를 들어, 영국 이스트요크셔의 덫사냥꾼들이 토끼들을 잡아 다루다가 토끼매독(토끼벤트병 혹은 트레포네마증이라고도 한다.—옮긴이)이 옮아 손이 군데군데 헐었던 적이 있다. 그들과 토끼 사이에 성적 접촉은 없었지만, 매독의 병원체인 스피로헤타균은 그와 전혀 상관없이 기다렸다는 듯 종의 장벽을 뛰어넘어, 사냥꾼 손에 있는 상처를 통해 따뜻하고 축축한 조직 속으로 나선형의 몸을 밀어 넣었다.

브루셀라균을 보자. 이 끔찍한 박테리아가 가축의 몸에 들어가면 암컷은 임신 말기에 저절로 유산이 되며, 수컷은 고환이 부어오르고 피가 난다. 생식계통에 대한 브루셀라균의 공격은 아주 가차 없어서, 그것의 흔한 종류 중 하나는 소유산균([牛]流産菌*Brucella abortus*)이라고 불린다. 하지만 브루셀라에서 우리가 유념해야 할 부분은 그게 어떻게 퍼지는가이다. 소, 돼지, 개는 교미를 통해 옮긴다. 토끼, 염소, 양도 그렇다. 하지만 이 모든 동물이 교미 없이도 브루셀라가 옮을 수 있는데…바로 입으로 먹어서다. 환경만 적절하면 브루셀라균은 나중에 동물의 입에 들어가거나 입과 접촉할 수 있는 많은 것에서 몇 달을 살 수 있다. 두엄, 건초, 피, 오줌, 우유는 말할 것도 없고 먹이, 물, 장비, 옷에서도 그렇다.

많은 동물에서 특정 병원체가 몸으로 들어가는 통로는 두 가지가 있다. 성관계와 구강이다. 브루셀라균의 경우 사람은 대체로 입을 통해 감염되며, 예컨대 그 균에 오염된 고기나 저온살균을 하지 않은 우유, 연질 치즈 따위를 먹을 때 그러기 쉽다. 이렇게 동물에서 인간으로 퍼지는 브루셀라증은 공중보건의 주요 관심사로, 특히 개발도상국에서는 해마다 수천 건이 발생한다. (선진국에서는 이 병의 발생이 다행히도 드물어졌는데, 그 공의 대부분은 동물들에게 예방주사를 맞히고 병의 전염을 감시해온 수의사들 몫이다.)

그런데 가축들처럼 인간 역시 브루셀라균에 감염되는 경로가 하나만이 아니다. 매독이 있는 토끼를 만져 병이 옮은 사냥꾼같이, 일본의 동물원 사육사들은 감염된 말코손바닥사슴(무스)의 태아를 받아내면서 태반과 어미의 질 분비물에 닿아 브루셀라증에 걸리기도 했다.

그리고 비록 드물기는 하지만, 브루셀라균이 인간에게서 인간으로—피나 모유, 골수뿐 아니라 성교를 통해서도—감염되는 사례 또한 보고된다.

같은 병원체, 다른 경로. 그렇다면 어떤 질환을 '성전염성(sexually transmitted)'으로 분류하는 것이 우리가 그 감염을 고찰하고 이해하는 방식을 제한하지는 않을까? 어떤 경로로 들어오든 결국 그 균이 그 균이기 때문이다. 흔히 보는 병원체로 패혈성 인두염, 성홍열, 류마티스성 심장질환을 일으키는 A군(群) 연쇄상구균은 이미 몸으로 들어가는 통로를 여러 개 활용하고 있다. 가장 흔하게 이용되는 통로는 호흡기다. 한 사람이 기침이나 재채기를 해서 박테리아가 든 침방울을 내보내면, 다른 사람이 숨 쉬면서 그걸 흡입하거나 문손잡이와 식기류 같은 걸 통해 몸에 들인다. 그러나 A군 연쇄상구균은 입과 성기의 접촉을 통해서도 감염되어 음경에서 염증과 화농성 분비물을 유발할 수 있다. 우리는 살모넬라균에 감염된 사람과의 성행위를 통해서뿐 아니라 손가락에 묻은 쿠키 생반죽을 핥는 것으로도 살모넬라 식중독에 걸릴 수 있다. 어떤 식으로 걸리든 40도의 열, 끔찍한 설사, 그리고 탈진으로 의식이 몽롱해지는 건 마찬가지다. A형 간염 역시 성교로 옮을 수도 있고, 손을 반드시 씻으라는 화장실 표지판을 무시하는 요리사의 레스토랑에서 음식을 먹고 걸릴 수도 있다. 바이러스가 어떤 입구를 통해 몸에 들어가든 똑같이 고통스러운 증상을 일으킬 것이다. 열이 나고 탈진이 되며 얼굴색이 겨자 소스처럼 노래진다. 어쩌면 간 이식이 필요할 수도 있다.

동물의 성전염성 질환에 대해 배우다보면 우리는 모든 생명체가 그렇듯 병원체 또한 끊임없이 진화하고 있음을 새삼 깨닫게 된다. 몸의 특정 부위에 정착한 어떤 종이 시간이 지나면서 변화하고, 그러면 또 새로운 부위를 개척해 살고 번성하게 될 수도 있다. 질편모충(질트리코모나스)의 예를 보자. 요즘 질편모충증은 가장 따분하면서 가장 흔한 성전염성 질환 가운데 하나다. 이것에 감염된 여성은 비린내 나고 거품이 이는 황록색의 질 분비물이 생긴다. 남성의 경우엔 대개 음경에 약간의 통증이나 화끈거림이 있을 뿐 다른 증상은 없다. 그런데 원래 질편모충은 요즘처럼 생식기에서나 사는 하찮은 균이 아니었다. 먼 옛적 조상 세대의 질편모충은 흰개미의 소화관에 살았다. 그러니까 질편모충은 기본적으로 위장(胃腸)에 사는 벌레였다. 하지만 셀 수도 없이 많은 세대, 수백 수천만 년의 세월에 걸쳐 변화해오면서 질편모충은 흰개미를 넘어, 그리고 위장관을 넘어 다른 많은 동물의 몸 구석구석으로 뻗어나갔고, 결국 그 한 갈래가 사람의 질을 찾아 들어왔다(질편모충은 2007년 〈사이언스〉지의 표지 모델로 등장하면서 잠깐 동안 유명 미생물이 되었다).

오늘날, 질편모충의 동족(오래전 흰개미 안에 살았던 조상의 후손)들은 사람의 음경과 질에만 살지는 않는다. 다른 여러 종이 인간과 동물 몸의 다양한 부위에서 적합한 거처를 찾아냈다. 예컨대 구강편모충은 썩어가는 이의 어둡고 습한 틈에서 번성한다. 쇠세모편모충은 고양이의 몸에 들어가 만성 설사를 유발하고 소의 생식력을 파괴한다. 트리코모나스갈리나이는 아주 많은 종의 새들—게걸스러운 맹금에서 평화를 사랑하는 비둘기까지—의 입에 거의 고유하다고 할 정도로 흔한 전염병이다.

트리코모나스갈리나이는(혹은 그것의 가까운 친척은) 사실 지상에 살던 조류의 조상들을 아주 오랫동안 서식지로 삼았다. 시카고의 필드자연사박물관에 전시된 '수(Sue)'라고 불리는 유명한 티라노사우루스에 대한 최근의 연구 결과, 수가 극심한 편모충 감염으로 턱 여기저기에 구멍이 생긴 탓에 결국 먹이를 씹어 삼키지 못해서 죽었을 것으로 추정된다고 했다. (조류가 두 다리로 걷던 수각류[獸脚類] 공룡에서 갈라져 나왔다는 사실은 잘 알려져 있는데, 수각류의 하나인 티라노사우루스는 특히 현생 조류와 관계가 가깝다고 한다. 미국의 한 연구자는 티라노사우루스가 악어나 도마뱀 같은 현재의 파충류보다 새와 더 잘 묶인다고 했다.—옮긴이)

수의 감염이 성관계 때문은 아니었지만, 이 사실은 편모충이 이후 수백만 세대를 거치면서 새로운 환경에 얼마나 능숙하게 적응했는지를 보여준다. 한 가족이 소유한 거대 기업집단에서 아들 하나는 부동산 부문을, 다른 아들은 섬유 부문을, 또 다른 아들은 의료장비 부문을 관리하듯, 편모충도 여러 종으로 분화해서 각기 몸의 특정 부위를 맡아 번성한다. 하지만 이용하는 입구나 좋아하는 부위와 관계없이 그 모든 종이 같은 속(屬), 즉 세모편모충(*Trichomonas*)의 하나다. 그러므로 그것이 대학 신입생의 자궁경부에서 채취되었든 육식성 매의 상부 식도에서 꺼냈든, 현미경 아래서 편모충은 편모충일 따름이다. 여기서도 역시 '같은 병원체, 다른 경로'다.

지금은 내장에 감염, 훗날엔 생식기에 감염. 오래된 병원체들의 가족 앨범은 그 균들이 우리 몸의 여기저기로 많이 옮겨 다녔음을 보여준다. 예를 들어, 몇백 년 전 매독에게는 진화적으로 중요한 사건이 있었다. 병원체가 새로운 길을 발견한 것이다. 지금처럼 인간의 생식관을 선호하기 전에, 매독 병원균의 조상은 매종(梅腫, yaws)이라고 하는 끔찍한 피부질환을 일으켰다. 이 병은 주로 아이들에게 발생했으며 피부 접촉으로 퍼졌다(매종은 아직도 남아 있으며, 주로 열대의 미개발 지역에서 발생한다). 하지만 지난 천 년 사이의 어느 시점에 매종은 어떻게 해선지 성인의 비뇨생식관을 찾아들었다. 이 성(性)의 고속도로를 일단 발견하자 매종은 우리가 지금 성전염성 질환이라고 부르는 것으로 탈바꿈했다. 하지만 그 병을 일으키는 나선형의 스피로헤타는 기본적으로 피부병이었던 매종을 선조로 하는 혈통을 여전히 지니고 있다.

같은 병원체가 여러 방식으로 전염될 수 있다면, 그리고 그것이 위장관 거주자에서 요도 전문가로 변이하고 그다음엔 또 목구멍의 주민으로 탈바꿈할 수 있다면, 우리가 그것의 감염 경로를 성관계에만 국한해서 생각할 이유가 어디 있는가? 알다시피 많은 유기체가 온갖 경로를 통해 우리를 감염시킬 수 있는 것이다.

이 점을 의사들, 수의사들은 때때로 간과한다. 그리고 이 점은 동물의 성전염성 질환에 관심을 기울여야 할 이유의 하나다. 병원균은 따뜻하고 축축하고 영양분이 많은 환경이라면 어디든 가리지 않고 서식지로 삼는 데다 종종 돌연변이를 하므로, 동물의 성전염성 질환은 언젠가 음식을 통해 옮겨지는 인간의 병이 될 수 있다. 나아가 인간의 생식기에 우연히 닿게 되고 그곳에 적응하여 변이할 시간이 주어지면, 음식으로 전염되던 그 병은 이번엔 인간의 새로운 성전염성 질환으로 등장할 수 있다.

이건 그냥 한가로운 공론이 아니다. 현재 전 세계에 만연하고 있는 가장 치명적인 성전염성 질환의 사례에서 일어난 일이 바로 이것이다. 인간면역결핍바이러스(HIV, 에이즈바이러스)는 침팬지, 고릴라 및 다른 영장류들이 지닌 병원체인 원숭이면역결핍바이러스(simian immunodeficiency virus, SIV)에서 변이해 나왔다는 것이 오늘날 일반적인 견해다. 영장류 내부에서 이 면역결핍바이러스의 주된 감염 경로는 교미와 어미의 젖이다. 사람이 침팬지와 성행위를 하거나 고릴라를 유모로 고용하지 않는다고 전제하면, 그 바이러스가 어떻게 인간에게 들어왔을까?

대답은 브루셀라균이 인간에게 감염되는 방식과 같다는 것이다. 즉, 음식물 섭취를 통해서다. 그 과정은 대체로 다음과 같이 설명된다. 서부 아프리카의 사냥꾼들은 문제의 바이러스에 감염된 원숭이와 유인원의 고기를 먹으면서, 또는 그들의 피나 다른 체액을 손과 얼굴에 묻히면서 지난 몇십 년 또는 몇 세기 동안 자기도 모르게 원숭이면역결핍바이러스의 저장소가 되었다. 오랜 세월 동안 많은 숙주(宿主)를 거치면서 이 바이러스는 인간면역결핍바이러스로 변이했고, 그런 다음 다른 영장류에서 사용했던 것과 같은 경로를 다시 활용하기 시작했다. 바로 성행위다. 동물의 질병으로 시작된 것이 이처럼 인간의 질병으로 진화해 우리가 서로 옮길 수 있게 됐다. 물론 인간면역결핍바이러스의 전파 경로가 성관계만은 아니다. 혈액이나 모유, 그리고 드물게는 감염된 조직이나 장기 이식을 통해서도 퍼진다. 이 병원체가 숙주에게 들어가는 여러 경로를 얼마나 잘 활용하는지를 감안할 때, 가령 다른 어떤 동물이 면역결핍바이러스에 감염된 인간을 즐겨 먹게 된다면, 바이러스가 그 동물 종으로 옮겨가 적응하면서 결국은 그들 사이에서도 성관계에 의해 전염되는 병으로 발전할 수 있다.

하지만 이런 교활하고 미세한 침입자들이 신체의 점막과 취약한 입구들을 공격하기 시작했을 때, 인간을 포함한 동물들이 가만 앉아서 당하지만은 않았다. 우리는 감염에 대항하는 맹렬한 무기들을 발달시켰다. 백혈구와 항체, 발열, 끈적거리는 점액, 두꺼운 피부 등이 그것이다. 그리고 흥미롭게도, 우리의 방어 수단은 단지 신체적인 것만이 아니다. 동물들은 감염의 위험을 줄일 수 있는 행동 방식 또한 발달시켰다. 기침, 재채기, 긁기—심지어 뽑기, 문지르기, 빗질하기 같은 그루밍 행동들까지—등인데 모두 그 근저에는 기생물을 몰아낸다는 이점이 있다. 그리고 우리 인간이 그보다 더 의도적으로 하는 행동들이 있다. 손 씻기, 예방 접종, 식기 소독, 콘돔 착용 등이다.

어떤 행동반응은 병원체가 일단 우리의 영공에 들어오거나 흉벽을 돌파했을 때 우리를 보호한다. 하지만 박테리아나 바이러스, 곰팡이, 벌레들이 아직 몸에 들어오지 않았어도 우리는 반응 행동을 보일 수 있다. 엘리베이터 안에서 콧물 흘리는 아이를 보면 움찔하며 거리를 두려 하고, 우유 팩을 열고 시리얼에 붓기 전에 냄새부터 맡아보며, 공중화장실에서 문손잡이를 잡기 싫어서 문을 등으로 밀고 나오는 것 같은 자동적인 행동들을 생각해보라. 우리의 행동 전략—그리고 면역반응—은 기생물의 감염에 대해 단지 **생각**만 해도 작동될 수 있다. (바로 예를 들어보겠다. **빈대. 머릿니. 유행성 결막염.** 어떤가, 반응이 오지 않는가?)

그런데 동물의 반응 가운데는 질병과 싸우는 일과 아무런 관계가 없는 듯해 보이는 정말로 기이한 행동들이 있다. 그리고 실제로 따져봐도 관계가 없다. 이는 감염 그 자체가 우리의 행동을 조종할 수도 있기 때문이다. 이런 말이 좀비 영화에 나오는 터무니없는 이야기처럼 들릴지 모르지만, 이 작은 생물체들이 사람을 포함해 훨씬 큰 동물의 행동에 영향을 미치는 힘은, 장구한 세월에 걸쳐 점점 강화되면서 관련 종들의 공진화를 불러온 쫓고 쫓기는 게임에서 비롯된다. (공진화[coevolution]란 한 생물 집단이 그와 관련된 생물 집단과 서로 영향을 주고받으면서 함께 진화하는 현상을 이른다.—옮긴이)

내가 살아오면서 본 것 중 가장 이상한 장면은, 광견병에 걸린 사람이 물을 한 잔 마시려 하는 모습을 찍은 비디오였다. 이 환자는 아파 보이지 않았다. 영화에서처럼 입에 거품을 물지도 않았고, 미친개처럼 으르렁거리거나 들것에 실려가면서 눈을 희번덕거리고 몸을 비틀지도 않았다. 남자는 지극히 차분하고 정상적으로 보였다. 그러다 간호사 하나가 그에게 물 한 잔을 주자, 갑자기 그의 손이 떨리기 시작했다. 그는 물이 든 잔을 입에 갖다 대려 했지만 그럴 수가 없었다. 물이 입으로 다가가면 그의 머리가 좌우로 심하게 요동쳤다. 마치 누군가가 리모컨으로 그의 동작을 조종하는 듯했다.

공수증, 즉 물에 대한 두려움은 광견병의 전형적인 증상이다. 공기공포증(바람 등 움직이는 공기에 대한 두려움) 또한 증상의 하나이며, 병이 더 진행되면 물고 싶은 충동을 억제하지 못하게 된다. 종잡을 수 없어 보이는 이런 행동들은 바이러스가 숙주의 중추신경계에서 일으키는 변화 때문에 생겨난다. 그리고 이 행동들에는 바이러스 자체에게 득이 되는 부수 효과가 있을지 모른다. 바이러스가 새로운 희생자에게 옮아가는 걸 도울 수도 있다는 얘기다. 광견병바이러스가 타액을 통해 전염되므로, 가령 물고 싶은 충동을 일으키는 것은 이 미생물에게 유용한 '전략'이 될 것이다. 하지만 지금까지 수의전염병 학자들은 공수증이나 공기공포증에 실제로 적응적 목적이 있는지는 알아내지 못했다.

요충(pinworm)을 한번 생각해보자. 아이들에게 흔한 이 기생충은 사람의 행동을 일정 부분 바꾼다. 손이 학교 숙제라든지 식탁 차리기 같은 좀 더 생산적인 활동에 전념치 못하고 수시로 항문 일대를 격렬하게 긁도록 만들기 때문이다. 이 긁는 행동은 두 가지 점에서 요충에게 도움이 된다. 우선, 임신한 암컷들의 몸을 터뜨려 한 마리당 1만 개 이상의 알을 배출시킨다(설사 몸이 터지지 않아도 암컷은 항문 부근에 알을 낳고 죽거나, 먼저 죽고 분해돼 알만 남긴다.—옮긴이). 아울러, 갓 나온 알들이 아이의 손톱 밑으로 파고들 수 있다. 거기서 진득이 기다리다가 아이가 엄지손가락을 빨거나 손톱을 깨물 때 입속으로 들어가고, 이어서 위장관으로 내려가 번식하게 된다(알들은 샘창자에서 부화하여 큰창자를 향해 전진한다.—옮긴이).

다른 예로 톡소포자충(*Toxoplasma gondii*)을 보자. 이 원생동물은 쥐 등 설치류를 감염시키면서 특이한 영향을 미친다. 고양이에 대한 두려움을 없애는 것이다. 설치류에게 이것은 물론 끔찍한 일이다. 쉽게 먹잇감이 될 수 있기 때문이다. 하지만 톡소포자충 쪽에서 보면 무척이나 영리한 전략이다. 지구상에서 톡소포자충이 번식할 수 있는 유일한 장소가 고양이의 창자 속이기 때문이다. 설치류를 겁이 없게 만듦으로써 이 기생충은 이를테면 자신을 선물로 포장해 고양이의 발톱과 입으로 배달하고, 그곳을 거쳐 번식이 보장되는 창자로 간다.

인간은 톡소포자충에게 '막다른 길' 같은 숙주다. 사람의 몸속에서는 번식을 하지 못한다는 뜻이다. 그래도 우리가 감염된 고기나 흙, 혹은 고양이 배설물을 먹거나 만질 때 이 기생충이 몸 안으로 들어올 수 있다. 일단 사람의 뇌 속으로 들어가면(뇌에만 들어가는 것은 아니다.—옮긴이) 톡소포자충은 자신을 '포낭으로 쌀' 수 있으며, 기본적으로 활동을 멈추고 고양이에게 돌아가기만을 기다린다. 이 기생충은 자기의 현재 숙주가 생쥐나 큰 쥐인지, 우체부나 접수계원인지 전혀 알지 못한다. 하지만 끊임없이 화학물질을 만들어내고 우리의 피와 조직에서 영양소를 섭취한다. 사실 우리 가운데 많은 사람이 포낭에 싸인 톡소포자충을 지니고 있다(세계 인구의 30~50퍼센트가 이 기생충에 노출된 적이 있거나 만성적으로 감염돼 있다고 추정한 혈청학적 연구 결과도 있다.—옮긴이). 그리고 믿기 힘들겠지만, 이 미생물은 감염자의 행동에 영향을 미칠 수도 있다. 자궁의 톡소포자충 감염은 종종 삶을 망가뜨리는 조현병(調絃病, 정신분열병) 발생의 기여 요인으로 추정되기도 한다.

'뇌벌레'와 다른 기생충들은 개미 집단 안에서 한바탕의 연속살해 사건을 유발하며 귀뚜라미와 메뚜기가 자살적인 행동을 하게 만든다고 밝혀졌다. 말벌의 한 종류는 나비목(目)의 애벌레인 모충(毛蟲)을 감염시켜 자기 새끼들의 경호원 노릇을 시키는데, 이 운 나쁜 애벌레는 머리를 거세게 흔들어 말벌의 포식자인 노린재를 물리친다. 톡소포자충, 요충, 광견병은 성전염성 질환이 아니지만, 성적 접촉으로 전염되는 어떤 질병들도 그 병원(病原)미생물이 나름의 방식으로 감염자를 조종한다. 그중 두 가지, 인간면역결핍바이러스와 매독균은 감염 말기 상태인 사람에게서 극단적인 행동을 일으키는 것으로 악명 높다. 인간면역결핍바이러스에 의한 치매는 판단력과 기억력을 크게 저해한다. 매독이 심해지면 병적인 자기우월증, 충동성, 억제력 상실 등의 증상이 나타나는데, 매독 환자로 잘 알려진 알 카포네, 나폴레옹 보나파르트, 이디 아민의 성적 욕구가 별스럽게 강했고 권력 장악에 그토록 서슴없이 나서곤 했던 것도 이와 연관됐을 수 있다.

그래도 매독 말기 환자들은 전염성이 없어져서 병을 퍼뜨리지 않지만, 다른 병들 중엔 그것이 유발하는 행동이 다른 사람으로의 전염을 촉진하는 경우도 있다.

이것은 우리가 동물의 성전염성 질환에서 배울 수 있는 또 다른 측면이다. 많은 병원미생물이 성행위를 통해 전염된다. 따라서 그 미생물들이 성행위로 이어질 수 있는 미묘한 행동을 가능한 한 유도하리라는 건 충분히 생각할 수 있는 일이다.

그런데 교활한 성병 균들은 도대체 어떤 방법으로 사람들이 함께 침대로 뛰어들게 만든다는 걸까? 남성의 작업 멘트를 개선시키거나…혹은 정상적인 신호 체계를 교란해서 거부가 유혹으로 해석되게 할 수도 있을 것이다. 아니면 여성을 더 매력적으로 만들 수도 있다. 성충동을 높이거나 어색함을 줄여서 성행위가 더 많아지도록 할 수도 있을 것이다.

실제로 이런 일들이 성전염성 질환에 감염된 다양한 동물들에게 일어나고 있는지 모른다. 수컷 희시무르귀뚜라미는 뒷다리를 서로 비벼 교향곡처럼 복잡 미묘한 소리를 내서 암컷의 마음을 끈다. 어떤 종류의 기생충에 감염된 귀뚜라미는 감염되지 않은 것들과는 약간 다른 소리로 우는데, 이런 변화가 오히려 수컷의 매력을 강화해 더 많은 암컷을 끄는 듯하다.

성관계를 통해 옮겨지는 Hz-2V라는 바이러스에 감염되었을 때, 담배나방 한 종류(*Helicoverpa zea*)의 암컷은 성페로몬을 과도하게 분비한다. 감염되지 않은 암컷 자매나 또래들에 비해 두세 배나 되는 양이다. 이렇게 훨씬 짙어진 도발적인 냄새로 더 많은 수컷 나방을 끌어들이고, 바이러스도 그만큼 더 퍼뜨린다고 한다. 흥미롭게도 이 감염된 암컷들은 '싫다고 하지만 실은 좋다는 뜻'으로 수컷에게 받아들여지는 나방 나름의 행동을 보이기도 한다. 인간 세상에서라면 이런 행동이 이른바 '정치적 올바름'에 어긋

난다는 걸 알 리 없는 나방의 암컷들은, 거부하는 행동으로 짝을 더욱 자극하는 것 같다.

어떤 동물은 성전염성 질환에 걸리면 짝짓기에 더 적극적이 되기도 한다. 늪박주가리잎벌레 수컷이 성접촉으로 진드기에 감염되면 주변에서 짝짓기를 하는 쌍을 덮쳐서 교미를 중단시키고 수컷을 밀어낸다. 근처에 암컷이 하나도 없을 경우엔 다른 수컷에게 접근해 짝짓기를 시도하기도 한다.

성전염성 질환은 심지어 식물의 '행동'을 바꾸기도 한다. 모든 생명체가 그렇듯 식물도 번식을 해야 한다. 꽃을 피우는 종자식물에게 번식은 수꽃의 정자가 든 꽃가루가 암꽃의 난자에 가 닿음으로써 가능해진다. 꽃의 이 같은 '성행위'가 이루어지는 한 가지 방법은 새나 벌, 박쥐가 꽃에 앉아 화밀(꽃꿀)을 먹을 때 묻은 꽃가루를 다른 꽃들로 돌아다니며 꿀을 먹으면서 그곳의 암술들에 묻히는 것이다.

하지만 많은 꽃의 꽃가루에는 미세한 진균류, 바이러스, 벌레가 우글거리고, 이 모두가 새 숙주에게 옮아가기를 고대하고 있다. 꽃가루를 매개하는 동물이 꽃에서 날아오를 때—이때 다리와 배에는 꽃의 정액이라 할 것이 끈적끈적하게 묻어 있는데—이 작디작은 병원체들도 편승하는 수가 많다. 벌이나 벌새가 다음 꽃에 앉아 꽃가루를 내려놓을 때…꽃에 성병을 일으키는 병원체의 무더기도 함께 내려앉는다.

정말 흥미로운 사실은, 식물이 이 질병에 걸리면 (더 적절한 표현이 떠오르지 않아서 이 말을 쓰는데) 문란해진다는 것이다. 예를 들어 석죽과의 흰꽃장구채(달맞이장구채)는 '꽃밥 깜부기균'이라는 이름의 진균에 취약하다. 듀크대학교의 식물질병생태학자 피터 스롤은 식물이 꽃밥 깜부기균에 감염되면 꽃송이를 더 크게 피우는 경향이 있음을 발견했다. 감염되지 않은 식물의 꽃은 그보다 작았다. 크고 화려한 꽃송이를 과시하는 이 바람둥이들은 꽃가루를 가져오는 구애자의 방문을 더 많이, 더 자주 받았다 (꽃이 크니 여럿을 수용할 공간도 충분했다). 꽃밥 깜부기균은 숙주인 꽃으로 하여금 더 크고 요란한 꽃을 피우게 함으로써 숙주를 생물학적으로 변화시켜 꽃가루를 매개하는 동물에게 더 매력적으로 보이게 만들었다. 그리고 이런 전략은 균에게 직접적인 이득을 주었다.

말에게 구역(媾疫, dourine)이라는 질병을 일으키는 트리파노소마(파동편모충)도 이와 유사한 '전략'을 쓰는 듯하다. 말이나 노새, 얼룩말이 이것에 감염되면 열이 나고 생식기가 부어오르며 신체 동작의 조정력이 떨어지고 마비가 온다. 심하면 죽기까지 한다. 오늘날 북아메리카와 유럽에서는 구역이 극히 드물게만 나타나지만, 한때는 오스트리아 · 헝가리 제국의 기병대를 무너뜨렸고 남부 러시아와 북아프리카의 말들을 휩쓸었다. 20세기 초 캐나다에서도 구역 때문에 인디언의 조랑말들이 떼죽음을 했다.

구역은 동물들이 짝짓기를 할 때 퍼진다. 흥미로운 점은, 과학자와 수의사 등이 전하는 일화들에 따르면 말의 한 무리에서 구역이 발생했을 때 종마들의 성충동이 커지는 듯하다는 것이다.

이런 작용은 꽃밥 깜부기가 꽃의 '행동'에 영향을 미치는 방식과 아주 흡사해 보인다. 구역이 본격적으로 진행되면 감염된 동물을 신체적으로 파괴하지만, 감염 초기에는 징후를 포착하기가 그리 쉽지 않다. 암말은 질에서 약간의 분비물이 나와 꼬리 주변이 축축해지는 걸 빼면 대개 아주 건강해 보인다. 감염된 암말은 꼬리를 약간 올리고 있는 경우가 많은데, 아마 평소보다 축축해진 데서 오는 불편함을 좀 줄이려고 그러는 것 같다.

치켜 올라간 암말의 꼬리는 일반적으로 짝짓기를 받아들일 준비가 되었다는 신호이기도 하다. 수용 태세의 또 다른 신호로 말 사육자라면 누구나 익히 아는 게 있다. 꼬리가 올라가 있을 때 보이는, 이른바 음문의 '윙크'다. 음문의 수축과 이완에 의해 만들어지는 이 윙크는 암말이 발정했을 때 나타난다.

그런데 구역에 감염되어 몸이 편치 않은 암말이 병적인 분비물에 음문이 젖고, 그래서 꼬리를 올리고, 이 경우엔 불편함 때문에 음문 윙크까지 한다면 종마는 흥분하게 될 수 있다. 성전염성 질환으로 인한 행동이 발정의 과시로 잘못 읽히는 것이다. 종마는 이 착오 때문에 고통을 겪게 될지 몰라도, 병원체는 이득을 보게 마련이다.

때로는 감염과 그에 따른 행동의 연관성이 직접적으로 드러나지 않기도 한다. 많은 성전염성 질환의 당혹스러운 귀결 중 하나는 숙주의 생식력 파괴다. 이게 병원체가 의도한 결과라면 그건 아주 형편없는 계책이 아닐까? 두 가지 이유에서 그렇다. 감염된 동물이 새끼를 낳을 수 없다면 대개의 경우 그 벌레, 즉 병원미생물의 번식도 끝이 난다. 숙주의 공급이 끊기면 벌레의 자손은 어디에서 살 건가? 그리고 다른 문제도 있다. 새끼를 갖지 못하는데 동물이 굳이 짝짓기를 하려 들겠는가?

하지만 벌레의 성공은 그 주인이 얼마나 많이 **번식하는지**가 아니라 얼마나 많이 **교미를 하는지**에 달려 있다(50세가 넘은 사람들 사이에 성전염성 질환의 발생이 증가하는 현상은, 이런 감염이 찾는 대상이 성적 활동이 왕성한 숙주이며 생식력은 필요조건이 아님을 보여준다). 사실, 새끼를 낳는 데 문제가 있는 암컷 동물은 이미 임신을 한 암컷보다 더 열심히 노력할 것이다(즉 교미를 더 많이 할 것이다). 만일 병원체가 유산을 유도하거나 수태를 방해함으로써 임신 주기를 파괴할 수 있다면, 그 병원체는 짝짓기 시도가 늘어나는 데 따른 이득을 누릴 수 있을 것이다. 그러니까 일부 성전염성 질환들은 숙주의 번식을 방해함으로써 성행위를 더 많이 하도록 유도한다는 얘긴데, 이런 일이 가능할까?

실제로 어떤 수의학 문헌에서는 그렇다고 주장한다. 예를 들어, 사슴을 비롯한 여러 유제류의 암컷은 어떤 성전염성 질환에 걸리면 영속적인 발정 상태가 되어 수컷들의 접근을 쉽게 받아들인다. 소유산균은 암소를 유산시킨 뒤 곧—별일 없이 달이 차서 송아지를 출산했을 경우보다 훨씬 이르게—새로운 번식 주기에 들어갈 태세로 만든다. 이것으로 미루어 보면, 이유를 알 수 없는 인간의 불임과 반복적인 유산에서도 무증상 감염(병원체의 활동이 표면 아래 머물러 겉으로 증상이 나타나지 않는 것)이나 심지어 아직 알려지지 않은 병원체들이 우리가 지금 생각하는 것보다 더 큰 역할을 하는지도 모른다.

다시 말해, 낮은 수준의 감염에 의해서도 동물의 성적 기능과 행동이 변할지 모른다는 얘기다. 성전염성 질환은 일단 동물의 몸속에 들어가면 깊숙이 숨어 눈에 보이는 증상을 거의 일으키지 않으면서 조용히 그 몸을 식민지로 만드는 데 특히 능하다. 소규모이고 국한된 감염이든 광범위하면서 무증상인 감염이든 이 병원균들은 우리 눈에는 대개 보이지 않는 방식으로 우리의 몸과 마음에 영향을 미친다.

샌프란시스코 일대에서 에이즈가 한창이던 때 캘리포니아대학교 샌프란시스코 캠퍼스의 의대생이었던 나는 환자들에게 안전한 성관계에 대한 조언과 계몽을 아주 적극적으로 하라는 지시를 받았다. 귓병이 나서 온 환자와의 대화에도 나는 성관계 얘기를 끌어들였다. 콘돔을 착용해야 하며 여러 상대와의 섹스를 피하라고 권했다. (1984년의 상황을 한마디로 보여주는 다음의 문구를 기억하는가? "당신이 누군가와 잘 때, 당신은 그가 지금까지 잤던 모든 사람과 자는 것이다.") 나는 또, 잠자리 상대가 될 수 있는 사람에게는 몇 가지를 미리 물어보라고 환자들에게 조언했다("남자와 성관계를 할 때가 있나요?"[여자가 남자에게 묻는 말], "정맥으로 주사하는 마약을 사용해요?"). 수의사는 환자들에게 콘돔을 착용하라고, 성관계 파트너에게 입술조차 주기 전에 질문부터 하라고 경고할 수가 없다. 하지만 내가 환자들에게 추천하곤 했던 또 하나의 효과적인 예방법은 동물과도 연관성이 있다. 환자들에게 말해주라고 병원 교육에서 배운 이 예방법은, 성관계를 하기 전에 서로의 생식기를 조사해 짓무른 데나 다른 병변이 없는지 확인하라는 것이었다.

동물 중에선 일부 새가 이런 방법을 쓴다고 알려져 있다. 이를 총배설강 쪼기(cloacal pecking)[2]라고 하며, 수컷 새가 암컷에게 올라타기 전에 암컷의 질구를 자세히 조사하듯 쫀다고 한다. 일부 연구자의 추정에 따르면, 여러 종의 새에서 총배설강 주위의 입술 모양으로 도드라진 테두리나 보송보송한 하얀 깃털은 짝짓기 상대의 건강에 대한 추가적인 판단 기준이 되는데, 그건 이 부위의 색이 옅어서 체외 기생충과 병변이 잘 드러나기 때문이리라고 한다. 이 부분이 만일 설사나 다른 체액으로 더럽혀지면, 그 또한 새가 건강하지 못함을 구애자에게 알려주는 표지가 된다.[3]

실험실 연구에서는 성관계 이후의 세척이 약간의 예방 효과가 있다는 사실도 밝혀졌다. 쥐에게 교미 후의 생식기 그루밍 즉 뒷손질을 못 하게 하면 깨끗이 마무리한 다른 쥐들에 비해 성전염성 질환 감염 비율이 높다. 많은 새가 교미 후에 열심히 몸단장을 하는데, 일부 연구자들은 이런 행동이 교미에 편승하여 침투하려는 병균을 없애는 데 도움이 될 수 있다고 생각

---

2) 새는 생식구와 배설구가 합해진 총배설강을 가지고 있다.

3) 총배설강 쪼기는 바위종다리 같은 새의 정자경쟁에 도움이 된다. 이 새가 교미 전에 의식처럼 하는 행동의 하나는 부리로 암컷의 총배설강 부위를 쪼아 자극하는 일인데, 이를 통해 암컷으로 하여금 앞서 짝짓기를 한 수컷의 정자를 배출하도록 유도한다.

한다. 인간의 경우 생식기를 씻는다 해도 바이러스에 의한 성병을 막지는 못하지만 박테리아 감염엔 조금은 효과적일 수 있다. 남아프리카의 케이프땅다람쥐에 대한 연구에서는, 교미를 가장 많이 하는 다람쥐들이 자위 또한 가장 자주 하는 것으로 나타났다. 연구자는 그 자위행위가 성병 감염을 막기 위해 성교 후 요도를 씻어내는 한 방법이라고 추측했다.

최근의 한 연구 결과, 어떤 사람들은 아픈 사람의 **사진을 보기만 해도** 면역계가 급격히 활성화된다는 사실이 밝혀졌다. 실제로 동물에게는 짝의 건강을 시각적으로 판단하는 여러 가지 방법이 있어 보인다. 예를 들어 어떤 종의 수컷에서는 붉은 색소가—뇌조의 볏에서든, 멕시코양지니의 깃털이나 열대어 거피의 피부에서든—기본적인 건강을 나타내는 듯하다. 이 동물들은 체내에서 스스로 붉은색을 만들어낼 수 없다. 그래서 선명하게 빨간 색조를 띠기 위해서는 과일이나 조개류, 게, 새우 따위를 많이 구해서 거기 든 붉은색 카로티노이드를 충분히 섭취할 수 있을 만큼 건강해야 한다. 그런데 수컷들을 잠깐 보고 적합성을 판단해야 하는 암컷들에게는 편리하게도 기생충이 이 색소의 흡수를 방해하기 때문에, 한눈에 짝짓기 후보의 건강을 알아볼 수 있다. 붉은색이 진하지 않은 동물은 자신의 건강이 신통치 않음을 스스로 광고하고 있는 셈이다.

하지만 눈에 보이지 않는 유기체의 군집들이 내 몸을 침범하고 행동을 지배한다는 생각에 얼른 독시사이클린(항생제의 일종으로 세균 감염, 성병 등 다양한 질병의 치료에 쓰인다.—옮긴이) 병으로 손을 뻗었다면, 다시 한 번 생각해 보라. 미생물들의 군비경쟁에 대한 최선의 반응이 꼭 초토작전일 필요는 없다.

1980년대에 영국의 한 과학자가 충격적으로 엉뚱한 질문을 던져 미생물학계를 뒤흔들었다. **"깨끗한 것도 지나칠 수가 있는가?"** 당시 데이비드 스트라칸은 화분증(花粉症, 건초열 · 고초열)이 혹시 위생 및 가정 규모와 관련되지는 않는지 이리저리 따져보고 있었다. 몇 년 뒤, 아동의 천식을 조사하던 독일 과학자 에리카 폰 무티우스는 관련 자료들을 보면서 당혹했다. 모든 자료가 한결같이, 소득이 낮고 오염이 심한 동독보다 부유하며 생활환경이 더 깨끗한 서독에서 천식이 훨씬 널리 퍼져 있음을 보여주었기 때문이다. 이른바 위생가설(hygiene hypothesis)이 널리 퍼지기 시작했다(1989년 스트라칸이 처음으로 이 가설을 제시했다.—옮긴이). 우리 몸과 지구상에 그토록 오랜 세월 서식해온 미생물들을 지나치게 많이 없애버리면 심각한 결과가 나타나게 마련이라는 이론이었다. 살충제, 항균제, 항생제를 남용할 경우 해로운 병원체와 함께 '좋은' 병원체도 죽기 때문이다. 이 가설에 따르면 그저 상당히 깨끗한 가정 정도로만 집을 치워도, 심지어 식품 검사를 너무 철저하게 해도, '미생물 데드존(microorganic dead zone)'이 만들어진다. 환경이 이처럼 무균 상태에 가까워지면, 수억 년에 걸쳐 연마된 우리의 면역계가 매일같이 해야 하는 일인 침입자들과의 싸움이 없어진다. 그리고 면역계는 외부에서 들어온 병균들과 싸울 일을 빼앗겼을 때 종종 내부를 공격한다. 할 일이 없어진 면역계가 자신을 공격하는 것이다.

아직 논의의 여지가 남아 있긴 하지만 위생가설은 이제 천식과 알레르기, 다른 호흡기질환들을 설명하는 정도를 넘어 폭넓게 적용되고 있다. 위장장애와 심혈관계 질환, 자가면역질환의—심지어 일부 암의—급증도 위생가설과 연결 지어지고 있다. 하지만 생식기의 환경으로 눈을 돌려 생식기 역시 '너무 깨끗해서' 문제가 생기지는 않는지를 본격적으로 궁리해본 사람은 없었다.

여기서 흥미로운 생각을 해볼 수 있다. 성행위와 관련된 병원체들 중 일부는 혹 유익한 게 아닐까? 대부분의 동물은 여러 상대와 성관계를 가진다. 따라서 많은 수컷에게서 나온 정자들이 암컷을 수정시키는 경기에서 이기기 위해 질과 자궁, 나팔관 안에서 끝까지 겨뤄야 한다. 수정은 품위 있고 온화한 놀이가 아니다. 맹렬하고 가차 없는 단체경기다. 이 경기에서 승리하는 수영 선수들은 때때로 미생물 선수들—정액 속에서 살고 음경과 질 사이를 거듭 오갈 수도 있는, **정자를 보강해주는 미생물들**—의 측면 지원을 받는다. 수컷은 성행위를 통해 정액을 배출하지만, 그 후에 경쟁하는 정자들을 따돌리고 파괴하는 일은 배출된 정자와 그들을 수행하는 미생물 부대에 달려 있다. 이 병원체들의 일부는 자기네 정자가 활기차게 움직이도록 돕고, 다른 일부는 경쟁하는 수컷들의 정자를 방해하거나 죽이는 역할을 한다. 그것만으로는 충분치 않을 때 이들은, 질 안에 살면서 정자를 수용하거나 막아내는 복합적인 미생물 무리와 협상을 벌여 성공해야 한다.

그러니까 동물의 요도나 질에 사는 미생물들이 수정의 성패를 가를 수도 있다는 것이다. 혹은 여러 수컷과 교미를 할 경우, 이들 중 누구의 정자가 궁극적인 전리품인 수정을—즉 그 수컷의 DNA가 다음 라운드로 진출할 기회를[4]—쟁취하게 될지를 미생물들이 결정할 수도 있다는 뜻이다.

이와 관련하여 나는 생식기의 환경에서 모든 병균을 제거하려 드는 일이 사실은 해로운 게 아닐까 생각하게 됐다(항생제 치료 후 칸디다성 질염이 발생할 수 있다는 잘 알려진 위험 외에도 말이다). 인간의 면역계는 열한 살에서 스물다섯 살 사이에 온전하게 발달하는데, 이 시기는 성적 활동

4) 온갖 종에서 구사되는 정자경쟁(즉 존재하기 위한 근본적인 투쟁) 전략에 관한 생생한 설명을 읽고 싶다면 매트 리들리의 흥미진진한 저서 『붉은 여왕*The Red Queen*』을 권한다.

이 본격화하면서 새롭고 익숙지 않은 무수한 미생물과 접촉하게 되는 때다. 위생가설은 호흡기관과 소화기관이 병원체들에 너무 적게 노출될 때의 위험성을 잘 보여준다. 그런데 생식기에도 위생가설을 적용할 수 있을까? 우리의 생식기에 미생물이 '딱 알맞은' 조합으로 존재하면 수정의 성공 가능성이 커지거나, 곧 수정될 아이를 위해 가장 질 좋은 정자를 선택하는 데 도움이 될까? 장내 미생물군집에 작용해 소화력을 향상시키는 프로바이오틱(probiotic) 제품이 있듯, 수정을 도울 프로바이오틱 제품도 등장해서 어떤 역할을 하게 될까? (프로바이오틱은 적당량을 섭취하면 건강에 도움을 주는 살아 있는 미생물, 유익한 균을 이르며, '생균, 익생균'이라고도 한다.—옮긴이) 한편 이를 뒤집어보아도 흥미로운 의문이 제기된다. 동물에서 정자를 죽이는 병원미생물을 연구함으로써 새로운 피임약을 개발할 수도 있을까?

여기서 강조해야 할 점은, 성전염성 질환이 인간의 건강을 위협하고 있는 상황에서 지금의 얘기가 안전치 못한 성관계도 괜찮다는 주장이 결코 아니라는 것이다. 콘돔은 생명을 구한다. 모든 의사와 교육자는 안전한 성관계의 관행이 절대적으로 필요하다는 사실을 분명하게 계속 강조해야 한다. 그러나 동시에 의사들은 수의사들과 손잡고, 각종 치료법이 미치는 생태학적 영향을 장기적인 시각에서 따져봐야 하며, 의학적 개입이 불러오는 결과가 그럴 리 없다고 무시했거나 전혀 예기치 못했던 것일 수도 있음을 항상 염두에 두어야 한다.

버지니아대학교의 질병생물학자인 야니스 안토노비츠는 내게 이렇게 말했다. "자연집단(natural population, 자연개체군. 자연조건 아래에서 번식을 통해 유기적으로 결합하고 있는 집단—옮긴이)들에서 발생하는 병을 언제나 꼭 치료해야 하는 건 아니에요. 병은 자연적인 것이니까!" 의사들의 최우선 임무는 개개의 환자를 치료하는 일이다. 하지만 안토노빅스 같은 생태학자들은 감염을 병원체의 시각에서 본다. 그의 설명에 따르면, 우리가 근절이니 예방이니 하는 조치들로 어떤 체계를 교란할 때마다 반드시 무언가 좋지 않은 결과가 따르게 마련이다. 항생제를 몇 번 맞으면 우선은 좋은 효과를 볼지 모르지만, 그 병원유기체들을 없애버리고 나면 예외 없이, 필연적으로, 의도치 않은 어떤 부작용이 즉각적으로든 훗날의 어떤 시점에든 모습을 드러낸다. 때로는 병원체가 전보다 더 악성화한 형태로 돌아오기도 한다. 감염(그리고 감염원인 모든 바이러스와 벌레와 박테리아와 기타 유기체들)은 복잡하고 서로 연결되며 다차원적인 망(網)을 이루고 있다. 거기서 하나의 가닥을 잡아 뽑으면 전체 그물망의 구조가 바뀐다.

코알라 샘이 몇 년 뒤에 태어났더라면 그 소방대원뿐 아니라 피터 팀스라는 생물학자에게서도 따뜻한 도움을 받을 수 있었을 것이다. 팀스는 퀸즐랜드공과대학교의 동료들과 함께 코알라 클라미디아 백신을 개발하고 있다. 백신의 초기 시험 단계에서는 감염률이 약간 줄었으며 병의 독성도 약화되었다. 팀스는 자신의 연구가 언젠가 코알라를 구하고, 나아가 인간 클라디미아 백신의 개발에도 밑거름이 되기를 희망한다.

시력 상실과 불임, 죽음을 초래하는 병을 막기 위해 오스트레일리아를 상징하는 동물에게 백신 주사를 놓는 일에는 그 나라의 어느 누구도 반대하지 않을 것이다. 코알라를 대량으로 죽이고 있는 이 질병이 하필이면 성관계를 통해 퍼진다는 사실은 코알라의 잘못이라 할 수 없다. 그런데 클라미디아나 인유두종바이러스, 인간면역결핍바이러스 등에 의한 성전염성 질환을 치료할 인간용 백신의 개발은 일부 집단들에 의해 저지되어 왔다. 이들은 그 같은 질병에 대한 보호막을 제공하는 일이 그 병을 퍼뜨리는 '부도덕한 행위'를 적극적으로 조장하는 일이나 마찬가지라고 믿는다.

바로 여기서 주비퀴티의 시각이 도움이 된다. 다른 동물에서 이 질병을 볼 때 우리는 어떻게 그 병에 걸렸는지 따지지 않고 감염을 감염 그 자체로만 생각할 수 있다. 클라미디아가 옮은 사람을 생각할 때는 얼굴을 찡그리거나 붉힐지 모르지만, 같은 병을 지닌 코알라에 대해서는 대개 측은하다고 느끼거나 적어도 아무 감정이 생기지 않는다. 우리 대부분은 코알라를 그들의 성생활로 판단하지 않는다. 성전염성 질환에 따라붙는 오명을 줄여야 치료가 더 발전할 것이다.

임상에서의 해결책을 찾는 데는 진화적인 접근도 실마리를 제공할 수 있다. 이미 보았듯, 감염의 역사에 대한 연구를 통해 역학자들은 지금 어떤 병원미생물들이 전파 경로를 바꾸려 하고 있는지를 더 잘 알아낼 수 있게 될 것이다. 그리고, 내장의 건강을 유지케 해주는 '좋은' 미생물이 있듯, 성적 접촉을 통해 전염되면서도 생식기의 건강을 지켜주는 '좋은' 미생물들도 있을지 모른다.

마지막으로, 동물의 성전염성 질환을 연구함으로써 우리는 이들 병원체가 야기하는 질병이나 불임, 그리고 죽음에 대한 이해의 확대를 넘어서는 통찰도 얻을 수 있다. 성관계를 통한 감염들은 진화생물학에서 아주 커다란—그러나 현미경으로만 확인되는—역할을 했다. 코알라 샘은 클라미디아에 굴복했을지 몰라도, 샘과 성관계를 가졌던 다른 모든 코알라들도 같은 운명을 맞지는 않았다. 사실, 무방비 상태에서 마구잡이로 성행위를 했어도 전체 코알라 중 일부는 비록 소수지만 전혀 감염이 되지 않았다. 무언가가 그 코알라들로 하여금 감염을 물리치도록 해주었는데…그 무언가는 바로 유전변이(genetic variation)다. 난자와 정자가 만날 때마다 유전물질의 새롭고 유일무이한 조합이 만들어진다. 그리고 가끔은 이 조합의 특성 덕에 감염에 대한 생물체의 저항력이 남보다 강해지기도 한다. 인간면역결핍바이러스가 복잡하고 대부분의 사람에게 치명적임에도, 감염증 연구자들의 연구 결과 전체 인류의 약 1퍼센트가(스웨덴 사람들이 특히 그렇다) 이 병에 걸리지 않는 듯하다고 밝혀진 것 역시 이런 이유에서다.[5]

클론(clone, 복제 생물) 집단—유전자 구성이 전부 똑같은 개체들—에서는 단 한 종류의 바이러스나 균류, 벌레 때문에 무리가 전멸할 수도 있다. 하지만 집단 내 개체들의 유전자 조합이 각기 조금씩 다르다면 일부라도 살아남을 가능성이 극적으로 증가한다. 그리고 이러한 다양성을 가장 예측 가능하게, 가장 효율적으로 조성하는 방법이 바로 유성생식이다(암수 개체가 각기 생식세포를 만들고 그 둘이 결합하여 새로운 개체가 되는 생식 방법을 말한다.—옮긴이).

바로 여기에 진화생물학자, 감염증 전문가, 그리고 성생활을 영위하는 사람들에게 깨달음을 줄 수 있는 핵심적인 아이러니가 있다. 오늘날 우리는 성관계에서 스스로를 보호하려 하지만, 진화의 과정에서 우리를 보호해온 것은 바로 성관계 그 자체라는 점이다.

---

5) 인간면역결핍바이러스에 대한 유전적인 저항력을 보여주는 최근의 극적인 사례가 하나 있다. 에이즈에 걸린 미국 남자가 독일에서 사는 동안 백혈병에 걸렸다. '베를린 환자'로 불리는 그는 백혈병 치료를 위해 골수이식을 받았는데, 공여자는 CCR5(C-C 케모카인 수용체 5) 분자를 조절하는 유전암호에 돌연변이가 있는 사람이었다. CCR5는 대개 세포 표면에 있으며, 에이즈바이러스는 이 수용체를 '입구'로 삼아 그 세포에 들어가서 감염시킨다. 따라서 CCR5에 결함이 있으면(돌연변이가 있는 경우) 바이러스가 세포로 들어갈 수 없다. 따라서 이 돌연변이가 있는 사람은 기본적으로 인간면역결핍바이러스에 감염이 되지 않는다. 이 같은 유전적 결함은 유럽계 혈통의 사람들에게서 주로 보인다. 북유럽인의 후손 중 약 1퍼센트가 사실상 에이즈 감염에 면역성이 있으며, 그중에서도 스웨덴 사람들이 그럴 확률이 가장 높다. 한 이론에 따르면 이 돌연변이는 스칸디나비아에서 발생해 바이킹 침략자들과 함께 남쪽으로 이동했다고 한다.

제11장

둥지를 떠나다

—동물의 청소년기와 성장한다는 것의 위험성

중부 캘리포니아 해안선의 한 굽이. 부드럽고 하얀 모래사장이 펼쳐져 있어 가족끼리 하루를 즐기기에 더할 나위 없이 좋은 곳이다. 파도가 빛을 싣고 일렁거린다. 태양은 따사롭다. 연날리기에 딱 좋을, 소금물 냄새가 밴 미풍이 모래언덕 위로 산들거리고, 새들은 이 바람을 받으며 잔잔한 파도 위에 점점이 떠서 미끄러지듯 가볍게 나아간다.

당신들도 즐겨라. 아이들에게 자외선 차단제를 듬뿍 발라주라. 억지로라도 수영 셔츠를 입게 해야 한다(수영 셔츠는 '래시가드'라고도 하며 피부 보호를 위해 입는다.—옮긴이). 멀리 안 보이는 데까지 나가지 말라고 주의를 주라. 하지만 아이들이 파도타기용 부기보드를 덜컥덜컥 끌며 물로 뛰어가기 전에, 내가 꼭 일러줘야 할 말이 있다. 해변에서 그리 멀지 않은 곳에 해달(海獺) 연구자들이 '죽음의 삼각지대'라고 부르는 곳이 있다. 샌프란시스코 남부 앞바다에서 패럴론 제도 쪽으로 뻗어 있는 해역이다.

거기서는 커다란 백상아리들이 차가운 물을 가르며 돌아다닌다. 사납고 거대한 파도, 역조(逆潮), 위험한 저류가 해안을 휩쓴다. 해저는 황량해서 식물이 제대로 자랄 수 없다. 그래서 더 남쪽과 북쪽의 다른 연안 해역에서 바다 동물들의 보호처 역할을 해주는 켈프 숲이 이곳엔 없다. 바다 깊은 곳에는 그 대신, 일부 고양이 똥이나 익히지 않은 고기에서 발견되는 두려운 감염성 미생물 톡소포자충이 보통 수준보다 많이 바글거린다.

이 위험한 해역에서는 암컷 해달을 볼 수 없다. 해달의 새끼들도 그곳에 가지 않는다. 무리를 지배하는 다 자란 수컷들 역시 이렇게 위태로운 곳에 범접할 만큼 어리석지는 않은 모양이어서, 가까이 가는 일이 거의 없다. 해달의 움직임을 무선으로 추적하기 위해 미국지질조사국에서 고용한 스쿠버다이버들조차 여기에선 잠수하려 들지 않는다.

그런데 이 죽음의 삼각지대에 자주 진출하는 용감무쌍한 부류의 해달이 있다. 상어가 공격해대고 원인 불명의 실종 사건이 흔히 일어나는 곳인데도 아랑곳하지 않는다. 그들은 청소년기의 수컷, 해달 세계의 물불을 가리지 않는 존재들이다.

'동물의 청소년기'라는 개념이 의외로울지도 모르겠는데, 나 역시 그랬다. 물론 우리 모두는 강아지 시절에서 막 벗어났으나 크게 자란 발에 어울리지 않게 운동 기능은 아직 덜 발달된, 몸이 홀쭉한 어린 개들을 본 적이 있다. 하지만 10대 시절 특유의 좌충우돌과 어색함, 위태로움 따위는 인간에게 특유한 것으로 생각하기가 쉽다. 글쎄, 뭔가 불리할 때면 어처구니없다는 듯 눈알을 위로 굴리면서 부모에게 상처를 주거나 시무룩한 표정과 구부정한 자세로 가족사진을 망쳐버리는 독보적인 능력을 청소년기의 특징으로 생각한다면, 이 시기는 사람에게만 해당될지도 모른다. 하지만 세부적인 내용은 다르다 해도, 인간의 10대들과 다른 대다수 종에서 그에 상응하는 연령대의 개체들은 더 큰 진실에 의해 서로 연결된다. 어느 종에서든 문제와 위험이 가득한 시기, 어른들의 품을 떠나서부터 스스로 온전한 어른이 되기까지의 과도기를 거쳐야 한다는 사실이 그

것이다.[1)]

우리는 흔히 청소년기를 '10대 시절'이라고 표현하는데, 이는 누구나 알다시피 청소년기가 대략 인간 삶의 그 시기에 해당하기 때문이다. 다른 동물은 아이에서 어른으로 점차 변해가는 기간이 짧게는 집파리의 일주일에서 길게는 코끼리의 약 15년까지 종에 따라 제가끔이다. 금화조는 부화하고 40일째부터 이런 시기가 와서 두 달쯤 지속된다. 버빗원숭이의 경우, 어미에게 붙어 있을 때부터 자신이 어미(혹은 아비)가 될 때까지의 여정은 4년이 걸린다. 심지어 하등 단세포 생물인 짚신벌레에게도 청소년기가 있다. 그 기간은 잠깐만 방심하면 놓칠 만큼 짧은 열다섯 시간에서 스물네 시간인데, 이때 세포핵과 세포질이 변화하고, 믿기 힘들겠지만 행동까지 바뀐다.

인간 의사들은 이 시기 특유의 혼란과 시련을 다루기 위해, 그동안 특별히 복잡한 장기나 질병을 다룰 때 그랬듯 새로운 전문 분야를 만들어냈다. '청소년의학'은 소아과에 가기에는 나이가 들었고 내과에 가기엔 아직은 좀 덜 자란 어중간한 환자들을 대상으로 한다. 그리고 사춘기의 호르몬 변화와 성적으로 발달하면서 겪는 신체적 문제 등에 관심을 갖는다. 이 신생 분야의 의사들은 청소년에게 닥칠 수 있는 온갖 섬뜩하고 위협적인 일들—예컨대 교통사고, 성전염성 질환, 알코올 및 약물 중독, 외상성(外傷性) 손상, 10대 임신, 데이트 강간, 우울증, 자살 등—을 막기 위해 늘 주

---

1) 부모의 보살핌은 종에 따라 다양한 모습을 띤다. 우리가 대개 인간하고만 연결 짓는 유형의 양육 방식은 사실 많은 새와 포유류를 비롯한 다른 동물에서도 보인다. 어류 등 알을 낳는 동물의 경우, 부모의 투자는 알을 보호해주는 막이나 알의 안전한 거처, 또는 영양이 풍부한 알(낳아놓고는 떠나간다) 등의 형태를 취한다. 벌레들의 전략도 별로 다르지 않다.

의를 기울이며 일하고 있다. 우리가 흔히 생각하는 청소년기의 특징 중 다수는 행동 변화와 관련된 것인데, 최근의 연구 경향은 그러한 행동—위험을 무릅쓰는 것이라든지 감각 추구, 어떻게든 한 집단의 일원으로 인정받고자 하는 다소 당혹스러운 강박적 욕구 등—을 설명하는 데 도움이 되는 뇌의 변화에 초점을 맞추고 있다.

연약하고 성적으로 미숙한 아동에서 성숙하고 생식 능력이 있는 어른에 이르는 여정을 거치는 동안 무엇을 배워야 하는지는 물론 동물마다 각기 다르다. 인간의 경우, 배워야 할 것에는 잘 발달된 언어 구사력과 비판적 사고 능력이 포함된다. 하지만 콘도르에서 꼬리감는원숭이와 대학 신입생에 이르기까지 수많은 종의 청소년기를 공통적으로 규정하는 한 가지 특징이 있다. 위험을 무릅쓰기도 하고 때로는 실수도 하면서 삶을 배워가는 시간이라는 점이다.

우리의 삶에서 놀랍고 슬프지만 피할 수 없는 사실 하나는, 그저 10대를 산다는 것 자체가—특히 남자가 그러한데—아주 위험하며 종종 치명적일 수 있다는 점이다. 미국에서는 아이들이 젖을 먹고 걸음마를 하는 시기를 무사히 넘기면 대개 열세 살이 될 때까지는 짧지만 비교적 안전한 세월을 보낸다.[2] 그러나 열세 살이 되면 곧바로 사망의 위험이 급증하는데, 주로 외상성 손상 때문이다. 미국 질병통제예방센터의 보고에 따르면 "열두 살에서 열아홉 살까지의 10대들은 한 살씩 나이가 올라갈 때마다 사

---

2) 인간 세계의 모든 곳에서 유아기는 삶의 어느 시기보다도 위험한 때다. 주비퀴티적인 유사성이랄까, 다른 동물의 갓 태어난 새끼 역시 살아남지 못할 확률이 높은데, 주로 포식자에게 먹히거나, 제대로 먹지 못해서 또는 우연한 부상 때문에 죽는다.

망률이 증가한다. 이런 현상은 남성에서 더 두드러진다." 스물다섯 살 즈음에는 청소년기에 그토록 흔했던 치명적 손상의 발생률이 아주 낮아진다. 성인기에는 암과 심장병, 기타 장기적인 질환이 주된 건강 위험 요소로 등장한다.

이 냉혹한 통계는 동물 세계의 사망 요인 추이와 유사하다. 캘리포니아 대학교 데이비스 캠퍼스의 생물학자이며 『조류와 포유류의 포식자에 대한 방어*Antipredator Defense in Birds and Mammals*』의 저자인 팀 카로에 따르면, "어린 [동물은] 다 자란 동물보다 포식자로 인한 사망 비율이 높다." 새끼가 초기의 난관들을 극복하고 살아남으면서 일단은 위험이 점차 줄어든다. 그러나 이윽고 동물의 몸이 성체로의 전환을 예비해 성장하는 데 따라 위험도 함께 자라난다. 처음으로 어미의 보호 없이 먹이를 찾는 청소년기의 흑멧돼지를 생각해보자. 그는 뿔이 완전히 자라지 않았고 털도 빽빽하지 않은 등 아직 보호 장구들을 제대로 갖추지 못했으며 어른 멧돼지처럼 포식자를 따돌리고 도망갈 만한 체력도 아직 없기 때문에, 혹시 치타와 맞닥뜨리기라도 하면 살아남을 가능성이 낮을 것이다. 미성숙한 동물은 어른들처럼 빨리 달리거나 높이 날지 못하고, 다른 책략으로 위협을 따돌리는 데도 미숙하므로 더 자주 포식자의 먹이가 된다. 그들은 경험 부족 탓에 상황 판단을 제대로 못 해서 위험에 처하곤 한다.

물론 오늘날 인간의 10대들이 그 옛날의 먼 조상들처럼 퓨마나 다른 굶주린 포식자에게 잡아먹힐 위험에 처하는 일은 거의 없다. 그 대신 전 세계 여러 나라에서 너무나 높은 비율로 청소년을 살해하는 다른 종류의 치명적 존재가 있으니, 바로 자동차다. 질병통제예방센터의 보고에 따르면, 미국 내 12~19세 연령집단의 사망자 중 35퍼센트가 교통사고로 죽는다.

10대들의 갑작스럽고 난폭한 죽음을 불러오는 것은 자동차만이 아니다. 세계보건기구에 따르면, 개인 간의 폭력으로 매일 10~24세 연령대의 수백 명이 목숨을 잃는다(2015년 통계로는 매일 평균 430명—옮긴이). 총기 사고, 자살, 살인, 익사, 화상, 추락, 전쟁 등도 전 세계 청소년 사망의 주요 원인이다.[3)]

성인들은 10대의 이런 행동 성향을 워낙 잘 알고 있어서 그걸 법률에도 반영하고, 이른바 미래에 대비하는 자녀 양육 방법에도 반영한다. 그래서 스물다섯이 안 된 사람은 차를 빌리기가 까다로우며, 자동차 보험료율도 청소년이 가장 높다. 음주 허용 연령과 운전 허용 연령을 법으로 정해놓은 것도 같은 이유에서다. 어떤 주와 지역에서는 차 한 대에 10대가 몇 명 이상 같이 타면 안 되는지를 정해놓기도 한다. 뉴저지주에서는 차에 탄 모든 10대에게—운전자만이 아니다—휴대전화를 비롯한 전자 기구의 사용을 금한다. 그리고 자동차 번호판의 위쪽 구석에 빨간색 사각형 딱지를 붙여서 운전자가 청소년임을 표시해야 한다.

어떤 부모는 스스로 10대 자녀의 안전을 관리하겠다며 귀가 시간을 정하고 아이를 위한 미끼—게임기, 정크푸드, 심지어 술까지—를 거실에 갖춰두기도 한다. "아이가 어차피 술을 마실 거면 집에서 안전하게 마시는 편이 낫지"라는 생각에서다.

여기서 '선택'이라는 문제를 생각해보자. 10대의 위험에 대한 개입 전략들의 핵심 원칙 중 하나는 그들이 '현명한 선택'을 하도록 가르쳐야 한다는 것이다. 하지만 새롭고 광범위한 신경학적 연구 결과들에 따르면 이 나이대 아이들이 위험을 무릅쓰는 것은 '선택'의 문제가 아니다. 그들 뇌의 깊은

---

3) 세계의 일부 지역에서는 인간면역결핍바이러스에 의한 후천면역결핍증, 즉 에이즈(HIV/AIDS)가 모든 연령집단의 으뜸가는 사망 원인이다.

곳에서 일어나는 커다란 변화로 인해 충동적인 행동이 신중한 자제에 우선하기가 쉽다. 과도기에 있는 10대는 새로운 것에 열광한다. 그들은 또래 집단에 끌린다. 감각을 자극할 방법을 어른들보다 더 추구한다. 그들은 감정 반응도 더 극단적이다.

청소년기의 쥐가 차를 운전한다 해도 분명 아주 높은 보험료가 부과될 것이다. 로마에 있는 고등보건연구소의 연구자들은 여러 연령대의 쥐들을 목표 지점에 맛있는 먹이가 있는 미로에 풀어놓았다. 쥐가 그 보상에 도달하려면 빈 공간 위에 높직이 가로놓이고 양옆에 보호벽도 없는 좁은 판자를 잰걸음으로 건너가야 했다.

쥐들의 절반은 좁은 판자 길로 들어서는 것을 완강히 거부했다. 나머지 절반은 그 위험에 도전했는데, 모두가 청소년기의 쥐였다. 더 어린 아기 쥐나 나이 든 어른 쥐는 아무도 위험을 감수하지 않았다.

청소년기 쥐들은 이 외에도 몇 가지의 공통된 행태를 보인다. 그들은 새로운 환경에 놓였을 때 다른 연령대의 쥐들에 비해 기본적으로 덜 불안해한다. 그리고 낯선 대상에 충동적으로 접근하는 경우가 더 많다. 새로운 것에 그저 관심을 보이는 정도가 아니라, 그것에 끌려든다. 그들은 새로움을 적극적으로 찾아 나선다.

다른 동물도 비슷해서, 영장류 연구자들이 버빗원숭이들 근처에 낯선 물건을 놓으면, 청소년기의 원숭이들이 가장 빨리 달려들어 그게 뭔지 살펴보곤 한다. 그 물건이 판지 상자 같은 특색 없는 것이든, 깜박이는 꼬마 전구와 반짝이 장식물로 뒤덮인 나무처럼 특이하지만 위협적이진 않은 것이든, 가짜 타란툴라나 박제된 뱀처럼 어느 정도 위험해 보이는 것이든, 그것에 열심히 다가가고, 몸짓을 하고, 경고의 소리를 지르고, 만져보려고 하는 것은 청소년들이다.

청소년기 동물은 큰 위험을 무릅쓰면서라도 새로운 것을 탐험하며, 이를 즐기는 듯도 하다. 청소년 금화조는 어른 금화조들이 사람들에게서 도망간 뒤에도 한참 동안 남아서 사람에게 다가가고 심지어 내민 손가락 위에 앉기까지 한다. 과도기의 해달은 죽음의 삼각지대 같은 새로운 영역을 과감하게 탐사하기 시작한다. 동물행동학자들과 인간을 연구하는 신경학자들은 이처럼 두려움의 문턱이 갑작스럽게 낮아지는, 다른 동물과 인간에서 공통적으로 나타나는 현상이 뇌에서 일어나는 특정한 변화들에서 비롯된다는 데에 견해를 같이한다.

바꾸어 말하면, 위험을 무릅쓰는 행동은 정상적인 것이다.

그리고 단지 정상일 뿐 아니라 필요하기까지 하다. 아주 구체적인 목적에 도움이 되기 때문이다. 예를 들어, 동물이 혼자 힘으로 살아남으려면 포식자를 식별할 줄 알아야 한다. 위협을 간파하는 능력은 어느 정도는 타고나지만, 일부는 청소년기에 습득하지 않으면 안 된다. 동물들에게 손자병법의 '적을 알라'는 고전적 교훈은 포식자가 어떤 냄새가 나며 어떻게 숨고 달리며 공격하는지를 알아둬야 함을 뜻한다. 그리고 이러한 지식을 얻는 중요한 방법의 하나가 적의 움직임을 관찰할 수 있을 만큼 가까이 다가가는 것이다.

포식자에 대해 배우는 방법 가운데 언뜻 극도로 위험해 보이지만 사실은 아주 유용한 한 가지는, 포식자 쪽으로 달리거나 헤엄치거나 날아서 다가가는 것이다(그리고 살아남아 자신의 무용담으로 얘기한다). 생물학자 팀 카로는 『조류와 포유류의 포식자에 대한 방어』에서 "어린 동물은 포식자를 발견하면 그것에 다가가 살펴보면서 포식자의 동기와 행동을 비롯한 특성들을 익힐 수도 있다"라고 설명한다.

예를 들면, 아직 덜 자란 톰슨가젤은 먹이를 찾아 배회하는 치타나 사자를 보면 숨는 대신 종종 그들을 향해 슬슬 다가간다. 그리고 마치 사냥감이 자기가 아니라 고양잇과의 그 동물인 듯 한 시간이나 그 이상 뒤를 따르기도 한다. 놀랍게도 포식자가 오히려 당황해서 슬금슬금 피해버릴 때도 적잖은데, 그때쯤이면 청소년기 가젤은 언젠가 자기를 잡아먹으려 들 수 있는 그 동물을 실컷 봐두고 냄새도 다 맡고 난 뒤다. 하지만 이런 행동은 죽음으로 이어지기도 한다. 탄자니아에서 시행된 케임브리지대학교의 연구에 따르면, 호기심 많은 어린 가젤들은 접근 횟수 417번에 한 번(성체 가젤은 5,000번에 한 번)꼴로 고양잇과 포식자의 송곳니에 죽는다. 동물행동학자들이 '포식자 검사'라고 부르는 이 행동은 열대어 거피, 갈매기 등 여러 어류와 조류에서 폭넓게 나타난다. 포식자 검사는 흔히 성인기에도 계속되지만 학습 과정은 방금 보았듯 동물의 청소년기에 시작되는데, 경험이 부족한 때인 만큼 위험이 훨씬 크다.

동물들에게는 다행스럽게도, 어른들이 젊은 세대에게 살아가는 요령을 가르쳐주는 종이 인간만은 아니다. 조류와 어류에서 포유류에 이르는 많은 종에서 널리 사용하는 한 가지 교육 방법은 연구자들이 '모빙(mobbing, 떼 지어 공격적으로 방어하기)'이라고 부르는 것이다. 노련한 어른들과 성장기의 청소년들이 커다란 무리를 이루어 함께 움직이면서 위협적인 소리를 내어 사냥꾼 동물에게 겁을 줌으로써 다른 곳에서 먹이를 찾도록 하는 행동이다. 모빙은 포식자를 물리치는 효과적인 전략이다. 하지만 캘리포니아대학교 데이비스 캠퍼스의 동물행동 전문가 주디 스탬프스는 나와의 대화에서, 모빙엔 흔히 간과되지만 아주 중요한 또 하나의 기능이 있다고 지적했다.

"모빙은 주변에 뭔가 위험이 있음을 공동체 전체에 확실히 알리는 방법입니다. 온 집단이 소동을 피우면, 나이 어린 동물들이 자기네 공동체를 노리는 포식자가 어떤 동물인지를 배우는 데 도움이 됩니다." 모빙은 또한 혼자서 하는 포식자 검사보다 안전하다고 그녀는 말했다. 어린 동물은 "포식자를 피하는 데 그리 능숙지 못하다"는 것이다. 어른이 이끄는 무리의 보호 아래 위험한 존재에게 다가갈 때, 어린 동물은 상대를 가까이 보면서도 안전하게 학습할 수 있다.

고등학교 시절 나는 지극히 미국적인 통과의례를 치렀다. 운전 교육 얘기다. 핸들을 조작하고 도로를 살피고 신호를 보내는 등 몸으로 익힌 기술은, 수십 년이 지나 이젠 그런 걸 배운 적이 있었는지조차 모르겠는데도 내 근육의 기억 속에 깊이 뿌리 박혀 있다. 하지만 그 교육 과정 중 내 뇌리에 각인된 한 부분이 있다. 여러 세대 동안 캘리포니아의 모든 새내기 운전자들이 그랬듯, 캘리포니아 고속도로 순찰대에서 제작한 「붉은 아스팔트」라는 영화를 봐야 했는데, 거기엔 유혈이 낭자한 교통사고 장면들이 끝도 없이 나왔다. 피가 배수로로 콸콸 쏟아진다. 사람들의 몸이 어긋나고 비틀린 모습으로 차 아래 깔려 있다. 오토바이 운전자의 팔다리가 차바퀴에 깔려 길 위에 들러붙어 있다. 10대 시절을 캘리포니아 이외의 주에서 보낸 운전자들이라면 이 영화 대신 다른 몇몇 교육·프로파간다 영화를 보며 충격받았던 걸 아마 기억할 것이다. 피범벅이 되고 으스러져서 길 가장자리에 떨어진 코르사주 장면이 인상적이었던 「마지막 댄스파티」가 그 하나고, 「비극의 바퀴」, 「기계로 죽다」, 「고통의 간선도로」처럼 경고성 제목이 붙은 비디오들도 있었다.

10대들은 수십 년 동안 이런 영화들을 보며 겁을 먹었다. 하지만 동물행동학자의 시각으로 본다면 이 영화들은 어른들이 청소년으로 하여금 그들을 가장 많이 죽이는 포식자인 자동차를 잘 살펴보도록 강제하기 위해 만들어낸 도구일 뿐이라 할 수도 있다.

자동차의 위협은 새로운 것이지만, 「붉은 아스팔트」가 사용한 기법은 아주 오래된 것이다. 캠프파이어에 둘러앉아 저 숲속에 무엇이 있는지에 대하여 듣는 으스스한 이야기에서부터 3D 화면에 서라운드 사운드로 제작한 피범벅의 영화까지, 인간의 문화에서는 살인과 심각한 위험이 등장하는 이야기로 겁을 준 다음 교육하는 게 일상화돼 있다. 이 방법은 오랜 옛날부터 쓰여 왔을 뿐 아니라 인기도 엄청나다. 대체 누가 이런 것들에 끌리는 걸까? 청소년이다. 어린 동물들처럼 10대는 그들의 부모가 어른이 되면서 벗어난 공포영화와 게임의 세계에 떼 지어 몰린다는 사실을 할리우드의 부유한 제작자들은 하나같이 간파하고 있다. 마찬가지로, 무시무시하게 큰 롤러코스터를 타려고 늘어선 줄을 얼핏 보기만 해도, 진짜 위험하지는 않지만 실제로 떨어질 때와 똑같이 아드레날린이 분출되는 경험을 즐기기 위해 어떤 나이 대의 사람들이 몰리는지 분명히 알 수 있다. 이런 대중오락이 다른 동물의 반(反)포식 전략과 진화적 차원에서 연관된다고 생각지는 않을 수도 있다. 하지만 동물의 어른들이 떼를 이끌어 포식자들을 밀어붙이며 어린 동물을 가르치듯, 사람의 어른들도 이야기를 쓰고 영화를 제작하고 롤러코스터를 만들어서는 계산된 위험을 즐기고자 하는 10대들의 유전된 생리적 갈망을 이용해 돈을 번다.

위협에 대처하는 법을 배우는 일에는 위협에 정면으로 맞서는 것뿐 아니라 어떤 경우에 위협으로부터 숨어야 하며 그럴 때 어떻게 숨을지를 학습하는 일도 포함된다. 좀처럼 눈을 마주치려 들지 않는 10대 자녀 때문에 마음 상한 적이 있는 부모라면, 야생에서 눈을 똑바로 마주친다는 게 무엇을 의미할 수 있는지 한번 생각해볼 만하다. 그것은 당신이 표적이 되었음을 의미하는 경우가 많다. 새끼 동물은 흔히 주위의 모든 것을 빤히 바라보지만, 청소년기의 동물들은 잘못된 상대와 눈길이 얽히면 치명적일 수 있음을 배워야 한다. 시선을 피하는 반응은 쥐여우원숭이에서부터 주얼피시에 이르기까지 많은 동물에서 발달되었다. 닭이나 도마뱀은 누가 빤히 바라보면 경직된다. 집참새는 눈길이 자신을 향하면 후다닥 날아간다. 동물의 세계에서 시선 회피는 아기에서 어른으로 성장해가는 과도기에 시작된다. 사람을 대상으로 한 연구에 따르면 사춘기 직전인 열 살께부터 10대 말까지의 시기에 시선 회피가 급증한다.

어린 동물들은 경계하는 요령을 배울 때 종종 조심성이 지나쳐서 실재하지 않는 위협을 느끼기도 한다. 나뭇잎이 바스락거리거나 그림자가 어른거릴 때마다, 혹은 이상한 냄새가 날 때마다 화들짝 놀라는 것들도 있다. 나도 한번은 서른 마리쯤 되는 해달이 커다란 소리에 깜짝 놀라는 모습을 본 적이 있다. 나중에 보니 별것 아닌 소리였지만, 겁먹은 무리가 석호(潟湖)의 다른 쪽으로 달아날 때 제일 앞장서서 온 힘을 다해 물살을 가른 것은 청소년 해달들이었다. 진짜 위협에 대처해본 경험이 많은 어른 해달들은 무리의 맨 뒤쪽에서 머리를 물 밖으로 내밀어 젖지 않도록 하며 느긋이 헤엄쳐 갔다.

자신의 위험 감지 능력을 시험하면서, 미숙하지만 열심히 배우려 드는 버빗원숭이나 비버, 프레리도그(개쥐)는 아무런 위협이 없는데도 비명이나 울음소리로 경고를 발하는 경우가 종종 있다. 이처럼 늑대(혹은 재규어, 뱀, 올빼미)가 나타났다고 수선을 피우는 어린 동물에게 그 무리의 나이 든 동물들은 대체로 놀라우리만치 너그러워서, 안심시키는 소리로 응답해주거나 잘못된 신호를 그냥 무시해버린다.

하지만 포식자를 알아보고 피하는 법을 배우는 일은 사실 어린 동물 대부분의 삶에서 훨씬 더 중요하고 더 위험한 순간, 즉 둥지를 떠날 때에 제대로 대비하기 위한 것이다.

많은 동물의 새끼들은 청소년기에 가족을 떠난다. 세상 구경을 위해 일시적으로 떠나기도 하고, 영원히 떠나기도 한다. 집을 떠나는 것을 행동학자들은 '확산(dispersal)'이라고 하는데, 이 과정은 동물에 따라, 종과 성에 따라 다양하다. 하지만 애벌레에게든 얼룩말에게든, 집을 떠나는 때는 삶에서 아주 위험한 시기다.

흥미로운 예로 버빗원숭이를 보자. 이들이 사회적으로 성장해가는 과정은 자신의 용기와 능력을 행동으로 보여주고자 길을 떠나는 인간 세계의 젊은이에 관해 오래전부터 전해 내려오는 많은 이야기와 비슷하다. 사하라 사막 이남의 아프리카, 세인트키츠와 바베이도스 같은 카리브 해의 섬에서 살며 크기가 고양이만 한 이 영리한 영장류는 등의 털이 회색빛 감도는 녹색이고 배는 희끄무레하며, 얼굴은 검은색이고 큼직한 갈색 눈은 감정이 풍부해 보인다. 버빗의 어린 시절 이야기는 인간 세계의 많은 부모에게도 친숙하게 들릴 것이다. 이들의 유아기(乳兒期)는 약 1년으로 긴 편이며, 이 동안 아기 버빗은 어미 곁에 딱 붙어 있다. 한 살이 되면 어린 원숭이의 교유 범위는 집단 내의 어른 원숭이들을 포함할 정도로 넓어진다. 암컷이든 수컷이든 한 살배기들은 함께 어울려 활기차게 쫓고 뒹구는 놀이를 한다.

두 살을 향해 가면서—사람 나이로는 대략 여덟 살에서 열 살에 해당한다—수컷 버빗의 행동은 더 부산스럽고 격렬해진다. 하지만 암컷은 마구잡이로 하는 거친 놀이들을 그만두고 갑자기 다른 소일거리에 관심을 돌린다. 아기들과 놀기도 하면서 자신이 그 안에서 평생 살게 될 사회적 위계 질서에 대해 알아간다. 암컷 버빗은 태어난 집단을 떠나지 않는다.

어린 수컷 버빗들은 다른 길을 간다. 수컷은 일족과 친구를, 먹이를 찾던 익숙한 영역을, 포식자로부터 자신을 지켜주던 집단과 어른들을 모두 뒤로 하고 홀로 세상에 나가 삶을 개척해야 한다.

그런데 위험의 원천은 고립이라든지 그 과정에서 만나는 포식자만이 아니다. 그들이 이제 들어가게 될 사회관계에도 지뢰밭처럼 많은 위험이 도사리고 있다. 새로운 버빗원숭이 무리와 어울려야 하기 때문이다. 수컷 버빗이 새 집단에 접근하고 받아들여지는 과정을 보면, 우리가 대학에 지원하거나 처음 일자리를 얻을 때의 우여곡절이 별것 아닌 듯해 보일 정도다. 홀로 독립해 나선 청소년 버빗은 우선 낯선 버빗 집단을 찾고, 그들에게 접근해야 한다. 그런 다음 그 무리를 지배하는 성숙한 수컷들을 위협하고, 그들에게 도전하고, 겁을 주어 굴복시키려 해보고, 마지막에는 그들과 싸워야 한다. 그러나 요령 있는 처신 또한 아주 중요하다. 처음부터 너무 강하게 나가면 그 집단 암컷들의 존중과 관용을 얻어내지 못할 테고, 그러면 일이 틀어질 수 있다. 버빗 집단은 모계사회여서 암컷의 권력이 크기 때문이다. 암컷 버빗들은 자신들에 대한 위협을 용인하지 않는다. 새끼를 겁주는 일 또한 엄격하게 금한다. 그러므로 집단에 새로 들어온 청소년 버빗은 수컷들에게는 겁을 주는 한편 암컷들의 마음을 사로잡아야 한다.

UCLA의 정신의학 및 생물행동과학 교수인 린 페어뱅크스는 30년 넘게 야생 상태와 갇혀 사는 상태의 버빗원숭이들을 연구했다. 그녀는 수컷 버빗이 삶의 새로운 단계로 들어가는 기간인 이 몇 주는 스트레스가 극심하지만 더없이 중요한 시기라고 내게 말했다. 청소년 버빗이 이 과정을 어떻게 치러내느냐가 앞으로 사는 동안 어떤 지위를 차지하고, 짝과 먹이와 거처를 얼마나 잘 얻게 될지에 영향을 미칠 수 있다. 그리고 흥미롭게도 페어뱅크스는 이 과도기를 가장 성공적으로 겪어낸 수컷은 '목표를 이루려는' 특별한 의지를 지닌 수컷들이라는 사실을 발견했다.

페어뱅크스가 내게 말했듯, 버빗원숭이들에게 어느 정도의 충동성은 필수적일지도 모른다. 그 충동성이 수컷들로 하여금 집을 떠나 새로운 집단에 들어가는 도전과 위험을 받아들이게 만들기 때문이다.

새로운 집단에 들어간 버빗원숭이의 대부분은 2등급의 지위에 만족해야 하는데, 이들과 달리 집단의 우두머리 수컷(alpha male)이 되는 개체들에게는 또 다른 공통적인 특징이 있다. 청소년기에 강하게 나타나는 건방지고 성급한 태도를 이후에도 계속 최고 강도로 유지하지는 않는다는 점이다. 지배적인 지위를 차지하고 나면 그들의 충동성은 좀 완화된 수준으로 떨어진다. 페어뱅크스는 자신의 연구 결과가 "청소년기에 한때 충동성이 높아지는 것은 병적인 특징이 아니며 그보다는 훗날의 사회적 성공과 결부된다는 견해"를 뒷받침한다고 썼다. 다시 말해서, 어떤 사람이 10대일 때 좀 건방지게 굴었다고 해서 반드시 멋대로 사는 어른이 되는 것은 아니라는 얘기다. 10대 때의 그런 성향은 나중에 사회에서 출세하는 데 오히려 도움이 될 수도 있다.

이처럼 위험한 일에 쉽게 나서는—아니, 위험을 무릅쓰면서 새로운 **즐거움**을 느끼는—청소년기의 성향으로 인해 새들도 어느 정도 자라면 둥지에서 나가고, 하이에나는 여럿이 모여 살던 굴을 떠나며, 돌고래와 코끼리와 말, 수달은 또래 집단으로 들어가고, 인간의 10대는 쇼핑몰과 대학교 기숙사로 모여드는 듯하다. 앞에서 보았듯, 두려움을 덜 느끼는 그들의 뇌는 위협과 경쟁자들에 맞서는, 미래의 안전과 성공에 아주 중요한 일을 가능케 한다. 부추긴다고 할 수도 있다. 두려움이 줄고, 새로운 것에 대한 흥미가 커지고, 충동적으로 행동하는 이러한 생태는 종을 막론하고 분명한 쓸모가 있다. 사실 청소년기에 위험을 무릅쓰는 것보다 더 위험한 단 한 가지는 위험을 무릅쓰지 않는 것일지도 모른다.

뉴욕주립대학교 빙엄턴 캠퍼스의 심리학 교수이며 『청소년기의 행동신경과학*The Behavioral Neuroscience of Adolescence*』의 저자인 린다 스피어도 이에 동의한다. 인간과 다른 종들을 신경학적으로 연구해오면서 그녀는 "연령별 행동 특성들"이 있음을 알게 됐다. 우리는 이른바 인간 '문화'라는 것의 맥락 속에서 행동을 파악하곤 하지만, 청소년기의 변화는 생물학적 토대에서 비롯되며 "우리가 진화해온 역사의 오래전 단계에 깊이 뿌리박고 있다"라고 그녀는 설명한다.

다시 말해, 우리가 인간의 청소년기에 고유한 것으로 보는 행동이 실은 우리가 동물들과 공유하고 있는 생리적 작용의 결과일 수 있다는 얘기다. 누구나 인정하듯, 인간은 위험을 확대하는 데 둘도 없는 재주를 갖고 있다. 청소년기의 쥐나 버빗원숭이가 충동적으로 뭔가 새로운 것을 탐험하려 할 때, 친구들을 가득 태운 2톤짜리 SUV를 몰고 가지는 않는다. 긴장과 전율 속에 치타의 뒤를 좇는 가젤이 최신 합성마약에 취한 상태로 그러는 일도 없다.

인간 세상의 부모들은 그 연령대의 아이들이 보편적으로 보이는 예측 가능한 행동들이 뇌와 몸의 변화 때문이라는 사실을 잘 알지만, 그렇다고 해서 아이가 밤늦게 다니는 데 대한 걱정이 줄거나, 예전엔 그리도 착실했던 아들딸의 발목에서 문신을 발견했을 때의 아픔이 완화되지는 않는다. 또한 그걸 안다고 해서, 극단적이고 전혀 불필요한 모험으로 보였던 일에 아이를 잃은 부모의 슬픔이 누그러질 리도 없다. 하지만 청소년기의 충동성이 정상적일 뿐 아니라 생리학적, 진화적 차원에서 필요한 것이라는 맥락 속에 그런 당혹스러운 행동들을 놓고 본다면 견뎌내기가 조금은 수월해질 수도 있다.

죽음의 삼각지대 남쪽으로 수십 킬로미터도 넘게 떨어진 곳, 모스랜딩 발전소와 엘크혼 습지 근처에 풍파의 영향을 덜 받는 석호가 하나 있다.

카약 타기를 처음 배우는 사람들이 이곳에 와서 노 젓는 연습을 하기도 한다. 생태관광객들은 지붕도 벽도 없는 사파리 보트를 타고 참물범(점박이물범)과 펠리컨을 구경할 수 있다. 하지만 관광객에게 가장 인기가 좋은 것은 쉰 마리쯤의 해달 무리다. 이들은 동성의 개체들끼리 물 위에 모여 조용히 쉬거나(이런 무리를 '래프트[raft]'라고 하는데, 때로는 서로 앞발을 잡기도 한다. 보통 10~100마리가 모이며, 관찰된 최대 규모는 2,000마리라고 한다.—옮긴이), 그루밍을 하거나, 먹이를 찾고, 잠자고, 빙글빙글 돌고, 때로는 잔잔한 물속에서 맞붙어 씨름하곤 한다.

잔뜩 흐린 8월의 어느 아침, 나는 몬터레이베이 아쿠아리움의 해달 연구 및 보호 프로그램에서 일하며 이 해양 포유류의 행동을 기록하는 데 수천 시간을 보낸 생물학자 지나 벤털과 함께 모스랜딩의 해달들을 관찰했다. 그녀의 비글 종 개 해리가 픽업트럭 뒷자리에 있는 자신의 전용 침대에서 함께 지켜보는 가운데 벤털과 나는 이 해달 집단의 뚜렷한 특징 한 가지에 대해 얘기를 나눴다. 그들이 모두 수컷이었다는 점이다. 매끈하고 털빛이 검은 청소년에서 반백의 어른에 이르기까지 다양한 나이의 이 수컷 해달들은 모스랜딩 지역을 잠시 머물며 휴식하는 곳으로 이용한다. 각기의 해달은 번식을 위해 짝짓기를 하고, 낯선 영역을 탐사하고, 다른 수컷들에게 도전하면서 캘리포니아 해안을 따라 먼 거리를 헤엄쳐 와서는 모스랜딩 석호에 들어온다. 일부는 종일 그곳에 있고, 다른 일부는 밤에만 나타난다. 어떤 해달들에겐 모스랜딩에서 형성되는 집단이 일시적인 안식처 구실을 한다. 그곳엔 먹이가 풍부하고, 포식자가 거의 없으며, 책임지고 해야 할 일도 거의 없다. 또한 영역 의식이 강한 수컷들이 그런 데 신경 쓰지 않으면서 시간을 보낼 수 있는 곳이며, 어린 수컷이 이런저런 요령을 배울 수 있는 곳이다. 이들 사이의 여유로운 우애를 보고 있자니 남자들의 로커룸이 떠올랐다. 그곳 역시 성장 중이거나 다 자란 남자들이 모여—여자를 차지하기 위한 경쟁 따위는 잊어버리고—몸단장을 하고, 먹고, 낮잠 자고, 어울려 노는 장소다.

많은 영장류의 10대 수컷뿐 아니라 청소년기의 수컷 돌고래, 코끼리, 사자, 말 등도 태어난 곳을 떠나서부터 자신의 가정을 이룰 때까지의 기간에 이런 유의 소위 독신남 그룹에 들어간다.

예를 들어, 청소년기의 아프리카코끼리는 또래의 다른 수컷들과 싸움 연습을 하면서 '수컷 간 경쟁의 의례(儀禮)'에 대비하는 데 이 그룹을 이용한다. 영국 브리스틀대학교의 생물학자 케이트 E. 에번스와 스티븐 해리스에 따르면, 청소년기는 이 어린 후피(厚皮)동물들에게 "중요한 배움의 시기"이며 "매우 조직화된 번식군(繁殖群)"에서 "어른 수컷들의 훨씬 유동적인 사회체제"로 넘어가는 시기다. 청소년 수컷들은 그때그때 누가 우세한지를 알아보고 '수컷 사회'의 규칙도 익히기 위해 실전을 흉내 낸 싸움을 벌이곤 한다.

어린 수컷 코끼리들로 이루어진 이런 무리는 나이 든 코끼리 무리에 비해 유달리 사이가 좋다. 이들은 코를 서로 휘감거나, 귀를 퍼덕이거나, 나팔 같은 소리를 내거나, 기분 좋게 배변을 하는 등의 몸짓으로 서로를 반긴다. 지나 벤털은 해달 집단들 사이에서 이 비슷하게 나타나는 친근한 인사 행위의 목록을 만들었다. 해달들은 서로를 밀치고, 쓰다듬고, 코로 비벼대고, 냄새를 맡는다. 수컷 야생마와 얼룩말들도 대략 두 살이나 세 살이 되면 태어난 무리를 떠나 종마만의 집단으로 들어가는데, 소란을 피우고 장난스럽게 오줌을 누면서 유대를 형성한다.[4)]

4) 암컷 야생마 역시 그들이 태어난 무리를 떠나는데, 자기 의지로 그러기도 하고

에번스와 해리스는 청소년 코끼리 집단에서 눈에 띄는 침입자를 발견했다. 나이가 더 든 수컷들이다. 하지만 어린 코끼리들은 이 손위의 수컷들을 달갑잖게 끼어든 보호자로 대하지 않았고, 그들이 함께 있는 것을 더 좋아하는 듯했다. 에번스와 해리스는 나이 든 코끼리들이 멘토 역할을 하면서 어린 코끼리들을 사회화하고 그들이 "경쟁자로 위협하지 않으면서 우세한 수컷이 되는" 법을 배우도록 돕는다고 썼다. 또 어떤 경우에는 다 자란 수컷들의 존재가 나이 어린 동물들의 테스토스테론으로 인한 공격성을 억제하는 듯하다고 보고했다.[5)]

해달의 독신남 그룹에도 다양한 연령의 수컷들이 있다. 벤털은 나이 든 수컷들의 존재가 코끼리에서처럼 어린 수컷의 호르몬 활동에 영향을 주는지에 대해선 생각지 않았지만, 모스랜딩의 청소년기 해달들이 애초부터 멘토 수컷의 뒤를 따라 그 잔잔한 석호에 찾아들기도 한다고 말했다.

캘리포니아콘도르의 경우, 멘토들은 자기네 종이 절멸 위기에서 아슬아슬하게 벗어나는 데 핵심적인 역할을 했다. 1982년 이 거대한 새가 전 세계에 단 스물두 마리 남았을 때, 생물학자들은 비상조치로 번식 프로그램

아비 말에게 쫓겨나기도 한다. 하지만 이들 덜 자란 암말은 암컷으로만 구성된 집단을 만들지 않고 근처의 다른 무리에 들어간다. 가장 늦게 합류했으니만큼 무리 내 서열은 가장 낮다.

5) 테스토스테론과 위험한 행동이 현저히 증가하는 성체 수컷 코끼리의 악명 높은 시기를 '머스트(musth)'라고 한다. 머스트 시기에 뚜렷이 나타나는 신체적 특징은 눈과 귀 사이에 있는 샘에서 역겨운 냄새가 나는 걸쭉한 분비물이 흘러나오는 것이다(연례적으로 한 달씩 지속되는 이 시기에는 테스토스테론 분비량이 평소의 60배까지도 늘어날 수 있다고 한다. 'musth'의 어원은 '취했다'는 뜻의 우르두어와 페르시아어 'mast'다.—옮긴이). 어린 수컷 코끼리에겐 '허니(honey) 머스트'라는 게 올 수 있는데, 이것은 이를테면 어른들 머스트의 부드러운 서곡에 해당하며, 분비물의 색이 성체의 것보다 보다 옅고 냄새도 이름처럼 향기로운 편이다.

의 진행 속도를 높였다. 과학자들은 새가 알을 낳으면 곧바로 둥지에서 알을 조심스레 꺼내어 부화시키고 사육하는 방법을 통해 포획 상태의 캘리포니아콘도르 개체수를 늘려나가기 시작했다. 1992년, 야생생물 보호팀들은 콘도르 무리를 그들의 자연 서식지인 캘리포니아주의 삼나무 숲과 산악 지역에 풀어줄 준비를 마쳤다.

하지만 그들은 뜻밖의 문제에 맞닥뜨렸다. 콘도르를 풀어주는 계획은 수년 전 역시 북아메리카에서 송골매를 성공적으로 자연 서식지에 보낸 예를 모델로 한 것이었다. 송골매 프로그램에서 생물학자들은 막 날기 시작한 어린 새들을 무수히 풀어줬다. 그 새들은 날아다닐 수 있을 만큼은 강했지만 성적으로는 아직 미숙했고, 부모의 보살핌이 필요한 단계에서 혼자 힘으로 살 수 있는 단계로 넘어가는 시기에 있었다. 그래도 과도기의 청소년 매들은 아무런 어려움 없이 그 지역 일대로 퍼져나갔고, 얼마 안 지나서 암수가 어울려 번식을 하기 시작해 자기네 종의 개체수를 되살렸다.

하지만 콘도르는 달랐다.

로스앤젤레스 동물원의 캘리포니아콘도르 번식 프로그램 책임자인 마이클 클라크가 내게 해준 설명에 따르면, 독거성(獨居性) 동물이어서 멘토를 필요로 하지 않는 송골매와 달리 캘리포니아콘도르는 지극히 사회적이다. 캘리포니아콘도르는 미성년기가 긴데, 이 기간 동안 먹이를 찾아서 먹는 일부터 휴식하고 둥지를 트는 일에 이르기까지 모든 행동에 관한 복잡한 콘도르 관습을 어른들의 본보기를 따라 하면서 배운다. 콘도르의 학습 과정에서 가장 중요한 요소는, 어린 새들이 나이 든 멘토들을 관찰할 수 있도록 다양한 연령대로 이루어진 집단에서 사는 것이다. 인큐베이터에서 부화되고 콘도르 고아원이라 할 곳에서 사람이 키워낸 초기의 어린 새들은 이런 경험을 갖지 못했다. 이처럼 사회적 능력이 없는 어린 새들을 풀어준 결과는 클라크가 "파리대왕" 상황이라고 부른 것이었다(노벨상 수상 작가 윌리엄 골딩의 소설 『파리대왕*Lord of the Flies*』을 원용한 말이다. 이 소설은 무인도에 고립돼 야만 상태로 돌아가는 소년들의 이야기다.—옮긴이). 경험이 태부족한 새들은 스스로의 힘으로 살아야 하자 무얼 해야 할지를 몰랐다. 어떤 새들은 쓰레기를 주워 먹고 영양실조나 식중독으로 병에 걸렸다. 멋모르고 전신주에 앉았다가 감전되어 죽기도 했다. 많은 새가 풀어준 곳 부근에서 배회하다가 결국은 서서히 새로운 영역으로 퍼져갔다. 아마 무엇보다 가슴 아픈 일이라면, 유능한 어른 지도자가 없었으므로 어떤 새들은 하늘 높이 나는 것은 무엇이든—독수리에서 행글라이더까지—따라갔다는 것이다. 그중 하나는 엉뚱한 멘토를 충실히 따라가다 보니 하루 동안에 그랜드캐니언(애리조나주)에서 와이오밍주까지 날아가, 그날이 끝날 즈음에는 고향에서 머나먼 곳에 있게 되었다.[6]

집단생활은 동물들에게 여러 가지 장기적인 이점을 제공한다. 하지만 때로 개개의 청소년을 집단으로 이끄는 것은 뇌에 기반을 둔 단기적인 보상이다. 예일대학교의 심리학, 소아정신의학 교수이며 육아센터 및 아동행동클리닉 책임자인 앨런 캐즈딘이 내게 얘기해준 연구 결과에 따르면, 같은 나이 또래들 옆에 있으면서 함께 활동하는 것만으로도 도파민을 비롯해 보상을 주는 신경화학물질의 경로가 활성화된다고 한다.

"또래들과 함께 있는 것은 보상이며 주위에 또래들이 없으면 그 반대로

---

6) 로스앤젤레스 동물원, 샌디에이고 동물원과 사파리파크, 멕시코의 차풀테펙 동물원 등의 도움으로 캘리포니아콘도르 재활 프로그램은 초기에 비해 많이 발전했다. 사람 손에서 자라던 새끼 콘도르들은 이제 여러 연령대가 섞인 집단에서 어른 멘토와 지내며 배우고 제대로 사회화되면서 야생으로 떠날 준비를 한다. 야생 캘리포니아콘도르는 이제 200마리쯤 되며 캘리포니아와 애리조나주에서 멕시코의 바하칼리포르니아주 북부까지 널리 분포해 있다.

느껴지는데, 당신의 열네 살짜리 아이가 집에 있을 때면 왜 뚱하고 침울한 표정으로 정신이 딴 데 가 있는 듯 행동하는지를 설명할 실마리가 여기 있다"라고 앨런 캐즈딘은 온라인 잡지 〈슬레이트*Slate*〉에서 씁쓸한 유머로 말했다.

독신 수컷의 집단을 많은 종에서 볼 수 있지만, 청소년기 동물의 집단이 꼭 하나의 성으로만 이루어지는 건 아니다. 성장 과도기에 있는 앨버트로스들은 날기 시작한 후 자신의 가족을 이룰 때까지의 어느 시점에 몇 달 동안 '갬(gam)'이라는 청소년 혼성 집단을 만든다('gam'은 '떼'를 뜻하며, 원래는 고래나 돌고래 떼를 이르는 말—옮긴이). 이 집단에서 암수가 어울리기는 하지만 짝짓기는 하지 않는다. 금화조 역시 암수 혼성의 또래 집단으로 모인다. 수컷은 암컷에게 구애할 때 부를 노래를 세심하게 조율하고, 다른 수컷들보다 잘 부르려고 연습까지 한다. 소년 소녀 금화조들은 함께 몸치장도 한다. 이따금 이들 무리는 잠시 해산하고 부모의 둥지로 돌아가 먹이를 얻기도 하는데, 이는 인간 세계의 많은 엄마 아빠에게도 낯익은 행태다.

태곳적의 청소년들도 집단을 만들었다. 몽골에 있는 9,000만 년 된 호수 바닥에서 공룡 화석 한 무리가 발견되었다. 이들은 모두 한 살에서 일곱 살 사이로, 공룡이 성적으로 성숙해지는 일반적 나이인 열 살보다 몇 년 아래였다. 고생물학자들은 다리가 둘인 이 초식동물들이 어른의 감독 없이 자기네끼리 무리를 지어 돌아다녔으리라고 추정한다.

곱사연어 역시 부모의 감시와 보호가 전혀 없이 자란다. 이들은 부화하고 며칠이 지나면 자갈 둥지에서 나와 어둠을 타고 바다를 향해 강 하류로 이동하기 시작한다. 그러나 광활한 북태평양으로 뛰어들기 전에 이 미성년 물고기들은 강어귀의 얕고 잔잔한 물속에서 한두 주일을 머물며 안전한 환경에서 떼 지어 수영하는 법을 터득한다. 처음엔 두 마리나 세 마리씩 무리를 이룬다. 며칠 지나면 각 무리의 개체수가 대여섯 마리로 늘어나고, 그 무리들이 모여 큰 집단을 형성한다. 어린 곱사연어의 일과는 인간 청소년과 비슷하다. 해가 있는 오전과 오후는 한데 모여 보낸다(사람은 학교에서, 이들은 무리 속에서다). 그러다 해질 녘이면 연어들은 뿔뿔이 흩어져, 각자 물 표면을 돌아다니다가 아침이 되면 다시 모인다. 이들은 물고기로서의 움직임과 관습을 배우는 동시에, 자신이 연어 사회의 위계에서 어디에 속하는지도 알아간다. 본보기가 될 행동을 예시하는 어른 물고기가 없기 때문에, 청소년 연어들은 타고난 본능과 시행착오에 의지해 먹이를 먹기에 가장 좋은 장소를 확보하는 요령이라든지 어른이 되었을 때 지배력을 획득하는 법 따위를 터득한다. 나는 인간들이 학교 교육(schooling)을 받듯 물고기들도 한데 모여 우리가 군영(群泳, schooling)이라고 부르는 그들 특유의 싱크로나이즈드 스위밍 방식을 배워야 하리라는 생각을 한 번도 해본 적이 없다. 어떤 물고기는 다른 물고기보다 그 학습에 더 능하리라는 생각은 말할 것도 없다.

물고기가 떼 지어 유영하고, 짐승들이 군집행동을 하고, 새들이 새까맣게 몰려서 나는 것—집단 속에서 함께 움직이고 그 집단에 귀속되는 것—은 유아 시절에서 벗어나고 있는 개체들에게 보호막 구실을 한다. 집단에 속해 있으면 위험을 감시하고 경고해줄 파수꾼과 눈동자와 목소리가 많게 마련이다. 하지만 그냥 보호만 받고 있는 건 아니다. 모여서 집단을 이루는 개체들은 이목을 끌지 않는 법을 배워야 한다. 지느러미 하나가 맞지 않는 방향으로 불쑥 비어지거나, 무리가 다 이쪽으로 가는데 혼자만 저쪽으로 가거나, 다른 모두의 털이나 깃털이 회색빛일 때 혼자만 흰빛으로 번득이는 등, 뭔가가 색다르거나 두드러지는 개체는 포식자의 눈에 띄기 쉽다. 집단에 섞여들어 튀지 않는 법에 관해 청소년기에 얻은 교훈은 이후 살아가는 내내 큰 도움이 될 수 있다.

인간은 다른 동물들처럼 문자 그대로 무리를 지어 살거나 군집행동을 하지는 않는다. 하지만 또래 무리와 어울리고 싶어 하는 우리 아이들의 간구에 마음을 다해 귀를 기울인다면, 인간 진화 과정의 먼 옛적, 눈길을 끌면 곧 위험에 빠지곤 했던 단계의 희미한 메아리를 들을 수 있을 법하다. 부모들이 이런 점을 고려한다면, '또래들이 인정하는' 종류의 운동화나 청바지를 사달라는 아이의 간절한 호소를 단순히 물건에 대한 욕심으로 비난하거나 지나치게 또래들을 따라 하려는 행동으로 묵살하지 말고 관점을 바꾸어 생각해볼 필요가 있을 것이다. 또래들 사이에 섞이려 하는 청소년기의 강력한 충동은 자기 보호의 기능을 지닌, 오래되고 귀중한 진화적 유산을 드러내는 걸지도 모른다.

갑자기 또래들과의 저돌적인 몸싸움에 들어가는 모스랜딩의 해달이든, 잡기 놀이를 하면서 서로를 펑펑 때리는 탄자니아의 고릴라든, 떼 지어 헤엄치는 법을 배우는 곱사연어든, 청소년기 동물들에게 또래 집단은 사회적 행동을 연습하고 자신의 집단 내 위치를 가늠해볼 기회를 준다. 고등학교 학생들이 운동선수나 치어리더가 될지, 아니면 연극 마니아나 수학경시대회 단골 출전자가 될지 궁리해보는 것과 비슷하게, 동물들도 선택지들을 짚어보는 과정을 거친다. 자신이 속한 공동체와 경쟁자들에 대해 감을 잡으면서, 무리에 잘 끼어들려면 무엇이 필요하고 승자가 되려면 어떻게 해야 하는지를 터득하는 것이다.

하지만 집단에는 골치 아픈 이면도 있다. 비록 안전하고 즐겁고 필요하다고 해도, 또래 집단은 성장 중인 인간이나 다른 동물이 어른들의 세상에 뛰어들 준비가 될 때까지 지켜만 주는 수동적인 보호구역이 아니다. 이들

집단은 사회적 관계의 정교한 실험실로, 어린 동물이 어른의 행동을 연습하는 곳이다. 그리고 사회적 동물들의 경우, 그들이 따져보고 대처해야 하는 아주 중요한 문제의 하나는 사회적 지위다. 수명이 긴 사회적 포유류에게는 아마 더욱 그럴 것이다.

청소년기의 동물에게 가장 큰 위험은 때로 외부의 포식자가 아니라 자신과 같은 종의 개체들에게서 온다. 수전 페리는 코스타리카의 숲에 사는 꼬리감는원숭이를 몇십 년 동안 관찰하고 연구한 뒤 『조종하는 원숭이들 *Manipulative Monkeys*』이라는 흥미로운 저서를 냈는데, 여기서 그녀는 "꼬리감는원숭이들의 주요 사망 원인은 다른 꼬리감는원숭이들과의 충돌이다"라고 지적했다. 이런 폭력의 대부분은 라이벌 무리들이 영역과 짝, 그리고 먹이를 놓고 다투면서 발생한다. 하지만 또래 집단은 특유의 또 다른 위험들을 만들어낸다. 즉, 집단 내의 개체들을 부추기고 구슬리고 창피를 줌으로써 그들 스스로는 절대 하지 않을 일들을 하도록 만든다. 수전 페리는 자신이 관찰한 청소년기 원숭이 중 "아주 높은 사회지능"을 지니고 "다른 개체들과의 관계에서 뛰어난 능력"을 보이던 것들도 독신자 집단에 들어가 또래의 다른 원숭이들과 어울리자 행동이 아주 나빠져서 마구잡이로 폭력을 행사하게 되더라고 했다.

수전 페리는 그중에서도 기즈모(Gizmo)라는 이름의 원숭이를 유심히 지켜보았다. 기즈모는 그녀의 연구 팀이 '방황하는 소년들'이라고 이름붙인 일곱 마리의 수컷 무리와 어울리기 전 좀 더 어렸을 때는 자신의 위치에 걸맞게 손위 원숭이들에게 공손했으며, 전체 무리 속에서 빛나는 정도는 아니라 해도 나름대로 안정된 삶을 살아가게 될 것처럼 보였다. 하지만 아동기에서 벗어나면서 기즈모는 위험한 상황들로 이끌리기 시작했다. 사회성이 모자라고 충동적으로 행동하는 형의 꼬드김에 넘어가 기즈모는 몸집이 더 큰 나이 많은 수컷들과 싸우곤 했고, 그럴 때마다 심하게 얻어맞았다.

기즈모의 몸에 상처와 부러진 뼈가 늘어났을 때쯤 '방황하는 소년들'은 새로운 멤버를 충원하기 시작했다. 기즈모까지 구성원 숫자는 곧 여덟 마리가 되었는데, 이들은 하나같이 싸움꾼이었으며 암컷들과 인연이 없었다. 상황은 통제 불능이 됐다. 패거리는 계속 그 일대를 돌아다니며 겁을 주었고, 암수가 섞이고 여러 연령대가 공존하는 안정된 가족 집단에 도무지 정착하지 못했다. '방황하는 소년들'의 이야기를 들려주는 페리의 어조는 마치 자신이 맡은 학생 몇 명이 도리 없이 비행으로 빠지는 모습을 안타깝게 지켜볼 수밖에 없는 고등학교 선생님의 체념 어린 말투와 비슷했다.

"그들의 문제는 그 패거리가 너무 커져버렸다는 거였어요. 꼬리감는원숭이의 다른 무리들은 청소년 수컷 여덟 마리가 와서 자기네에게 합류하려고 시도할 때 힘을 다해 거부했지요"라고 페리는 말했다. 이들 원숭이 사회에서 수컷으로만 이루어진 집단이 다른 무리로 옮겨 들어가는 것은 정상적이며 필요한 삶의 한 단계라고 그녀는 강조했다. 그걸 안전하게만 치러내는 방법은 없어도, 모두가 그 과정을 거쳐야 한다고 했다. '방황하는 소년들'이 유별났던 점은 집단의 규모가 워낙 컸던 탓에 구성원들이 어른이 되는 과도기 단계에서 벗어날 기회가 없었다는 것이다. 기즈모는 꼬리감는원숭이 사회에서 배척되었고, 사회적으로 쓸모 있는 지위를 전혀 얻지 못한 채 버림받은 존재로 살다 죽었다.

사람의 10대도 마찬가지다. 템플대학교의 청소년 전문가인 로런스 스타인버그는 "비행과 범죄 행위는 … 성인기보다 청소년기의 집단에서 더 발생하기 쉽다"라고 자신의 글에 썼다. 음주, 위험운전, 성적인 모험 등이 모두 청소년 집단에 더 널리 퍼져 있고, 위험도가 더 높으며, 더 흔히 일어난다.

동물이든 인간이든 마찬가지로, 잘못된 무리와 어울리면—또는 충돌하면—치명적인 결과가 빚어질 수 있다는 것이다.

2010년 9월, 10대 여섯 명—레이먼드 체이스, 코디 J. 바커, 윌리엄 루커스, 세스 월시, 타일러 클레멘티, 애셔 브라운—이 모두 같은 원인으로 죽었다. 나이는 열세 살에서 열아홉 살까지 다양했고 사는 주도 달랐지만, 그들의 죽음에는 한 가지 애처로운 공통점이 있었다. 여섯 모두가 괴롭힘을 당하다가 자살한 것이다.

이들의 죽음은 2010년 미국에서 발생한 수천 건의 10대 자살 목록에 더해졌다. 자살은 청소년 건강에 대한 주요 위협 요인으로, 8~24세 미국 청소년의 사망 원인 중 3위를 차지한다.

자살을 하는 어른들이 그렇듯, 자살을 하는 10대들도 대개 선행하는 정신질환—특히 우울증 혹은 우울기분—이 있다. 하지만 청소년기 정서 프로파일의 잘 알려진 한 측면 때문에 이 연령집단이 자살에 특히 취약해지는 듯도 하다. 충동성의 증가가 그것이다. 자기 파괴에 쓸 무기나 약물에 쉽게 접근할 수 있는 충동적인 10대는 그냥 어려운 정도의 상황을 치명적인 것으로 만들어버린다.

'심리부검(psychological autopsy)', 즉 자살자에 대해 정신과 의사가 실시하는 광범위한 인터뷰와 조사들을 보면 10대의 자살을 유발하는 아주 흔한 몇 가지 요인이 드러난다. 우선 상실이 있다. 가까운 친구나 가족의 죽음이 전형적인 예다. 가장 친한 친구가 다른 지역으로 이사 갈 때도 상실감을 느끼는데, 친구가 별로 없는 10대의 경우 특히 그렇다. 또 하나는 여자 친구나 남자 친구에게 당하는 거부다. 그리고 무안함이 있다. 팀에서 밀려나거나, 중요한 시험을 그르치거나, 여러 사람 앞에서 선생님에게 질책을 당하는 수모를 겪거나 했을 때 느끼는 심한 무안감 즉 부끄러움도 자살의 흔한 원인이었다.

상실, 거부, 무안. 자살을 유발하는 이런 종류의 경험은 무리와 함께 사는 다른 동물들도 겪곤 한다. 다만, 동물행동학자들은 그것에 고립, 배제, 순종, 타협 따위의 다른 이름들을 붙인다. 상실, 거부, 무안함과 함께 이 용어들은 동물 집단 내 사회적 지위의 역학에서 큰 역할을 하는 복잡하게 얽힌 반응과 행동을 지칭한다.

사회적 동물의 집단 내 활동은 상당 부분이 지위를 결정하고 유지하는 일과 관련된다. 집단에서 지배적인 개체가 하위의 개체를 공격하는 행동은 해달, 바닷새, 늑대, 침팬지를 포함한 여러 동물에서 흔히 보인다. 그런데 사회적 위계는 끊임없이 변한다. 맨 윗자리는 결코 영원히 보장되지 않는다. 많은 동물행동학자가 지적했듯, 서열이 낮은 개체를 공공연히 괴롭히는 것은 무리를 지배하는 동물이 자신의 으뜸가는 지위를 과시하고 유지하는 데 유용한 방식이다. 아무나 '알파(alpha, 우두머리)'가 될 수는 없지만, 일단 꼭대기 자리에 오르면 대개 짝짓기와 섭식 영역, 거처 등에 대한 배타적 통제권을 비롯한 중요한 혜택들을 누리게 된다.

인간 사회에서도 우리는 힘이나 세력이 우세한 자들이 약자를 공격하는 것을 늘 보는데, 다만 여기에 좀 더 일상적인 이름을 붙인다. 바로 약자 괴롭히기(bullying)다. 오랫동안 우리 사회에서는 남을 괴롭히는 아이는 심리적으로 불안정하며 자신에 대해 '좋지 못한 느낌'을 갖고 있다고 생각해 왔다. 그래서 다른 사람을 괴롭히면서 일시적으로나마 자존감을 높인다는 것이었다. 하지만 최근의 연구들은 이들이 대체로 자신에 대해 꽤 만족한다고 시사한다. 그들의 자존감엔 아무 문제가 없다. 실제로, 남을 괴롭히는 사람은 그의 공격 범위에서 벗어나 있다는 것만으로도 더없는 행운이라며 침묵하는 방관자들, 그의 주변에서 얼씬거리는 곁다리들, 그를 동경하는 사람들에게 둘러싸인 채 사회적 먹이사슬의 맨 위에서 편안히 지내는 경우가 많다.

남을 괴롭히는 일에서 동물과 인간이 공유하는 어떤 목적이 있다면 바로 이것일지도 모른다. 자신의 힘과 우월성을 과시하고, 현 상황에 도전해올 수 있는 누군가에게 경고성 교훈을 주는 것 말이다. 이처럼 여러 종을 아우르는 시각에서 괴롭힘을 생각해보면, 그런 짓을 하는 인간들이 왜 사회계층의 맨 아래가 아니라 가장 위쪽에서 흔히 나오는지에 대한 통찰을 얻을 수도 있을 것이다.

동물들을 연구하면 남을 괴롭히는 사람이 희생자를 어떻게 선택하는지 이해하는 데도 도움이 될 수 있다. 어떤 동물 집단에서는 뭔가 다른 점이 있는 개체는 그만큼 더 괴롭힘에 노출될 수 있다.

포식동물과 그리 다르지 않게, 남을 괴롭히는 사람 역시 자신의 피해자가 될 만한 사람들에게 무리와 조금이라도 다른 뭔가가 없는지 끊임없이 살핀다. 북아메리카에서는 남을 괴롭히는 자들의 흔한 표적은 동성애자인—혹은 그렇다고 여겨지는—소년들이다. 사실 2010년 9월에 자살한 10대 여섯 명에게는 자살한 해와 달 말고 공통점이 하나 더 있었다. 여섯 아이 모두 동성애자로 보인다는 이유로 시달리다가 목숨을 끊었다.

동물들 사이에서 인간과 같은 '괴롭힘'이 실제 얼마나 많이 일어나는지는 정확하게 말하기 어렵다. 우리가 괴롭힘을 우세한 동물이 하위의 동물을 공격하는 것으로 규정한다면 꽤 많다고 할 수 있다. 야생생물학자와 수의사들은 심각한 상처가 생기지 않는 수컷끼리의 몸싸움을 '놀이'라고 흔히 표현한다. 실상 우리가 엎치락뒤치락하며 싸우듯 노는 어린 동물 무리를 볼 때, 그게 해달이든 돌고래든, 말이든 꼬리감는원숭이든, 콘도르든 새끼 고양이나 강아지든, '놀이로 하는 싸움'과 '괴롭힘'의 경계가 분명치 않을 수 있다. 우리 아이들이 당하는 괴롭힘이 어른인 부모의 눈에는 잘 보이지 않듯, 동물 집단에서 관찰되는 '치고받기'나 '모의전투'도 우리가 전에 생각했던 것보다 더 치열하고 더 확고한 목적이 있는지 모른다.

동물들 사이에서 또래들의 압박은 때로 형제자매의 발톱이나 부리에서 온다. 옥스퍼드대의 동물학자 T. H. 클러턴브록은 〈네이처〉 지에 발표한 논문 「동물 사회에서의 처벌(Punishment in Animal Societies)」에서 푸른발부비새(푸른발얼가니새)들 사이에서 나타나는 괴롭힘이 개체의 발달 및 관계 형성에 미치는 영향을 설명했다. 이 새는 보통 한 배에 두 마리가 태어난다. 대개 먼저 알을 깨고 나온 새가 우세해서, 늦게 나온 형제를 부리로 쪼거나 난폭하게 밀치는 등 맹렬하게 자신의 권위를 과시하며 군림한다. 늦게 나온 새가 나중에 그 폭군 같은 동기(同氣)보다 더 커진다 해도, 처음 둥지 안에서 형성된 지배 관계는 평생 지속된다.

괴롭히는 성향이 세대 간에 전해지는지에 관한 연구는 얼가니새 속의 또 다른 종인 나스카부비를 대상으로 최근에 수행되었다. 이 태평양 바닷새의 부모가 먹이를 찾느라 둥지를 비우면, 혈연관계가 없고 나이가 더 든 부비들이 보호자 없는 둥지로 날아와 새끼 새들을 학대한다. 새끼들은 유순하게 몸을 뒤로 빼며 털이 보송보송한 가슴에 자기 부리를 묻는데, 침입자들은 주황색과 검은색이 섞인 부리로 어린 새들의 목과 머리를 물고는 호두를 으깨듯 강하게 힘을 준다. 생물학자들은 이들에게서 매우 흥미로운 학대 패턴을 발견했다. 새끼 시절에 가장 많이 공격받은 새들이 나중에 어른이 되었을 때 다른 새끼들을 더 많이 공격한다는 것이다. 이 태평양 바닷새들은 '피해자가 다시 가해자가 되는' 자연의 사례를 보여준다고 하겠다.

사람의 경우, 괴롭힘을 당하는 데 따른 우울증은 충동적인 10대들에겐 특별히 위험할 수 있다. 그러나 동물 세계에서는 괴롭힘을 당할 때 억제되고 순종적인 반응, 어쩌면 우울 반응까지도 보이는 편이 실제로 **더 안전할지도** 모른다. 서열을 둘러싼 치열한 싸움이 끝나고 난 뒤, 패배한 동물에게 현명한 행동은 순순히 물러나는 것이지 자신의 운을 과신해 다시 도전하는 게 아닐 테다. 패배를 인정하지 않으면 우세한 동물의 공격이 더 심해질 뿐이라는 점이 수많은 동물 연구에서 입증되었다.

악당이 등장하는 모든 영화와 만화책은 피해자가 반격을 가해 종종 그 악당을 쓰러뜨리는 장면으로 끝나지만, 동물 세계에서 그런 복수의 판타지가 실현되는 경우는 찾아보기 어렵다. 슬금슬금 몸을 피해 상처를 핥고 가능하면 다른 길을 찾는 편이, 몇 번이고 돌아가 같은 악당과 싸우는 것보다 대개는 더 분별 있는 행동이다.

동물과 인간의 행동을 비교해본다고 해서 괴롭힘과 같은 인간 사회의 복잡한 상호작용을 '해결'하거나 '치유'할 처방을 찾아낼 수는 없을 것이다. 하지만 여러 종을 아우르는 접근법을 통해, 우선 어디부터 살펴봐야 하는지 알 수는 있지 않을까.

우리가 아는 한, 무방비 상태의 바닷새가 괴롭힘을 당할 때, 인기 없는 버빗원숭이가 배척받을 때, 호기심 많은 어린 해달이 처음으로 혼자서 먹이를 찾으러 나갔다가 죽게 될 때, 눈물을 흘려주는 어른은 거의 없다. 쌍안경으로 그 광경을 지켜보던 인정 많은 야생생물학자가 혹시 눈시울을 적실지는 모르겠다. 하지만 종을 불문하고 부모들은 새끼를 보살피는 것 또한 사실이다. 끈끈한 점액을 분비해 알 덩어리를 감싸 보호막을 만들어놓고는 헤엄쳐가버리는 먹장어든, 어린 자식에게 흰개미 잡는 법을 시범하는 탄자니아 곰베국립공원(제인 구달의 침팬지 연구 현장—옮긴이)의 침팬지든, 온갖 종의 부모가 새끼들이 성장기를 잘 헤쳐갈 수 있도록 나름대로 관심을 갖고 돕는다.

어떤 동물들은 스스로 먹이를 찾을 수 있게 된 후에도 한참동안을, 심지어 혼자 힘으로 살고 번식할 나이가 되어서까지 부모의 보살핌을 받는다. 예를 들어, 클로스긴팔원숭이의 부모는 자식이 짝을 찾을 수 있을 때까지 그의 영역 방어를 돕는다. 세발가락나무늘보 어미들은, 인간 사회 헬리콥터 부모의 원숭이 버전처럼, 새끼가 자라서 혼자 살게 되면 새 삶의 출발을 돕기 위해 자신의 영역 일부를 내어준다('헬리콥터 부모'란 마치 헬리콥터처럼 자녀 위를 맴돌면서 극성스럽게 관리하고 학교와 교사에게까지 간섭하는 부모를 가리킨다.—옮긴이).

물론 청소년기의 외뿔고래나 바우어새, 혹은 수달의 부모가 자식과 상호작용을 하는 방식은 인간 세상의 부모, 특히 엄마들—일본의 '료사이 겐보(賢母良妻)'든 예전 소련의 '마트게로이냐(모성영웅. 자식을 10명 이상 낳고 길러낸 어머니에게 수여된 명예 칭호—옮긴이)'든 북아메리카의 '타이거 마더'든—과는 아주 다르다. 뇌 구조가 다르고, 사회 구조가 다르며, 발달 과정과 유전자와 환경이 모두 다르고, 종도 물론 다르다. 그러나 부모 노릇하기를 주비퀴티적인 시각에서 보면, 모든 종의 어머니와 아버지에게 공통되는 한 가지 근본적인 사실이 드러난다. 부모의 유전자가 후대까지 계승될지의 여부는 자식의 생존과 번식 성공에 달려 있다는 점이다.

일부 대단히 불운한 인간 부모의 경우, 청소년 자녀의 위험 무릅쓰기와 충동성은 비극적인 결과를 낳곤 한다. 아이들이 일찍부터 술을 마시고 약물을 사용하다 보면 부상이나 사고사를 당하거나 중독에 빠지기 쉽기 때문이다. 게다가 아이들이 건너야 하는 인간 사회의 지뢰밭 때문에도 심각한 우울증에 걸리거나 심지어 자살까지 하게 될 수 있다.

부모가 이런 일반적인 사실을 안다고 해서 귀가 시간을 어긴 청소년 자녀 앞에서 치미는 화를 억누르려 애쓸 때 목이 메는 듯한 느낌이 덜하지는 않을 것이다. 아이의 눈을 가리는 머리카락을 치워주려고 뻗는 손가락을 거둬들이게 되지도 않을 것이다. 아이의 SAT 점수를 통지하는 이메일을 열 때 쿵쾅거리는 가슴을 가라앉히는 데도 아마 도움이 안 될 것이다. 그리고 아이가 참가한 운동경기의 마지막 결정적인 순간에 자신도 모르게 튀어나오는 비명을 막을 수도 없을 것이다.

하지만 부모인 당신이 10대 아이의 행동이나 용모, 또는 앞날에 대한 걱정 때문에 감정적으로 반응하게 될 때, 종을 아우르는 주비퀴티의 시각으로 상황에 접근하면 적어도 심리치료사를 찾아가는 일은 모면할 수 있을지 모른다. 요즘의 '문화'를 비난하거나 아이에게 과잉반응을 하는 원인의 일단을 당신 자신의 어린 시절 경험에서 찾는 대신, 잠깐 시간을 내어 진화의 연대표에서 왼쪽, 그것도 아주 왼쪽의 아득한 과거를 유심히 들여다보는 게 어떨까. 그 오랜 옛날의 동물들에서 당신이 자녀를 양육하는 방식의 뿌리를 찾아볼 수 있을 테니까.

부모들은 로버트의 아들 찰리의 이야기에서 자신감을 얻을 수도 있다. 열여섯 살 때 찰리는 잘못된 길로 빠진 것처럼 보였다. 매사에 따분해하고 목표 의식도 없어서 학업에서 낙오하기 직전이었다. 선생님들은 그가 집중을 못 한다고 안타까워했다. 자신이 흥미를 느끼는 주제가 아니면 전혀 노력을 하지 않는다고 했다. 설상가상으로 찰리는 마차를 훔쳐 타고 마구 달리기, 표적 사격 같은 위험한 활동을 즐겼다. 드디어 대학에 입학하고 나서는 또래들 사이에서 술꾼이자 애연가로 이름이 났다.

로버트는 절망했다. 아들이 정신을 차려서 학교생활에 집중하도록, 그리고 스무 살이 넘어서는 삶에 집중하도록 만들기 위해 끊임없이 노력했지만 소용없었기 때문이다. 그는 이른바 '비상 계획'까지 세워서 아들의 미래를 구하려고 노력했다. 언젠가 로버트는 너무나 허탈해져서 찰리에게 이렇게 기억할 만한 말을 했다. "너는 너 자신과 가족 모두에게 수치가 될 거야."

그렇다고 찰리에 대해 걱정할 필요는 없다. 위험을 무릅쓰고, 반항적으로 굴고, 어른들이 당연히 그래야 한다고 믿고 가르치는 대로의 세상을 받아들이지 않았지만, 그 때문에 크게 잘못되지는 않았다. 사실 그는 통념과 인습을 거부하는 자신의 천성을 십분 활용하여 과학의 역사에서 가장 잘 알려진 학문적 경력의 하나를 쌓아갈 수 있었다. 어른이 된 뒤 찰리—그는 찰스 다윈이다—는 아버지의 엄혹했던 양육 방식까지도 너그럽게 돌아보면서 이렇게 말했다. "내 아버지, 내가 아는 사람 중 가장 인정 깊은 분이며 그분에 대한 기억을 내가 무엇보다 소중히 여기는 아버지가 그런 … 말씀을 하셨을 때는 단단히 화가 나셨던 게 틀림없다." (이 말은 다윈의 자서전에 나오며, 앞 문단 말미에 나온 아버지 말씀을 인용한 뒤 바로 덧붙인 구절이다.—옮긴이)

요즘의 부모들은 10대 아이들 대부분이 청소년기를 무사히 넘긴다는 사실에서도 위안을 얻을 수 있다. 조금은 상처를 입거나 약간의 굴욕을 겪을지도 모르지만, 그 여정 덕분에 더 단단해진다.

어쨌거나 대부분의 꼬리감는원숭이는 패거리와 함께 나돌다가 홀로 죽지 않는다. 대부분의 연어는 떼 지어 유영하는 법을 배운다. 버빗원숭이도 대부분은 새로운 집단으로 무사히 들어간다. 대부분의 가젤은 사자에게서 달아나는 법을 배우고 살아남아 자신의 어린 가젤들을 낳고 키운다.

캘리포니아해달의 대부분도 죽음의 삼각지대에서 살아남고, 언젠가는 그 곳에 더 이상 가지 않는다.

제12장

주비퀴티

1999년 여름, 뉴욕 시 퀸스 자치구의 도로에서 까마귀 수백 마리가 비틀거리며 다니다 쓰러져 죽기 시작했을 때 트레이시 맥나마라는 두려움이 엄습해오는 것을 느꼈다. 주변의 다른 동물들은 아무런 증세도 보이지 않는데 하나의 종만 병에 걸려 갑자기 죽어가는 일은 거의 없기 때문이다. 몇 주 뒤엔 브롱크스 동물원에서 그녀가 돌보던 외래종 새들이 파리처럼 떨어지기 시작했다. 맥나마라는 새를 죽이는 병이 나돌고 있음을 깨달았다. 그 정체를 알아내지 못하면, 그것도 빨리 못 하면, 동물원의 새가 전멸할 수도 있었다.

수의사이면서 브롱크스 동물원의 수석 병리학자였던 맥나마라는 즉시 두 가지 조치를 취했다. 이 문제의 담당 직원으로서 그녀는 뉴욕주의 야생동물 관련 부서 공무원들에게 전화를 걸어 브롱크스에 치명적인 질병이 나타난 우려스러운 상황을 알렸다.

퀸스 태생으로 코넬대학교에서 박사 학위를 받고 여러 해 동안 현미경으로 세포 조직을 분석하며 경험을 쌓은 맥나마라는 새의 질병에 관해 상당한 지식이 있었다. 진지하고 실제적이면서도 자기 주관이 뚜렷하며, 홍미로운 의학적 수수께끼에 대해 궁리하기를 좋아하는 그녀는 이 사건을 직접 조사하기 시작했다. 양서류를 보존한 병, 외래종 파충류에 서식하는 곰팡이류를 보존한 병들에 둘러싸인 채(맥나마라는 양서류와 파충류의 병에 관한 저서가 있다.—옮긴이) 밤늦게까지 확대된 슬라이드들을 들여다보며 새들의 죽음에 얽힌 수수께끼를 해결할 단서를 찾았다. 한 가지는 명확했다. 살해범은 빠르고 무자비했다. 새의 뇌를 태우고 다른 기관들도 망가뜨렸다. 사망 원인은 뇌출혈과 심장 손상이었다. 이를 보면 새들의 병이 바이러스가 일으키는 뇌의 염증, 뇌염임이 거의 확실했다. 그런데 어떤 바이러스란 말인가?

맥나마라는 세 종류의 바이러스 중 하나일 거라고 생각했다. 뉴캐슬병, 조류인플루엔자, 그리고 동부 말뇌염의 바이러스로, 셋 모두 조류를 침범하기로 악명이 높다(말[馬]뇌염바이러스도 조류, 파충류, 양서류 등 다양한 동물에 감염된다. 매사추세츠주 등 미국 동북부에서 처음 유행해 '동부'라는 이름이 붙었다.—옮긴이). 시간은 계속 흘렀고, 맥나마라는 가능성이 적은 것부터 지워나가는 작업을 시작했다. 뉴캐슬병과 조류인플루엔자는 전염성이 아주 높다. 이들 바이러스는 개체에서 개체로 급속히 퍼지면서 인근의 조류 떼를 순식간에 전멸시킬 수 있다. 그러나 이것들이 원인일 수는 없었다. 동물원의 홍학과 독수리들은 죽어갔지만, 동물을 직접 만질 수 있는 어린이 동물원(petting zoo)에 있는 닭과 칠면조는 모두 건강했기 때문이다. 맥나마라는 뉴캐슬병과 조류인플루엔자는 목록에서 지웠다. 남은 것은 동부 말뇌염이었다. 그런데 맥나마라가 확인한 바로는 동물원의 에뮤는 병에 걸리지 않았다. 에뮤가 멀쩡하다는 것은 말뇌염 또한 배제해야 한다는 의미 같았다. 타조 비슷한 이 큰 새는 동부 말뇌염바이러스에 특히 취약하므로 그 바이러스가 문제라면 병의 증상을 보였어야 했다. 이렇게 지우다 보니 용의선상에 올렸던 바이러스가 다 사라져버렸다.

사태의 원흉은 새들 간의 접촉을 통해 전염되지 않는 다른 병원체여야 했다. 바로 그때 맥나마라의 머리에 떠오르는 게 있었다. 모기였다. 어린이 동물원은 해가 지기 전에 문을 닫고 해가 뜨고 나서 한참 뒤에 문을 열었다. 닭과 칠면조는 모기가 한창 피를 빨러 다닐 때인 새벽과 황혼 무렵엔 안전한 실내에 있었다. 하지만 지금 죽어나가는 새들—홍학과 가마우지와 올빼미 등—은 하루 종일 밖에서 지냈다. 매개체를 알아내고 나니 맥나마라의 마음은 더 불안해졌다. 어떤 전염병이든 정말로 모기가 그 병을 퍼뜨리고 있다면 위험에 처한 동물은 새들만이 아니었다. 모기에게 피를 빨리는 모든 온혈동물—가령 그 동물원의 코뿔소, 얼룩말, 기린 등등—이 위험했다. 마찬가지로 뉴욕 일대의 인간들도 위험에 노출돼 있다는 걸 깨달으며 맥나마라는 등골이 서늘해졌다.

이때가 8월 하순이었다. 불과 일주일쯤 전에, 뉴욕 곳곳의 응급실 의사들은 노인들에게 갑자기 발생하는 정체 모를 병을 추적하기 시작했다. 그 병은 신경질환 같아 보였다. 환자들은 고열과 쇠약 및 혼란 증세를 보였다. 어떤 환자는 뇌가 붓는 증상, 즉 뇌염 증세를 보이기도 했다. 이런 환자가 네 명이 되자 퀸스 병원의 감염병 전문가가 관계 기관에 위험을 알렸고, 애틀란타의 미국 질병통제예방센터(CDC)에서 역학자(疫學者, 유행병학자) 팀을 보내 조사를 시작했다. 뇌염 증세가 나타났으므로 질병통제예방센터 역시 "모기가 매개체"라고 판단했다. 조사 팀의 한 연구자는 "늦여름에 뇌염 증세가 나타났다면 모기가 퍼뜨리는 바이러스를 생각해봐야 합니다"라고 말했다. 그해는 이 흡혈 곤충이 번식하기에 딱 좋았다. 길고 건조한 봄 다음에 비가 많고 습도 높은 여름이 이어지면서 모기의 개체수가 폭발적으로 증가하는 데 이상적인 조건이 만들어졌다.

며칠 뒤, 환자들의 척수액을 가지고 몇 가지 검사를 마치고 나서 질병통제예방센터 관계자들은 병의 정체를 알아냈노라고 의기양양하게 선언했다. 세인트루이스 뇌염이라는 것이었다. 뇌를 침범하는 이 병에 걸린 사람은, 특히 노인들은, 고열과 경부(목) 강직 등 여러 증상을 보이고 심하면 사망까지 한다. 이 병엔 백신이 없으며, 미국 남부와 중서부 전역에는 꽤 흔하게 나타났지만 동부 대서양 연안 지역에서는 1970년대 이후엔 보이지 않았다. 세인트루이스 뇌염이라는 발표가 나오자 곧바로 뉴욕 시장 루디 줄리아니는 600만 달러를 투입하는 모기 퇴치 계획을 내놨다. 여기에는 무료 방충제와 질병 정보 책자의 대량 배포, 그리고 헬리콥터로 강력한 살충제인 말라티온을 뉴욕 시와 불안해하는 주민들 위에 살포하는 것 등이 포함되었다.

이것으로 괴질 사태가 마무리됐을 수도 있었다. 그런데 세인트루이스 뇌염이라는 진단에는 한 가지 큰 문제가 있었다. 그리고 수의사이기도 한 트레이시 맥나마라는 그게 뭔지 알고 있었다. 세인트루이스 뇌염을 일으키는 바이러스는 감염된 새를 물었던 모기가 그 후에 사람을 물면서 전염된다. 그런데 새들은 그 바이러스를 갖고 있어도 대개 발병을 하지 않고, 그것 때문에 죽는 일이 별로 없다. 새는 단지 보균자이며 매개체일 뿐이다. 지금은 캘리포니아주 퍼모나의 웨스턴건강과학대학교 병리학 교수로 있는 맥나마라는 학교로 찾아간 나와 얘기를 나누면서 직설적으로 말했다.

"그때 내게는 죽은 새들로 꽉 찬 큰 통이 여러 개 있었어요. 그들의 병은 세인트루이스 뇌염이었을 리가 없어요." 질병통제예방센터에서는 사건을 마무리 지으려 했지만, 맥나마라는 죽은 새들이 그 환자들과 관련이 있다는 생각을 지울 수가 없었다고 했다. 그녀는 자신이 시간과 싸우고 있다는 것도 알았다. 동물원 새들이—특히 홍학이—빠르게 죽어가고 있었다. 누군가가 사망 원인을 정확하게 밝혀내지 않으면 동물원의 새들 대부분이 사라지게 될 뿐 아니라, 사람들은 엉뚱한 병을 대상으로 공중보건을 위한 투쟁을 벌여야 할 판이었다. 그 직후 환자 두 명이 또 사망했다는 소식이 들려왔다.

그 후 여름이 다 갈 때까지 맥나마라는 거리에서 죽은 까마귀 떼와 그녀의 동물원에서 죽은 새들에 대해, 그리고 이들의 죽음과 세인트루이스 뇌염 때문으로 돼 있는 사람들의 죽음 사이에 어떤 연관성이 있을지에 대해 골똘히 생각했다. 9월 초 노동절이 낀 주말 연휴에 그녀는 인내의 한계점에 이르렀다. 동물원 새들이 또 참변을 당한 것이다. 며칠 사이에 가마우지 한 마리, 홍학 세 마리, 흰올빼미 한 마리, 아시아 꿩 한 마리, 흰머리 독수리 한 마리를 잇달아 잃었다. 세인트루이스 뇌염 인간 환자도 새로 하나 발생했다. 이번엔 브루클린이었다. 전염병이 뉴욕의 또 다른 자치구로 퍼진 것이다. 맥나마라는 공식 절차를 밟는 걸 포기하고 질병통제예방센터에 직접 전화를 했다. 그러고는 깃털 덮인 시체가 가득한 통들과 자신이 그동안 이 문제를 연구해서 얻은 지식을 그들과 나누겠다고 제안했다. 이 시점에서 그녀는 "그들이 흔히 떠올릴 수 있는 원인은 이미 다 배제한 상태"였다. 세인트루이스 뇌염 역시 배제돼 있었다.

자료와 지식을 공유하겠다는 제안을 질병통제예방센터에서 당연히 고마워하리라 기대했던 맥나마라에게 그들의 반응은 전혀 뜻밖이었다. 통화를 한 관리는, 그녀의 표현을 빌리면 "거들먹거리는" 말투로 몇 마디를 나눈 뒤, 센터에선 세인트루이스 뇌염이라는 진단을 철회할 생각이 없음을 분명히 밝혔다. 그녀의 죽은 새들과 이런저런 염려는 자기네가 상관할 바

아니며, 질병통제예방센터는 동물이 아니라 인간의 질병을 해결하는 곳이라는 얘기였다. 맥나마라는 그들이 얘기를 전혀 들으려 하지 않는 데 놀랐고—실제로 그 관리는 통화 도중에 전화를 끊어버렸다고 한다—다시 전화했을 때 여전히 그녀의 말을 묵살하는 태도에 당혹했다.

맥나마라는—그리고 적어도 그 순간에는 뉴욕 전역의 동물 및 인간의 건강까지도—의학계와 공중보건의 심부에 도사리고 있는 편향된 위선의 희생자가 되었다. 그러니까 수의사와 의사가 동등한 동료로서 서로 소통하는 일은 좀처럼 없었다.

맥나마라는 브롱크스에 있는 자신의 연구실에서 죽은 새들의 시신에, 그리고 죽어가는 사람들에 관한 기사들에 둘러싸여 있었다. 인간의학계의 어느 누구도 자신의 말에 귀 기울이려 하지 않는 듯했고, 그녀는 두 분야 간의 깊은 골을 절감했다. 크게 실망하긴 했지만 그녀는 이 치명적인 수수께끼를 규명해내고야 말겠다고 결심하고는 지인들을 통해 이리저리 알아보기 시작했다. 이번에는 감염된 새의 조직 샘플을 아이오와주에 있는 농무부 산하 연구소에 보내보았다. 위스콘신주에 있는 다른 농무부 연구소에서는 새의 조직에서 세인트루이스 뇌염의 증거가 나오는지를 검사했고, 결과는 음성으로 나타났다.

그다음 아이오와 연구소에서는, 맥나마라의 표현을 빌리면 "머리카락이 쭈뼛 설 정도로" 오싹하고 결정적인 뭔가를 찾아냈다. 이 병원체가 무엇이든, 지름이 40나노미터(10억분의 40미터)에 불과했다. 이는 그것이 어쩌면 플라비바이러스(flavivirus)—황열(黃熱)과 뎅기열의 병원체도 이에 속한다—의 일종일 수 있다는 걸 의미했다. 플라비바이러스를 연구하려면 특수 방호복과 오염 관리 및 사후 처리 조치가 필요하지만, 맥나마라는 그동안 실험실에서 새의 조직 표본을 다룰 때 이런 점들은 생각지도 않았다. 그녀는 내게 말했다. "그날 밤 집에 가서 유언장을 썼어요." 농무부는 최신의 실험 결과를 질병통제예방센터에 알려주었다. 센터에선 이번에도 아무 반응이 없었다. 정말 맥 빠지는 일이었다.

며칠 뒤, 맥나마라는 새벽 두 시에 벌떡 일어나 침대 위에 꼿꼿이 앉았다. 자신이 해야 할 일을 문득 깨달았기 때문이다. 그녀에게는 생물재해(biohazard, 실험실이나 병원에서 세균·바이러스 따위의 미생물이 외부로 누출되어 야기하는 재해나 장애—옮긴이)에 대한 안전 수준이 높은 연구실, 온갖 일을 다 겪어봤고 감염원과 관련해 다양한 경험을 지닌 병리학자들이 있는 실험실이 필요했다. "바로 그 순간 분명히 알았어요." 맥나마라는 내게 말했다. "미육군에 전화를 해야 한다는 걸요." 다음날 아침 그녀는 메릴랜드주 프레더릭 시에 있는 포트디트릭(Fort Detrick, 미국 육군의무사령부 산하의 주요 연구 시설—옮긴이)의 감염병 실험실에 연락해 검사를 간청했다. 그리고 48시간 안에, 맥나마라가 "과학이 보여줄 수 있는 최선의 모습"이라고 표현한 협력을 제공하며, 포트디트릭에서는 그녀가 생각했던 게 사실임을 확인해주었다. 문제의 병은 세인트루이스 뇌염이 아니었다. 플라비바이러스가 **맞았다**.

그 바이러스는 모기가 매개하는 병원체이며 그때까지 미국에서—사실 서반구 전체에서—한 번도 관찰된 적이 없었던 웨스트나일바이러스(플라비바이러스의 일종—옮긴이)임이 밝혀졌다. 그제야 질병통제예방센터 측은 자신들의 잘못을 인정했다. 그들은 세인트루이스 뇌염이라고 했던 이전의 발표를 철회함과 동시에 웨스트나일바이러스가 북아메리카에 상륙한 역사적이고 당혹스러운 일이 벌어졌음을 발표했다. 이 병원체는 빠른 속도로 북아메리카를 가로질러 퍼져갔고, 2003년에는 캘리포니아에 이르렀다. 이제 이 병원체는 매년 봄과 여름이면 그해에 태어난 굶주린 모기 떼와 함께 미국과 캐나다, 멕시코 전역에 나타난다.

인간의학계가 처음부터 한 수의사의 말에 귀를 기울였더라면 얼마나 많은 생명을 구했을지 확실히 말하기는 어렵다. 1999년 웨스트나일바이러스의 첫 유행으로 일곱 명이 사망했고 62건의 뇌염 사례가 보고되었다. 이후 지금까지 3만 명 가까운 환자가 발생했으며 1,000명 이상이 사망한 것으로 알려졌다. 그리고 동물 피해자들도 있다. 이 바이러스로 인해 수천 마리의 야생 및 외래종 조류, 그리고 꽤 많은 말들이 사망 숫자로 잡히지도 못한 채 조용히 죽어갔다.

하지만 이 오진(誤診) 사건은 미국 공중보건에 일종의 전환점이 되었다. 1년 뒤 웨스트나일바이러스의 돌발 유행 사태를 상세히 정리하여 의회에 제출한 보고서에서 미국 회계감사원은 공중보건 관리들이 "원인이 불확실한 위기에 대처하는 데 이 경험이 교훈을 줄 수 있다"라고 인정했다. (9·11 테러 공격이 있기 정확히 1년 전의 날짜가 적힌 이 보고서에서는 또한 웨스트나일 사건이 생물테러에 대비하는 일에도 주요한 참조 사례가 될 수 있다고 했다.)

보고서에는 정부기관들 간의 소통 개선에 대한 통례적인 촉구와 함께 당시로서는 주목할 만한 제안 하나가 들어 있었다. "수의학 분야를 간과하지 말아야 한다." 질병통제예방센터는 회계감사원의 주문에 부응하여 2006년에 '인수(人獸)공통, 매개체 감염병 및 장(腸) 질환' 부서를 새로 만들었다. 식품 안전과 생물테러를 감시하는 이 부서의 책임자가 의사(M.D.) 아닌 수의사라는 사실은 의미심장하며 상징적이었다. (이 신생 부서는 불과 두어 해 뒤에 '신종 및 인수공통감염병 국립센터'라는 더 큰 조직으로 확대 개편되었다.)

미국과 전 세계의 다른 집단들도 종을 아우르는 시각을 채택하기 시작했다. 탐조자, 사냥꾼, 도보 여행자, 야외지질학자 등에게는 병들거나 죽은 동물을 발견하면 야생 조류와 기타 동물들이 매개하는 질병을 추적하는 웹사이트에 그 정보를 업로드 하는 것이 권장된다. 펜실베이니아대학교에서는 오래전부터 수의과대학과 의과대학 간의 관계가 긴밀하며, 코넬대학교와 터프츠대학교도 마찬가지다. 예일대학교 의과대학에 본부를 둔 카나리아 데이터베이스—예전에 탄광의 공기 상태를 알려주던 것으로 유명한 새 카나리아에서 이름을 따왔다—는 인수공통감염병(웨스트나일바이러스와 조류인플루엔자처럼 동물에게서 사람으로 전염되는 병), 생물테러 공격 가능성, 내분비계 교란 화학물질, 납과 살충제 같은 가정 내 독성물질 등에 관한 정보를 교환하는 곳이다. 미국 국제개발처(USAID)는 '신종 범유행병 위협(Emerging Pandemic Threats)'이라는 프로그램에 수억 달러를 투입했는데, 이 프로그램이 내건 목표는 더없이 명확하다. "동물에서 비롯되어 인간의 건강을 위협할 수 있는 신종 질병을 그 원천에서 예방하거나 퇴치한다."[1)]

---

1) 이 프로그램에는 많은 교육기관과 정부기관, 민간 기구·기업이 참여하고 있다. 열거하자면, 캘리포니아대학교 데이비스 캠퍼스의 수의과대학, 야생동물보존협회, 에코헬스연합, 스미스소니언협회, 글로벌바이러스예보계획, 개발대안주식회사(DAI), 미네소타대학교, 터프츠대학교, 교육자원그룹, 생태와환경주식회사, 세계보건기구, 국제연합식량농업기구, 세계동물보건기구(OIE), FHI 360, 미국 질병통제예방센터와 농무부 등이다. 이 프로그램은 대문자로 표기하는 '예측(PREDICT), 확인(IDENTIFY), 예방(PREVENT), 대응(RESPOND)'의 네 개 프로젝트로 구성된다. '예측'은 고위험군 야생동물에게서 감염원이 나타나는지 감시하는 것, '확인'은 연구 실험실의 든든한 네트워크를 구축하는 것, '예방'은 동물에서 인간으로의 전염을 초래할 수 있는 고위험 습관을 피하도록 사람들의 행동 변화를 이끌어낼 커뮤니케이션에 집중하는

캘리포니아대학교 데이비스 캠퍼스의 수의학자로 국제개발처의 이 프로그램 중 예측(PREDICT) 프로젝트를 주관하는 조나 마제는 가장 벅찬 일을 맡고 있다고 해도 과언이 아닐 것이다. 마치 테러리스트들의 활동을 추적 감시하는 CIA 직원처럼 그녀는 아마존, 콩고 분지, 갠지스 평원, 동남아시아 등 인수공통감염병이 발원할 위험이 높은, 주로 열대에 속한 지역들에서 나타나는 '바이러스 채터(viral chatter)'들을 면밀히 검토한다('바이러스 채터'는 유행병의 대규모 발생에 앞서 일어나는 현상으로, 동물이 매개하는 새로운 바이러스가 인간에게 감염되는 일이 여기저기서 빈발하는 것을 말한다. 아프리카의 수렵민 등 위험 지역의 가난한 사람들에게 특히 이런 일이 많이 생긴다. 참고로, '채터'란 정보기관의 용어로, 그들이 감청하는 전화 등 각종 신호정보의 양을 가리킨다. 예컨대 테러와 관련된 집단을 감시할 때 '채터'가 급증하면 정보기관은 초긴장 상태가 된다.—옮긴이). 마제는 이렇게 말한다. "우리는 그런 곳에 어떤 질병이 도사리고 있는지 모릅니다. … 우리는 정체를 알 수 없는 무언가가 거기서 유출되어 새로운 세계적 유행병으로 발전하기 전에 어떻게든 그걸 알아내야 합니다. 우리를 바이러스 사냥꾼이라고 하는 사람들도 있지요."

그런데 전 세계 많은 나라의 정부에서 예산을 배정하고 국제적 자선단체들에서도 지원을 하는데도 불구하고, 질병의 집단발생을 예방하는 데 들어가는 비용과 병이 발발한 뒤 환자들의 병증 정도에 따라 치료 순위를 분류하고 각기 적절히 대처하는 데 들어가는 비용 사이의 격차는 엄청나다. "지난 20년 동안 2,000억 달러 이상의 경비가 이미 집단발생을 한 질병에 **대응하는 데** 들어갔습니다." 역학자이자 수의사이며 미국수의과대학

것, '대응'은 개발도상국에서 가족계획 사업을 확대하고 생식건강을 개선하는 것을 그 내용으로 한다.

협회 이사를 지낸 마르그리트 파파이오아누는 이렇게 말한다. "돈이 없는 건 분명 아닙니다. 문제는 우리가 그 돈을 어디에 쓰기로 하느냐지요." 다시 말해 호미로 막을 것을 가래로 막지 말라는 말도 있듯이, 이런 예방프로그램들을 강화할 때 고통과 죽음을 크게 줄일 뿐 아니라 비용도 절약할 수 있다.

그래도 지난 몇 년 동안, 적잖은 수의사와 의사가 깨닫게 된 사실이 있다(전체적으론 아직 소수지만 이들의 숫자는 점점 늘고 있다). 인간이든 다른 동물이든 모든 환자의 건강은 두 분야의 의사들이 서로 의견을 나눌 길을 영속적으로 터놓는 데 달려 있다는 점이다. 이런 공동작업을 정부의 정책 입안자들이나 학문 기관에 맡길 필요는 없다. 이들의 역할이 대단히 중요하긴 해도 말이다. 우리는 매일의 실천 속에서 종을 아우르는—즉 주비퀴티의—접근법을 취함으로써 인간을 비롯한 모든 동물이 함께 지닌 질병들을 치료할 수 있다.

이런 노력은 첨단 장비가 전혀 필요치 않은 기초적 수준에서도 가능하다. 그레나다 섬에 사는 수의학과 3학년생 브리트니 킹은 최근에 마을의 개와 고양이를 위해 임시로 무료 예방접종소를 열었다. 어느 날 한 여성 주민이 그녀에게 오더니 사람들은 자기 돈으로 병원에 다녀야 하는데 왜 동물은 공짜로 건강관리를 받느냐고 화를 내며 물었다. 마땅히 대답할 말이 없음을 깨달은 브리트니는 현명한 수의학도답게 원헬스(One Health) 클리닉을 만드는 일에 착수했다. 인근 의과대학의 학생들을 모집해 사람들에게 무료로 시력과 청력, 혈압과 유방 등을 검사해주고, 동물들에게도 예방접종과 상처 치료, 구충(驅蟲), 발톱 깎기를 해주는 행사들을 열었다. 학생들은 흔히 발생하는 인수공통감염병을 설명한 쪽지를 사람들에게 나눠주면서, 기르는 동물에게 늘 유의해서 혹 의심되는 증상이 보이면 알려

달라고 당부했다.

매사추세츠주 터프츠대학교의 한 프로그램은 비슷한 심장질환이 있는 아이와 개를 짝지어줌으로써 아이들과 걱정스러워하는 부모들이 그 병을 더 잘 이해하는 데 도움을 준다. 이와 유사하게, 2011년 영화 「돌핀 테일 *Dolphin Tale*」에 등장하는 인공 꼬리를 단 돌고래 윈터는 의수나 의족을 한 아이들에게 용기를 준다.

나 자신도 주비퀴티의 여정을 거치면서 의료 행위를 하고 의학을 가르치는 방식이 완전히 바뀌었다. 나는 수의학의 개척자이자 지도자 중 한 사람인 스티븐 에팅어와 함께 UCLA 의대생들에게 비교심장학을 가르치기 시작했다. 얼마 전에는 에팅어의 예전 제자가 생명을 위협하는 부정맥의 흥미로운 사례를 발표하는 자리에 나의 심장학 동료들과 함께 앉아 완전히 몰입해서 듣기도 했다. 이 사례에 담긴 의학적 수수께끼는 의사들이 아툴 가완디가 쓴 책의 한 챕터를 읽거나 의사를 주인공으로 한 TV 드라마 「하우스」의 진진한 에피소드를 볼 때만큼이나 재미있어하는 것이었다. 그런데 여기서 환자는 셰익스피어라는 이름의 로트바일러 혼혈견이었다. 그 네 발 달린 환자의 증세에 대해 자세히 듣고 우리가 의논 끝에 다다른 진단 전략은—실험실 검사에서 투여 약물까지—유사한 장애를 지닌 인간 환자에게 적용했을 것과 거의 동일했다.

2011년에 나는 캘리포니아대학교 데이비스 캠퍼스의 수의과대학 교수들, 로스앤젤레스 동물원 수의사들과 함께 UCLA 의과대학에서 학술회의를 주최했다. 서로 다른 종들에 공통적으로 나타나는 질병을 다루는 의사와 수의사들을 한데 모은 자리였다. 오전에 열린 회의에서는 인간과 여타 동물의 경계선 양쪽에서 온 200명 넘는 의사와 의학도들이 악성 뇌종양, 분리불안, 비만, 라임병, 심부전을 앓는 동물 및 인간 환자에 대한 얘기들을 들었다. 오후에는 수의사와 의사들이 로스앤젤레스 동물원에서 함께 '회진'을 하며 동물 환자들에 관해 의견을 교환했다. 환자 중에는 암에서 회복 중인 코뿔소, 거의 치명적이었던 심장질환을 극복하고 살아남은 사자, 납중독과 싸우는 콘도르, 당뇨병 치료 중인 원숭이도 있었다.

오늘날 의학에서 대단히 흥미롭고 새로운 발상의 하나는 '인간과 동물은 같은 질병을 갖고 있다'는 것이다. 사실 우리 조상들은 이를 당연하게 여겼는데, 어쩐 일인지 우리는 그동안 그걸 잊고 있었다. 의사와 수의사가 손잡고 일한다면 모든 종 환자의 질병들을 설명해내고 적절히 처치하여 치유할 수 있을 것이다.

생각해보면, 유전적이고 진화적인 연관성을 통해 생물 세계를 파악하는 방식—이를 생물학의 통일장 이론이라 해도 아주 틀리진 않을 텐데—에는 진정으로 경외심을 불러일으키는 어떤 점이 있다. 이 방식은 인간과 동물이 같은 어려움을 겪고 있음을 상기시키며, 우리의 공감과 이해의 폭을 넓혀준다.

나아가 그것은 우리를 더 안전하게 해준다. 예방의학은 인간만을 위한 게 아니다. 동물의 건강을 지키는 일은 결국 인간의 건강을 지키는 데 도움이 된다. 그리고 이 같은 막중한 연관성을 온전히 인식할 때 우리는 다음에 닥쳐올 전염병에 맞서 싸울 준비를 제대로 할 수 있을 것이다.

웨스트나일바이러스가 뉴욕을 강타하고 10년이 지난 뒤, 세계의 공중보건 체계들은 또 다른 인수공통감염병과 싸우기 위해 동원되었다. 이번에는 H1N1이라는 바이러스에 의한 돼지인플루엔자였다.[2] 2009년 발생

---

2) 사실 돼지인플루엔자는 인간에게서 시작되었다. 우리가 그 바이러스를 돼지에게

한 이 범유행병(대유행병)과 관련해 수많은 뉴스가 나왔는데, 그중 하나는 당혹스러운 사실을 알리고 있었다. '인간'의 인플루엔자바이러스가 전 세계를 돌아다니며 병을 옮기던 중에 돼지와 조류의 인플루엔자바이러스에서 유전물질(유전형질)을 얻어 갖게 되었으며, 그게 바로 이번의 바이러스라는 내용이었다.

일반인들은 이 뉴스에 놀랐을 수도 있지만 수의사나 의사에겐 별일이 아니었다. 인플루엔자바이러스는 툭하면 형태를 바꾸는 것으로 악명 높다. 이 바이러스는 쉽게 돌연변이를 일으키며 앞선 것의 변형을 만들어내는데, 이 때문에 매년 새로운 백신이 필요해진다. 게다가 인플루엔자바이러스는 또 다른 장난을 치곤 한다. 가령 돼지의 인플루엔자바이러스와 인간의 인플루엔자바이러스, 두 변종이 우리 몸의 세포 하나에 동시에 침투해 있다고 할 때, 두 변종은 각자의 유전암호 일부를 상대방과 말 그대로 맞바꿀 수 있다. 그러면 두 변종이 혼합된 새로운 바이러스가 생겨나게 된다.

수의사들은 알고 있으나 의사들은 혹 모를 수도 있는 사실은, 인플루엔자바이러스가 돼지와 새 말고도 많은 동물 종의 몸을 돌아다닌다는 것이다. 개와 고래, 밍크, 물범에서도 각기 특유한 인플루엔자바이러스 변종들이 확인되었다. 기회만 주어지면 이 변종들도 인간의 인플루엔자바이러스와 유전암호를 섞을 수 있다. 이 변덕스러운 바이러스들이 아직은(적어도 이 글을 쓰는 순간까지는) 인간에게 들어오지 않았지만, 동물유행병학자

주었으므로(즉 인수공통감염병이 전제하는 '동물원성[動物源性]'이 아니므로—옮긴이) 엄밀히 말하면 이른바 '역(逆)인수공통감염병(reverse zoonosis)'이라 할 수도 있다. 하지만 그것이 새들을 휩쓴 다음 돼지를 거쳐 다시 인간으로 전염된다는 점에서 이 역시 그냥 동물원성 감염병의 하나로 친다. ('zoonosis' 즉 인수공통감염병[감염증 · 전염병]은 '동물원성 감염병'이라고도 한다.—옮긴이)

(수의역학자)들은 이들을 면밀히 추적하고 있다.

2009년의 돼지인플루엔자 유행은 정글이나 공장형 축산농장, 해변, 뒷마당의 새 모이통, 그리고 심지어 개집이나 반려동물용 변기에서도 출현할 수 있는 질병들의 바다에서 가장 최근에 밀려온 하나의 파도였을 따름이다. 2005년의 조류인플루엔자 소동, 2003년의 사스(SARS, 급성호흡곤란증후군) 공포, 같은 해의 원숭이천연두 발생, 1996년의 에볼라 유행, 1980년대 후반 이후 영국의 광우병 공포, 이 간추린 목록이 말해주듯 외래의 인수공통감염병은 새로운 현상이 아니다. 대규모의 사망자를 낳은 전염병을 뭐든 떠올려보라. 아마 다른 동물들이 퍼뜨리거나 숙주 노릇을 하는 인수공통감염병일 것이다. 말라리아, 황열, 에이즈, 광견병, 라임병, 톡소포자충증, 살모넬라균, 대장균…이 모두가 동물에서 시작되어 인간으로 옮겨왔다. 이중 일부는 벼룩이나 진드기, 모기 같은 곤충을 통해 사람에게 옮는다. 다른 일부는 배설물과 고기 속에 들어가서 돌아다닌다. 어떤 병원체들은 동물의 몸속 둥지를 떠나 돌연변이를 하고는, 사람에서 사람으로 퍼지기에 적합한 맞춤형 슈퍼버그(superbug)로 진화한다.

2006년 미국에서는 대장균에 오염된 갓 나온 어린 시금치 때문에 세 명의 사망자와 200명이 넘는 환자가 발생했는데, 이 대장균은 들에 사는 멧돼지들의 배설물에서 나온 것으로 밝혀졌다. 큐열(Q fever)이라는 섬뜩한 이름의 열병이 집단적으로 발생한 사례 중 최악의 것은 2000년대 후반 네덜란드에서 일어났다.[3] 인근 농장들의 감염된 염소에서 사람으로 옮은 박

3) Q는 'query(의문)'의 약자로, 1930년대에 이 병이 처음 발생했을 때 원인이 밝혀지지 않았기 때문에 이렇게 불렀다. 나중에 병원체가 확인되어 '콕시엘라 부르네티(*Coxiella burnetii*)'라는 이름이 붙었지만, 큐열이라는 명칭이 이미 굳어버린 뒤였다.

테리아로 인해 열세 명이 사망하고 수천 명이 발병했다.

동물의 질병이 가해오는 위협은 그 병들이 아무런 악의 없이, 그리고 누군가의 의도적인 조장도 없이 그냥 사람들 사이를 돌아다니기만 해도 꽤나 두렵게 마련이다. 그런데, 쉽게 유출되기 때문에 언젠가 테러리스트들의 손에 들어갈까봐 우리가 걱정하는 옛 소련의 핵무기들처럼, 인수공통감염병 역시 누군가가 우리를 공격하는 데 이용할 수 있다. 질병통제예방센터에 따르면 "국가 안보를 위협하는" 최상위 여섯 가지 유기체 중 다섯 가지가 처음에는 동물에서 질병을 일으키는 것이었다. 탄저병, 보툴리누스 중독(보툴리눔 독소증), 페스트, 야생토끼병, 바이러스성 출혈열이 그 병이다.[4]

어떤 생명체도 완전히 고립될 수 없는 세상, 질병이 퍼지는 속도가 제트기만큼이나 빠른 세상에서 우리 모두는 지구라는 탄광 속에서 자신의 몸으로 위험을 경고하는 카나리아다. 어떤 종이라도 위험을 알리는 역할을 할 수 있다. 단, 그러려면 모든 분야의 보건 전문가들이 관심을 기울여야 한다.[5]

---

4) 여섯 가지 중 나머지 하나인 천연두는 전 세계적인 백신 접종사업에 의해 근절되었는데, 여기에는 이 병이 인수공통감염병이 아니라는—즉 천연두 균은 동물에 병원소(病原巢)가 없다는—점도 도움이 되었다.

5) 2007년 3월엔 미국 가정의 반려동물들이 경보를 울렸다. 무수한 개와 고양이가 신부전(콩팥기능 부족)으로 앓고 죽어가기 시작하자, 수의사들은 원인 규명에 나섰다. 조사 결과 오염된 반려동물 먹이에서 사태가 비롯됐음이 밝혀졌고, 미국 전역에서 대규모의 제품 리콜 사태가 벌어졌다. 이후 드러난 바로는, 중국의 밀 글루텐 제조사들이 제품에 단백질이 많이 든 것처럼 보이게 하려고 화학물질인 멜라민을 첨가한 뒤 그 글루텐을 반려동물 식품 생산 회사들에 원료로 팔았다고 한다. 수의사들의 경고에 부응하여, 미국의 식품안전 및 공중보건 당국은 사람들이 먹는 식품에 멜라민이 첨가되지 않도록 하는 철저한 검사 규정을 곧바로 만들어 실시했다. (안타깝게도 중국 관리들은 이 같은 조치를 제때 취하지 않은 탓에 2008년 수많은

동물과 인간은 아득한 옛날부터 본질적으로 연결되어 있다. 그 연관성은 깊고 견고해, 신체에서 행동까지, 심리 작용에서 사회관계까지 모든 측면을 포괄하면서 우리가 나날이 치르는 생존 여정의 토대를 이루고 있다. 그렇기 때문에 의사와 환자들은 병상과 그 주변에만 눈길을 주지 말고 농가 마당, 밀림 속, 바다와 하늘까지 두루 살피며 생각할 필요가 있다. 우리가 사는 세계의 건강이 어떤 운명에 처할지는 단지 인간이 얼마나 잘하고 잘못하는지에만 달려 있는 게 아니기 때문이다. 그보다는 지구상의 **모든** 환자가 어떻게 살고 성장하며, 어떻게 병에 걸리고 치유되는지에 따라 그 운명이 결정될 것이다.

영아가 멜라민에 오염된 조제분유를 먹고 병에 걸렸고, 그중 몇몇은 사망까지 했다. [진료를 받거나 입원한 아기만도 5만 명이라고 한다.—옮긴이])

동물들은 질병 감염과는 무관한 위협에 대해서도 경보를 울리는 역할을 할 수 있다. 동물학대는 아동학대 및 가정폭력과 아주 긴밀히 연관되기 때문이다. 예컨대 영국 경찰에서 발견한 바로는, 아동학대가 의심되는 가정은 흔히 그 집에서 동물을 학대한다는 신고가 먼저 들어오곤 한다. 동물을, 특히 고양이를 마구 다루는 사람은 훗날 다른 사람에 대해서도 반사회적이고 폭력적으로 행동할 가능성이 매우 높다. 변호사인 멜리사 트롤링어가 동물에 대한 잔인성과 인간에 대한 폭력의 관련성을 주제로 쓴 글에서 자세히 서술했듯, 대량 살인범인 "제프리 다머, 앨버트 드살보(별명 '보스턴의 교살자'), 테드 번디, 그리고 데이비드 버코위츠(자칭 '샘의 아들')는 모두 자신이 성장기에 동물들을 불구로 만들거나, 깊이 찌르거나, 심한 고통을 주거나, 아예 죽여버리는 등의 행동을 했다고 인정했다."

감사의 말

'주비퀴티' 프로젝트—이 책뿐 아니라 관련 학술회의들과 연구계획까지—의 실현이 가능해진 것은 오로지 우리가 그동안 만난 수백 명의 수의사와 야생생물학자, 의사 들이 열린 마음과 넓은 아량으로 이 일을 지지하고 학문적 동료로서 협력해준 덕분이다. 이들은 하나같이 우리를 반갑게 맞고 주비퀴티를 받아들였을 뿐 아니라, 귀중한 시간을 내어 자신들의 방대한 지식을 기꺼이 나누었다. 그 모든 분께 충심으로 감사드린다.

수의학 분야의 지도자들로서 우리에게 특별한 지원을 제공한 스티븐 에팅어, 커티스 엥, 퍼트리샤 콘래드, 셰릴 스콧에게 감사드린다. 이분들 외에도 수의사, 수의학자인 멜리사 베인, 스티븐 바톨드, 필립 버그먼, 로버트 클립섬, 비키 클라이드, 리사 콘티, 마이크 크랜필드, 피터 디킨슨, 니컬러스 도드먼, 커스턴 질라디, 캐럴 글레이저, 리어 그리어, 칼 힐, 말리카 카차니, 로라 칸, 브루스 캐플런, 마크 키틀슨, 린다 로웬스타인, 로저 마, 조나 마제, 리타 맥매너먼, 프랭클린 맥밀런, 트레이시 맥나마라, 댄 멀케이히, 헤일리 머피, 수전 머리, 필립 넬슨, 퍼트리샤 올슨, 베니 오스번, 마르그리트 파파이오아누, 조앤 폴머피, 폴 파이언, 에드워드 파워스, E. 마리 러시, 캐스린 설즈너, 제인 사이크스, 리사 텔, 엘런 와이드너, 캣 윌리엄스, 재나 윈에게 고마운 마음을 전한다.

인간을 대상으로 하는 많은 의사, 의학자, 그리고 과학자들도 우리의 일을 지지하면서 사려 깊은 조언을 아끼지 않았다. C. 어시나 액티피스, 앨런 브랜트, 존 차일드, 앤드루 드렉슬러, 스티븐 두비넷, 제임스 에코노무, 폴 핀, 앨런 포겔먼, 퍼트리샤 갠즈, 아툴 가완디, 마이클 기틀린, 피터 글럭먼, 데이비드 히버, 스티브 하이먼, 일라나 쿠틴스키, 앤드루 라이, 존 루이스, 멜린다 롱거커, 아만 마하잔, 랜돌프 네시, 클레어 퍼노시언, 닐 파커, 닐 슈빈, 스티븐 스턴스, 샤리 스틸먼코빗, 잰 틸리시, A. 유진 워싱턴, 제임스 와이스, 그리고 더글러스 자이프스에게 감사드린다.

많은 단체와 기관도 우리에게 문을 열고 도움말을 해주었다. 대형유인원건강프로젝트, 미국동물원수의사협회, 캘리포니아대학교 데이비스 캠퍼스 수의과대학, 웨스턴건강과학대학교 수의과대학, 국립진화종합센터, UCLA 데이비드게펜의과대학, UCLA 심장의학부, 그리고 원헬스 이니셔티브와 원헬스위원회 등이다.

이 밖에도 숱한 친구와 동료가 귀한 시간을 내어 이 책 원고의 일부 혹은 전부를 읽고 지혜로운 조언을 해왔다. 특히 소냐 볼리는 예리한 편집자적 감각으로 프로젝트의 초기에 우리 두 저자를 연결해주기도 했으며, 대니얼 블룸스틴은 동물 행동과 진화에 관한 자신의 전문 지식을 친절히 제공하면서 우리에게 절실히 필요했던 지지와 자신감의 중요한 원천이 되었다. 아울러 데이비드 배런, 버크하드 빌거, 에밀리 빌러, 크리스 보너, 마이클 기서에게도 감사를 드린다. 우리의 원고가 이만큼이나마 개선된 것은 그들의 식견과 사려 깊은 제언에 크게 빚지고 있다. 스테파니 브론슨, 수잰 대니얼스, 베스 프리드먼, 에릭 핑커트, 에릭 와이너, 데버라 랜다우, 캐슬린 핼리넌에게도 특별한 사의를 표한다.

이 책은 여러 분야를 아우르고 있는데, 각 분야에 정통한 전문가들이 관련된 장의 내용 및 정확성을 꼼꼼히 검토함으로써 책을 훨씬 탄탄하게 만들어주었다. 칼야남 시브쿠마, 마크 리트윈, 톰 클리츠너, 데버라 크라카우, 그레그 포너로, 러레인 뉴먼, 마크 스클랜스키, 케빈 섀넌, 게리 실러, 아디스 모, 대니얼 유슬랜, 마크 단토니오, 마이클 스트로버, 로버트 글래스먼이 그들이다.

주비퀴티 콘퍼런스의 개최를 위해 불철주야 노력해서 첫 회의를 대성공으로 이끈 팀, 훌리오 로페스와 신시아 청, 케이트 캉, 웨슬리 프리드먼, 메러디스 매스터스에 대한 감사와, 우리의 연구를 도와준 재커리 라비로프, 브리트니 엔즈먼, 조던 콜에 대한 감사도 빼놓을 수 없다.

크노프 출판사의 뛰어난 편집자 조던 파블린은 이 책의 기획부터 완성까지 모든 단계에서 주비퀴티의 옹호자 역할을 맡아, 자신의 풍부한 경험과 노련함, 끈기와 열정과 비전으로 이 책(과 저자들)을 보살피고 이끌어주었다. 마음속 깊이 감사드린다. 그녀를 보조한 편집자 캐럴라인 블레이키와 레슬리 러빈의 배려와 열의 또한 더없이 고마웠다. 크노프의 폴 보가즈, 개브리엘 브룩스와 레나 히드리츠카야가 활기차게 보여준 창의성, 칩 키드의 멋들어진 표지 디자인, 철저한 점검으로 무엇 하나 놓치지 않는 크노프 제작 실무 팀의 세심함에도 경의와 고마움을 보낸다.

티나 베넷이 우리의 저작권 대리인이 된 것은 더할 나위 없는 행운이었다. 재기 발랄하고 늘 고무적이며 예리한 동시에 교섭에 능하고 재미있기까지 한 티나는 자기 분야에서 진정 최고의 인재다. 쟁클로 앤드 네즈빗 에이전시에서 그녀와 함께 막강한 팀을 이루고 있는 스테파니 코븐과 스베틀라나 카츠도 마찬가지다.

후주와 참고문헌 목록을 정리하고 체재를 짜는 동시에 웹사이트까지 만드는 엄청난 과업을 완수했을 뿐 아니라 원고 중 많은 부분의 사실 확인 작업까지 해준 수전 콴은 비할 바 없이 고마운 사람이다. 직관적이며 창의성과 기지가 풍부한 수전과의 공동 작업은 우리에게 일종의 특전이었다. 그녀 덕분에 책 내용의 정확도가 훨씬 높아졌는데, 아직 오류가 남아 있다면 순전히 저자들의 책임이다.

마지막으로, 우리 가족들이 일에 빠진 두 사람을 너그럽게 참아주지 않았다면 이 책은 쓰이지 못했을 것이다. 늘 굳건히 우리를 격려하고 지적으로도 보탬을 주었으며, 식탁에서의 대화가 툭하면 곤충들의 교미에 관한 시시콜콜한 얘기나 심장 이상에 관한 겁나는 세부 설명 따위로 벗어나버려도 무한한 인내심으로 들어준 데 대해, 캐서린은 앤드루와 에마 바워스, 아서와 다이앤 실베스터, 카린 매카티, 마저리 바워스에게, 바버라는 재커리, 제니퍼와 찰리 호러위츠, 아이델과 조지프 내터슨, 카라와 폴 내터슨, 그리고 에이미와 스티브 크롤에게 고마움을 전한다.

옮긴이의 말

UCLA 심장 전문의인 바버라 내터슨-호러위츠는 2005년 어느 날 봄 로스앤젤레스 동물원의 책임 수의사에게서 동물원에 사는 황제타마린 원숭이의 심장에 이상이 생겼다는 내용의 전화를 받는다. 그리고 이를 계기로 인간의학과 동물의학을 아우르는 그녀의 여정이 시작되었다. 그날 황제타마린을 진료한 뒤로 저자는 종종 로스앤젤레스 동물원을 방문해 여러 동물에게서 나타나는 질병을 진단하고 이를 수의사와 함께 치료하면서 수의사와 의사가 같은 질병을 다룬다는 사실을 확인할 수 있었다. 심부전, 뇌종양, 관절염, 유방암, 우울증 등 수많은 질병이 사람과 동물에게서 함께 나타났다. 상황이 이런데도 사람을 치료하는 의사들이 수의사들과 협력하는 데 전혀 관심을 보이지 않는 현실을 보면서, 내터슨-호러위츠는 이 두 분야의 의사들이 서로 협력해 두 종 사이의 공통점을 알아내고 그 정보를 이용해 모든 생명체를 괴롭히는 질병을 치료하는 일이 얼마나 중요한지 밝히고 이를 알려야 할 필요성을 절감했다.

심장병 전문의이자 정신과 의사이기도 한 저자는 심장병과 암에서부터 우울증과 섭식장애에 이르기까지 사람과 동물에게서 공통적으로 보이는 수많은 신체적·정신적 질병과 장애를 연구하고 조사하면서 또 한편으로는 이런 학제적 접근의 중요성을 사람들에게 인식시키기 위해 노력해왔다. 특히 저자의 TED 강연은 많은 사람에게 깊은 인상을 남겼는데, 이 강연에서 그녀는 두 분야의 의사들은 같은 질병과 장애를 다루며 단지 그들이 치료하는 환자에게 꼬리와 털이 있느냐 없느냐가 다를 뿐이라고 주장한다. 그런가 하면 UCLA 의료센터와 로스앤젤레스 동물원에서 사람과 동물을 진료하면서 인간의학과 수의학의 상호 협력을 위해 애쓰고 있다. 또한 주비퀴티 콘퍼런스를 개최해 인간 환자와 동물 환자에게 함께 나타나는 질병에 관해 의대와 수의대가 한자리에서 토론할 수 있는 장을 마련하며, '다윈 온 라운즈(Darwin on Rounds)'라는 프로젝트를 통해 동물 전문가와 진화생물학자, 의사들이 협력할 수 있는 기회를 만들기도 한다. FOX 채널에서는 이 내용을 드라마로 방영할 예정이기도 하다.

이 책에는 어느 날의 우연한 계기로 시작된 여정, 그 이후의 오랜 과정에서 저자가 확인하고 수집한 다양한 사례와 풍부한 연구 결과, 그리고 인간과 동물의 건강을 바라보는 저자의 새로운 시각과 폭넓은 통찰력이 그대로 담겨 있다. 저자는 인간의학과 동물의학 종사자들이 그들의 연구 결과와 경험, 치료 방법을 나누고 서로 도움을 줄 때 우리가 누릴 수 있는 엄청난 혜택을 흥미롭고 설득력 있게 설명한다. 또한 의학과 진화학, 인류학, 유전학, 신경과학, 동물학을 한데 모음으로써 인간과 동물 환자 모두의 건강을 향상하는 새로운 접근법을 제시한다.

저자가 이 책에서 강조하는 내용은 '원헬스(One Health)' 운동과 그 맥락을 같이한다. 원헬스 운동은 인간의 건강과 동물의 건강, 생태계의 건강이 하나로 연결되어 있다는 인식에서 시작된 것으로, 2007년 구성되어 850명이 넘는 과학자, 의사, 수의사가 그 취지에 동의했다. 바버라 내터슨-호러위츠가 강조하는 것과 마찬가지로, 원헬스 운동에서도 역시 인류의 건강 문제를 해결하기 위해서는 사람, 동물, 생태계 건강 분야의 전문가들이 서로 협력해야 한다고 주장한다. 이처럼 사람과 동물의 건강이 별개가 아니라는 사실은, 인체 감염병 중 60% 이상이 동물에서 비롯되었고 특히 새롭게 발생하는 질병 중 75% 이상이 인수공통감염병이라고 밝힌 세계동물보건기구(OIE)의 발표로도 증명된다.

동물의 질병에서 인간 질병 치료의 가능성을 보는 이런 개념이 아직 낯설지 몰라도, 사실 이는 우리에게 그리 먼 얘기가 아니다. 불과 얼마 전 사스와 메르스가 온 나라를 휩쓸었을 때, 사람들의 건강은 크게 위협받았으며 모두가 공포에 휩싸여야 했다. 이들 질병 모두 인수공통감염병이라는 공통점이 있다. 이처럼 인수공통감염병은 바로 우리 곁에 와 있는 병이라는 인식이 퍼지면서, 우리나라에서도 사람과 동물의 건강을 한데 묶어 통합 관리해야 한다는 의견이 제기되고 있다. 최근 의학계와 수의학계에서는 사람과 동물, 생태계의 건강은 하나로 연결되어 있으므로 이들 분야에 개별적으로 접근해서는 '건강한 세상'을 만들 수 없고 따라서 원헬스 개념을 시급히 도입해야 한다는 주장이 대두되었다.

『의사와 수의사가 만나다』는 동물의 건강과 질병이 인간의 건강과 질병에 관해 무엇을 알려줄 수 있는지에 관해 완전히 새로운 시각을 갖게 해줄 책이라 해도 과한 표현이 아닐 듯하다. 인간과 동물의 유대에 우리가 지금껏 상상하지 못했던 마법과도 같은 힘이 있음을 이 책은 구체적인 사실로 입증해주고 있다. 그리고 그 힘은, 앞에서 말했듯 이미 너무도 가까이 다가와버린 위험에서 우리를 구해줄 힘이기에 더 중요하고 실체적인 의미를 갖는다.

저자의 모든 생명체에 대한 깊은 사랑과 심장병 전문의와 정신과 의사로서의 풍부한 임상 경험, 그리고 오랜 기간의 성실하고 치열한 연구와 조사가 만들어낸 값지고 커다란 가치가 이 책을 읽는 독자들에게 한 치의 부족함도 없이 그대로 전달되길 바란다. 우리 인간은 따로 떨어져서는 존재할 수 없으며 이 지구상의 동물들과 과거와 현재, 미래를 함께할 때 비로소 온전하게 살아갈 수 있음을 우리 모두가 새롭게 인식하는 데 이 책이 의미 있는 길잡이가 될 거라고 믿는다. 또한 인간과 동물의 질병을 치료하고 그들 모두의 안녕을 향상한다는 당면한 과제를 해결하는 데도 이 책이 유용하고 확실한 방법을 제시해줄 수 있을 것이다.

—이순영

후주

이 책을 준비하고 집필하면서 우리는 다양한 분야의 방대한 자료를 한데 모아야 했고, 그것은 아주 즐거운 과정이었다. 본문에서 제시한 사실이나 주장의 출처는 독자들이 찾아보기에 편리하도록 두 개의 범주로 구분하여 정리했다.

책에 인용한 말, 언급한 문헌에 관한 세부 사항은 다음의 후주에서 볼 수 있다(각 항목 맨 앞의 숫자와 그 뒤의 짧은 본문 어구는 뒤에 이어지는 전거가 '몇 쪽에 나오는 무슨 내용에 대한 것인지'를 가리킨다.—편집자).

우리가 이 책에서 원용했으며 생각의 틀을 잡는 데 영감과 영향을 준 책들과 학술지 발표 논문, 대중매체 보도, 인터뷰 등의 완전한 목록과 추가 참고도서를 알고 싶은 독자는 주비퀴티 홈페이지인 www.zoobiquity.com을 방문해주기 바란다.

13 그에 관한 논문도: A. M. Narthoorn, K. Van Der Walt, and E. Young, "Possible Therapy for Capture Myopathy in Captured Wild Animals," *Nature* 274 (1974): p. 577.

14 2000년대 초 심장학계는: K. Tsuchihashi, K. Ueshima, T. Uchida, N. Oh-mura, K. Kimura, M. Owa, M. Yoshiyama, et al., "Transient Left Ventricular Apical Ballooning Without Coronary Artery Stenosis: A Novel Heart Syndrome Mimicking Acute Myocardial Infarction," *Journal of the American College of Cardiology* 38 (2001): pp. 11-18; Yoshiteru Abe, Makoto Kondo, Ryota Matsuoka, Makoto Araki, et al., "Assessment of Clinical Features in Transient Left Ventricular Apical Ballooning," *Journal of the American College of Cardiology* 41 (2003): pp. 737-42.

14 이 독특한 질환은: Kevin A. Bybee and Abhiram Prasad, "Stress-Related Cardiomyopathy Syndromes," *Circulation* 118 (2008): pp. 397-409.

14 다코쓰보에서 주목해야 할 것은: Scott W. Sharkey, Denise C. Windenburg, John R. Lesser, Martin S. Maron, Robert G. Hauser, Jennifer N. Lesser, Tammy S. Haas, et al., "Natural History and Expansive Clinical Profile of Stress (Tako-Tsubo) Cardiomyopathy," *Journal of the American College of Cardiology* 55 (2010): p. 338.

16 재규어도 유방암에 걸리며: Linda Munson and Anneke Moresco, "Comparative Pathology of Mammary Gland Cancers in Domestic and Wild Animals," *Breast Disease* 28 (2007): pp. 7-21.

16 동물원의 코뿔소들은: Robin W. Radcliffe, Donald E. Paglia, and C. Guillermo Couto, "Acute Lymphoblastic Leukemia in a Juvenile Southern Black Rhinoceros," *Journal of Zoo and Wildlife Medicine* 31 (2000): pp. 71-76.

16 흑색종은 펭귄에서 물소에 이르는: E. Kufuor-Mensah and G. L. Watson, "Malignant Melanomas in a Penguin (*Eudyptes chrysolophus*) and a Red-Tailed Hawk (*Buteo jamaicensis*)," *Veterinary Pathology* 29 (1992): pp. 354-56.

16 아프리카의 서부저지고릴라: David E. Kenny, Richard C. Cambre, Thomas P. Alvarado, Allan W. Prowten, Anthony F. Allchurch, Steven K. Marks, and Jeffery R. Zuba, "Aortic Dissection: An Important Cardiovascular Disease in Captive Gorillas (*Gorilla gorilla gorilla*)," *Journal of Zoo and Wildlife Medicine* 25 (1994): pp. 561-68.

16 오스트레일리아의 코알라들 사이에서: Roger William Martin and Katherine Ann

Handasyde, *The Koala: Natural History, Conservation and Management*, Malabar: Krieger, 1999: p. 91.

18 사실 한두 세기 전에는: Robert D. Cardiff, Jerrold M. Ward, and Stephen W. Barthold, "'One Medicine–One Pathology': Are Veterinary and Human Pathology Prepared?" *Laboratory Investigation* 88 (2008): pp. 18-26.

18 "동물의학과 인간의학 사이에는": Joseph V. Klauder, "Interrelations of Human and Veterinary Medicine: Discussion of Some Aspects of Comparative Dermatology," *New England Journal of Medicine* 258 (1958): p. 170.

18 모릴토지허여(許與)법안: U.S. Code, "Title 7, Agriculture; Chapter 13, Agricultural and Mechanical Colleges; Subchapter I, College-Aid Land Appropriation," last modified January 5, 2009, accessed October 3, 2011. https://www.law.cornell.edu/uscode/pdf/uscode07/lii_usc_TI_07_CH_13_SC_I_SE_301.pdf.

19 이 해에 로저 마라는 수의사와: Roger Mahr telephone interview, June 23, 2011.

19 의학과 수의학의 결합을 처음 시도한: UC Davis School of Veterinary Medicine, "Who Is Calvin Schwabe?," accessed October 3, 2011. http://www.vetmed.ucdavis.edu/onehealth/about/schwabe.cfm.

20 원헬스 대표자 회담: One Health Commission, "One Health Summit," November 17, 2009, accessed October 4, 2011. https://www.onehealthcommission.org/summit.html.

22 "우리는 [동물들을] 우리와 동등한 존재로": Charles Darwin, *Notebook B*: [*Transmutation of Species*]: 231, The Complete Work of Charles Darwin Online, accessed October 3, 2011. http://darwin-online.org.uk.

24 문어와 종마는 우리가 '커터(cutter)'라고 부르는: Greg Lewbart, *Invertebrate Medicine*, Hoboken: Wiley-Blackwell, 2006: p. 86.

24 야생의 침팬지는 우울증을: Franklin D. McMillan, *Mental Health and Well-Being in Animals*, Hoboken: Blackwell, 2005.

24 강박장애 환자가 보이는 강박 증상은: Karen L. Overall, "Natural Animal Models of Human Psychiatric Conditions: Assessment of Mechanism and Validity," *Progress in Neuropsychopharmacology and Biological Psychiatry* 24 (2000): pp. 727-76.

24 다이애나 왕세자비나 앤젤리나 졸리: BBC News, "The Panorama Interview," November 2005, accessed October 2, 2011. http://www.bbc.co.uk/news/special/politics97/diana/panorama.html; "Angelina Jolie Talks Self-Harm," video, 2010, retrieved October 2, 2011, from https://www.youtube.com/watch?v=IW1Ay4u5JDE; Angelina Jolie, *20/20* interview, video, 2010,

retrieved October 3, 2011, from https://www.youtube.com/watch?v=rfzPhag_09E&feature=related.

24 조류에서 코끼리에 이르는 많은 종: Ronald K. Siegel, *Intoxication: Life in Pursuit of Artificial Paradise*, New York: Pocket Books, 1989.

25 생명까지 위협하는 '자기방임': McMillan, *Mental Health*.

26 얼마 전 고생물학자들은: Houston Museum of Natural Science, "Mighty Gorgosaurus, Felled By … Brain Cancer? [Pete Larson]," last updated August 13, 2009, accessed March 3, 2012. http://blog.hmns.org/?p=4927.

30 2005년 〈네이처〉 지는: Chimpanzee Sequencing and Analysis Consortium, "Initial Sequence of the Chimpanzee Genome and Comparison with the Human Genome," *Nature* 437 (2005): pp.69-87.

31 '깊은 상동성(deep homology)'이라는 용어는: Neil Shubin, Cliff Tabin, and Sean Carroll, "Fossils, Genes and the Evolution of Animal Limbs," *Nature* 388 (1997): pp.639-48.

34 연구자들은 바퀴벌레를 참조: TED, "Robert Full on Engineering and Revolution," filmed February 2002, accessed October 3, 2011. http://www.ted.com/talks/robert_full_on_engineering_and_evolution.html.

제2장 심장의 속임수

37 사소한 일로 보일지 몰라도: Heart Rhythm Society, "Syncope," accessed October 2, 2011. http://www.hrsonline.org/patientinfo/symptomsdiagnosis/fainting/.

37 응급실에서 치료하는 졸도 환자의 수는: "National Hospital Ambulatory Medical Care Survey: 2008 Emergency Department Summary Tables," *National Health Statistics Ambulatory Medical Survey* 7 (2008): pp.11, 18.

38 전체 성인의 3분의 1가량이: Blair P. Grubb, *The Fainting Phenomenon: Understanding Why People Faint and What to Do About It*, Malden: Blackwell-Futura, 2007: p. 3.

38 많은 작가가 플롯 포인트로 써먹어온: Kenneth W. Heaton, "Faints, Fits, and Fatalities from Emotion in Shakespeare's Characters: Survey of the Canon," *BMJ* 333 (2006): pp.1335-38.

38 이런 종류의 졸도는: Army Casualty Program, "Army Regulation 600-8-1," last modified April 30, 2007, accessed September 20, 2011. http://www.apd.army.mil/pdffiles/r600_8_1.pdf.

39 그리고 산부인과 의사라면: Edward T. Crosby, and Stephen H. Halpern,

"Epidural for Labour, and Fainting Fathers," *Canadian Journal of Anesthesia* 36 (1989): p. 482.

40 '혈전 생성(clot-production)' 가설: Paolo Alboni, Marco Alboni, and Giorgio Beterorelle, "The Origin of Vasovagal Syncope: To Protect the Heart or to Escape Predation?" *Clinical Autonomic Research* 18 (2008): pp. 170-78.

40 수의사들이 다루는 어떤 환자들을 조사해도: Wendy Ware, "Syncope," Waltham/OSU Symposium: Small Animal Cardiology 2002, accessed February 20, 2009. http://www.vin.com/proceedings/Proceedings.plx?CID=WALTHAMOSU2002&PID=2992.

41 야생동물 수의사들은 가면올빼미와: Personal correspondence between authors and wildlife veterinarians.

41 "너무 완전하게 기절해서": George L. Engel and John Romano, "Studies of Syncope: IV. Biologic Interpretation of Vasodepressor Syncope," *Psychosomatic Medicine* 29 (1947): p. 288.

41 "몸을 떨고 부리 아랫부분이 하얗게": Ibid.

43 북미산 마멋, 토끼, 새끼 사슴, 원숭이 등이: Norbert E. Smith and Robert A. Woodruff, "Fear Bradycardia in Free-Ranging Woodchucks, *Marmota monax*," *Journal of Mammalogy* 61 (1980): p. 750.

43 버들뇌조, 카이만, 고양이, 다람쥐: Ibid.

43 이 현상에 대한 조사를 시작하면서: Nadine K. Jacobsen, "Alarm Bradycardia in White-Tailed Deer Fawns (*Odocoileus virginianus*)," *Journal of Mammalogy* 60 (1979): p. 343.

43 동물의 졸도와 인간의 졸도 사이의: J. Gert van Dijk, "Fainting in Animals," *Clinical Autonomic Research* 13 (2003): p. 247-55.

44 경험이 적은 여우를 속일 수 있다는: Alan B. Sargeant and Lester E. Eberhardt, "Death Feigning by Ducks in Response to Predation by Red Foxes (*Vulpes fulva*)," *American Midland Naturalist* 94 (1975): pp. 108-19.

44 1941년, 폴란드의 강제수용소를 탈출한: UCSB Department of History, "Nina Morecki: My Life, 1922-1945," accessed August 25, 2011. http://www.history.ucsb.edu/projects/holocaust/NinasStory/letter02.htm.

44 이 방법은 제2차 세계대전 시기: Anatoly Kuznetsov, *Babi Yar: A Document in the Form of a Novel*, New York: Farrar, Straus and Giroux, 1970; Mark Obmascik, "Columbine-Tragedy and Recovery: Through the Eyes of Survivors," *Denver Post*, June 13, 1999, accessed September 12, 2011. http://extras.denverpost.com/news/shot0613a.htm.

45 미주신경이 지배하는 상태에서 동물은: Tim Caro, *Antipredator Defenses in*

Birds and Mammals, Chicago: University of Chicago Press, 2005.

45 성폭행 예방 교육을 하는 사람들은: Illinois State Police, "Sexual Assault Information," accessed September 6, 2011. http://www.isp.state.il.us/crime/assault.cfm.

45 맞서 싸우기를 택할 수 없는 경우: David H. Barlow, *Anxiety and Its Disorders: The Nature and Treatment of Anxiety and Panic*, New York: Guilford, 2001: p. 4; Gallup, Gordon G., Jr., "Tonic Immobility," in *Comparative Psychology: A Handbook*, edited by Gary Greenberg, 780. London: Routledge, 1998.

45 암컷 파리매는 때때로: Göran Arnqvist and Locke Rowe, *Sexual Conflict*, Princeton: Princeton University Press, 2005.

46 고문 피해자들에게서 나온 많은 이야기: Karen Human Rights Group, "Torture of Karen Women by SLORC: An Independent Report by the Karen Human Rights Group, February 16, 1993," accessed September 30, 2011. http://khrg.org/khrg93/93_02_16b.html; Inquirer Wire Service, "Klaus Barbie: Women Testify of Torture at His Hand," *Philadelphia Inquirer*, March 23, 1987, accessed September 30, 2011. http://writing.upenn.edu/~afilreis/Holocaust/barbie.html; Human Rights Watch, "Egypt: Impunity for Torture Fuels Days of Rage," January 31, 2011, accessed September 30, 2011. https://www.hrw.org/news/2011/01/31/egypt-impunity-torture-fuels-days-rage.

46 몇몇 전문가들은 십자가 위에서의 죽음이: David A. Ball, "The crucifixion revisited," *Journal of the Mississippi State Medical Association* 49 (2008): pp.67-73.

46 흰꼬리사슴을 연구하는 캐나다 과학자들은: Aaron N. Moen, M. A. DellaFera, A. L. Hiller, and B. A. Buxton, "Heart Rates of White-Tailed Deer Fawns in Response to Recorded Wolf Howls," *Canadian Journal of Zoology* 56 (1978): pp.1207-10.

47 걸프 전쟁이 한창이던 1991년 1월: I. Yoles, M. Hod, B. Kaplan, and J. Ovadia, "Fetal 'Fright-Bradycardia' Brought On by Air-Raid Alarm in Israel," *International Journal of Gynecology Obstetrics* 40 (1993): p. 157.

47 텔아비브 지역 병원의 분만실에서: Ibid., pp.157-60.

48 위험 앞에서 숨는 것: Caro, *Antipredator Defenses*.

49 스트레스를 받는 상황에서는 맥 빠진 모습: Stéphan G. Reebs, "Fishes Feigning Death," http://howfishbehave.ca/, 2007, accessed September 12, 2011. http://www.howfishbehave.ca/pdf/Feigning%20death.pdf.

49 물고기의 심장에는: Karel Liem, William E. Bemis, Warren F. Walker Jr., and Lance Grande, *Functional Anatomy of the Vertebrate: An Evolutionary*

Perspective, 3rd ed., Belmont, CA: Brooks/Cole, 2001.

50 '로렌치니 기관: David Hudson Evans and James B. Clairborne, *The Physiology of Fish*, Zug, Switzerland: CRC Press, 2005.

50 볼보자동차에서는 예전에: Tom Scocca, "Volvo Drivers Will No Longer Be Electronically Protected from Ax Murderers Lurking in the Back Seat," *Slate.com*, July 22, 2010, accessed October 2, 2011. http://www.slate.com/content/slate/blogs/scocca/2010/07/22/volvo_drivers_will_no_longer_be_electronically_protected_from_ax_murderers_lurking_in_the_back_seat.html.

52 '껑충껑충 뛰기(stotting)'도 마찬가지: Caro, *Antipredator Defenses*.

52 야생생물학자들은 이런 신체적 특징과: Ibid.

제3장 유대인, 재규어, 쥐라기의 암

55 다섯 배에 이르는 사람들이: Centers for Disease Control and Prevention, "Achievements in Public Health, 1900-1999: Decline in Deaths from Heart Disease and Stroke-United States, 1900-1999," *MMWR Weekly* 48 (August 6, 1999): pp.649-56.

55 1948년부터 오늘날까지: "Framingham Heart Study," accessed October 7, 2011. http://www.framinghamheartstudy.org.

56 2012년에 그는 지난 십여 년간: Morris Animal Foundation, "Helping Dogs Enjoy a Healthier Tomorrow," accessed September 28, 2011. http://www.morrisanimalfoundation.org/our-research/major-health-campaigns/clhp.html.

57 2005년에 타샤라는 암컷 복서의: Kerstin Lindblad-Toh, Claire M. Wade, Tarjei S. Mikkelsen, Elinor K. Karlsson, David B. Jaffe, Michael Kamal, Michele Clamp, et al., "Genome Sequence, Comparative Analysis and Haplotype Structure of the Domestic Dog," *Nature* 438 (2005): pp.803-19.

58 나는 테사의 털 덮인 쐐기 모양 머리를: Linda Hettich interview, Anaheim, CA, June 12, 2010.

62 흡연, 햇빛(자외선) 노출, 과도한 알코올 섭취: National Toxicology Program, U.S. Department of Health and Human Services, "Substances Listed in the Twelfth Report on Carcinogens," *Report on Carcinogens, Twelfth Edition* (2011): pp.15-16, accessed October 7, 2011. http://ntp.niehs.nih.gov/ntp/roc/twelfth/listedsubstancesknown.pdf.

62 암을 유발한다고 알려진 독성물질들: Kathleen Sebelius, U.S. Department

of Health and Human Services Secretary, *12th Report on Carcinogens*, Washington, DC: U.S. DHHS (June 10, 2011), accessed October 7, 2011. http://ntp.niehs.nih.gov/pubhealth/roc/index-4.html; National Toxicology Program, "Substances Listed," pp.15-16.

63 "병과 죽음을 의지(意志)의 차원에서": Charles E. Rosenberg, "Disease and Social Order in America: Perceptions and Expectations," in "AIDS: The Public Context of an Epidemic," *Milbank Quarterly* 64 (1986): p. 50.

63 흥미롭게도, 개의 암 중엔: David J. Waters, and Kathleen Wildasin, "Cancer Clues from Pet Dogs: Studies of Pet Dogs with Cancer Can Offer Unique Help in the Fight Against Human Malignancies While Also Improving Care for Man's Best Friend," *Scientific American* (December 2006): pp.94-101.

64 고양이의 주된 사망 원인인 백혈병이나: American Association of Feline Practitioners, "Feline Leukemia Virus," accessed December 19, 2011. http://www.vet.cornell.edu/fhc/brochures/felv.html; PETMD, "Lymphoma in Cats," accessed December 19, 2011. http://www.petmd.com/cat/conditions/cancer/c_ct_lymphoma#.Tu_RQ1Yw28B.

64 주인이 고양이의 가슴 속에서 멍울을: Giovanni P. Burrai, Sulma I. Mohammed, Margaret A. Miller, Vincenzo Marras, Salvatore Pirino, Maria F. Addis, and Sergio Uzzau, "Spontaneous Feline Mammary Intraepithelial Lesions as a Model for Human Estrogen Receptor and Progesterone Receptor-Negative Breast Lesions," *BMC Cancer* 10 (2010): p. 156.

64 토끼는 나이가 들면 자궁암의 위험이: Daniel D. Smeak and Barbara A. Lightner, "Rabbit Ovariohysterectomy," Veterinary Educational Videos Collection from Dr. Banga's websites, accessed April 1, 2012. http://video.google.com/videoplay?docid=5953436041779809619.

64 앵무새는 신장, 난소나 고환에: M. L. Petrak and C. E. Gilmore, "Neoplasms," in *Diseases of Cage and Aviary Birds*, ed. Margaret Petrak, pp.606-37. Philadelphia: Lea & Febiger, 1982.

64 동물원 수의사들의 보고에 따르면: Luigi L. Capasso, "Antiquity of Cancer," *International Journal of Cancer* 113 (2005): pp.2-13; S. V. Machotka and G. D. Whitney, "Neoplasms in Snakes: Report of a Probable Mesothelioma in a Rattlesnake and a Thorough Tabulation of Earlier Cases," in *The Comparative Pathology of Zoo Animals*, eds. R. J. Montali and G. Migaki, pp.593-602. Washington, DC: Smithsonian Institution Press, 1980.

64 몸 색깔이 옅은 말이 햇볕에 타면: University of Minnesota Equine Genetics and Genomics Laboratory, "Gray Horse Melanoma," accessed October 7, 2011.

http://www.cvm.umn.edu/equinegenetics/ghmelanoma/home.html.

64 유전자 문제와 더 연관될 수도: Gerli Rosengren Pielberg, Anna Golovko, Elisabeth Sundström, Ino Curik, Johan Lennartsson, Monika H. Seltenhammer, Thomas Druml, et al., "A Cis-Acting Regulatory Mutation Causes Premature Hair Graying and Susceptibility to Melanoma in the Horse," *Nature Genetics* 40 (2008): pp.1004-09; S. Rieder, C. Stricker, H. Joerg, R. Dummer, and G. Stranzinger, "A Comparative Genetic Approach for the Investigation of Ageing Grey Horse Melanoma," *Journal of Animal Breeding and Genetics* 117 (2000): pp.73-82; Kerstin Lindblad-Toh telephone interview, July 28, 2010.

65 그 코뿔소의 암은 뿔 밑에서 자랐는데: Olsen Ebright, "Rhinoceros Fights Cancer at LA Zoo," *NBC Los Angeles*, November 17, 2009, accessed October 14, 2011. http://www.nbclosangeles.com/news/local/Los-Angeles-Zoo-Randa-Skin-Cancer-70212192.html.

65 소들도 눈을 둘러싼 옅은 색 피부에서: W. C. Russell, J. S. Brinks, and R. A. Kainer, "Incidence and Heritability of Ocular Squamous Cell Tumors in Hereford Cattle," *Journal of Animal Science* 43 (1976): pp.1156-62.

65 소유주를 표시하기 위해 쇠붙이로 된: I. Yeruham, S. Perl, and A. Nyska, "Skin Tumours in Cattle and Sheep After Freeze- or Heat-Branding," *Journal of Comparative Pathology* 114 (1996): pp.101-06.

65 다리 절단 수술을 받은 원인이었던 골육종: Stephen J. Withrow and Chand Khanna, "Bridging the Gap Between Experimental Animals and Humans in Osteosarcoma," *Cancer Treatment and Research* 152 (2010): pp.439-46.

65 같은 병에 걸린 아이슬란드의 범고래는: M. Yonezawa, H. Nakamine, T. Tanaka, and T. Miyaji, "Hodgkin's Disease in a Killer Whale (*Orcinus orca*)," *Journal of Comparative Pathology* 100 (1989): pp.203-07.

66 잡스의 생명을 앗아간: G. Minkus, U. Jütting, M. Aubele, K. Rodenacker, P. Gais, W. Breuer, and W. Hermanns, "Canine Neuroendocrine Tumors of the Pancreas: A Study Using Image Analysis Techniques for the Discrimination of the Metastatic Versus Nonmetastatic Tumors," *Veterinary Pathology* 37 (1997): pp.138-45; G. A. Andrews, N. C. Myers III, and C. Chard-Bergstrom, "Immunohistochemistry of Pancreatic Islet Cell Tumors in the Ferret (*Mustela putorius furo*)," *Veterinary Pathology* 34 (1997): pp.387-93.

66 전 세계의 야생 바다거북들은: Denise McAloose and Alisa L. Newton, "Wildlife Cancer: A Conservation Perspective," *Nature Reviews: Cancer* 9 (2009): p. 521.

66　해양 포유류 사이에선 생식기의 암들이: Ibid.

66　태즈메이니아데빌은: R. Loh, J. Bergfeld, D. Hayes, A. O'Hara, S. Pyecroft, S. Raidal, and R. Sharpe, "The Pathology of Devil Facial Tumor Disease (DFTD) in Tasmanian Devils (*Sarcophilus harrisii*)," *Veterinary Pathology* 43 (2006): pp. 890-95.

66　애트워터초원뇌조와: McAloose and Newton, "Wildlife Cancer," pp. 517-26.

66　서부막대무늬반디쿠트의 경우: Ibid.

66　식물 세계에서도 암은 간혹 파괴적일 수: The Huntington Library, Art Collection, and Botanical Gardens, "Do Plants Get Cancer? The Effects of Infecting Sunflower Seedlings with *Agrobacterium tumefaciens*," accessed October 7, 2011. http://www.huntington.org/uploadedFiles/Files/PDFs/GIB-DoPlantsGetCancer.pdf; John H. Doonan and Robert Sablowski, "Walls Around Tumours-Why Plants Do Not Develop Cancer," *Nature* 10 (2010): pp. 794-802.

66　3,500년도 더 전에: James S. Olson, *Bathsheba's Breast: Women, Cancer, and History*. Baltimore: Johns Hopkins University Press, 2002.

67　"고대인들에게 암이란 곧 유방암": Ibid.

67　영국에서 발굴된 청동기 시대의 유골: Mel Greaves, *Cancer: The Evolutionary Legacy*, Oxford: Oxford University Press, 2000; Capasso, "Antiquity of Cancer," pp. 2-13.

67　1997년에 아마추어 화석 발굴자들은: Kathy A. Svitil, "Killer Cancer in the Cretaceous," *Discover Magazine*, November 3, 2003, accessed May 24, 2010. http://discovermagazine.com/2003/nov/killer-cancer1102.

68　"종양이 자라면서 이 공룡은": Ibid.

68　고생물의 종양을 연구하는 다른 학자들은: B. M. Rothschild, D. H. Tanke, M. Helbling, and L. D. Martin, "Epidemiologic Study of Tumors in Dinosaurs," *Naturwissenschaften* 90 (2003): pp. 495-500.

68　피츠버그대학교 의대생들은: University of Pittsburgh Schools of the Health Sciences Media Relations, "Study of Dinosaurs and Other Fossil Part of Plan by Pitt Medical School to Graduate Better Doctors Through Unique Collaboration with Carnegie Museum of Natural History," last updated February 28, 2006, accessed March 2, 2012. http://www.upmc.com/MediaRelations/NewsReleases/2006/Pages/StudyFossils.aspx.

68　전이된 암일 수 있는 것의 흔적이: Bruce M. Rothschild, Brian J. Witzke, and Israel Hershkovitz, "Metastatic Cancer in the Jurassic," *Lancet* 354 (1999): p. 398.

69 약 6,500만 년 전, 인도 중서부의: G. V. R. Prasad and H. Cappetta, "Late Cretaceous Selachians from India and the Age of the Deccan Traps," *Palaeontology* 36 (1993): pp.231-48.

69 이온화 방사선과 유독한 화산분출물: Tom Simkin, "Distant Effects of Volcanism -How Big and How Often?" *Science* 264 (1994): pp.913-14.

69 공룡의 주된 먹이였던 소철과 침엽수: Rothschild et al., "Epidemiologic Study," pp.495-500; Dolores R. Piperno and Hans-Dieter Sues, "Dinosaurs Dined on Grass," *Science* 310 (2005): pp.1126-28.

70 "자연에서 통계적으로 불가피한 것으로": Greaves, *Cancer*.

71 유전체학(genomics) 연구자들은: John D Nagy, Erin M. Victor, and Jenese H. Cropper, "Why Don't All Whales Have Cancer? A Novel Hypothesis Resolving Peto's Paradox," *Integrative and Comparative Biology* 47 (2007): pp.317-28.

71 몸이 큰 종은 작은 종보다: R. Peto, F. J. C. Roe, P. N. Lee, L. Levy, and J. Clack, "Cancer and Ageing in Mice and Men," *British Journal of Cancer* 32 (1975): pp.411-26.

73 스웨덴의 한 연구 결과: Patricio Rivera, "Biochemical Markers and Genetic Risk Factors in Canine Tumors," doctoral thesis, Swedish University of Agricultural Sciences, Uppsala, 2010.

74 다른 대형 고양잇과 동물들에서도: Linda Munson and Anneke Moresco, "Comparative Pathology of Mammary Gland Cancers in Domestic and Wild Animals," *Breast Disease* 28 (2007): pp.7-21.

75 여기서 근거 없는 믿음 하나를: Christie Wilcox, "Ocean of Pseudoscience: Sharks DO get cancer!" *Science Blogs*, September 6, 2010, accessed October 13, 2011. http://scienceblogs.com/observations/2010/09/ocean_of_pseudoscience_sharks.php.

75 젖을 분비하는 것이 생업이라 할: Munson and Moresco, "Comparative Pathology," pp.7-21.

76 어떤 야생 박쥐들은: Xiaoping Zhang, Cheng Zhu, Haiyan Lin, Qing Yang, Qizhi Ou, Yuchun Li, Zhong Chen, et al. "Wild Fulvous Fruit Bats (*Rousettus leschenaulti*) Exhibit Human-Like Menstrual Cycle," *Biology of Reproduction* 77 (2007): pp.358-64.

77 암의 약 20퍼센트가 바이러스에 의한 것: World Health Organization, "Viral Cancers," *Initiative for Vaccine Research*, accessed October 7, 2011. http://www.who.int/vaccine_research/diseases/viral_cancers/en/index1.html.

77 아프리카의 '림프종 벨트' 전역에서: S. H. Swerdlow, E. Campo, N. L. Harris,

E. S. Jaffe, S. A. Pileri, H. Stein, J. Thiele, et al., *World Health Organization Classification of Tumours of Haematopoietic and Lymphoid Tissues*, Lyon: IARC Press, 2008; Arnaud Chene, Daria Donati, Jackson Orem, Anders Bjorkman, E. R. Mbidde, Fred Kironde, Mats Wahlgren, et al., "Endemic Burkitt's Lymphoma as a Polymicrobial Disease: New Insights on the Interaction Between Plasmodium Falciparum and Epstein-Barr Virus," *Seminars in Cancer Biology* 19 (2009): pp. 411-420.

77 WHO(세계보건기구)에 따르면: World Health Organization, "Viral Cancers."

78 죽은 흰고래들이 뭍으로: Daniel Martineau, Karin Lemberger, André Dallaire, Phillippe Labelle, Thomas P. Lipscomb, Pascal Michel, and Igor Mikaelian, "Cancer in Wildlife, a Case Study: Beluga from the St. Lawrence Estuary, Québec, Canada," *Environmental Health Perspectives* 110 (2002): pp. 285-92.

79 동물은 심지어 생물학 무기의 공격이나: Peter M. Rabinowitz, Matthew L. Scotch, and Lisa A. Conti, "Animals as Sentinels: Using Comparative Medicine to Move Beyond the Laboratory," *Institute for Laboratory Animal Research Journal* 51 (2010): pp. 262-67.

79 PCB의 생산과 DDT 사용이 30년 넘게: Gina M. Ylitalo, John E. Stein, Tom Hom, Lyndal L. Johnson, Karen L. Tilbury, Alisa J. Hall, Teri Rowles, et al., "The Role of Organochlorides in Cancer-Associated Mortality in California Sea Lions," *Marine Pollution Bulletin* 50 (2005): pp. 30-39; Ingfei Chen, "Cancer Kills Many Sea Lions, and Its Cause Remains a Mystery," *New York Times*, March 4, 2010, accessed March 8, 2010. http://www.nytimes.com/2010/03/05/science/05sfsealion.html.

80 개의 비강이나 부비강에 생기는 암은: Peter M. Rabinowitz and Lisa A. Conti, *Human-Animal Medicine: Clinical Approaches to Zoonoses, Toxicants and Other Shared Health Risks*, Maryland Heights, MO: Saunders, 2010: p. 60.

80 살충제와 관련 있는 방광암과 림프종도: Ibid.

81 베트남에서 활동했던 군용견들은: Ibid.

81 고양이들도 개처럼 파수꾼 역할을: Ibid.

81 인간과 개가 비슷하지 않은 부분 역시: Melissa Paoloni and Chand Khanna, "Translation of New Cancer Treatments from Pet Dogs to Humans," *Nature Reviews: Cancer* 8 (2008): pp. 147-56.

81 개는 가정에서 '탄광 속의 카나리아' 같은: Ibid.; Chand Khanna, Kerstin Lindblad-Toh, David Vail, Cheryl London, Philip Bergman, Lisa Barber, Matthew Breen, et al., "The Dog as a Cancer Model," letter to the editor, *Nature Biotechnology* 24 (2006): pp. 1065-66; Melissa Paoloni telephone

interview, May 19, 2010, and Philip Bergman interview, Anaheim, CA, June 10, 2010.

81 현재 대다수의 암 연구는 생쥐를: Ira Gordon, Melissa Paoloni, Christina Mazcko, and Chand Khanna, "The Comparative Oncology Trials Consortium: Using Spontaneously Occurring Cancers in Dogs to Inform the Cancer Drug Development Pathway," *PLoS Medicine* 6 (2009): p. e1000161.

82 개의 암세포와 사람의 암세포는: Ibid.

82 이 새로운 접근법을 비교종양학: George S. Mack, "Cancer Researchers Usher in Dog Days of Medicine," *Nature Medicine* 11 (2005): p. 1018; Gordon et al., "The Comparative Oncology Trials"; Paoloni interview; National Cancer Institute, "Comparative Oncology Program," accessed October 7, 2011. https://ccrod.cancer.gov/confluence/display/CCRCOPWeb/Home.

83 팔이나 다리 절단을 피하기 위해: Withrow and Khanna, "Bridging the Gap," pp.439-46.; Steve Withrow telephone interview, May 17, 2010.

84 셰르스틴 린드블라드토: Lindblad-Toh interview; Lindblad-Toh et al., "Genome Sequence," pp.803-19.

84 예를 들어 독일셰퍼드에게는: Paoloni and Khanna, "Translation of New Cancer Treatments," pp.147-56.

85 암이 어디에 없는지에 주목하는 것도: Ibid.

86 프린스턴 클럽에서 저녁 식사를 하는 사람들: Philip Bergman interview, Orlando, FL, January 17, 2010; Bergman interview, June 10, 2010.

87 "여기는 프린스턴 클럽이야. 나는 수의사이고": Bergman interview, January 17, 2010.

87 "개들도 흑색종에 걸립니까?": Bergman interview, January 17, 2010; Bergman interview, June 10, 2010; Jedd Wolchok telephone interview, June 29, 2010.

87 "본질적으로 똑같은 하나의 병": Bergman interview, January 17, 2010; Bergman interview, June 10, 2010; Wolchok interview.

88 이종(異種) 플라스미드 DNA 백신: Bergman interview, January 17, 2010.

89 여기에는 인간의 DNA를 개의: Philip J. Bergman, Joanne McKnight, Andrew Novosad, Sarah Charney, John Farrelly, Diane Craft, Michelle Wulderk, et al., "Long-Term Survival of Dogs with Advanced Malignant Melanoma After DNA Vaccination with Xenogeneic Human Tyrosinase: A Phase I Trial," *Clinical Cancer Research* 9 (2003): pp.1284-90.

89 익명의 환자가 기증한 인간 흑색종 세포: Wolchok interview.

90 2009년 메리알 사에서: Merial Limited, "Canine Oral Melanoma and ONCEPT Canine Melanoma Vaccine, DNA," *Merial Limited Media Information*, January

17, 2010.

90 당분간 개가 아니라 생쥐에게서: Ibid.

90 "이 흑색종 이야기를 하면 거의 어김없이": Bergman interview, January 17, 2010.

제4장 야생의 오르가슴

91 란슬롯은 힘겨운 아침을: Authors' tour of UC Davis horse barn, Davis, CA, February 12, 2011; Janet Roser telephone interview, August 30, 2011.

93 "대부분의 사람이 종마는": Sandy Sargent, "Breeding Horses: Why Won't My Stallion Breed to My Mare," allexperts.com, July 19, 2009, accessed February 18, 2011. http://en.allexperts.com/q/Breeding-Horses-3331/2009/7/won-t-stallion-breed.htm.

93 실제의 암말과 교미할 때도: Katherine A. Houpt, *Domestic Animal Behavior for Veterinarians and Animal Scientists*, 5th ed., Ames, IA: Wiley-Blackwell, 2011: pp.117-21.

93 이와는 정반대로: Ibid., p. 119.

93 낮은 서열과 그로 인해 강제된 금욕: Ibid., pp.91-93; Edward O. Price, "Sexual Behavior of Large Domestic Farm Animals: An Overview," *Journal of Animal Science* 61 (1985): pp.62-72.

93 어렸을 때 성적 행동들을 했다가: Houpt, *Domestic Animal Behavior*, p. 10; L. E. L. Rasmussen, "Source and Cyclic Release Pattern of (Z)-8-Dodecenyl Acetate, the Pre-ovulatory Pheromone of the Female Asian Elephant," *Chemical Senses* 26 (2001): p. 63.

94 "고통이나 두려움, 혼란은": Jessica Jahiel, "Young Stallion Won't Breed," Jessica Jahiel's Horse-Sense, accessed February 18, 2011. http://www.horse-sense.org/archives/2001027.php.

95 그들의 성이 여러 형태를 띤다는: Marlene Zuk, *Sexual Selections: What We Can and Can't Learn About Sex from Animals*, Berkeley: University of California Press, 2003; Tim Birkhead, *Promiscuity: An Evolutionary History of Sperm Competition*, Cambridge, MA: Harvard University Press, 2002; Olivia Judson, *Dr. Tatiana's Sex Advice to All Creation: The Definitive Guide to the Evolutionary Biology of Sex*, New York: Henry Holt, 2002.

96 가장 먼저 존재했던 단세포 생물은: Matt Ridley, *The Red Queen: Sex and the Evolution of Human Nature*, New York: Harper Perennial, 1993.

97 기록상 가장 오래된 음경은: David J. Siveter, Mark D. Sutton, Derek E. G. Briggs, and Derek J. Siveter, "An Ostracode Crustacean with Soft Parts from

the Lower Silurian," *Science* 302 (2003): pp. 1749-51.

97 그때까지 가장 오래되었다고 알려졌던: Jason A. Dunlop, Lyall I. Anderson, Hans Kerp, and Hagen Hass, "Palaeontology: Preserved Organs of Devonian Harvestmen," *Nature* 425 (2003): p. 916.

97 공룡의 생식기와 짝짓기 행동을 추측: Discovery Channel Videos, "Tyrannosaurus Sex: Titanosaur Mating," *Discovery Channel*, accessed October 7, 2011. http://dsc.discovery.com/videos/tyrannosaurus-sex-titanosaur-mating.html.

97 체내수정이라고 해서 모두: Birkhead, *Promiscuity*, p. 95.

98 가시두더지(가시개미핥기)의 음경은: Nora Schultz, "Exhibitionist Spiny Anteater Reveals Bizarre Penis," New Scientist, October 26, 2007, accessed February 8, 2011. https://www.newscientist.com/article/dn12838-exhibitionist-spiny-anteater-reveals-bizarre-penis/.

98 아르헨티나푸른부리오리의 남근은: Kevin G. McCracken, "The 20-cm Spiny Penis of the Argentine Lake Duck (*Oxyura vittata*)," The Auk 117 (2000): pp. 820-25.

98 음경이 80센티미터를 넘어: Birkhead, *Promiscuity*, p. 99.

98 그 타이틀은 고랑따개비의 것: Christopher J. Neufeld and A. Richard Palmer, "Precisely Proportioned: Intertidal Barnacles Alter Penis Form to Suit Coastal Wave Action," *Proceedings of the Royal Society B* 275 (2008): pp. 1081-87.

98 "대부분의 조류가 진화 과정에서": Birkhead, *Promiscuity*, p. 95.

98 따개비는 일반적으로 자웅동체: Ibid.

99 바다에 사는 다기장 편형동물 몇몇 종은: Birkhead, *Promiscuity*, p. 98.

99 일부 뱀과 도마뱀은: Ibid.

99 곤충에 대해 말하면: David Grimaldi and Michael S. Engel, *Evolution of the Insects*, New York: Cambridge University Press, 2005: p. 135.

100 크릴의 분방한 성적 행동은: So Kawaguchi, Robbie Kilpatrick, Lisa Roberts, Robert A. King, and Stephen Nicol. "Ocean-Bottom Krill Sex," *Journal of Plankton Research* 33 (2011): pp. 1134-38.

100 2억 년도 더 전에 포유류가 처음: Diane A. Kelly, "Penises as Variable-Volume Hydrostatic Skeletons," *Annals of the New York Academy of Sciences* 1101 (2007): pp. 453-63.

100 음경 안에 있는 뼈: D. A. Kelly, "Anatomy of the Baculum-Corpus Cavernosum Interface in the Norway Rat (*Rattus norvegicus*) and Implications for Force Transfer During Copulation," *Journal of Morphology* 244 (2000): pp. 69-77; correspondence with Diane A. Kelly.

100 돼지와 소, 고래의 음경은: Birkhead, *Promiscuity*, p. 97.

100 하지만 인간은 아르마딜로나 말과: Kelly, "Penises," pp.453-63; Kelly, "The Functional Morphology of Penile Erection: Tissue Designs for Increasing and Maintaining Stiffness," *Integrative and Comparative Biology* 42 (2002): pp.216-21; Kelly, "Expansion of the Tunica Albuginae During Penile Inflation in the Nine-Banded Armadillo (*Dasypus novemcinctus*)," *Journal of Experimental Biology* 202 (1999): pp.253-65.

100 음경 전문가인 다이앤 A. 켈리가: Kelly telephone interview; Kelly, "Penises," pp.453-63; Kelly, "Functional Morphology," pp.216-21; Kelly, "Expansion," pp.253-65.

101 무기력해만 보이는 축 늘어진 음경: Ion G. Motofei and David L. Rowland, "Neurophysiology of the Ejaculatory Process: Developing Perspectives," *BJU International* 96 (2005): pp.1333-38; Jeffrey P. Wolters and Wayne J. G. Hellstrom, "Current Concepts in Ejaculatory Dysfunction," *Reviews in Urology* 8 (2006): pp.S18-25.

101 수축 상태를 풀라는 명령은: Motofei and Rowland, "Neurophysiology," pp.1333-38; Wolters and Hellstrom, "Current Concepts," pp.S18-25.

101 이어서 핵심적인 화학 반응이: Motofei and Rowland, "Neurophysiology," pp.1333-38; Wolters and Hellstrom, "Current Concepts," pp.S18-25.

102 강한 힘 때문에 파열되는 일이 없도록: Kelly, "Penises," pp.453-63.

102 (켈리는 복어에게도 이런 부분이 있다고 설명): Ibid.

102 생식기관을 집어넣지 못하는 어떤 어류: R. Brian Langerhans, Craig A. Layman, Thomas J. DeWitt, and David B. Wake, "Male Genital Size Reflects a Tradeoff Between Attracting Mates and Avoiding Predators in Two Live-Bearing Fish Species," *Proceedings of the National Academy of Sciences* 102 (2005): pp.7618-23.

103 '돌아오지 못하는 지점': W. P. de Silva, "ABC of Sexual Health: Sexual Variations," *BMJ* 318 (1999): pp.654-56.

103 하지만 모든 수컷 포유류는: Kelly, "Penises," pp.453-63.

103 오늘날 인간 남성의 사정은: Phillip Jobling, "Autonomic Control of the Urogenital Tract," *Autonomic Neuroscience* 165 (2011): pp.113-126.

104 뇌전도(腦電圖, EEG)를 보면: Harvey D. Cohen, Raymond C. Rosen, and Leonide Goldstein, "Electroencephalographic Laterality Changes During Human Sexual Orgasm," *Archives of Sexual Behavior* 5 (1976): pp.189-99.

104 많은 남성이 묘사하는 희열의 느낌: James G. Pfaus and Boris B. Gorzalka, "Opioids and Sexual Behavior," *Neuroscience & Biobehavioral Reviews* 11

(1987): pp. 1-34; James G. Pfaus and Lisa A. Scepkowski, "The Biologic Basis for Libido," *Current Sexual Health Reports* 2 (2005): pp. 95-100.

105 당신이 상파울루의 응급실 의사라면: Kenia P. Nunes, Marta N. Cordeiro, Michael Richardson, Marcia N. Borges, Simone O. F. Diniz, Valbert N. Cardoso, Rita Tostes, Maria Elena De Lima, et al., "Nitric Oxide-Induced Vasorelaxation in Response to PnTx2-6 Toxin from *Phoneutria nigriventer* Spider in Rat Cavernosal Tissue," *The Journal of Sexual Medicine* 7 (2010): pp. 3879-88.

106 성적으로 흥분한 종마가: Houpt, *Domestic Animal Behavior*, p. 114; Roser interview.

107 얼굴신경(안면신경)이라고도 하는: Edwin Gilland and Robert Baker, "Evolutionary Patterns of Cranial Nerve Efferent Nuclei in Vertebrates," *Brain, Behavioral Evolution* 66 (2005): pp. 234-54.

108 수컷 호저는 짝짓기에 앞서: Uldis Roze, *The North American Porcupine*, 2nd edition. Ithaca, NY: Comstock Publishing, 2009: pp. 135-43, 231.

108 수컷 염소는: Edward O. Price, Valerie M. Smith, and Larry S. Katz, "Stimulus Condition Influencing Self-Enurination, Genital Grooming and Flehmen in Male Goats," *Applied Animal Behaviour Science* 16 (1986): pp. 371-81.

108 엘크의 수컷은: Dale E. Toweill, Jack Ward Thomas, and Daniel P. Metz, *Elk of North America: Ecology and Management*, Mechanicsburg, PA: Stackpole Books, 1982.

108 암컷 가재는 구애할 때: Fiona C. Berry and Thomas Breithaupt, "To Signal or Not to Signal? Chemical Communication by Urine-Borne Signals Mirrors Sexual Conflict in Crayfish," *BMC Biology* 8 (2010): p. 25.

108 수컷 검상꼬리송사리의 오줌에는: Gil G. Rosenthal, Jessica N. Fitzsimmons, Kristina U. Woods, Gabriele Gerlach, and Heidi S. Fisher, "Tactical Release of a Sexually-Selected Pheromone in a Swordtail Fish," *PLoS One* 6 (2011): p. e16994.

109 암컷의 음부가 빨갛게 부풀어 오르는: C. Bielert and L. A. Van der Walt, "Male Chacma Baboon (*Papio ursinus*) Sexual Arousal: Mediation by Visual Cues from Female Conspecifics," *Psychoneuroendocrinology* 7 (1986): pp. 31-48; Craig Bielert, Letizia Girolami, and Connie Anderson, "Male Chacma Baboon (*Papio ursinus*) Sexual Arousal: Studies with Adolescent and Adult Females as Visual Stimuli," *Developmental Psychobiology* 19 (1986): pp. 369-83.

109 황소에게 눈가리개를 씌우면: E. B. Hale, "Visual Stimuli and Reproductive Behavior in Bulls," *Journal of Animal Science* 25 (1966): pp. 36-44.

109 모로코의 연구자들은: Adeline Loyau and Frederic Lacroix, "Watching Sexy Displays Improved Hatching Success and Offspring Growth Through Maternal Allocation," *Proceedings of the Royal Society of London B* 277 (2010): pp. 3453-60.

110 이와 마찬가지로 돼지 사육자들도: Price, "Sexual Behavior," p. 66.

111 "암컷 코브 영양은 휘파람 소리를": Bruce Bagemihl, *Biological Exuberance: Animal Homosexuality and Natural Diversity*, New York: St. Martin's, 1999.

111 한 연구에서는 바바리마카크 원숭이의 암컷이: Dana Pfefferle, Katrin Brauch, Michael Heistermann, J. Keith Hodges, and Julia Fischer, "Female Barbary Macaque (*Macaca sylvanus*) Copulation Calls Do Not Reveal the Fertile Phase but Influence Mating Outcome," *Proceedings of the Royal Society of London B* 275 (2008): pp. 571-78.

111 발정한 암소의 소리를 녹음해서 황소에게: Houpt, *Domestic Animal Behavior*, p. 100.

112 발기부전(erectile dysfunction)의 배경이 되는: Wolters and Hellstrom, "Current oncepts," pp. S18-25; Arthur L. Burnett telephone interview, April 5, 2011; Jacob Rajfer telephone interview, April 29, 2011.

112 500년쯤 전에 레오나르도 다빈치는: I. Goldstein, "Male Sexual Circuitry. Working Group for the Study of Central Mechanisms in Erectile Dysfunction," *Scientific American* 283 (2000): pp. 70-75.

112 전 세계적으로 남성 열 명 중 하나가: Minnesota Men's Health Center, P.A., "Facts About Erectile Dysfunction," accessed October 8, 2011. http://www.mmhc-online.com/articles/impotency.html.

112 아서 L. 버넷에 따르면: Burnett interview.

113 호랑꼬리여우원숭이들은 보통: Lisa Gould telephone interview, April 5, 2011.

115 우세한 숫양이 주변에 있기만 해도: Price, "Sexual Behavior," pp. 62-72; Houpt, *Domestic Animal Behavior*, p. 110.

115 우세한 수컷이 짝짓기를 지배하는 현상은: Nicholas E. Collias, "Aggressive Behavior Among Vertebrate Animals," *Physiological Zoology* 17 (1944): pp. 83-123; Houpt, *Domestic Animal Behavior*, pp. 90-93.

116 "스트레스를 받을 때면 발기에 어려움을": Rajfer interview.

117 아서 버넷에 따르면: Burnett interview.

117 "빠르게 올라타서 즉시 사정하고는 바로 내려오는": Lawrence K. Hong, "Survival of the Fastest: On the Origin of Premature Ejaculation," *Journal of Sex Research* 20 (1984): p. 113.

117 인간 남성들은 질 삽입에서 사정까지: Chris G. McMahon, Stanley E. Althof,

Marcel D. Waldinger, Hartmut Porst, John Dean, Ira D. Sharlip, et al., "An Evidence-Based Definition of Lifelong Premature Ejaculation: Report of the International Society for Sexual Medicine (ISSM) Ad Hoc Committee for the Definition of Premature Ejaculation," *The Journal of Sexual Medicine* 5 (2008): pp. 1590-1606.

117 작은 바다이구아나는 빠른 사정의: Martin Wikelski and Silke Baurle, "Pre-Copulatory Ejaculation Solves Time Constraints During Copulations in Marine Iguanas," *Proceedings of the Royal Society of London B* 263 (1996): pp. 439-44.

118 UCLA 비뇨기과 전문의 제이컵 라지퍼는: Rajfer interview.

119 동물들의 성생활을 워낙 재미있게: Mary Roach, Bonk: *The Curious Coupling of Science and Sex*, New York: Norton, 2008; Zuk, *Sexual Selections;* Birkhead, *Promiscuity;* Judson, *Dr. Tatiana's Sex Advice;* Sarah Blaffer Hrdy, *Mother Nature: Maternal Instincts and How They Shape the Human Species*. New York: Ballantine, 1999.

120 오랑우탄은 나무와 나무껍질로 만든: Judson, *Dr. Tatiana's Sex Advice*, p. 246; Naturhistorisk Museum, "Homosexuality in the Animal Kingdom," accessed October 8, 2011. http://www.nhm.uio.no/besok-oss/utstillinger/skiftende/againstnature/gayanimals.html.

120 장님거미는 거미줄을 두 줄로 만든 다음: Ed Nieuwenhuys, "Daddy-longlegs, Vibrating or Cellar Spiders," accessed October 14, 2011. http://ednieuw.home.xs4all.nl/Spiders/Pholcidae/Pholcidae.htm.

120 축산업자들과 대(大)동물 수의사들은: Houpt, *Domestic Animal Behavior*, pp. 102, 119, 129.

120 박쥐와 고슴도치는: Min Tan, Gareth Jones, Guangjian Zhu, Jianping Ye, Tiyu Hong, Shanyi Zhou, Shuyi Zhang, et al., "Fellatio by Fruit Bats Prolongs Copulation Time," *PLoS One* 4 (2009): p. e7595.

121 수컷들끼리 혹은 암컷들끼리: Price, "Sexual Behavior," p. 64.

121 베이지밀의 책은 몇백 쪽에 걸친: Bagemihl, *Biological Exuberance*, pp. 263-65.

121 러프가든은 저서에서: Joan Roughgarden, *Evolution's Rainbow: Diversity, Gender, and Sexuality in Nature and People*, Berkeley: University of California Press, 2004.

122 말린 주크는 네이선 W. 베일리와 함께: Nathan W. Bailey and Marlene Zuk, "Same-Sex Sexual Behavior and Evolution," *Trends in Ecology and Evolution* 24 (2009): pp. 439-46.

122 "행동 양식을 여건에 따라—동성애를 포함하여—바꿀 수": Bagemihl, *Biological*

Exuberance, p. 251.

123 "암컷과 수컷이 하나의 상대와만 짝짓기를 한다는 개념이": Birkhead, *Promiscuity*, pp. 38-39.

123 "동물의 행동에 관한 정보를 가지고": Zuk, *Sexual Selections*, pp. 177-78.

123 정상적인 생식활동으로 강간: Birkhead, *Promiscuity*.

123 뉴욕 시에서 빈대가 극성을 부리면서: Göran Arnqvist and Locke Rowe, *Sexual Conflict: Monographs in Behavior and Ecology*, Princeton, NJ: Princeton University Press, 2005.

124 시간증은 개구리에서 청둥오리에 이르는: C. W. Moeliker, "The First Case of Homosexual Necrophilia in the Mallard *Anas platyrhynchos* (Aves: Anatidae)," *Deinsea* 8 (2001): pp. 243-47; Irene Garcia, "Beastly Behavior," *Los Angeles Times*, February 12, 1998, accessed December 20, 2011. http://articles.latimes.com/1998/feb/12/entertainment/ca-18150.

124 친족의 일원이나 집단 내의 어린 개체를: Carol M. Berman, "Kinship: Family Ties and Social Behavior," in *Primates in Perspective*, 2nd ed., eds. Christina J. Campbell, Agustin Fuentes, Katherine C. MacKinnon, Simon K. Bearder, and Rebecca M. Strumpf, p. 583. New York: Oxford University Press, 2011; Raymond Obstfeld, *Kinky Cats, Immortal Amoebas, and Nine-Armed Octopuses: Weird, Wild, and Wonderful Behaviors in the Animal World*, New York: HarperCollins, 1997: pp. 43-47; Ridley, *The Red Queen*, pp. 282-84; Judson, *Dr. Tatiana's Sex Advice*, pp. 169-86.

124 "생식하려는 수컷은 대체로 매우 의욕적": Birkhead, *Promiscuity*.

125 "인간이 아닌 생물들에게도 성행위는": Zuk, *Sexual Selections*.

125 "성행위에 우발적으로 따르는 생리적 부가 작용": Anders Ågmo, *Functional and Dysfunctional Sexual Behavior: A Synthesis of Neuroscience and Comparative Psychology*, Waltham, MA: Academic Press, 2007. Kindle edition: iii.

126 '짝짓기 얼굴': Houpt, *Domestic Animal Behavior*, p. 8.

127 우리는 이른바 '은폐된' 배란을 한다고: Boguslaw Pawlowski, "Loss of Oestrus and Concealed Ovulation in Human Evolution: The Case Against the Sexual-Selection Hypothesis," *Current Anthropology* 40 (1999): pp. 257-76.

127 배란기에 여성들은 더 자극적으로: Geoffrey Miller, Joshua M. Tybur, and Brent D. Jordan, "Ovulatory Cycle Effects on Tip Earnings by Lap Dancers: Economic Evidence for Human Estrus?" *Evolution and Human Behavior* 27 (2007): pp. 375-81; Debra Lieberman, Elizabeth G. Pillsworth, and Martie G. Haselton, "Kin Affiliation Across the Ovulatory Cycle: Females Avoid Fathers

When Fertile," *Psychological Science* (2010): doi: 10.1177/0956797610390385; Martie G. Haselton, Mina Mortezaie, Elizabeth G. Pillsworth, April Bleske-Rechek, and David A. Frederick, "Ovulatory Shifts in Human Female Ornamentation: Near Ovulation, Women Dress to Impress," *Hormones and Behavior* 51 (2007): pp.40-45.

127 남성들이 보기에 여성은 배란기일 때 더: Miller, Tybur, and Jordan, "Ovulatory Cycle Effects," pp.375-81.

127 대학생 나이의 여성들은: Lieberman, Pillsworth, and Haselton, "Kin Affiliation."

127 신체적 현상에서 여성의 오르가슴은: Barry R. Komisaruk, Carlos Beyer-Flores, and Beverly Whipple, *The Science of Orgasm*, Baltimore: Johns Hopkins University Press, 2006.

127 실제로 많은 종의 배아(胚芽)가: Kenneth V. Kardong, *Vertebrates: Comparative Anatomy, Function, Evolution*, 4th ed., New York: Tata McGraw-Hill, 2006: pp.556, 565; Balcombe, Jonathan, *Pleasure Kingdom: Animals and the Nature of Feeling Good*, Hampshire, UK: Palgrave Macmillan, 1997.

127 동물들의 성적 특징을 개략적으로 비교: Stefan Anitei, "The Largest Clitoris in the World," *Softpedia*, January 26, 2007, accessed October 14, 2011. http://news.softpedia.com/news/The-Largest-Clitoris-in-the-World-45527.shtml; Balcombe, *Pleasure Kingdom*.

128 전 세계 여성의 약 40퍼센트에게: Jan Shifren, Brigitta Monz, Patricia A. Russo, Anthony Segreti, and Catherine B. Johannes, "Sexual Problems and Distress in United States Women: Prevalence and Correlates," *Obstetrics & Gynecology* 112 (2008): pp.970-78.

128 여성의 무려 4분의 1이 이런 문제를: J. A. Simon, "Low Sexual Desire-Is It All in Her Head? Pathophysiology, Diagnosis and Treatment of Hypoactive Sexual Desire Disorder," *Postgraduate Medicine* 122 (2010): pp.128-36; S. Mimoun, "Hypoactive Sexual Desire Disorder, HSDD," *Gynécologie Obstétrique Fertilité* 39 (2011): pp.28-31; Anita H. Clayton, "The Pathophysiology of Hypoactive Sexual Desire Disorder in Women," *International Journal of Gynecology and Obstetrics* 110 (2010): pp.7-11.

129 성욕 저하를 비롯한 저활동성 성욕장애는: Clayton, "The Pathophysiology," pp.7-11; Santiago Palacios, "Hypoactive Sexual Desire Disorder and Current Pharmacotherapeutic Options in Women," *Women's Health* 7 (2011): pp.95-107.

129 의사들은 저활동성 성욕장애에: Clayton, "The Pathophysiology," pp.7-11; Palacios, "Hypoactive Sexual Desire Disorder," pp.95-107.

130 "양쪽 파트너가 모두 만족하지 못하는 경우": Ralph Myerson, "Hypoactive Sexual Desire Disorder," *Healthline: Connect to Better Health*, accessed October 8, 2011. http://www.healthline.com/galecontent/hypoactive-sexual-desire-disorder.

130 나는 재닛 로저에게: Roser interview.

130 암컷 쥐는 할퀴고, 물고, 소리를: James Pfaus telephone interview, February 23, 2011.

131 곤충학자 랜디 손힐과 존 올콕은: Randy Thornhill and John Alcock, *The Evolution of Insect Mating Systems*, Cambridge: Harvard University Press, 1983: p. 469.

131 제임스 파우스는: Pfaus interview.

132 척추전만(脊椎前彎, lordosis) 자세: Donald Pfaff, *Man and Woman: An Inside Story*, Oxford: Oxford University Press, 2011: p. 78; Donald W. Pfaff, *Drive: Neurobiological and Molecular Mechanisms of Sexual Motivation*, Cambridge, MA: MIT Press, 1999: pp.76-79.

133 도널드 패프에 따르면, 이 자세는: D. W. Pfaff, L. M. Kow, M. D. Loose, and L. M. Flanagan-Kato, "Reverse Engineering the Lordosis Behavior Circuit," *Hormones and Behavior* 54 (2008): pp.347-54; Pfaff, *Drive*, pp.76-79.

133 신경 신호가 "암컷의 척수를 타고 올라가": Pfaff, *Man and Woman*, p. 78.

133 발기의 한 유형이 그렇듯 전만 자세도: Pfaff, *Man and Woman*, p. 78; Pfaff et al., "Reverse Engineering," pp.347-54.

133 교미를 받아들일 태세가 된 암컷 코끼리물범: William F. Perrin, Bernd Wursig, and J. G. M. Thewissen, *Encyclopedia of Marine Mammals*, Waltham, MA: Academic Press, 2002: p. 394.

133 "호르몬 활동과 관련된 중추신경계의 많은": Pfaff, *Man and Woman*, p. 78.

133 "기본적이고 환원적인 원리들을": Pfaff, *Drive*, pp.76-79.

134 시상하부의 가장 기본적인 기능들은: Pfaff, *Man and Woman*, p. 57.

136 "적절한 시간의 전희는 꼭 필요": Houpt, *Domestic Animal Behavior*, p. 117.

136 개도 입으로 핥으면서 전희 행동을: Ibid., pp.125-27.

136 성욕 과다 행동은: Ibid., pp.99, 117.

136 '황소처럼 우렁찬 소리'를: Ibid., p. 99.

138 "몸을 쭉 뻗은 자세를 취하고서": Masaki Sakai and Mikihiko Kumashiro, "Copulation in the Cricket Is Performed by Chain Reaction," *Zoological Science* 21 (2004): p. 716.

139 영장류학자가 목격한 '몸서리': Bagemihl, *Biological Exuberance*, p. 208.

139 "보랏빛 플란넬, 그리고 그 날카로움": Molly Peacock, "Have You Ever Faked an

Orgasm?" in *Cornucopia: New & Selected Poems*, New York: Norton, 2002.

139 성욕은 사정과 오르가슴에 동반되는: Dreborg et al., "Evolution of Vertebrate Opiod Receptors," pp.15487-92.

제5장 취하는 동물들

142 의약용 아편의 대표적 생산지인 태즈메이니아: Jason Dicker, "The Poppy Industry in Tasmania," Chemistry and Physics in Tasmanian Agriculture: A Resource for Science Students and Teachers, accessed July 14, 2010. http://www.launc.tased.edu.au/online/sciences/agsci/alkalo/popindus.htm.

142 그들은 보안 카메라도 아랑곳 않고: Damien Brown, "Tassie Wallabies Hopping High," *Mercury*, June 25, 2009, accessed July 14, 2010. http://www.themercury.com.au/article/2009/06/25/80825_tasmania-news.html.

143 아편 먹은 왈라비의 얼굴 사진도: Ibid.

144 미국 의학계의 부정적인 태도: National Institutes of Health, "Addiction and the Criminal Justice System," *NIH Fact Sheets*, accessed October 7, 2011. http://report.nih.gov/NIHfactsheets/ViewFactSheet.aspx?csid=22.

144 중독자들은 이 사회가: K. H. Berge, M. D. Seppala, and A. M. Schipper, "Chemical Dependency and the Physician," *Mayo Clinic Proceedings* 84 (2009): pp.625-31.

145 아무도 이 새들에게 음주비행 소환장을: Emily Beeler telephone interview, October 12, 2011.

145 스칸디나비아의 황여새들은: Ronald K. Siegel, *Intoxication: Life in Pursuit of Artificial Paradise*, New York: Pocket Books, 1989.

145 팻보이(Fat Boy)라는 이름의 말이: Luke Salkeld, "Pictured: Fat Boy, the Pony Who Got Drunk on Fermented Apples and Fell into a Swimming Pool," *MailOnline*, October 16, 2008, accessed July 15, 2010. http://www.dailymail.co.uk/news/article-1077831/Pictured-Fat-Boy-pony-gotdrunk-fermented-apples-fell-swimming-pool.html.

146 캐나다 로키산맥에 사는 큰뿔야생양은: Siegel, *Intoxication*, pp.51-52.

146 아시아의 아편 생산 지역들에서: Ibid., p. 130.

146 붓꼬리나무두더지는: Frank Wiens, Annette Zitzmann, Marc-André Lachance, Michel Yegles, Fritz Pragst, Friedrich M. Wurst, Dietrich von Holst, et al., "Chronic Intake of Fermented Floral Nectar by Wild Treeshrews," *Proceedings of the National Academy of Sciences* 105 (2008): pp.10426-31.

146 소와 말이 방향 감각을 잃고: M. H. Ralphs, D. Graham, M. L. Galyean, and

L. F. James, "Creating Aversions to Locoweed in Naive and Familiar Cattle," *Journal of Range Management* 50 (1997): pp. 361-66; Michael H. Ralphs, David Graham, and Lynn F. James, "Social Facilitation Influences Cattle to Graze Locoweed," *Journal of Range Management* 47 (1994): pp. 123-26; United States Department of Agriculture, Agricultural Research Service, "Locoweed (*astragalus* and *Oxytropis* spp.)." Last modified February 7, 2006, accessed March 9, 2010. http://www.ars.usda.gov/services/docs.htm?docid=9948&pf=1&cg_id=0.

147 붙임성 좋은 코커스패니얼이: Laura Mirsch, "The Dog Who Loved to Suck on Toads," NPR, October 24, 2006, accessed July 14, 2010. http://www.npr.org/templates/story/story.php?storyId=6376594; United States Department of Agriculture, "Locoweed."

148 오스트레일리아의 노던 준주(準州)에서도: "Dogs Getting High Licking Hallucinogenic Toads!" *StrangeZoo.com*, accessed July 14, 2010. http://www.strangezoo.com/content/item/105766.html.

148 식민지 시절의 뉴잉글랜드에서: Iain Gately, "Drunk as a Skunk … or a Wild Monkey … or a Pig," *Proof Blog, New York Times*, January 24, 2009, accessed January 27, 2009. http://proof.blogs.nytimes.com/2009/01/24/drunk-as-a-skunk-or-a-wild-monkey-or-a-pig/.

148 "압착된 포도 껍질을 잔뜩": Ibid.

148 이 방법은 19세기에도 효과가: Ibid.

148 다윈은 또한 원숭이의 숙취를 자세하게: Charles Darwin, *The Descent of Man*, in *From So Simple a Beginning: The Four Great Books of Charles Darwin*, ed. Edward O. Wilson. New York: Norton, 2006: pp. 783-1248.

148 요즘의 술 취한 원숭이들이: BBC Worldwide, "Alcoholic Vervet Monkeys! Weird Nature-BBC Animals," video, 2009, retrieved October 9, 2011. https://www.youtube.com/watch?v=pSm7BcQHWXk&feature=related.

150 신경근을 통제하지 못한다: Toni S. Shippenberg and George F. Koob, "Recent Advances in Animal Models of Drug Addiction," in *Neuropsychopharmacology: The Fifth Generation of Progress*, ed. K. L. Davis, D. Charney, J. T. Coyle, and C. Nemeroff, Philadelphia: Lippincott, Williams and Wilkins, 2002: pp. 1381-97; J. Wolfgramm, G. Galli, F. Thimm, and A. Heyne, "Animal Models of Addiction: Models for Therapeutic Strategies?" *Journal of Neural Transmission* 107 (2000): pp. 649-68.

150 벌은 코카인을 먹으면 '춤'을 더 격렬하게: Andrew B. Barron, Ryszard Maleszka, Paul G. Helliwell, and Gene E. Robinson, "Effects of Cocaine on Honey Bee

Dance Behaviour," *Journal of Experimental Biology* 212 (2009): pp. 163-68.

150 다 자라지 않은 제브라피시: S. Bretaud, Q. Li, B. L. Lockwood, K. Kobayashi, E. Lin, and S. Guo, "A Choice Behavior for Morphine Reveals Experience-Dependent Drug Preference and Underlying Neural Substrates in Developing Larval Zebrafish," *Neuroscience* 146 (2007): pp. 1109-16.

150 달팽이도 메스암페타민을 먹고 나면: Kathryn Knight, "Meth(amphetamine) May Stop Snails from Forgetting," *Journal of Experimental Biology* 213 (2010), i, accessed May 31, 2010. doi: 10.1242/jeb. 046664.

150 거미에게 마리화나에서 벤제드린까지: "Spiders on Speed Get Weaving," *New Scientist*, April 29, 1995, accessed October 9, 2011. https://www.newscientist.com/article/mg14619750.500-spiders-on-speed-get-weaving.

150 수컷 초파리가 알코올을 먹으면: Hyun-Gwan Lee, Young-Cho Kim, Jennifer S. Dunning, and Kyung-An Han, "Recurring Ethanol Exposure Induces Disinhibited Courtship in *Drosophila*," *PLoS One* (2008): p. e1391.

150 예쁜꼬마선충이라는 길이 1밀리미터 정도의: Andrew G. Davies, Jonathan T. Pierce-Shimomura, Hongkyun Kim, Miri K. VanHoven, Tod R. Thiele, Antonello Bonci, Cornelia I. Bargmann, et al., "A Central Role of the BK Potassium Channel in Behavioral Responses to Ethanol in C. *elegans*," Cell 115: pp. 656-66.

151 설치류든 파충류든 반딧불이든 혹은 소방관이든: T. Sudhaharan and A. Ram Reddy, "Opiate Analgesics' Dual Role in Firefly Luciferase Activity," *Biochemistry* 37 (1998): pp. 4451-58; K. L. Machin, "Fish, Amphibian, and Reptile Analgesia," *Veterinary Clinics of North American Exotic Animal Practice* 4 (2001): pp. 19-22.

151 아편류에 대한 수용체는: Susanne Dreborg, Görel Sundström, Tomas A. Larsson, and Dan Larhammar, "Evolution of Vertebrate Opioid Receptors," *Proceedings of the National Academy of Sciences* 105 (2008): pp. 15487-92; Janicke Nordgreen, Joseph P. Garner, Andrew Michael Janczak, Brigit Ranheim, William M. Muir, and Tor Einar Horsberg, "Thermonociception in Fish: Effects of Two Different Doses of Morphine on Thermal Threshold and Post-Test Behavior in Goldfish (*Carassius auratus*)," *Applied Animal Behaviour Science* 119 (2009): pp. 101-07; N. A. Zabala, A. Miralto, H. Maldonado, J. A. Nunez, K. Jaffe, and L. de C. Calderon, "Opiate Receptor in Praying Mantis: Effect of Morphine and Naloxone," *Pharmacology Biochemistry & Behavior* 20 (1984): pp. 683-87; V. E. Dyakonova, F. W. Schurmann, and D. A. Sakharov, "Effects of Serotonergic and

Opioidergic Drugs on Escape Behaviors and Social Status of Male Crickets," *Naturwissenschaften* 86 (1999): pp. 435-37.

151 카나비노이드(cannabinoid, 마리화나의 취하게 만드는 성분)를: John McPartland, Vincenzo Di Marzo, Luciano De Petrocellis, Alison Mercer, and Michelle Glass, "Cannabinoid Receptors Are Absent in Insects," *Journal of Comparative Neurology* 436 (2001): pp. 423-29; Osceola Whitney, Ken Soderstrom, and Frank Johnson, "CB1 Cannabinoid Receptor Activation Inhibits a Neural Correlate of Song Recognition in an Auditory/Perceptual Region of the Zebra Finch Telencephalon," *Journal of Neurobiology* 56 (2003): pp. 266-74; E. Cottone, A. Guastalla, K. Mackie, and M. F. Franzoni, "Endocannabinoids Affect the Reproductive Functions in Teleosts and Amphibians," *Molecular and Cellular Endocrinology* 286S (2008): pp. S41-S45.

152 "어떻게 인간의 마음, 특히 감정이": Jaak Panksepp, "Science of the Brain as a Gateway to Understanding Play: An Interview with Jaak Panksepp," *American Journal of Play* 3 (2010): p. 250.

153 쥐 간질이기는 1990년대 중반에 시작: Ibid., p. 266.

155 대부분이 다쳤을 때 소리를 내지 않는데: Franklin D. McMillan, *Mental Health and Well-Being in Animals*, Hoboken, NJ: Blackwell, 2005: pp. 6-7.

156 때로 비극적인 결과를: K. J. S. Anand and P. R. Hickey, "Pain and Its Effects in the Human Neonate and Fetus," *The New England Journal of Medicine* 317 (1987): pp. 1321-29.

156 1900년대 초, 유아가 통증을: Jill R. Lawson, "Standards of Practice and the Pain of Premature Infants," *Recovered Science*, accessed December 18, 2011. http://www.recoveredscience.com/ROP_preemiepain.htm.

157 동물이 세상을 어떻게 느끼며: Joseph LeDoux, "Rethinking the Emotional Brain," *Neuron* 73 (2012): pp. 653-76.

158 "자연선택에 의해 형성되는…감정들은": Randolph M. Nesse and Kent C. Berridge, "Psychoactive Drug Use in Evolutionary Perspective," *Science* 278 (1997): pp. 63-66, accessed February 16, 2010. doi: 0.1126I/science.278.5335.63.

158 "사랑은 증오와 함께하고": E. O. Wilson, Sociobiology, Cambridge, MA: Harvard University Press, 1975.

160 실제로 인간과 동물의 이런 활동들을: Brian Knutson, Scott Rick, G. Elliott Wimmer, Drazen Prelec, and George Loewenstein, "Neural Predictors of Purchases," *Neuron* 53 (2007): pp. 147-56; Ethan S. Bromberg-Martin and Okihide Hikosaka, "Midbrain Dopamine Neurons Signal Preference for

Advance Information About Upcoming Rewards," *Neuron* 63 (2009): pp.119-26.

160 "민달팽이에서 영장류까지": Nesse and Berridge, "Psychoactive Drug Use," pp.63-66.

160 오피오이드의 수용체들과 경로들: Dreborg et al., "Evolution of Vertebrate Opioid Receptors," pp.15487-92.

161 판크세프의 연구팀은 아편류가: Panksepp, "Science of the Brain," p. 253.

161 "인간 두뇌 속 신경화학물질의 정글": Shaun Gallagher, "How to Undress the Affective Mind: An Interview with Jaak Panksepp," *Journal of Consciousness Studies* 15 (2008): pp.89-119.

162 "약물을 남용할 때": Nesse and Berridge, "Psychoactive Drug Use," pp.63-66.

163 "손에 넣을 수 없는 약에 중독될 수는": David Sack telephone interview, July 28, 2010.

167 "모든 포유동물은 자원을 찾는 체계를": Jaak Panksepp, "Evolutionary Substrates of Addiction: The Neurochemistries of Pleasure Seeking and Social Bonding in the Mammalian Brain," in *Substance and Abuse Emotion*, ed. Jon D. Kassel, Washington, DC: American Psychological Association, 2010, pp.137-67.

168 훈련 담당자인 게리 윌슨은: Gary Wilson interview, Moorpark, CA, May 24, 2011.

169 데이비드 J. 린든은: David J. Linden, *The Compass of Pleasure*, Viking: 2011 (location 113 in ebook).

172 알코올 노출의 영향을 광범위하게 연구: Craig J. Slawecki, Michelle Betancourt, Maury Cole, and Cindy L. Ehlers, "Periadolescent Alcohol Exposure Has Lasting Effects on Adult Neurophysiological Function in Rats," *Developmental Brain Research* 128 (2001): pp.63-72; Linda Patia Spear, "The Adolescent Brain and the College Drinker: Biological Basis of Propensity to Use and Misuse Alcohol," *Journal of Studies on Alcohol* 14 (2002): pp.71-81; Melanie L. Schwandt, Stephen G. Lindell, Scott Chen, J. Dee Higley, Stephen J. Suomi, Markus Heilig, and Christina S. Barr, "Alcohol Response and Consumption in Adolescent Rhesus Macaques: Life History and Genetic Influences," *Alcohol* 44 (2010): pp.67-90.

제6장 무서워서 죽다

176 지진이 일어난 날과: Jonathan Leor, W. Kenneth Poole, and Robert A. Kloner,

"Sudden Cardiac Death Triggered by an Earthquake," *New England Journal of Medicine* 334 (1996): pp.413-19.

178 가슴 통증이나 부정맥으로 입원: Laura S. Gold, Leslee B. Kane, Nona Sotoodehnia, and Thomas Rea, "Disaster Events and the Risk of Sudden Cardiac Death: A Washington State Investigation," *Prehospital and Disaster Medicine* 22 (2007): pp.313-17.

179 나중에 통계학자들은 이 전쟁에 관한: S. R. Meisel, K. I. Dayan, H. Pauzner, I. Chetboun, Y. Arbel, D. David, and I. Kutz, "Effect of Iraqi Missile War on Incidence of Acute Myocardial Infarction and Sudden Death in Israeli Civilians," *Lancet* 338 (1991): pp.660-61.

179 생명 위협적 심장 율동(리듬)의 빈도가: Omar L. Shedd, Samuel F. Sears, Jr., Jane L. Harvill, Aysha Arshad, Jamie B. Conti, Jonathan S. Steinberg, and Anne B. Curtis, "The World Trade Center Attack: Increased Frequency of Defibrillator Shocks for Ventricular Arrhythmias in Patients Living Remotely from New York City," *Journal of the American College of Cardiology* 44 (2004): pp.1265-67.

180 1998년도 월드컵 축구 대회: Paul Oberjuerge, "Argentina Beats Courageous England 4-3 in Penalty Kicks," *Soccer-Times.com*, June 30, 1998, accessed December 8, 2010. http://www.soccertimes.com/worldcup/1998/games/jun30a.htm.

181 그날 영국 전역에서 심장마비가: Douglas Carroll, Shah Ebrahim, Kate Tilling, John Macleod, and George Davey Smith, "Admissions for Myocardial Infarction and World Cup Football Database Survey," *BMJ* 325 (2002): pp.21-8.

181 승부차기로 끝나는 축구 시합이 특히: L. Toubiana, T. Hanslik, and L. Letrilliart, "French Cardiovascular Mortality Did Not Increase During 1996 European Football Championship," *BMJ* 322 (2001): p. 1306.

181 스포츠 담당 기자인 리처드 윌리엄스는: Richard Williams, "Down with the Penalty Shootout and Let the 'Games Won' Column Decide," *Sports Blog, Guardian*, October 24, 2006, accessed October 5, 2011. http://www.guardian.co.uk/football/2006/oct/24/sport.comment3.

182 '다코쓰보 심근증(takotsubo cardiomyopathy)'이라는: K. Tsuchihashi, K. Ueshima, T. Uchida, N. Oh-mura, K. Kimura, M. Owa, M. Yoshiyama, et al., "Transient Left Ventricular Apical Ballooning Without Coronary Artery Stenosis: A Novel Heart Syndrome Mimicking Acute Myocardial Infarction," *Journal of the American College of Cardiology* 38 (2001): pp.11-18; Yoshiteru

Abe, Makoto Kondo, Ryota Matsuoka, Makoto Araki, Kiyoshi Dohyama, and Hitoshi Tanio, "Assessment of Clinical Features in Transient Left Ventricular Apical Ballooning," *Journal of the American College of Cardiology* 41 (2003): pp.737-42; Kevin A. Bybee and Abhiram Prasad, "Stress-Related Cardiomyopathy Syndromes," *Circulation* 118 (2008): pp.397-409; Scott W. Sharkey, Denise C. Windenburg, John R. Lesser, Martin S. Maron, Robert G. Hauser, Jennifer N. Lesser, Tammy S. Haas, et al., "Natural History and Expansive Clinical Profile of Stress (Tako-Tsubo) Cardiomyopathy," *Journal of the American College of Cardiology* 55 (2010): pp.333-41.

183 매년 우리의 심장은 3,700만 번 뛰고: Matthew J. Loe and William D. Edwards, "A Light-Hearted Look at a Lion-Hearted Organ (Or, a Perspective from Three Standard Deviations Beyond the Norm) Part 1 (of Two Parts)," *Cardiovascular Pathology* 13 (2004): pp.282-92.

184 하지만 안타깝게도, 이처럼 흔들림 없는: National Institutes of Health, "Researchers Develop Innovative Imaging System to Study Sudden Cardiac Death," *NIH News-National Heart, Lung and Blood Institute*, October 30, 2009, accessed October 14, 2011. http://www.nih.gov/news/health/oct2009/nhlbi-30.htm.

187 마흔한 살에 직업을 바꾸어: Dan Mulcahy interview, Tulsa, OK, October 27, 2009.

188 이 병명이 가리키는 것은: Jessica Paterson, "Capture Myopathy," in *Zoo Animal and Wildlife Immobilization and Anesthesia*, edited by Gary West, Darryl Heard, and Nigel Caulkett, Ames, IA: Blackwell, 2007: 115, pp.115-21.

188 수의사들은 포획근병증에서 나타나는: Ibid.

189 노르웨이바닷가재를 잡는 어부들도: G.D. Stentiford and D. M. Neil, "A Rapid Onset, Post-Capture Muscle Necrosis in the Norway Lobster, *Nephrops norvegicus* (L.), from the West Coast of Scotland," *Journal of Fish Diseases* 23 (2000): pp.251-63.

189 도축 전에 받는 스트레스로: Purdue University Animal Services, "Meat Quality and Safety," accessed October 14, 2011. http://ag.ansc.purdue.edu/meat_quality/mqf_stress.html.

190 기린을 수송 차량에 태우기 위해: Mitchell Bush and Valerius de Vos, "Observations on Field Immobilization of Free-Ranging Giraffe (*Giraffa camelopardalis*) Using Carfentanil and Xylazine," *Journal of Zoo Animal Medicine* 18 (1987): pp.135-40; H. Ebedes, J. Van Rooyen, and J. G. Du Tait, "Capturing Wild Animals," in *The Capture and Care Manual: Capture, Care,*

Accommodation and Transportation of Wild African Animals, edited by Andrew A. McKenzie, Pretoria: South African Veterinary Foundation, 1993, pp.382-440.

190 사슴과 엘크, 순록은: "Why Deer Die," Deerfarmer.com: Deer & Elk Farmers' Information Network, July 25, 2003, accessed October 5, 2011. http://www.deer-library.com/artman/publish/article_98.shtml.

190 헬리콥터로 야생 무스탕을 몰아서: Scott Sonner, "34 Wild Horses Died in Recent Nevada Roundup, Bureau of Land Management Says," *L.A. Unleashed* (blog), *Los Angeles Times*, August 5, 2010, accessed March 3, 2012. http://latimesblogs.latimes.com/unleashed/2010/08/thirtyfour-wild-horses-died-in-recent-nevada-roundup-bureau-of-land-management-says.html.

191 1960년대에 이미 미 해군과 해병대의 군의관들은: J. A. Howenstine, "Exertion-Induced Myoglobinuria and Hemoglobinuria," *JAMA* 173 (1960): pp.495-99; J. Greenberg and L. Arneson, "Exertional Rhabdomyolysis with Myoglobinuria in a Large Group of Military Trainees," *Neurology* 17 (1967): pp.216-22; P. F. Smith, "Exertional Rhabdomyolysis in Naval Officer Candidates," *Archives of Internal Medicine* 121 (1968): pp.313-19; S. A. Geller, "Extreme Exertion Rhabdomyolysis: a Histopathologic Study of 31 Cases," *Human Pathology* (1973): pp.241-50.

191 격렬하게 몸을 움직이는 운동선수들: Mark Morehouse, "12 Football Players Hospitalized with Exertional Condition," *Gazette*, January 25, 2011, accessed October 5, 2011. http://the gazette.com/2011/01/25/ui-release-12-football-players-in-hospital-with-undisclosed-illness/.

192 포획되거나 속박되었을 때 죽는 동물의: Paterson, "Capture Myopathy."

192 큰뿔야생양들을 한데 모았을 때: Bureau of Land Management, "Status of the Science: On Questions That Relate to BLM Plan Amendment Decisions and Peninsular Ranges Bighorn Sheep," last modified March 14, 2001, accessed October 5, 2011. http://www.blm.gov/pgdata/etc/medialib//blm/ca/pdf/pdfs/palmsprings_pdfs.Par.95932cf3.File.pdf/Stat_of_Sci.pdf.

192 집토끼는 록 음악을 쾅쾅 틀거나: Department of Health and Human Services, "Rabbits," accessed October 5, 2011. http://ori.hhs.gov/education/products/ncstate/rabbit.htm.

192 폭죽이 터질 때: Blue Cross, "Fireworks and Animals: How to Keep Your Pets Safe," accessed November 26, 2009. http://www.bluecross.org.uk/2154-88390/fireworks-and-animals.html; Maggie Page, "Fireworks and Animals: A Survey of Scottish Vets in 2001," accessed November 26,

2009. http://www.angelfire.com/co3/NCFS/survey/sspca/scottishspca.html; Don Jordan, "Rare Bird, Spooked by Fireworks, Thrashes Itself to Death," *Palm Beach Post News*, January 1, 2009, accessed November 26, 2009. http://www.palmbeachpost.com/localnews/content/local_news/epaper/2009/01/01/0101deadbird.html.

193 1990년대 중반에 코펜하겐의: Associated Press, "'Killer' Opera: Wagner Fatal to Zoo's Okapi," *The Spokesman-Review*, August 10, 1994, accessed March 3, 2012. http://news.google.com/newspapers?nid=1314&dat=19940810&id=joxAAAAIBAJ&sjid=5AkEAAAAIBAJ&pg=3036,5879969.

193 크고 무서운 소리들은: World Health Organization: Regional Office for Europe, "Health Effects of Noise," accessed October 5, 2011. http://www.euro.who.int/en/what-we-do/health-topics/environment-and-health/noise/facts-and-figures/health-effects-of-noise.

193 발표된 한 연구 내용을 보면: Wen Qi Gan, Hugh W. Davies, and Paul A. Demers, "Exposure to Occupational Noise and Cardiovascular Disease in the United States:The National Health and Nutrition Examination Survey 1999-2004," *Occupational and Environmental Medicine*(2010):doi:10.1136/oem.2010.055269, accessed October 6, 2011. http://oem.bmj.com/content/early/2010/09/06/oem.2010.055269.abstract.

194 긴QT증후군을 지니고 태어난 달마티안은: W. R. Hudson and R. J. Ruben, "Hereditary Deafness in the Dalmatian Dog," *Archives of Otolaryngology* 75(1962): p.213; Thomas N. James, "Congenital Deafness and Cardiac Arrhythmias," *American Journal of Cardiology* 19 (1967): pp.627-43.

194 동물원에서 얼룩말 네 마리가 죽은 일이: Darah Hansen, "Investigators Probe Death of Four Zebras at Greater Vancouver Zoo," *Vancouver Sun*, April 20, 2009, accessed March 3, 2012. http://forum.skyscraperpage.com/showthread.php?t=168150.

194 몇 명의 탐조자(探鳥者)가 얘기하기를: Jacquie Clark and Nigel Clark, "Cramp in Captured Waders: Suggestions for New Operating Procedures in Hot Conditions and a Possible Field Treatment," *IWSG Bulletin* (2002): 49.

195 생명을 직접 위협하지 않는 상황에서도: Alain Ghysen, "The Origin and Evolution of the Nervous System," *International Journal of Developmental Biology* 47 (2003): pp.555-62.

196 그런데 인간의 상상력은: Martin A. Samuels, "Neurally Induced Cardiac Damage. Definition of the Problem," *Neurologic Clinics* 11(1993): p. 273.

196 "자신이 어찌해볼 수 없는 일들, 이를테면": Carolyn Susman, "What Ken

Lay's Death Can Teach Us About Heart Health," *Palm Beach Post*, July 7, 2006, accessed October 4, 2011. http://findarticles.com/p/news-articles/palm-beach-post/mi_8163/is_20060707/ken-lays-death-teach-heart/ai_n51923077/.

196 위험도가 상당히 높아진다는 연구 결과들: Joel E. Dimsdale, "Psychological Stress and Cardiovascular Disease," *Journal of the American College of Cardiology* 51 (2008): pp.1237-46.

197 "설명하기 위한 … 통일적인 가설": M. A. Samuels, "Neurally Induced Cardiac Damage. Definition of the Problem," *Neurologic Clinics* 11 (1993): p. 273.

198 부두교의 저주라든지 과도하게 불길한 생각: Helen Pilcher, "The Science of Voodoo: When Mind Attacks Body," *New Scientist*, May 13, 2009, accessed May 14, 2009. http://www.newscientist.com/article/mg20227081.100-the-science-of-voodoo-when-mind-attacks-body.html.

198 "외과 의사들은 자신의 죽음을 확신하는 환자들을": Brian Reid, "The Nocebo Effect: Placebo's Evil Twin," *Washington Post*, April 30, 2002, accessed November 26, 2009. http://www.washingtonpost.com/ac2/wp-dyn/A2709-2002Apr29.

198 정신과 의사 아서 바스키도: Ibid.

199 수면 중에 사망하는 야간급사증후군: Ronald G. Munger and Elizabeth A. Booton, "Bangungut in Manila: Sudden and Unexplained Death in Sleep of Adult Filipinos," *International Journal of Epidemiology* 27 (1998): pp.677-84.

199 감자의 잎과 덩이줄기는: Anna Swiedrych, Katarzyna Lorenc-Kukula, Aleksandra Skirycz, and Jan Szopa, "The Catecholamine Biosynthesis Route in Potato Is Affected by Stress," *Plant Physiology and Biochemistry* 42 (2004): pp.593-600; Jan Szopa, Grzegorz Wilczynski, Oliver Fiehn, Andreas Wenczel, and Lothar Willmitzer, "Identification and Quantification of Catecholamines in Potato Plants (*Solanum tuberosum*) by GC-MS," *Phytochemistry* 58 (2001): pp.315-20.

200 진화의학 전문가인 랜돌프 네시는: Randolph M. Nesse, "The Smoke Detector Principle: Natural Selection and the Regulation of Defensive Responses," *Annals of the New York Academy of Sciences* 935 (2001): pp.75-85.

200 "죽임을 당하면 미래의 적응도가": S. L. Lima and L. M. Dill, "Behavioral Decisions Made Under the Risk of Predation: A Review and Prospectus," *Canadian Journal of Zoology* 68 (1990): pp.619-40.

204 인간의학계에서 속박의 잠재적 위험성을: Wanda K. Mohr, Theodore A. Petti, and Brian D. Mohr, "Adverse Effects Associated with Physical Restraint,"

Canadian Journal of Psychiatry 48 (2003): pp.330-37.

205 영아돌연사증후군: Centers for Disease Control and Prevention, "Sudden Infant Death Syndrome-United States, 1983-1994," *Morbidity and Mortality Weekly Report* 45 (1996): pp.859-63; M. Willinger, L. S. James, and C. Catz, "Defining the Sudden Infant Death Syndrome (SIDS): Deliberations of an Expert Panel Convened by the National Institute of Child Health and Human Development," *Pediatric Pathology* 11 (1991): pp.677-84; Roger W. Byard and Henry F. Krous, "Sudden Infant Death Syndrome: Overview and Update," Pediatric and Developmental Pathology 6 (2003): 112-27.

205 "한 살 미만 아기의 갑작스러운 죽음 가운데": National SIDS Resource Center, "What Is SIDS?," accessed October 5, 2011. http://sids-network.org/sidsfact.htm.

206 원인에 관한 견해들은 넘쳐나서: Centers for Disease Control and Prevention, "Sudden Infant Death Syndrome," pp.859-63; Willinger, James, and Catz, "Defining the Sudden Infant Death Syndrome," pp.677-84; Byard and Krous, "Sudden Infant Death Syndrome," pp.112-27.

206 이러한 반사들은 태곳적부터: B. Kaada, "Electrocardiac Responses Associated with the Fear Paralysis Reflex in Infant Rabbits and Rats: Relation to Sudden Infant Death," *Functional Neurology* 4 (1989): pp.327-40.

207 겁을 먹을 때면 공통적으로 심박수가: E. J. Richardson, M. J. Shumaker, and E. R. Harvey, "The Effects of Stimulus Presentation During Cataleptic, Restrained, and Free Swimming States on Avoidance Conditioning of Goldfish (*Carassius auratus*)," *Psychological Record* 27 (1997): pp.63-75; P. A. Whitman, J. A. Marshall, and E. C. Keller, Jr., "Tonic Immobility in the Smooth Dogfish Shark, *Mustelus canis* (Pisces, Carcharhinidae)," *Copeia* (1986): pp.829-32; L. Lefebvre and M. Sabourin, "Effects of Spaced and Massed Repeated Elicitation on Tonic Immobility in the Goldfish (*Carassius auratus*)," *Behavioral Biology* 21 (1997): pp.300-5; A. Kahn, E. Rebuffat, and M. Scottiaux, "Effects of Body Movement Restraint on Cardiac Response to Auditory Stimulation in Sleeping Infants," *Acta Paediatrica* 81 (1992): 959-61; Laura Sebastiani, Domenico Salamone, Pasquale Silvestri, Alfredo Simoni, and Brunello Ghelarducci, "Development of Fear-Related Heart Rate Responses in Neonatal Rabbits," *Journal of the Autonomic Nervous System* 50 (1994): pp.231-38.

207 의사이자 신경생리학자였던 비르에르 카다가: Birger Kaada, "Why Is There an Increased Risk for Sudden Infant Death in Prone Sleeping? Fear Paralysis and

Atrial Stretch Reflexes Implicated?" *Acta Paediatrica* 83 (1994): pp.548-57.

208 포대기로 감싸기는 영아돌연사증후군을 조금은 방지: Patricia Franco, Sonia Scaillet, José Groswaasser, and Andre Kahn, "Increased Cardiac Autonomic Responses to Auditory Challenges in Swaddled Infants," *Sleep* 27 (2004): pp.1527-32.

제7장 비만한 행성

211 그런데 어느 날 나는: American Association of Zoo Veterinarians Annual Conference with the Nutrition Advisory Group, Tulsa, OK, October 2009.

213 정확한 수치를 알기는 어렵다: I. M. Bland, A. Guthrie-Jones, R. D. Taylor, and J. Hill. "Dog Obesity: Veterinary Practices' and Owners' Opinions on Cause and Management," *Preventive Veterinary Medicine* 94 (2010): pp.310-15; Alexander J. German, "The Growing Problem of Obesity in Dogs and Cats," *Journal of Nutrition* 136 (2006): pp.1940S-6S; Elizabeth M. Lund, P. Jane Armstrong, Claudia A. Kirk, and Jeffrey S. Klausner, "Prevalence and Risk Factors for Obesity in Adult Dogs from Private US Veterinary Practice," *International Journal of Applied Research in Veterinary Medicine* 4 (2006): pp.177-86.

213 하지만 미국과 오스트레일리아에서 실시한 연구들에서는: Bland et al., "Dog Obesity"; German, "The Growing Problem," pp.1940S-6S; Lund et al., "Prevalence and Risk Factors," pp.177-86.

213 놀랍게도 70퍼센트에 가깝다: Cynthia L. Ogden and Margaret D. Carroll, "Prevalence of Overweight, Obesity, and Extreme Obesity Among Adults: United States, Trends 1960-1962 Through 2007-2008," National Center for Health Statistics, June 2010, accessed October 12, 2011. http://www.cdc.gov/nchs/data/hestat/obesity_adult_07_08/obesity_adult_07_08.pdf.

213 반려동물의 과도한 몸무게에는: Lund et al., "Prevalence and Risk Factors"; C. A. Wyse, K. A. McNie, V. J. Tannahil, S. Love, and J. K. Murray, "Prevalence of Obesity in Riding Horses in Scotland," *Veterinary Record* 162 (2008): pp.590-91.

213 어떤 개는 식욕 억제를 위해: Rob Stein, "Something for the Dog That Eats Everything: A Diet Pill," *Washington Post*, January 6, 2007, accessed October 12, 2011. http://www.washingtonpost.com/wp-dyn/content/article/2007/01/05/AR2007010501753.html.

213 지방흡입술은 종종 선택되는: P. Bottcher, S. Kluter, D. Krastel, and V. Grevel,

"Liposuction-Removal of Giant Lipomas for Weight Loss in a Dog with Severe Hip Osteoarthritis," *Journal of Small Animal Practice* 48 (2006): pp.46-48.

213 반려 고양이에게는 '캣킨스(Catkins)' 다이어트: Jessica Tremayne, "Tell Clients to Bite into 'Catkins' Diet to Battle Obesity, Expert Advises," *DVM Newsmagazine*, August 1, 2004, accessed March 3, 2012. http://veterinarynews.dvm360.com/dvm/article/articleDetail.jsp?id=110710.

214 '뚱뚱한 조랑말'을 치료하는 일이 점점: Caroline McGregor-Argo, "Appraising the Portly Pony: Body Condition and Adiposity," *Veterinary Journal* 179 (2009): pp.158-60.

214 음식과 칼로리 관련 점수를 매일: Jennifer Watts interview, Tulsa, OK, October 27, 2009; CBS News, "When Lions Get Love Handles: Zoo Nutritionists Are Rethinking Ways of Feeding Animals in Order to Avoid Obesity," March 17, 2008, accessed January 30, 2010. http://www.cbsnews.com/stories/2008/03/17/tech/main3944935.shtml.

214 인디애나폴리스에서는 동물원 사육사들이: Ibid.

214 톨레도에서는 살찐 기린들에게: Ibid.

215 골목길을 기어 다니는 쥐들은: Yann C. Klimentidis, T. Mark Beasley, Hui-Yi Lin, Giulianna Murati, Gregory E. Glass, Marcus Guyton, Wendy Newton, et al., "Canaries in the Coal Mine: A Cross Species Analysis of the Plurality of Obesity Epidemics," *Proceedings of the Royal Society B* (2010): pp.2, 3-5. doi:10.1098/rspb.2010.1980.

216 사자 같은 커다란 고양잇과 동물들은: Joanne D. Altman, Kathy L. Gross, and Stephen R. Lowry, "Nutritional and Behavioral Effects of Gorge and Fast Feeding in Captive Lions," *Journal of Applied Animal Welfare Science* 8 (2005): pp.47-57.

217 "필요한 양을 초과해서 음식을 먹도록 만들어져": Mark Edwards interview, San Luis Obispo, CA, February 5, 2010.

217 음식이 무제한으로 주어질 경우: Katherine A. Houpt, *Domestic Animal Behavior for Veterinarians and Animal Scientists*, 5th ed., Ames, IA: Wiley-Blackwell, 2011: p. 62.

217 C-265라는 기억하기 쉬운 별명을 지닌 물범: Jim Braly, "Swimming in Controversy, Sea Lion C265 Is First to Be Killed," *Oregon-Live*, April 17, 2009, accessed April 27, 2010. http://www.oregonlive.com/news/index.ssf/2009/04/swimming_in_controversy_c265-w.html.

217 캘리포니아 근해 대왕고래들의 몸무게는: Dan Salas telephone interview,

September 21, 2010.

218 콜로라도주의 남부 로키산맥에서는: Arpat Ozgul, Dylan Z. Childs, Madan K. Oli, Kenneth B. Armitage, Daniel T. Blumstein, Lucretia E. Olsen, Shripad Tuljapurkar, et al., "Coupled Dynamics of Body Mass and Population Growth in Response Environmental Change," *Nature* 466 (2010): pp. 482-85.

218 눈이 그 전보다 이르게 녹았기 때문에: Dan Blumstein interview, Los Angeles, CA. February 29, 2012.

218 〈네이처〉 지에 발표한 연구 결과: Ibid.

218 이 같은 증가가 그리 커 보이지 않는다면: Cynthia L. Ogden, Cheryl D. Fryar, Margaret D. Carroll, and Katherine M. Flegal, "Mean Body Weight, Height, and Body Mass Index, United States 1960-2002," *Centers for Disease Control and Prevention Advance Data from Vital and Health Statistics* 347, October 27, 2004, accessed October 13, 2011. http://www.cdc.gov/nchs/data/ad/ad347.pdf.

218 카르파티아산맥 기슭에 사는 슬로바키아 사람들: Eugene K. Balon, "Fish Gluttons: The Natural Ability of Some Fishes to Become Obese When Food Is in Extreme Abundance," *Hydrobiologia* 52 (1977): pp. 239-41.

219 "비만은 환경의 질병이다": "Dr. Richard Jackson of the Obesity Epidemic," video, Media Policy Center, accessed October 13, 2011. http://dhc.mediapolicycenter.org/video/health/dr-richardjackson-obesity-epidemic.

219 비만이라는 역병이 불러온 문제 하나는: Ibid.

220 과도한 설탕, 지방, 그리고 소금이: David Kessler, *The End of Overeating: Taking Control of the Insatiable American Appetite*, Emmaus, PA: Rodale, 2009.

222 30만 명 가까운 의사를 대상으로 조사한: Medscape News Cardiology, Cardiologist Lifestyle Report 2012, accessed March 1, 2012. http://www.medscape.com/features/slide show/lifestyle/2012/cardiology.

222 진화생물학자 피터 글럭먼은: Peter Gluckman, and Mark Hanson, *Mismatch: The Timebomb of Lifestyle Disease*, New York: Oxford University Press, 2006: pp. 161-62.

222 건조한 미국 서부 지역에서: Peter Nonacs interview, Los Angeles, April 13, 2010.

223 이 옳은 갈색의 설치류는: Ibid.

223 "생존하는 데는 많은 고기를 먹을 필요가 없습니다": Ibid.

223 진화생물학자들은 단백질에 대한 욕구: Ibid.

225 심지어 곤충의 체지방도: Caroline M. Pond, *The Fats of Life*, Cambridge:

Cambridge University Press, 1998.

227 "동물은 원래 그렇게 먹어야 합니다": Mads Bertelsen interview, Tulsa, OK, October 27, 2009.

228 포식 후 단식 식이요법인데: Altman, Gross, and Lowry, "Nutritional and Behavioral Effects," pp. 47-57.

229 '환경 풍부화(environmental enrichment)': Jill Mellen and Marty Sevenich MacPhee, "Philosophy of Environmental Enrichment: Past, Present and Future," *Zoo Biology* 20 (2001): pp. 211-26.

229 더 '야생적인' 행동 표현을 허용하는 환경: Ibid.; Ruth C. Newberry, "Environmental Enrichment: Increasing the Biological Relevance of Captive Environments," *Applied Animal Behaviour Science* 44 (1995): pp. 229-43.

229 스미스소니언 국립동물원의: Smithsonian National Zoological Park, "Conservation & Science: Zoo Animal Enrichment," accessed October 12, 2011. http://nationalzoo.si.edu/SCBI/AnimalEnrichment/default.cfm.

229 영양사들은 회당 먹이의 양을 줄여서: Newberry, "Environmental Enrichment."

231 매년 가을, 10월의 둘째 주 즈음: Jennifer Watts, telephone interview by Kathryn Bowers, April 19, 2010.

231 지구는 24시간 주기로 자전을 하고: Volodymyr Dvornyk, Oxana Vinogradova, and Eviatar Nevo, "Origin and Evolution of Circadian Clock Genes in Prokaryotes," *Proceedings of the National Academy of Sciences* 100 (2003): pp. 2495-500.

232 모든 인간의 세포에는: Jay C. Dunlap, "Salad Days in the Rhythms Trade," *Genetics* 178 (2008): pp. 1-13; John S. O'Neill and Akhilesh B. Reddy, "Circadian Clocks in Human Red Blood Cells," *Nature* 469 (2011): pp. 498-503; John S. O'Neill, Gerben van Ooijen, Laura E. Dixon, Carl Troein, Florence Corellou, François-Yves Bouget, Akhilesh B. Reddy, et al., "Circadian Rhythms Persist Without Transcription in a Eukaryote," *Nature* 469 (2011): pp. 554-58; Judit Kovac, Jana Husse, and Henrik Oster, "A Time to Fast, a Time to Feast: The Crosstalk Between Metabolism and the Circadian Clock," *Molecules and Cells* 28 (2009): pp. 75-80.

233 소위 고등 생명체: Dunlap, "Salad Days"; O'Neill and Reddy, "Circadian Clocks"; O'Neill et al., "Circadian Rhythms"; Kovac, Husse, and Oster, "A Time to Fast."

233 몇몇 연구에서는 교대근무가 비만과: L. C. Antunes, R. Levandovski, G. Dantas, W. Caumo, and M. P. Hidalgo, "Obesity and Shift Work: Chronobiological Aspects," *Nutrition Research Reviews* 23 (2010): pp. 155-68; L. Di Lorenzo, G. De Pergola, C. Zocchetti, N. L'Abbate, A. Basso, N. Pannacciulli, M.

Cignarelli, et al., "Effect of Shift Work on Body Mass Index: Results of a Study Performed in 319 Glucose-Tolerant Men Working in a Southern Italian Industry," *International Journal of Obesity* 27 (2003): pp.1353-58; Yolande Esquirol, Vanina Bongard, Laurence Mabile, Bernard Jonnier, Jean-Marc Soulat, and Bertrand Perret, "Shift Work and Metabolic Syndrome: Respective Impacts of Job Strain, Physical Activity, and Dietary Rhythms," *Chronobiology International* 26 (2009): pp.544-59.

233 쥐에 관한 연구에서는: Laura K. Fonken, Joanna L. Workman, James C. Walton, Zachary M. Weil, John S. Morris, Abraham Haim, and Randy J. Nelson, "Light at Night Increases Body Mass by Shifting the Time of Food Intake," *Proceedings of the National Academy of Sciences* 107 (2010): pp.18664-69.

234 "희미한 조명 아래 자란": Naheeda Portocarero, "Background: Get the Light Right," *World Poultry*, accessed March 1, 2011. http://worldpoultry.net/background/get-the-light-right-8556.html.

234 서머타임이 시작되면 한 시간이 당겨지는데: John Pavlus, "Daylight Savings Time: The Extra Hour of Sunshine Comes at a Steep Price," *Scientific American* (September 2010): p. 69.

234 위도는 식물의 당분 생산뿐 아니라: William Galster and Peter Morrison, "Carbohydrate Reserves of Wild Rodents from Different Latitudes," *Comparative Biochemistry and Physiology Part A: Physiology* 50 (1975): pp.153-57.

236 일부 작은 명금류(鳴禽類)는: Franz Bairlein, "How to Get Fat: Nutritional Mechanisms of Seasonal Fat Accumulation in Migratory Songbirds," *Naturwissenschaften* 89 (2002): pp.1-10.

236 힘을 공급할 수 있을 만큼 살이 찌면: Herbert Biebach, "Phenotypic Organ Flexibility in Garden Warblers *Sylvia borin* During Long-Distance Migration," *Journal of Avian Biology* 29 (1998): pp.529-35; Scott R. McWilliams and William H. Karasov, "Migration Takes Gut: Digestive Physiology of Migratory Birds and Its Ecological Significance," in *Birds of Two Worlds: The Ecology and Evolution of Migration*, ed. Peter P. Marra and Russell Greenberg, pp.67-78. Baltimore: Johns Hopkins University Press, 2005; Theunis Piersma and Ake Lindstrom, "Rapid Reversible Changes in Organ Size as a Component of Adaptive Behavior, *Trends in Ecology and Evolution* 12 (1997): pp.134-38.

236 창자를 늘이고 줄이는 능력은 어류와: John Sweetman, Arkadios Dimitroglou, Simon Davies, and Silvia Torrecillas, "Nutrient Uptake: Gut Morphology a

Key to Efficient Nutrition," *International Aquafeed* (January-February 2008): pp. 26-30.

236 개구리: Elizabeth Pennesi, "The Dynamic Gut," *Science* 307 (2005): pp. 1896-99.

236 다람쥐, 들쥐, 생쥐를 포함한 포유류에서도: Terry L. Derting and Becke A. Bogue, "Responses of the Gut to Moderate Energy Demands in a Small Herbivore (*Microtus pennsylvanicus*)," *Journal of Mammalogy* 74 (1993): pp. 59-68.

236 재러드 다이아몬드는: Pennesi, "The Dynamic Gut."

237 모든 동물의 대장 안 깊숙이에는: Ruth E. Ley, Micah Hamady, Catherine Lozupone, Peter J. Turnbaugh, Rob Roy Ramey, J. Stephen Bircher, Michael L. Schlegel, et al., "Evolution of Mammals and Their Gut Microbes," *Science* 320 (2008): pp. 1647-51.

238 우리 체내의 미생물군집 가운데는: Peter J. Turnbaugh, Ruth E. Ley, Michael A. Mahowald, Vincent Magrini, Elaine R. Mardis, and Jeffrey I. Gordon, "An Obesity-Associated Gut Microbiome with Increased Capacity for Energy Harvest," *Nature* 444 (2006): pp. 1027-31.

239 비만인 사람들은 창자에서 후벽균의 비율이: Ibid.

239 "비만인 생쥐들 속의 박테리아는": Ibid.; Matej Bajzer and Randy J. Seeley, "Obesity and Gut Flora," *Nature* 444 (2006): p. 1009.

241 "장 속의 벌레들을 먼저 먹여라": Watts interview.

242 하버드의 의료사회학자: Nicholas A. Christakis and James Fowler, "The Spread of Obesity in a Large Social Network over 32 Years," *New England Journal of Medicine* 357: pp. 370-79.

243 "동물이 특정 바이러스들에 감염되면 비만": Nikhil V. Dhurandhar, "Infectobesity: Obesity of Infectious Origin," *Journal of Nutrition* 131 (2001): pp. 2794S-97S; Robin Marantz Henig, "Fat Factors," *New York Times*, August 13, 2006, accessed February 26, 2010. http://www.nytimes.com/2006/o8/13/magazine/13obesity.html; Nikhil V. Dhurandhar, "Chronic Nutritional Diseases of lnfectious Origin: An Assessment of a Nascent Field," *Journal of Nutrition* 131 (2001): pp. 2787S-88S.

244 제임스 마든은 곤충학자이며: James Marden telephone interview, September 1, 2011.

245 지방이 그냥 쌓여가고 있었다: Rudolph J. Schilder and James H. Marden, "Metabolic Syndrome and Obesity in an Insect," *Proceedings of the National Academy of Sciences* 103 (2006): pp. 18805-09; Rudolph J. Schilder, and

James H. Marden, "Metabolic Syndrome in Insects Triggered by Gut Microbes," *Journal of Diabetes Science and Technology* 1 (2007): pp.794-96.

245 잠자리의 혈액은: Marden interview.

245 대사증후군: National Diabetes Information Clearinghouse, "Insulin Resistance and Pre-diabetes," accessed October 13, 2011. http://diabetes.niddk.nih.gov/DM/pubs/insulinresistance/#metabolicsyndrome.

245 마든은 그 잠자리들의 내장을 들여다보다가: Schilder and Marden, "Metabolic Syndrome and Obesity"; Marden interview.

245 기생충들이 잠자리의 내장에서 저지른 일: Schilder and Marden, "Metabolic Syndrome and Obesity."

246 잠자리의 근육이 산소와 이산화탄소를 교환하는: Marden interview.

246 "물질대사에서 구체적인 구성 부분들이": Ibid.

246 족포자충 감염은 또한: Schilder and Marden, "Metabolic Syndrome in Insects"; Schilder and Marden, "Metabolic Syndrome and Obesity."

246 흥미롭게도 이 기생충들은 비침습적: Marden interview; Schilder and Marden, "Metabolic Syndrome and Obesity."

246 나는 전혀 모르고 있었지만: Justus F. Mueller, "Further Studies on Parasitic Obesity in Mice, Deer Mice, and Hamsters," *Journal of Parasitology* 51 (1965): pp.523-31.

247 2005년에 오스트레일리아의 의사 배리 마셜과: NobelPrize.org, "The Nobel Prize in Physiology or Medicine 2005: Barry J. Marshall, J. Robin Warren," Nobel Prize press release, October 3, 2005, accessed October 1, 2011. http://www.nobelprize.org/nobel_prizes/medicine/laureates/2005/press.html.

247 노벨상까지 가는 길은: Melissa Sweet, "Smug as a Bug," *Sydney Morning Herald*, August 2, 1997, accessed October 1, 2011. http://www.vianet.net.au/~bjmrshll/features2.html.

248 "사실 별다른 반응이 없었어요": Marden interview.

248 "대사질환은 사람들에게만 생기는 뭔가 이상한 일이 아닙니다": Penn State Science, "Dragonfly's Metabolic Disease Provides Clues About Human Obesity," November 20, 2006, accessed October 13, 2011. http://science.psu.edu/news-and-events/2006-news/Marden11-2006.html/.

249 와츠는 획기적인 변화를 도입하기로: Watts interview.

251 동물원 사육사들이 식료품점이나 도매상에서 사들이는 과일은: Edwards interview.

제8장 격렬해진 그루밍

253 "너무나 걱정됩니다": "Need Help with Feather Picking in Baby," African Grey Forum, board post dated Feb. 17, 2009, by andrea1981, accessed July 3, 2009. http://www.africangreyforum.com/forum/f38/need-help-with-feather-picking-in-baby; "Sydney Is the Resident Nudist Here," African Grey Forum, board post dated April 25, 2008, by Lisa B., accessed July 3, 2009. http://www.africangreyforum.com/forum/showthread.php/389-ok-so-who-s-grey-has-plucking-or-picking-issues; "Quaker Feather Plucking," New York Bird Club, accessed July 3, 2009. http://www.luciedove.websitetoolbox.com/post?id=1091055; "Feather Plucking: Help My Bird Has a Feather Plucking Problem," QuakerParrot Forum, accessed July 3, 2009. http://www.quakerparrots.com/forum/indexphp?act=idx; Theresa Jordan, "Quaker Mutilation Syndrome (QMS): Part I," *Winged Wisdom Pet Bird Magazine*, January 1998, accessed July 3, 2009. http://www.birdsnways.com/wisdom/ww19eiv.htm; "My Baby Is Plucking," Quaker Parrot Forum, accessed July 3, 2009. http://www. quakerparrots.com/forum/index.php?showtopic=49091.

254 "요즘 들어 우리 새는 자기 털을 뽑으면서": "Feather Plucking."

255 그 이름이 모든 걸 말해주지만: E. David Klonsky and Jennifer J. Muehlenkamp, "Self-Injury: A Research Review for the Practitioner," *Journal of Clinical Psychology: In Session* 63 (2007): pp.1045-56; E. David Klonsky, "The Function of Deliberate Self-Injury: A Review of the Evidence," *Clinical Psychology Review* 27 (2007): pp.226-39; E. David Klonsky, "The Functions of Self-Injury in Young Adults Who Cut Themselves: Clarifying the Evidence for Affect Regulation," *Psychiatry Research* 166 (2009): pp.260-68; Nicola Madge, Anthea Hewitt, Keith Hawton, Erik Jan de Wilde, Paul Corcoran, Sandor Fakete, Kees van Heeringen, et al., "Deliberate Self-Harm Within an International Community Sample of Young People: Comparative Findings from the Child & Adolescent Self-harm in Europe (CASE) Study," *Journal of Child Psychology and Psychiatry* 49 (2008): pp.667-77; Keith Hawton, Karen Rodham, Emma Evans, and Rosamund Weatherall, "Deliberate Self Harm in Adolescents: Self Report Survey in Schools in England," *BMJ* 325 (2002): pp.1207-11; Marilee Strong, *A Bright Red Scream: Self-Mutilation and the Language of Pain*, London: Penguin (Non-Classics): 1999; Steven Levenkron, *Cutting: Understanding and Overcoming Self-Mutilation*, New York: Norton,

1998; Mary E. Williams, *Self-Mutilation* (*Opposing Viewpoints*), Farmington Hills: Greenhaven, 2007.

255 '커터' 대신에 '자해 행위자(self-injurer)'라는 용어를: Klonsky and Muehlenkamp, "Self-Injury"; Klonsky, "The Function of Deliberate Self-Injury"; Madge et al., "Deliberate Self-Harm"; Hawton et al., "Deliberate Self Harm"; Strong, *A Bright Red Scream;* Levenkron, *Cutting;* Williams, *Self-Mutilation*.

256 나만 해도 1995년 다이애나 비가: BBC News, "The Panorama Interview," November 2005, accessed October 2, 2011. http://www.bbc.co.uk/news/special/politics97/diana/panorama.html; Andrew Morton, *Diana: Her True Story in Her Own Words*, New York: Pocket Books, 1992.

256 앤젤리나 졸리는: "Angelina Jolie Talks Self-Harm," video, 2010, retrieved October 2, 2011, from http://www.youtube.com/watch?v=IW1Ay4u5JDE; Jolie, 20/20 interview, video, 2010, retrieved October 3, 2011, from http://www.youtube.com/watch?v=rfzPhag_o9E&feature=related.

256 크리스티나 리치: David Lipsky, "Nice and Naughty," *Rolling Stone* 827 (1999): pp.46-52.

256 조니 뎁: Chris Heath, "Johnny Depp-Portrait of the Oddest as a Young Man," *Details* (May 1993): pp.159-69, 174.

256 콜린 패럴: Chris Heath, "Colin Farrell-The Wild One," *GQ Magazine* (2004): pp.233-39, 302-3.

257 "나는 열두 살 때부터 팔을 긋기 시작했어요": "Self lnflicted Injury," Cornell Blog: An Unofficial Blog About Cornell University, accessed October 9, 2011. http://cornell.elliottback. com/self-inflicted-injury/.

257 대부분은 자살하고 싶어 하는 게 아니라고: Klonsky and Muehlenkamp, "Self-Injury."

257 정신과 의사들은 자신을 긋는 행동을: Ibid.; Klonsky, "The Function of Deliberate Self-Injury"; Klonsky, "The Functions of Self-Injury"; Madge et al., "Deliberate Self-Harm"; Hawton et al., "Deliberate Self Harm"; Strong, *A Bright Red Scream;* Levenkron, *Cutting;* Williams, *Self-Mutilation*.

258 『정신장애 진단 및 통계 편람』 4판: American Psychiatric Association, *DSM-IV: Diagnostic and Statistical Manual of Mental Disorders*, 4th Ed., Arlington: American Psychiatric Publishing, 1994.

258 그러나 사실 자해하는 비율은 남자와 여자가: Klonsky and Muehlenkamp, "Self-Injury," p.1047; Lorrie Ann Dellinger-Ness and Leonard Handler, "Self-Injurious Behavior in Human and Non-human Primates," *Clinical Psychology Review* 26 (2006): pp.503-14.

258 어떤 사람은 부모의 영향에서 이미 벗어난 청년기에: Klonsky and Muehlenkamp, "Self-Injury," p.1046.

260 집고양이들이 흔히 보이는 증상으로: L. S. Sawyer, A. A. Moon-Fanelli, and N. H. Dodman, "Psychogenic Alopecia in Cats: 11 Cases (1993-1996)," *Journal of the American Veterinary Medical Association* 214 (1999): pp.71-74.

260 진단명은 지단(肢端)핥음피부염: Anita Patel, "Acral Lick Dermatitis," *UK Vet* 15 (2010): pp.1-4; Mark Patterson, "Behavioural Genetics: A Question of Grooming," *Nature Reviews: Genetics* 3 (2002): p. 89; A. Luescher, "Compulsive Behavior in Companion Animals," *Recent Advances in Companion Animal Behavior Problems*, ed. K. A. Houpt, Ithaca: International Veterinary Information Service, 2000.

260 말들의 '옆구리 물기': Katherine A. Houpt, *Domestic Animal Behavior for Veterinarians and Animal Scientists*, 5th ed., Ames, IA: Wiley-Blackwell, 2011: pp.121-22.

261 수의학자인 니컬러스 도드먼은: N. H. Dodman, E. K. Karlsson, A. A. Moon-Fanelli, M. Galdzicka, M. Perloski, L. Shuster, K. Lindblad-Toh, et al., "A Canine Chromosome 7 Locus Confers Compulsive Disorder Susceptibility," *Molecular Psychiatry* 15 (2010): pp.8-10.

261 인간의 강박장애와 개의 강박장애가: N. H. Dodman, A. A. Moon-Fanelli, P. A. Mertens, S. Pflueger, and D. J. Stein, "Veterinary Models of OCD," In *Obsessive Compulsive Disorders*, edited by E. Hollander and D. J. Stein. New York: Marcel Dekker, 1997 pp.99-141; A. A. Moon-Fanelli and N. H. Dodman, "Description and Development of Compulsive Tail Chasing in Terriers and Response to Clomipramine Treatment," *Journal of the American Veterinary Medical Association* 212 (1998): pp.1252-57.

261 동물에게 이 진단을 내릴 때의 판단 기준은: Karen L. Overall and Arthur E. Dunham, "Clinical Features and Outcome in Dogs and Cats with Obsessive-Compulsive Disorder: 126 Cases (1989-2000)," *Journal of the American Veterinary Medical Association* 221 (2002): pp.1445-52; Dellinger-Ness and Handler, "Self-Injurious Behavior."

261 강박적으로 계속 우는 것도: Dan J. Stein, Nicholas H. Dodman, Peter Borchelt, and Eric Hollander, "Behavioral Disorders in Veterinary Practice: Relevance to Psychiatry," *Comprehensive Psychiatry* 35 (1994): pp.275-85; Nicholas H. Dodman, Louis Shuster, Gary J. Patronek, and Linda Kinney, "Pharmacologic Treatment of Equine Self-Mutilation Syndrome," *International Journal of Applied Research in Veterinary Medicine* 2 (2004): pp.90-98.

262 '과잉 그루밍(overgrooming)': Alice Moon-Fanelli "Feline Compulsive Behavior," accessed October 9, 2011. http://www.tufts.edu/vet/vet_common/pdf/petinfo/dvm/case_march2005.pdf; Houpt, *Domestic Animal Behavior*, p. 167.

262 어떤 침팬지들은 서로에게서 이를 비롯한 벌레를: Christophe Boesch, "Innovation in Wild Chimpanzees," *International Journal of Primatology* 16 (1995): pp.1-16.

262 일본원숭이(일본마카크)는: Ichirou Tanaka, "Matrilineal Distribution of Louse Egg-Handling Techniques During Grooming in Free-Ranging Japanese Macaques," *American Journal of Physical Anthropology* 98 (1995): pp.197-201; lchirou Tanaka, "Social Diffusion of Modified Louse Egg-Handling Techniques During Grooming in Free-Ranging Japanese Macaques," *Animal Behaviour* 56 (1998): pp.1229-36.

263 많은 동물 집단의 사회 구조에서 필수적인: Megan L. Van Wolkenten, Jason M. Davis, May Lee Gong, and Frans B. M. de Waal, "Coping with Acute Crowding by Cebus Apella," *International Journal of Primatology* 27 (2006): pp.1241-56.

263 어떤 침팬지 집단은 벌레를 잡아내지 않고: Kristin E. Bonnie and Frans B. M. de Waal, "Affiliation Promotes the Transmission of a Social Custom: Handclasp Grooming Among Captive Chimpanzees," *Primates* 47 (2006): pp.27-34.

263 서열이 낮은 보닛원숭이: Joseph H. Manson, C. David Navarrete, Joan B. Silk, and Susan Perry, "Time-Matched Grooming in Female Primates? New Analyses from Two Species," *Animal Behaviour* 67 (2004): pp.493-500.

263 산호초에 사는 청줄청소놀래기: Karen L. Cheney, Redouan Bshary, and Alexandra S. Grutter, "Cleaner Fish Cause Predators to Reduce Aggression Toward Bystanders at Cleaning Stations," *Behavioral Ecology* 19 (2008): pp.1063-67.

263 청소를 받고 있는 물고기뿐 아니라: Ibid.

264 고양이와 토끼는 깨어 있는 시간의 최대 3분의 1: Houpt, *Domestic Animal Behavior*, p. 57.

264 바다사자와 물범도: Hilary N. Feldman and Kristie M. Parrott, "Grooming in a Captive Guadalupe Fur Seal," *Marine Mammal Science* 12 (1996): pp.147-53.

264 새는 흙 속에서 뒹굴고: Peter Cotgreave and Dale H. Clayton, "Comparative Analysis of Time Spent Grooming by Birds in Relation to Parasite Load," *Behaviour* 131 (1994): pp.171-87.

264 뱀은 얼굴을 닦을 냅킨도 손도 없으므로: Daniel S. Cunningham and Gordon M.

Burghardt, "A Comparative Study of Facial Grooming After Prey Ingestion in Colubrid Snakes," *Ethology* 105 (1999): pp. 913-36.

265 그루밍은 실제로 뇌의 신경화학적 상태를: Allan V. Kalueff and Justin L. La Porte, *Neurobiology of Grooming Behavior*, New York: Cambridge University Press, 2010.

265 그저 동물을 어루만지기만 해도: Karen Allen, "Are Pets a Healthy Pleasure? The Influence of Pets on Blood Pressure," *Current Directions in Psychological Science* 12 (2003): pp. 236-39; Sandra B. Barker, "Therapeutic Aspects of the Human-Companion Animal Interaction," *Psychiatric Times* 16 (1999), accessed October 10, 2011. http://www.psychiatrictimes.com/display/article/10168/54671?pageNumber=1.

268 이미 밝혀진 대로, 통증과 그루밍은: Kalueff and La Porte, *Neurobiology of Grooming Behavior;* G. C. Davis, "Endorphins and Pain," *Psychiatric Clinics of North America* 6 (1983): pp. 473-87.

268 매사추세츠의 연구자들은: Melinda A. Novak, "Self-Injurious Behavior in Rhesus Monkeys: New Insights into Its Etiology, Physiology, and Treatment," *American Journal of Primatology* 59 (2003): pp. 3-19.

270 말이 자기 옆구리를 자꾸 물어서 수의사에게: Sue M. McDonnell, "Practical Review of Self-Mutilation in Horses," *Animal Reproduction Science* 107 (2008): pp. 219-28; Houpt, *Domestic Animal Behavior*, pp. 121-22; Nicholas H. Dodman, Jo Anne Normile, Nicole Cottam, Maria Guzman, and Louis Shuster, "Prevalence of Compulsive Behaviors in Formerly Feral Horses," *International Journal of Applied Research in Veterinary Medicine* 3 (2005): pp. 20-24.

271 고립 또한 자해를 유발할 수: I. H. Jones and B. M. Barraclough, "Automutilation in Animals and Its Relevance to Self-Injury in Man," *Acta Psychiatrica Scandinavica* 58 (1978): pp. 40-47.

271 새들은—혼자 있고 싶어 하는 듯해 보이고: Franklin D. McMillan, *Mental Health and Well-Being in Animals*, Hoboken: Blackwell, 2005: pp. 289.

271 종마들은 마구간에 혼자 두지 않고 암말과: McDonnell, "Practical Review," pp. 219-28; Houpt, *Domestic Animal Behavior*, p. 121-22.

271 많은 종류의 동물이: McDonnell, "Practical Review," pp. 219-28.

271 앞에서 보았듯, 환경 풍부화(동물행동 적정환경 조성)는: Robert J. Young, *Environmental Enrichment for Captive Animals*, Hoboken: Universities Federation for Animal Welfare and Blackwell, 2003; Ruth C. Newberry, "Environmental Enrichment: Increasing the Biological Relevance of Captive

Environments," *Applied Animal Behaviour Science* 44 (1995): pp.229-43.

272 1985년에 미국 농무부는: Jodie A. Kulpa-Eddy, Sylvia Taylor, and Kristina M. Adams, "USDA Perspective on Environmental Enrichment for Animals," *Institute for Laboratory Animal Research Journal* 46 (2005): pp.83-94.

272 코요테 관리사는 두 마리의 코요테가: Hilda Tresz, Linda Ambrose, Holly Halsch, and Annette Hearsh, "Providing Enrichment at No Cost," *The Shape of Enrichment: A Quarterly Source of Ideas for Environmental and Behavioral Enrichment* 6 (1997): pp.1-4.

272 조련사들은 말에게 다양한 장난감을: McDonnell, "Practical Review," pp.219-28.

275 일부 치료사는 자해를 하는 사람들에게: Deb Martinsen, "Ways to Help Yourself Right Now," American Self-Harm Information Clearinghouse, accessed December 20, 2011. http://www.selfinjury.org/docs/selfhelp.htm.

276 여가 활동과 만족도를 비교한 조사 결과: John P. Robinson and Steven Martin, "What Do Happy People Do?" *Social Indicators Research* 89 (2008): pp.565-71.

제9장 먹기가 두려워

282 미국 여성 200명에 한 명꼴: H. W. Hoek, "Incidence, Prevalence and Mortality of Anorexia Nervosa and Other Eating Disorders," *Current Opinion in Psychiatry* 19 (2006): pp.389-94.

282 놀라우리만큼 파괴적: Joanna Steinglass, Anne Marie Albano, H. Blair Simpson, Kenneth Carpenter, Janet Schebendach, and Evelyn Attia, "Fear of Food as a Treatment Target: Exposure and Response Prevention for Anorexia Nervosa in an Open Series," *International Journal of Eating Disorders* (2011), accessed March 3, 2012. doi: 10.1002/eat.20936.

282 폭식증(bulimia nervosa): James I. Hudson, Eva Hiripi, Harrison G. Pope, Jr., and Ronald C. Kessler, "The Prevalence and Correlates of Eating Disorders in the National Comorbidity Survey Replication," *Biological Psychiatry* 61 (2007): pp.348-58.

283 세계보건기구는 이를 우선적 통제 대상 질환의 하나로: W. Stewart Agras, *The Oxford Handbook of Eating Disorders*, New York: Oxford University Press, 2010.

283 앰버를 진료한 후 20년이 흐르는 동안: Ibid.

283 섭식 문제가 집안의 내력인 경우가: Ibid.

283 불안장애와 거식증이 함께 진단되는 경우가: Walter H. Kaye, Cynthia M. Bulik, Laura Thornton, Nicole Barbarich, Kim Masters, and Price Foundation Collaborative Group, "Comorbidity of Anxiety Disorders with Anorexia and Bulimia Nervosa," *The American Journal of Psychiatry* 161 (2004): pp.2215-21.

283 음식과 몸매를 스스로 통제하는 것을 즐기며: Agras, *The Oxford Handbook*.

289 예일대학교의 과학자들은 초원의 풀숲 위에: Dror Hawlena and Oswald J. Schmitz, "Herbivore Physiological Response to Predation Risk and Implications for Ecosystem Nutrient Dynamics," *Proceedings of the National Academy of Sciences* 107 (2010): pp.15503-7; Emma Marris, "How Stress Shapes Ecosystems," *Nature News*, September 21, 2010, accessed August 25, 2011. http://www.nature.com/news/2010/100921/full/news.2010.479.html.

289 심각하게 스트레스를 받을 때 메뚜기들은: Dror Hawlena, telephone interview, September 29, 2010.

289 포식자의 위협을 받을 때: Dror Hawlena and Oswald J. Schmitz, "Physiological Stress as a Fundamental Mechanism Linking Predation to Ecosystem Functioning," *American Naturalist* 176 (2010): pp.537-56.

290 섭식장애를 연구하는 정신과 의사들은: Marian L. Fitzgibbon and Lisa R. Blackman, "Binge Eating Disorder and Bulimia Nervosa: Differences in the Quality and Quantity of Binge Eating Episodes," *International Journal of Eating Disorders* 27 (2000): pp.238-43.

291 저빌(모래쥐)을 대상으로 한 연구 결과: Tim Caro, *Antipredator Defenses in Birds and Mammals*, Chicago: University of Chicago Press, 2005.

291 설치류를 대상으로 한 다른 연구: Ibid.

291 전갈 역시 이들처럼 환한 밤을 기피: Ibid.

291 빛을 이용하는 광(光)요법이: Masaki Yamatsuji, Tatsuhisa Yamashita, Ichiro Arii, Chiaki Taga, Noaki Tatara, and Kenji Fukui, "Season Variations in Eating Disorder Subtypes in Japan," *International Journal of Eating Disorders* 33 (2003): pp.71-77.

292 "주변에서 대형 육식동물들이 사라지면서": David Baron, *The Beast in the Garden: A Modern Parable of Man and Nature*, New York: Norton, 2004: p.19.

292 앞선 50년 동안 그 일대에는: Scott Creel, John Winnie Jr., Bruce Maxwell, Ken Hamlin, and Michael Creel, "Elk Alter Habitat Selection as an Antipredator Response to Wolves," *Ecology* 86 (2005): pp.3387-97; John W. Laundre, Lucina Hernandez, and Kelly B. Altendorf, "Wolves, Elk, and Bison:

Reestablishing the 'landscape of fear' in Yellowstone National Park, U.S.A.," *Canadian Journal of Zoology* 79 (2001): pp.1401-9; Geoffrey C. Trussell, Patrick J. Ewanchuk, and Mark D. Bertness, "Trait-Mediated Effects in Rocky Intertidal Food Chains: Predator Risk Cues Alter Prey Feeding Rates," *Ecology* 84 (2003): pp.629-40; Aaron J. Wirsing and William J. Ripple, "Frontiers in Ecology and the Environment: A Comparison of Shark and Wolf Research Reveals Similar Behavioral Responses by Prey," *Frontiers in Ecology and the Environment* (2010). doi: 10.1980/090226.

294 도토리를 땅 속에 밀어 넣는 다람쥐: Stephen B. Vander Wall, *Food Hoarding in Animals*, Chicago: University of Chicago Press, 1990.

294 어떤 두더지들은 자기 땅굴 안의 벽에: Ibid.

296 식품 저장 행동은 심각한 애착장애가 있는: Mark D. Simms, Howard Dubowitz, and Moira A. Szilagyi, "Health Care Needs of Children in the Foster Care System," *Pediatrics* 105 (2000): pp.909-18.

296 강박적 저장: Alberto Pertusa, Miguel A. Fullana, Satwant Singh, Pino Alonso, Jose M. Mechon, and David Mataix-Cols. "Compulsive Hoarding: OCD Symptom, Distinct Clinical Syndrome, or Both?" *American Journal of Psychiatry* 165 (2008): pp.1289-98.

296 강박장애는 불안장애, 섭식장애를 비롯해 몇 가지: Walter H. Kaye, Cynthia M. Bulik, Laura Thornton, Nicole Barbarich, Kim Masters, and Price Foundation Collaborative Group, "Comorbidity of Anxiety Disorders with Anorexia and Bulimia Nervosa," *American Journal of Psychiatry* 161 (2004): pp.2215-21.

297 "평소에 먹는 것을 잘 먹지 않지만": Janet Treasure and John B. Owen, "Intriguing Links Between Animal Behavior and Anorexia Nervosa," *International Journal of Eating Disorders* 21 (1997): p. 307.

298 "영양 섭취와 무관하고 비정상적으로 과다한 행동에": Ibid.

298 "특히 극도로 지방이 적게 개량된 돼지들은": Ibid.

298 "열성형질들이 노출": Ibid., p. 308.

299 "유사한 유전적 소인"이 있으리라고: Ibid.

299 쌍둥이들을 대상으로 하거나 가족들을 여러 세대에 걸쳐: Ibid., pp.307-11.

299 "거식증에 걸린 사람들은 그들의 환경에": Michael Strober interview, Los Angeles, CA, February 2, 2010.

300 이 병증은 새끼를 낳고 젖을 떼기까지: Treasure and Owen, "Intriguing Links," pp.307-11.

300 새끼 돼지에게도 젖을 떼는 시기는: Ibid.; S. C. Kyriakis, and G. Andersson, "Wasting Pig Syndrome (WPS) in Weaners–Treatment with Amperozide,"

Journal of Veterinary Pharmacology and Therapeutics 12 (1989): pp.232-36.

300 그런 괴롭힘이 모돈쇠약증의 원인이 될 수 있음을 알기 때문에: Treasure and Owen, "Intriguing Links," p. 308.

301 두려움이 섭식행동에 영향을 미친다는 전제 아래: Treasure and Owen, "Intriguing Links," pp.307-11; "Thin Sow Syndrome," ThePigSite.com, accessed September 10, 2010. http://www.thepigsite.com/pighealth/article/212/thin-sow-syndrome.

301 "치료는 없다": "Diseases: Thin Sow Syndrome," PigProgress.Net, accessed December 19, 2011. http://www.pigprogress.net/diseases/thin-sow-syndrome-d89.html.

301 농부들은 동물을 따뜻하게 해주라고: "Thin Sow Syndrome"; "Diseases: Thin Sow Syndrome."

301 따뜻할 경우 먹이를 못 얻은 쥐들의 쳇바퀴 돌기가: Robert A. Boakes, "Self-Starvation in the Rat: Running Versus Eating," *Spanish Journal of Psychology* 10 (2007): p. 256.

302 무리 전체의 먹이 공급량을 즉시 늘리라고: "Thin Sow Syndrome"; Treasure and Owen, "Intriguing Links," p. 308.

302 어떤 섭식장애는 그것에 대한 감수성이 있는 사람들이: Christian S. Crandall, "Social Cognition of Binge Eating," *Journal of Personality and Social Psychology* 55 (1988): pp.588-98.

302 폭식증이나 거식증을 동경하는 사람은: Beverly Gonzalez, Emilia Huerta-Sanchez, Angela Ortiz-Nieves, Terannie Vazquez-Alvarez, and Christopher Kribs-Zaleta, "Am I Too Fat? Bulimia as an Epidemic," *Journal of Mathematical Psychology* 47(2003): pp.515-26; "Tips and Advice." Thinspiration, accessed September 14, 2010. http ://mytaintedlife.wetpaint.com/page/Tips+ and+ Advice.

303 뼈만 남은 유명인들의 모습이: "Tips and Advice," Thinspiration.

304 "음식이나 액체를 자신의 의지에 따라 입으로 역류": Kristen E. Lukas, Gloria Hamor, Mollie A. Bloomsmith, Charles L. Horton, and Terry L. Maple, "Removing Milk from Captive Gorilla Diets: The Impact on Regurgitation and Reingestion (R/R) and Other Behaviors," *Zoo Biology* 18 (1999): p. 516.

304 이런 행동을 보이는 고릴라는: Ibid., pp.515-28.

304 "사회적으로 강화되는 것일 수": Ibid., p. 526.

304 야생에서는 일어나지 않는다는 게 일반적인: Ibid., p. 516.

306 매키니폴스주립공원에 사는 검은대머리수리는: Sheryl Smith-Rodgers, "Scary Scavengers," *Texas Parks and Wildlife*, October 2005, accessed November 9,

2010. http://www.tpwmagazine.com/archive/2005/oct/legend/.

306 일부 애벌레들 역시 잘 알려진 구토쟁이: Jacqualine Bonnie Grant, "Diversification of Gut Morphology in Caterpillars Is Associated with Defensive Behavior," *Journal of Experimental Biology* 209 (2006): pp.3018-24.

306 탈출을 용이하게 하는 공격 전략으로 배변을 한다: Caro, *Antipredator Defenses*.

제10장 코알라와 성병

309 엄청난 규모의 들불이: Fox News, "Scorched Koala Rescued from Australia's Wildfire Wasteland," February 10, 2009, accessed August 25, 2011. http://www.foxnews.com/story/0,2933,490566,00.html.

310 6개월 후에 샘은 블로그 세계에: ABC News, "Sam the Bushfire Koala Dies," August 7, 2009,accessedAugust25,2011.http://www.abc.net.au/news/2009-08-06/sam-the-bushfire-koala-dies/1381672.

310 엄밀하게 구분하면, 코알라들이 감염되는 것은: Robin M. Bush and Karin D. E. Everett, "Molecular Evolution of the Chlamydiaceae," *International Journal of Systematic and Evolutionary Microbiology* 51 (2001): pp.203-20; L. Pospisil and J. Canderle, "*Chlamydia (Chlamydiophila) pneumoniae* in Animals: A Review," *Veterinary Medicine–Czech* 49 (2004): pp.129-34.

310 의사들을 대상으로 실시한 국제적 조사: Dag Album and Steinar Westin, "Do Diseases Have a Prestige Hierarchy? A Survey Among Physicians and Medical Students," *Social Science and Medicine* 66 (2008): p. 182.

312 생물학계를 봐도, 동물의 이런 질환을 논의하는 학술 조직은: Rob Knell, telephone interview, October 21, 2009.

312 에이즈(AIDS)는 전 세계적으로 여섯째 가는 사망 원인: World Health Organization, "Global Health Risks: Mortality and Burden of Disease Attributable to Selected Major Risks," 2009, accessed September 30, 2011. http://www.who.int/healthinfo/global_burden_disease/Global HealthRisks_report_full.pdf.

312 다음의 것들을 보자: Ann B. Lockhart, Peter H. Thrall, and Janis Antonovics, "Sexually Transmitted Diseases in Animals: Ecological and Evolutionary Implications," *Biological Reviews of the Cambridge Philosophical Society* 71 (1996): pp.415-71.

312 성관계를 통해 전염되는 브루셀라증, 렙토스피라증 질편모충증: G. Smith and A. P. Dobson, "Sexually Transmitted Diseases in Animals," *Parasitology Today* 8

(1992): pp.159-66.

312 돼지가 짝짓기를 할 때 세균이 감염되면: Ibid., p. 161.

312 농장에서 기르는 거위가 성병에 걸리면: Ibid.

313 말의 전염성 자궁염은 짐작할 수 있듯: APHIS Veterinary Services, "Contagious Equine Metritis," last modified June 2005, accessed August 25, 2011. http://www.aphis.usda.gov/publications/animal_health/content/printable_version/fs_ahcem.pdf.

313 개의 성병은 유산과: Smith and Dobson, "Sexually Transmitted Diseases," p. 161.

313 예를 들어 대짜은행게는 짝짓기를 할 때: Ibid., p.163.

313 두점무당벌레는: Knell interview.

313 대짜은행게 수프에 내려앉는 집파리 역시: Lockhart, Thrall, and Antonovics, "Sexually Transmitted Diseases," p. 422.

313 놀랍게도, 우리 인간이 곤충에게서 감염되는 질병 중: Ibid., p. 432; Robert J. Knell and K. Mary Webberley, "Sexually Transmitted Diseases of Insects: Distribution, Evolution, Ecology and Host Behaviour," *Biological Review* 79 (2004): pp.557-81.

314 활발히 성행위를 하는 모든 생물에 있다고 해도: Lockhart, Thrall, and Antonovics, "Sexually Transmitted Diseases," pp.418, 423.

314 덫사냥꾼들이 토끼들을 잡아 다루다가 토끼매독: Smith and Dobson, "Sexually Transmitted Diseases," p.163.

314 이 끔찍한 박테리아가 가축의 몸에 들어가면: University of Wisconsin-Madison School of Veterinary Medicine, "Brucellosis," accessed October 5, 2010. http://www.vetmed.wisc.edu/pbs/zoonoses/brucellosis/brucellosisindex.html.

314 소, 돼지, 개는 교미를 통해 옮긴다: J. D. Oriel and A. H. S. Hayward, "Sexually Transmitted Diseases in Animals," *British Journal of Venereal Diseases* 50 (1974): p. 412.

315 브루셀라증은 공중보건의 주요 관심사로: Centers for Disease Control and Prevention, "Brucellosis," accessed September 15, 2011. http://www.cdc.gov/ncidod/dbmd/diseaseinfo/brucellosis_g.htm.

315 (선진국에서는 이 병의 발생이 다행히도 드물어졌는데): Ibid.

315 일본의 동물원 사육사들은: International Society for Infectious Diseases, "Brucellosis, Zoo Animals, Human-Japan," last modified June 25, 2001, accessed August 25, 2010. http://www.promedmail.org/pls/otn/f?p=2400:1001:16761574736063971049::::F2400_P1001_BACK_PAGE,F2400_P1001_

ARCHIVE_NUMBER,F2400_P1001_USE_ARCHIVE:1202,20010625.1203,Y.

315 그리고 비록 드물기는 하지만: Ibid.

316 요즘 질편모충증은: Centers for Disease Control and Prevention, "Diseases Characterized by Vaginal Discharge," *Sexually Transmitted Diseases Treatment Guidelines, 2010*, accessed September 15, 2011. http://www.cdc.gov/std/treatment/2010/vaginal-discharge.htm.

316 그런데 원래 질편모충은 요즘처럼: Jane M. Carlton, Robert P. Hirt, Joana C. Silva, Arthur L. Delcher, Michael Schatz, Qi Zhao, Jennifer R. Wortman, et al., "Draft Genome Sequence of the Sexually Transmitted Pathogen *Trichomonas vaginalis*," *Science* 315 (2007): pp.207-12.

316 먼 옛적 조상 세대의 질편모충은: Ibid.

317 예컨대 구강편모충은 썩어가는 이의: Ibid.

317 쇠세모편모충은 고양이의 몸에 들어가: H. D. Stockdale, M. D. Givens, C. C. Dykstra, and B. L. Blagburn, "*Tritrichomonas foetus* Infections in Surveyed Pet Cats," *Veterinary Parasitology* 160 (2009): pp.13-17; Lynette B. Corbeil, "Use of an Animal Model of Trichomoniasis as a Basis for Understanding This Disease in Women," *Clinical Infectious Diseases* 21 (1999): pp.S158-61.

317 트리코모나스갈리나이는(혹은 그것의 가까운 친척은): Ewan D. S. Wolff, Steven W. Salisbury, John R. Horner, and David J. Varricchio, "Common Avian Infection Plagued the Tyrant Dinosaurs," *PLoS One* 4 (2009): p. e7288.

317 '수(Sue)'라고 불리는 유명한 티라노사우루스: Ibid.

318 예를 들어, 몇백 년 전 매독에게는: Kristin N. Harper, Paolo S. Ocampo, Bret M. Steiner, Robert W. George, Michael S. Silverman, Shelly Bolotin, Allan Pillay, et al., "On the Origin of the Treponematoses: A Phylogenetic Approach," *PLoS Neglected Tropical Disease* 2 (2008): p. e148.

318 지금처럼 인간의 생식관을 선호하기 전에: Ibid.

319 주된 감염 경로는 교미와 어미의 젖: Beatrice H. Hahn, George M. Shaw, Kevin M. De Cock, and Paul M. Sharp, "AIDS as a Zoonosis: Scientific and Public Health Implications," *Science* 28 (2000): pp.607-14; A. M. Amedee, N. Lacour, and M. Ratterree, "Mother-to-infant transmission of SIV via breast-feeding in rhesus macaques," *Journal of Medical Primatology* 32 (2003): pp.187-93.

319 그 과정은 대체로 다음과 같이: Martine Peeters, Valerie Courgnaud, Bernadette Abela, Philippe Auzel, Xavier Pourrut, Frederic Bilollet-Ruche, Severin Loul, et al., "Risk to Human Health from a Plethora of Simian Immunodeficiency Viruses in Primate Bushmeat," *Emerging Infectious Diseases* 8 (2002):

pp.451-57.

321 공수증, 즉 물에 대한 두려움은: Centers for Disease Control and Prevention, "Rabies," accessed September 15, 2011. http://www.cdc.gov/rabies/.

322 다른 예로 톡소포자충(Toxoplasma gondii)을: Ajai Vyas, Seon-Kyeong Kim, Nicholas Giacomini, John C. Boothroyd, and Robert M. Sapolsky, "Behavioral Changes Induced by *Toxoplasma* Infection of Rodents Are Highly Specific to Aversion of Cat Odors," *Proceedings of the National Academy of Sciences* 104 (2007): pp.6442-47.

322 인간은 톡소포자충에게 '막다른 길' 같은 숙주다: Ibid.; J.P. Dubey, "*Toxoplasma gondii,*" in *Medical Microbiology*, 4th ed., ed. S. Baron, chapter 84. Galveston: University of Texas Medical Branch at Galveston, 1996.

323 자궁의 톡소포자충 감염은: Vyas et al., "Behavioral Changes," p. 6446.

323 '뇌벌레'와 다른 기생충들은 개미 집단 안에서: Frederic Libersat, Antonia Delago, and Ram Gal, "Manipulation of Host Behavior by Parasitic Insects and Insect Parasites," *Annual Review of Entomology* 54 (2009): pp.189-207; Amir H. Grosman, Arne Janssen, Elaine F. de Brito, Eduardo G. Cordeiro, Felipe Colares, Juliana Oliveira Fonseca, Eraldo R. Lima, et al., "Parasitoid Increases Survival of Its Pupae by Inducing Hosts to Fight Predators," *PLoS One* 3 (2008): p. e2276.

324 수컷 회시무르귀뚜라미는: Marlene Zuk, and Leigh W. Simmons, "Reproductive Strategies of the Crickets (Orthoptera: Gryllidae)," in *The Evolution of Mating Systems in Insects and Arachnids*, ed. Jae C. Choe and Bernard J. Crespi, Cambridge: Cambridge University Press, 1997, pp.89-109.

324 Hz-2V라는 바이러스에 감염되었을 때: Knell and Webberley, "Sexually Transmitted Diseases of Insects," p. 574.

325 늪박주가리잎벌레 수컷이 성접촉으로 진드기에: Ibid., pp.573-74.

325 석죽과의 흰꽃장구채(달맞이장구채)는: Peter H. Thrall, Arjen Biere, and Janis Antonovics, "Plant Life-History and Disease Suspectibility: The Occurrence of *Ustilago violacea* on Different Species Within the Caryophyllaceae," *Journal of Ecology* 81 (1993): pp.489-90.

325 듀크대학교의 식물질병생태학자 피터 스롤은: Lockhart, Thrall, and Antonovics, "Sexually Transmitted Diseases," p. 423.

326 이와 유사한 '전략'을: Smith and Dobson, "Sexually Transmitted Diseases," pp.159-60.

326 과학자와 수의사 등이 전하는 일화들: Knell interview.

327 (50세가 넘은 사람들 사이에 성전염성 질환의 발생이 증가): Centers for Disease

Control and Prevention, "Persons Aged 50 and Older: Prevention Challenges," accessed September 29, 2011. http://www.cdc.gov/hiv/topics/over50/challenges.htm.

328 사슴을 비롯한 여러 유제류의 암컷은: Colorado Division of Wildlife, "Wildlife Research Report-Mammals-July 2005," accessed October 11, 2011. http://wildlife.state.co.us/Site CollectionDocuments/DOW/Research/Mammals/Publications/2004-2005 WILDLIFERESEARCHREPORT.pdf.

328 소유산균은 암소를 유산시킨 뒤 곧: Oriel and Hayward, "Sexually Transmitted Diseases in Animals," p. 414.

329 이를 총배설강 쪼기(cloacal pecking)라고 하며: B. C. Sheldon, "Sexually Transmitted Disease in Birds: Occurrence and Evolutionary Significance," *Philosophical Transactions of the Royal Society of London B* 339 (1993): pp.493, 496; N. B. Davies, "Polyandry, Cloaca-Pecking and Sperm Competition in Dunnocks," *Nature* 302 (1983): pp.334-36.

329 총배설강 쪼기는 바위종다리 같은 새의 정자경쟁에: Ibid.

329 쥐에게 교미 후의 생식기 그루밍 즉 뒷손질을 못 하게 하면: Sheldon, "Sexually Transmitted Disease in Birds," p. 493.

329 많은 새가 교미 후에 열심히 몸단장을: Ibid.

330 인간의 경우 생식기를 씻는다 해도: Allan M. Brandt, *No Magic Bullet: A Social History of Venereal Disease in the United States Since 1880*, New York: Oxford University Press, 1987.

330 케이프땅다람쥐에 대한 연구에서는: J. Waterman, "The Adaptive Function of Masturbation in a Promiscuous African Ground Squirrel," *PLoS One* 5 (2010): p. e13060.

330 어떤 사람들은 아픈 사람의 사진을 보기만 해도: Mark Schaller, Gregory E. Miller, Will M. Gervais, Sarah Yager, and Edith Chen, "Mere Visual Perception of Other People's Disease Symptoms Facilitates a More Aggressive Immune Response," *Psychological Science* 21 (2010): 649-52.

330 어떤 종의 수컷에서는 붉은 색소가: Matt Ridley, *The Red Queen: Sex and the Evolution of Human Nature*, New York: Harper Perennial, 1993.

331 데이비드 스트라칸은 화분증(花粉症. 건초열 · 고초열)이 혹시: David P. Strachan, "Hay Fever, Hygiene and Household Size," *British Medical Journal* 299 (1989): pp.1259-60.

331 아동의 천식을 조사하던 독일 과학자 에리카 폰 무티우스는: PBS, "Hygiene Hypothesis," accessed October 4, 2011. http://www.pbs.org/wgbh/evolution/library/10/4/l_104_07.html.

332 대부분의 동물은 여러 상대와 성관계를: Ridley, *The Red Queen*.

333 "언제나 꼭 치료해야 하는 건 아니에요": Janis Antonovics telephone interview, September 30, 2009.

334 팀스는 퀸즐랜드공과대학교의 동료들과: Peter Timms telephone interview, October 5, 2009.

335 인간면역결핍바이러스가 복잡하고 대부분의 사람에게 치명적임에도: Randy Dotinga, "Genetic HIV Resistance Deciphered," *Wired.com*, January 7, 2005, accessed November 9, 2010. http://www.wired.com/medtech/health/news/2005/01/66198#ixzz13JfSSBIj.

336 유전적인 저항력을 보여주는 최근의 극적인 사례: Mark Schoofs, "A Doctor, a Mutation and a Potential Cure for AIDS," *Wall Street Journal*, November 7, 2008, accessed October 11, 2011. http://online.wsj.com/article/SB122602394113507555.html.

제11장 둥지를 떠나다

338 이 위험한 해역에서는 암컷 해달을 볼 수 없다: Tim Tinker telephone interview, July 28, 2011.

339 부모의 보살핌은 종에 따라 다양한 모습: T. H. Clutton-Brock, *The Evolution of Parental Care*, Princeton: Princeton University Press, 1991.

339 다른 동물은 아이에서 어른으로 점차 변해가는 기간이: Kate E. Evans and Stephen Harris, "Adolescence in Male African Elephants, Loxodonta africana, and the Importance of Sociality," *Animal Behaviour* 76 (2008): pp.779-87; "Life Cycle of a Housefly," accessed October 10, 2011. http://www.vtaide.com/png/housefly.htm.

339 금화조는 부화하고 40일째부터 이런 시기가: Tim Ruploh e-mail correspondence, August 5, 2011.

339 버빗원숭이의 경우: Lynn Fairbanks interview, Los Angeles, CA, May 3, 2011.

339 심지어 하등 단세포 생물인 짚신벌레에게도: Marine Biological Laboratory, *The Biological Bulletin*, vols. 11-12. Charleston: Nabu Press, 2010: p. 234.

339 '청소년의학'은: Society for Adolescent Health and Medicine, "Overview," accessed October 12, 2011. http://www.adolescenthealth.org/Overview/2264.htm.

340 젖을 먹고 걸음마를 하는 시기를 무사히 넘기면: Centers for Disease Control and Prevention, "Worktable 310: Deaths by Single Years of Age, Race, and Sex, United States, 2007," last modified April 22, 2010, accessed October 14, 2011.

http://www.cdc.gov/nchs/data/dvs/MortFinal2007_Worktable310.pdf.

340 질병통제예방센터의 보고에 따르면: Arialdi M. Minino, "Mortality Among Teenagers Aged 12-19 Years: United States, 1999-2006," *NCHS Data Brief* 37 (May 2010), accessed October 14, 2011. http://www.cdc.gov/nchs/data/databriefs/db37.pdf.

341 스물다섯 살 즈음에는: Melonie Heron, "Deaths: Leading Causes for 2007," *National Vital Statistics Reports* 59 (2011), accessed October 14, 2011. http://www.cdc.gov/nchs/data/nvsr/nvsr59/nvsr59_08.pdf.

341 "어린 [동물]은 다 자란 동물보다": Tim Caro, *Antipredator Defenses in Birds and Mammals*, Chicago: University of Chicago Press, 2005: p. 15.

341 미성숙한 동물은 어른들처럼 빨리 달리거나: Maritxell Genovart, Nieves Negre, Giacomo Tavecchia, Ana Bistuer, Luís Parpal, and Daniel Oro, "The Young, the Weak and the Sick: Evidence of Natural Selection by Predation," *PLoS One* 5 (2010): p. e9774; Sarah M. Durant, Marcella Kelly, and Tim M. Caro, "Factors Affecting Life and Death in Serengeti Cheetahs: Environment, Age, and Sociality," *Behavioral Ecology* 15 (2004): pp.11-22; Caro, *Antipredator Defenses*, p. 15.

341 너무나 높은 비율로 청소년을 살해하는: Margie Peden, Kayode Oyegbite, Joan Ozanne-Smith, Adnan A. Hyder, Christine Branche, AKM Fazlur Rahman, Frederick Rivara, and Kidist Bartolomeos, "World Report on Child Injury Prevention," Geneva: World Health Organization, 2008.

341 12~19세 연령집단의 사망자 중 35퍼센트가 교통사고로: Minino, "Mortality Among Teenagers," p. 2.

342 세계보건기구에 따르면, 개인 간의 폭력으로: Peden et al., "World Report."

342 세계의 일부 지역에서는 인간면역결핍바이러스에 의한: World Health Organization, "Global Health Risks: Mortality and Burden of Disease Attributable to Selected Major Risks," 2009, accessed September 30, 2011. http://www.who.int/healthinfo/global_burden_disease/Global HealthRisks_report_full.pdf.

342 빨간색 사각형 딱지를 붙여서: Chris Megerian, "N.J. Officials Unveil Red License Decals for Young Drivers Under Kyleigh's Law," *New Jersey Real-Time News*, March 24, 2010, accessed October 10, 2011. http://www.nj.com/news/index.ssf/2010/o3/nj_officials_decide_how_to_imp.html.

342 새롭고 광범위한 신경학적 연구 결과들: Linda Spear, *The Behavioral Neuroscience of Adolescence*, New York: Norton, 2010; Linda Van Leijenhorst, Kiki Zanole, Catharina S. Van Meel, P. Michael Westenberg, Serge

A. R. B. Rombouts, and Eveline A. Crone, "What Motivates the Adolescent? Brain Regions Mediating Reward Sensitivity Across Adolescence," *Cerebral Cortex* 20 (2010): pp.61-69; Laurence Steinberg, "The Social Neuroscience Perspective on Adolescent Risk-Taking," *Developmental Review* 28(2008): pp.78-106; Laurence Steinberg, "Risk Taking in Adolescence: What Changes, and Why?" *Annals of the New York Academy of Sciences* 1021(2004): pp.51-58; Stephanie Burnett, Nadege Bault, Girgia Coricelli, and Sarah-Jayne Blakemore, "Adolescents' Heightened Risk-Seeking in a Probabilistic Gambling Task," *Cognitive Development* 25 (2010): pp.183-96; Linda Patia Spear, "Neurobehavioral Changes in Adolescence," *Current Directions in Psychological Science* 9 (2000): pp.111-14; Cheryl L. Sisk, "The Neural Basis of Puberty and Adolescence," *Nature Neuroscience* 7 (2004): pp.1040-47; Linda Patia Spear, "The Biology of Adolescence," last updated February 2, 2010, accessed October 10, 2011.

343 로마에 있는 고등보건연구소의 연구자들은: Giovanni Laviola, Simone Macrì, Sara Morley-Fletcher, and Walter Adriani, "Risk-Taking Behavior in Adolescent Mice: Psychobiological Determinants an Early Epigenetic Influence," *Neuroscience and Biobehavioral Reviews* 27 (2003): pp.19-31.

343 청소년기 쥐들은 이 외에도 몇 가지의 공통된 행태를: Kirstie H. Stansfield, Rex M. Philpot, and Cheryl L. Kirstein, "An Animal Model of Sensation Seeking: The Adolescent Rat," *Annals of the New York Academy of Sciences* 1021 (2004): pp.453-58.

343 다른 동물도 비슷해서, 영장류 연구자들이: Lynn A. Fairbanks, "Individual Differences in Response to a Stranger: Social Impulsivity as a Dimension of Temperament in Vervet Monkeys (*Cercopithecus aethiops sabaeus*), *Journal of Comparative Psychology* 115 (2001): pp.22-28; Fairbanks interview.

344 청소년 금화조는: Ruploh e-mail correspondence.

344 과도기의 해답은: Tinker interview; Gena Bentall interview, Moss Landing, CA, August 4, 2011.

344 "어린 동물은 포식자를 발견하면 그것에 다가가": Caro, *Antipredator Defenses*, p. 20.

344 예를 들면, 아직 덜 자란 톰슨가젤은: Clare D. Fitzgibbon, "Anti-predator Strategies of Immature Thomson's Gazelles: Hiding and the Prone Response," *Animal Behaviour* 40 (1990): pp.846-55.

345 "모빙은 주변에 뭔가 위험이 있음을 공동체 전체에": Judy Stamps telephone interview, August 4, 2011.

348 시선을 피하는 반응은: N. J. Emery, "The Eyes Have It: The Neuroethology, Function and Evolution of Social Gaze," *Neuroscience and Biobehavioral Reviews* 24 (2000): pp. 581-604.

348 집참새는 눈길이 자신을 향하면: Carter et al., "Subtle Cues," pp. 1709-15.

348 사람을 대상으로 한 연구에 따르면: Emery, "The Eyes Have It," pp. 581-604.

348 자신의 위험 감지 능력을 시험하면서: Caro, *Antipredator Defenses*.

349 흥미로운 예로 버빗원숭이를 보자: Fairbanks interview; Lynn A. Fairbanks, Matthew J. Jorgensen, Adriana Huff, Karin Blau, Yung-Yu Hung, and J. John Mann, "Adolescent Impulsivity Predicts Adult Dominance Attainment in Male Vervet Monkeys," *American Journal of Primatology* 64 (2004): pp. 1-17.

350 삶의 새로운 단계로 들어가는 기간인 이 몇 주는: Fairbanks interview.

351 "청소년기에 한때 충동성이 높아지는 것은": Fairbanks et al., "Adolescent Impulsivity."

352 "연령별 행동 특성들": Spear, "Neurobehavioral Changes."

352 "우리가 진화해온 역사의 오래전 단계에 깊이 뿌리박고 있다": Spear, "The Biology of Adolescence."

354 청소년기의 아프리카코끼리는: Kate E. Evans and Stephen Harris, "Adolescence in Male African Elephants, *Loxodonta africana*, and the Importance of Sociality," *Animal Behaviour* 76 (2008): pp. 779-87.

354 어린 수컷 코끼리들로 이루어진 이런 무리는: Ibid.

354 지나 벤털은 해달 집단들 사이에서: Bentall interview.

354 수컷 야생마와 얼룩말들도: Claudia Feh, "Social Organisation of Horses and Other Equids," Havemeyer Equine Behavior Lab, accessed April 15, 2010. http://research.vet.upenn.edu/HavemeyerEquineBehaviorLabHomePage/ReferenceLibraryHavemeyerEquineBehaviorLab/HavemeyerWorkshops/HorseBehaviorandWelfare1316June2002/HorseBehaviorandWelfare2/RelationshipsandCommunicationinSociallyNatura/tabid/3119/Default.aspx.

354 암컷 야생마 역시 그들이 태어난 무리를: Ibid.

355 에번스와 해리스는 청소년 코끼리 집단에서: Evans and Harris, "Adolescence."

355 테스토스테론과 위험한 행동이 현저히 증가하는: Ibid.

355 캘리포니아콘도르의 경우, 멘토들은: Michael Clark interview, Los Angeles, CA, July 21, 2011.

356 번식 프로그램 책임자인 마이클 클라크가: Ibid.

357 "파리대왕" 상황: Ibid.

357 캘리포니아콘도르 재활 프로그램은 초기에 비해: Ibid.

357 앨런 캐즈딘이 내게 얘기해준: Alan Kazdin telephone interview, July 26, 2011.

357 "또래들과 함께 있는 것은 보상이며": Alan Kazdin and Carlo Rotella, "No Breaks! Risk and the Adolescent Brain," *Slate*, February 4, 2010, accessed October 10, 2011. http://www.slate.com/articles/life/family/2010/02/no_brakes_2.html.

358 금화조 역시 암수 혼성의 또래 집단으로: Ruploh e-mail correspondence.

358 태곳적의 청소년들도 집단을: David J. Varricchio, Paul C. Sereno, Zhao Xijin, Tan Lin, Jeffery A. Wilson, and Gabrielle H. Lyon, "Mud-Trapped Herd Captures Evidence of Distinctive Dinosaur Sociality," *Acta Palaeontologica Polonica* 53 (2008): pp.567-78.

358 곱사연어 역시 부모의 감시와 보호가 전혀 없이: Jean-Guy J. Godin, "Behavior of Juvenile Pink Salmon (*Oncorhynchus gorbuscha* Walbaum) Toward Novel Prey: Influence of Ontogeny and Experience, *Environmental Biology of Fishes* 3 (1978): pp.261-66.

361 수전 페리는 코스타리카의 숲에 사는: Susan Perry, with Joseph H. Manson, *Manipulative Monkeys: The Capuchins of Lomas Barbudal*, Cambridge: Harvard University Press, 2008: p. 51.

361 "아주 높은 사회지능"을 지니고: Susan Perry telephone interview, May 12, 2011.

361 그중에서도 기즈모라는 이름의 원숭이를 유심히: Ibid.

362 "비행과 범죄 행위는…성인기보다": Laurence Steinberg, *The 10 Basic Principles of Good Parenting*, New York: Simon & Schuster, 2004; Laurence Steinberg and Kathryn C. Monahan, "Age Differences in Resistance to Peer Influence," *Developmental Psychology* 43 (2007): pp.1531-43.

363 2010년 9월, 10대 여섯 명: LGBTQNation, "Two More Gay Teen Suicide Victims -Raymond Chase, Cody Barker-Mark 6 Deaths in September," October 1, 2010, accessed October 10, 2011. http://www.lgbtqnation.com/2010/10/two-more-gay-teen-suicide-victims-raymond-chase-cody-barker-mark-6-deaths-in-september/.

363 수천 건의 10대 자살 목록에 더해졌다: Centers for Disease Control and Prevention, "Suicide Prevention: Youth Suicide," accessed October 14, 2011. http://www.cdc.gov/violenceprevention/pub/youth_suicide.html.

364 이들이 대체로 자신에 대해 꽤 만족한다고: U.S. Department of Health and Human Services, Health Resources and Services Administration, Stop Bullying Now!, "Children Who Bully," accessed October 14, 2011. http://stopbullying.gov/community/tip_sheets/children_who_bully.pdf.

366 옥스퍼드대의 동물학자 T. H. 클러턴브록은: T. H. Clutton-Brock and G. A.

Parker, "Punishment in Animal Societies," *Nature* 373 (1995): pp.209-16.

366 괴롭히는 성향이 세대 간에 전해지는지: Martina S. Müller, Elaine T. Porter, Jacquelyn K. Grace, Jill A. Awkerman, Kevin T. Birchler, Alex R. Gunderson, Eric G. Schneider, et al., "Maltreated Nestlings Exhibit Correlated Maltreatment As Adults: Evidence of A 'Cycle of Violence,' in Nazca Boobies (*Sula Granti*)," *The Auk* 128 (2011): pp.615-19.

368 클로스긴팔원숭이의 부모는: Clutton-Brock, *The Evolution of Parental Care*.

368 세발가락나무늘보 어미들은: Ibid.

368 아이들이 일찍부터 술을 마시고: Linda Spear, "Modeling Adolescent Development and Alcohol Use in Animals," *Alcohol Res Health* 24 (2000): pp.115-23.

370 "너는 너 자신과 가족 모두에게 수치가 될 거야": Charles Darwin, "The Autobiography of Charles Darwin," The Complete Work of Charles Darwin Online, accessed October 13, 2011. http://darwin-online.org.uk/content/frameset?itemID=F1497&viewtype-text&pageseq=1.

370 "내 아버지, 내가 아는 사람 중 가장 인정 깊은 분": Darwin, "The Autobiography."

제12장 주비퀴티

373 까마귀 수백 마리가 비틀거리며 다니다: Tracey McNamara interview, Pomona, CA, May 2009; George V. Ludwig, Paul P. Calle, Joseph A. Mangiafico, Bonnie L. Raphael, Denise K. Danner, Julie A. Hile, Tracy L. Clippinger, et al., "An Outbreak of West Nile Virus in a New York City Captive Wildlife Population," *American Journal of Tropical Medicine and Hygiene* 67 (2002): pp.67-75; Robert G. McLean, Sonya R. Ubico, Douglas E. Docherty, Wallace R. Hansen, Louis Sileo, and Tracey S. McNamara, "West Nile Virus Transmission and Ecology in Birds," *Annals of the New York Academy of Sciences* 951 (2001): pp.54-57; K. E. Steele, M. J. Linn, R. J. Schoepp, N. Komar, T. W. Geisbert, R. M. Manduca, P. P. Calle, et al., "Pathology of Fatal West Nile Virus Infections in Native and Exotic Birds During the 1999 Outbreak in New York City, New York," *Veterinary Pathology* 37 (2000): pp.208-24; Peter P. Marra, Sean Griffing, Carolee Caffrey, A. Marm Kilpatrick, Robert McLean, Christopher Brand, Emi Saito, et al., "West Nile Virus and Wildlife," *BioScience* 54 (2004): pp.393-402; Caree Vander Linden, "USAMRIID Supports West Nile Virus Investigations," accessed October 11, 2011. http://ww2.dcmilitary.com/dcmilitary_archives/stories/100500/2027-1.

shtml; Rosalie T. Trevejo and Millicent Eidson, "West Nile Virus," *Journal of the American Veterinary Medical Association* 232 (2008): pp. 1302-09.

375 "늦여름에 뇌염 증세가 나타났다면": American Museum of Natural History, "West Nile Fever: A Medical Detective Story," accessed October 10, 2011. http://www.amnh.org/sciencebulletins/biobulletin/biobulletin/story1378.html.

376 "죽은 새들로 꽉 찬 큰 통이 여러 개": McNamara interview.

378 "머리카락이 쭈뼛 설 정도로": Ibid.

379 "바로 그 순간 분명히 알았어요": Ibid.

379 그리고 48시간 안에: Linden, "USAMRIID."

379 "과학이 보여줄 수 있는 최선의 모습": McNamara interview.

380 이후 지금까지 3만 명 가까운 환자가 발생: James J. Sejvar, "The Long-Term Outcomes of Human West Nile Virus Infection," *Emerging Infections* 44 (2007): pp. 1617-24; Douglas J. Lanska, "West Nile Virus," last modified January 28, 2011, accessed October 13, 2011. http://www.medlink.com/medlinkcontent.asp.

380 의회에 제출한 보고서에서: United States General Accounting Office, "West Nile Virus Outbreak: Lessons for Public Health Preparedness," *Report to Congressional Requesters*, September 2000, accessed October 10, 2011. http://www.gao.gov/new.items/he00180.pdf.

380 "수의학 분야를 간과하지 말아야": Ibid.

381 미국과 전 세계의 다른 집단들도 좋을 아우르는 시각을: Donald L. Noah, Don L. Noah, and Harvey R. Crowder, "Biological Terrorism Against Animals and Humans: A Brief Review and Primer for Action," *Journal of the American Veterinary Medical Association*, 221 (2002): pp. 40-43; Wildlife Disease News Digest, accessed October 10, 2011. http://wdin.blogspot.com/.

381 카나리아 데이터베이스: Canary Database, "Animals as Sentinels of Human Environmental Health Hazards," accessed October 10, 2011. http://canarydatabase.org/.

381 미국 국제개발처: USAID press release, "USAID Launches Emerging Pandemic Threats Program," October 21, 2009.

381 이 프로그램에는 많은 교육기관과 정부기관, 민간 기구 · 기업이: USAID spokesperson, March 19, 2012.

382 조나 마제는: University of California, Davis, "UC Davis Leads Attack on Deadly New Diseases," *UC Davis News and Information*, October 23, 2009, accessed on October 10, 2011. http://www.news.ucdavis.edu/search/news_

detail.lasso?id=9259.

382 "우리는 그런 곳에 어떤 질병이 도사리고 있는지": Jonna Mazet interviewed on Capital Public Radio, by *Insight* host Jeffrey Callison, October 26, 2009. http://www.facebook.com/video/video.php?v=162741314486.

382 "2,000억 달러 이상의 경비가": Marguerite Pappaioanou address to the University of California, Davis Wildlife and Aquatic Animal Medicine Symposium, February 12, 2011, Davis, CA.

383 수의학과 3학년생 브리트니 킹은 최근: One Health, One Medicine Foundation, "Health Clinics," accessed October 10, 2011. http://www.onehealthonemedicine.org/Health_Clinics.php.

384 터프츠대학교의 한 프로그램은: North Grafton, "Dogs and Kids with Common Bond of Heart Disease to Meet at Cummings School," Tufts University Cummings School of Veterinary Medicine, April 22, 2009, accessed October 10, 2011. http://www.tufts.edu/vet/pr/20090422.html.

384 인공 꼬리를 단 돌고래 윈터: Clearwater Marine Aquarium, "Maja Kazazic," accessed October 10, 2011. http://www.seewinter.com/winter/winters-friends/maja.

385 사실 돼지인플루엔자는 인간에게서: Matthew Scotch, John S. Brownstein, Sally Vegso, Deron Galusha, and Peter Rabinowitz, "Human vs. Animal Outbreaks of the 2009 Swine-Origin H1N1 Influenza A Epidemic," *EcoHealth* (2011): doi: 10/1007/s10393-011-0706-x.

387 대장균에 오염된 갓 나온 어린 시금치: Michele T. Jay, Michael Cooley, Diana Carychao, Gerald W. Wiscomb, Richard A. Sweitzer, Leta Crawford-Miksza, Jeff A. Farrar, et al., "*Escherichia coli* 0157:H7 in Feral Swine Near Spinach Fields and Cattle, Central California Coast," *Emerging Infectious Diseases* 13 (2007): pp.1908-11; Michele T. Jay and Gerald W. Wiscomb, "Food Safety Risks and Mitigation Strategies for Feral Swine (*Sus scrofa*) Near Agriculture Fields," in *Proceedings of the Twenty-third Vertebrate Pest Conference*, edited by R. M. Timm and M. B. Madon. University of California, Davis, 2008.

387 큐열(Q fever)이라는 섬뜩한 이름의 열병이 집단적으로 발생한: Laura H. Kahn, "Lessons from the Netherlands," *Bulletin of the Atomic Scientists*, January 10, 2011, accessed October 10, 2011. http://www.the bulletin.org/web-edition/columnists/laura-h-kahn/lessons-the-netherlands.

387 Q는 'query(의문)'의 약자로: Ibid.

388 우리가 걱정하는 옛 소련의 핵무기들처럼: Laura H. Kahn, "An Interview with

Laura H. Kahn," *Bulletin of the Atomic Scientists*, last updated October 8, 2011, accessed October 10, 2011. http://www.thebulletin.org/web-edition/columnists/laura-h-kahn/interview.

388 최상위 여섯 가지 유기체 중 다섯 가지가: Centers for Disease Control and Prevention, "Bioterrorism Agents/Diseases," accessed October 10, 2011. http://www.bt.cdc.gov/agent/agentlist-category.asp; C. Patrick Ryan, "Zoonoses Likely to Be Used in Bioterrorism," *Public Health Reports* 123 (2008): pp.276-81.

388 나머지 하나인 천연두는: Centers for Disease Control and Prevention, "Bioterrorism Agents/Diseases."

388 2007년 3월엔 미국 가정의 반려동물들이: U.S. Food and Drug Administration, "Melamine Pet Food Recall-Frequently Asked Questions," accessed October 13, 2011. http://www.fda.gov/animalveterinary/safetyhealth/RecallsWithdrawals/ucm129932.htm.

389 동물들은 질병 감염과는 무관한 위협에 대해서도 경보를: Melissa Trollinger, "The Link Among Animal Abuse, Child Abuse, and Domestic Violence," Animal Legal and Historical Center, September 2001, accessed October 10, 2011. http://www.animallaw.info/articles/arus30sepcololaw29.htm.

찾아보기

ㄷ

ㄹ

ㅁ

ㅂ

ㅊ

ㅋ

ㅌ

ㅍ

ㅎ

의사와 **수의사**가 만나다
-인간과 동물의 건강, 그 놀라운 연관성

초판 1 쇄 : 2017년 7월 10일
5쇄 발행 : 2022년 4월 20일

지은이 : 바버라 내터슨-호러위츠, 캐스린 바워스
옮긴이 : 이순영

펴낸이 : 박경애
펴낸곳 : 모멘토
등록일자 : 2002년 5월 23일
등록번호 : 제1-3053호
주 소 : 서울시 마포구 만리재 옛4길 11, 나루빌 501호
전 화 : 711-7024, 711-7043
팩 스 : 711-7036
E-mail : momentobook@hanmail.net
ISBN 978-89-91136-31-1

* 이 책은 한국출판문화산업진흥원의 출판콘텐츠
창작자금을 지원받아 제작되었습니다.